Das Geographische Seminar

Herausgegeben von:
Prof. Dr. Rainer Duttmann
Prof. Dr. Rainer Glawion
Prof. Dr. Herbert Popp
Prof. Dr. Rita Schneider-Sliwa
Prof. Dr. Alexander Siegmund

Martin Kappas

Geographische Informations- systeme

westermann

Umschlagbild:
Las Vegas (eoVision/U.S. Geological Survey, 2010)

© 2011 Bildungshaus Schulbuchverlage
Westermann Schroedel Diesterweg Schöningh Winklers GmbH, Braunschweig
www.westermann.de

Druck A¹/ Jahr 2012

Lektorat: Kristin Blechschmidt
Umschlaggestaltung: Thomas Schröder
Layout und Herstellung: Lektoratsbüro Eck, Yvonne Behnke
Druck und Bindung: westermann druck GmbH, Braunschweig

ISBN 978-3-14-160362-0

Über den Autor Prof. Dr. Martin Kappas

Martin Kappas
ist Geograph und Professor für Kartographie, GIS & Fernerkundung am Geographischen Institut der Georg-August Universität Göttingen. Er hat Geophysik, Geologie und Geographie an den Universitäten Bonn und Köln studiert und an der Universität Mannheim in der Fakultät für Volkwirtschaftslehre promoviert und sich habilitiert.
Kappas ist Autor der Einführungen Geographische Informationssysteme (Westermann Verlag), Fernerkundung – nah gebracht (Dümmler Verlag) sowie Autor des Lehrbuchs Klimatologie. Klimaforschung im 21. Jahrhundert – Herausforderung für Natur- und Sozialwissenschaft (Spektrum Verlag, Springer).

Außerdem ist er Herausgeber des Bandes Klimawandel und Hautkrebs (ibidem Verlag) sowie Mitherausgeber des Bandes Klima, Pflanzen- und Tierwelt des Nationalatlas der Bundesrepublik Deutschland (Spektrum Verlag, Springer).
Seit 2004 gibt Kappas die Schriftenreihe „Erdsicht – Einblicke in geographische und geoinformationstechnische Arbeitsweisen" heraus, in der bereits über 20 Bände zu Themen der Geographie und Geoinformatik erschienen sind.
Seine Interessen liegen in der Global Change-Forschung und der Klimafolgenforschung unter Einbindung moderner IT-Methoden (GIS & Fernerkundung).

Vorwort zur 2. Auflage

Die erste Auflage „Geographische Informationssysteme" erschien im Jahr 2001 in der Reihe „Das Geographische Seminar" bei Westermann. Ende der 1990er-Jahre waren Inhalte wie Datenerfassung (Digitalisieren, Scannen), Datenbearbeitung, Datenverwaltungen und Datenqualität zentrale Themen. Im Fokus der ausgehenden 1990er-Jahre standen vor allem proprietäre Systeme und GIS-Einzellösungen. Der Austausch von Daten zwischen einzelnen GI-Systemen war eingeschränkt und brachte erste Diskussionen zu Vereinheitlichung von Datenstrukturen und Schnittstellen zum verlustfreien Austausch zwischen den Systemen auf.

Diese Themen wurden verstärkt von der ersten Auflage behandelt, wobei bereits erste Standards zum Datenaustausch vorgestellt wurden.

Die zweite Auflage „Geographische Informationssysteme" widmet sich der stürmischen Entwicklung der letzten zehn Jahre und nimmt neue Inhalte auf: WebGIS-Anwendungen, Freie Software, Open Source, Web Map Services, OGC und Geodateninfrastrukturen sind nur einige Stichworte aus einer langen Liste von Entwicklungen, die immer häufiger im Zusammenhang mit Geographischen Informationssystemen (GIS) genannt werden. Diese neuen Begriffe weisen auf neue Möglichkeiten von Architekturen und Funktionalitäten der GI-Systeme hin, die in einzelnen Kapiteln der 2. Auflage des Buches erarbeitet werden.

Geodateninfrastrukturen (GDI) sind in aller Munde. Der Begriff gewinnt mit zunehmender Datendichte, einer immer besser vernetzten Wissensgesellschaft und einer immer höheren Funktionstiefe der Softwarepakete zunehmend an Bedeutung. GIS wird schon lange nicht mehr als isolierte Softwarelösung betrieben, sondern hat sich in eine Bezeichnung für eine Richtung der Informationstechnologie (Geo-IT) aufgelöst. Diese Entwicklung wurde bereits als Zukunftsvision in der ersten Auflage angesprochen und ist heute auf dem Weg, Realität zu werden (INSPIRE-Prozess).

Das GIS als proprietäres System wird abgelöst von der GDI, wobei ein Teil davon aber auch noch heute „klassisches" GIS bleibt. Internet und Webtechnologie sind wesentliche Bestandteile beim Aufbau einer GDI. Sie sind neben Betriebssystemen die Bereiche, in denen sich Open Source und Freie Software-Lösungen besonders gut entwickeln konnten. Die Problembereiche beim Aufbau einer wie auch immer gearteten GDI sind sehr vielfältig, neben den offensichtlichen technischen Fragen gibt es eine Reihe historisch bedingter Rahmenbedingungen und nicht zuletzt hängt es auch an Verwaltungsvorschriften und Empfehlungen, die den Rahmen weiter abstecken. Das Thema GDI wurde deshalb als eigenständiges Kapitel (Kapitel 5) in die zweite Auflage aufgenommen. Ergänzt wurde weiterhin eine Übersicht zu Metadateninformationssystemen, die über das Internet zugänglich sind.

Der geographische Ansatz im Begriff „Geographische Informationssysteme" wirkt mittlerweile über Fachgrenzen hinweg. Geographische Informationssysteme bieten gleichzeitig die Möglichkeiten der Visualisierung von Daten und deren Analyse. Dies ist immer noch die zentrale Stärke und Aufgabe eines GIS. Die im Aufbau befindlichen Geodateninfrastrukturen befähigen dabei, Daten unterschiedlicher Fachdisziplinen und Herkunft automatisch einzubinden oder eigene Daten in diesem Netzwerk bereitstellen zu können.

Die INSPIRE Initiative, die mittlerweile mit dem Geodatenzugangsgesetz (GeoZG) auf Bundesebene und z. B. mit dem Gesetz über den Zugang zu digitalen Geodaten Nordrhein-Westfalen (Geodatenzugangsgesetz - GeoZG NRW) vom 17. Februar 2009 im Landesrecht verankert ist, hat das Ziel, Geodateninfrastrukturen aufzubauen. Diese Initiativen schaffen den rechtlichen Rahmen für

• den Zugang zu Geodaten, Geodatendiensten und Metadaten von geodatenhaltenden Stellen sowie

• die Nutzung dieser Daten und Dienste, vor allem für Maßnahmen, die Auswirkungen auf die Umwelt haben können.

Die INSPIRE Initiative wurde deshalb wie das Thema GDI als eigenständiges Kapitel (Kapitel 6) in die zweite Auflage des Buchs neu aufgenommen. Weiterhin wurde der stürmischen Entwicklung webbasierter GIS-Entwicklungen Rechnung getragen und das Kapitel 7 „WebGIS – GIS und Internet" in die 2. Auflage integriert. Schwerpunkt dieses Kapitels ist das „Webmapping" und Entwicklungen im Open Source Bereich (FOSSGIS e.V.). Zudem wurde das Kapitel „Erdbeobachtung und GIS" neu konzipiert, um die enorme Bedeutung der Fernerkundung als Datenprovider zu berücksichtigen

(Kapitel 8). Das Kapitel 9 stellt neuere Entwicklungen im GIS-Bereich vor, wie die „Digital Earth Initiativen", allen voran Google Earth oder die OpenStreetMap-Initiative. Diese Initiativen ermöglichen einer breiten Öffentlichkeit einen neuen Blick auf die Erde und stellen andererseits die Einbindung eigener Datenerhebungen in ein weltumspannendes System zur Verfügung.

Trotz stürmischer Entwicklung des GI-Bereichs in den letzten Jahren wurden die GIS-Basisinformationen der ersten Auflage beibehalten bzw. ergänzt, um dem GIS-Einsteiger das wichtigste Rüstzeug bezüglich der Begriffswelt im GIS-Bereich zu vermitteln. Auch die Einbindung englischsprachiger Begriffe wurde beibehalten, da viele Benutzeroberflächen von GI-Systemen in Englisch verfasst sind und auch im Bereich Web-GIS die englischen Fachausdrücke dominieren. Am Ende des Buches findet sich ein Englisch/Deutsches Glossar wichtiger GIS-Termini sowie eine Übersicht zu häufig benutzten Akronymen im GI-Bereich.

Ich danke allen Herausgebern der Reihe „Das Geographische Seminar", allen voran meinem Kollegen Prof. Dr. Rainer Duttmann für die hervorragende Betreuung und die vielen konstruktiven Anmerkungen zum Manuskript. Weiterhin möchte ich mich bei Herrn Dr. Markus Berger vom Westermann Verlag für die konstruktive Begleitung des Bandes bedanken. Dem Lektoratsbüro Eck, insbesondere Frau Kristin Blechschmidt, danke ich für die gelungene Umsetzung des gesamten Manuskripts nebst Abbildungen in die Reihe „Das Geographische Seminar".

Martin Kappas

Abb. 1/1 GIS gestützte Überwachung von Großräumen der Erde

1 Geographische Informationssysteme (GIS)– wozu?

Die Bereitstellung von und der Zugriff auf flächendeckend verfügbare, regelmäßig aktualisierte Geodaten sind in den letzten Jahren für eine moderne Gesellschaft immer wichtiger geworden. Diese Geodaten nehmen in einer sich dynamisch entwickelnden Informations- und Wissensgesellschaft eine Schlüsselstellung ein. Der Umgang mit diesen Daten und den zugehörigen Techniken (Geographische Informationssysteme, Fernerkundung, Geodateninfrastrukturen) stellt heute eine wichtige Schlüsselkompetenzen dar. Das gesellschaftliche Interesse an Geographischen Informationssystemen (GIS) und Rauminformation von Satelliten lässt sich an vielen Anwendungsbeispielen ablesen, wie bei der Frage nach der Nutzung natürlicher Ressourcen in einem Land, nach der Überwachung der Umwelt, nach der Verkehrsführung, der Raumplanung, oder der Erstellung amtlicher Statistiken (z. B. raumbezogene Kriminalitätsanalysen). Weiterhin erfordert ein stetig wachsender Dienstleistungssektor mit seinen raumbezogenen Angeboten (z. B. vielfältige Auskunftsysteme, Finanzsektor, Immobilienbranche) den Zugriff auf zuverlässige und aktuelle Geodaten.

Deutschland hat diese Anforderung früh erkannt und geeignete Strukturen und

Maßnahmen zur Bereitstellung von Geodaten getroffen. Hierzu gehört der Aufbau einer Geodateninfrastruktur (GDI)
für Deutschland in Zusammenarbeit mit
den Ländern, den Geowissenschaften
und der Wirtschaft. Insbesondere ist hier
die eGovernment-Initiative des Bundes
zu nennen, die durch Einrichtung eines
Geodatenzentrums beim **B**undesamt für
Kartographie und **G**eodäsie (BKG) alle
in Deutschland verfügbaren Geobasisdaten bundeseinheitlich zusammenführt,
aktualisiert und für den Nutzer mittels
internetbasierter Verfahren (GDI) zur
Verfügung stellt. Die folgenden Anwendungsbeispiele sollen helfen, die Frage
„Geographische Informationssysteme –
wozu?" zu beantworten:

Geographische Informationssysteme und Schutzgebiete in Deutschland

Der neue Kartenviewer des **B**undes-
amtes **f**ür **N**aturschutz (BfN) liefert
Naturschutz zum virtuellen Anfassen.
Der Viewer zeigt die geltenden Schutz-
gebietskategorien, die auf dem **B**undes-
natur**sch**ut**z**gesetz (BNatSchG) beruhen:
Naturschutzgebiete, Nationalparke, Bio-
sphärenreservate, Naturparke, Landschaftsschutzgebiete und das deutsche
Natura 2000-Netzwerk und gibt dem
Nutzer viele verschiedene Möglichkeiten
der Navigation und Abfrage. Es können
Schutzgebietsnamen, Arten und Lebens-
raumtypen der Natura 2000-Gebiete sowie administrative Einheiten gesucht und
in einzelnen Ebenen angezeigt werden.

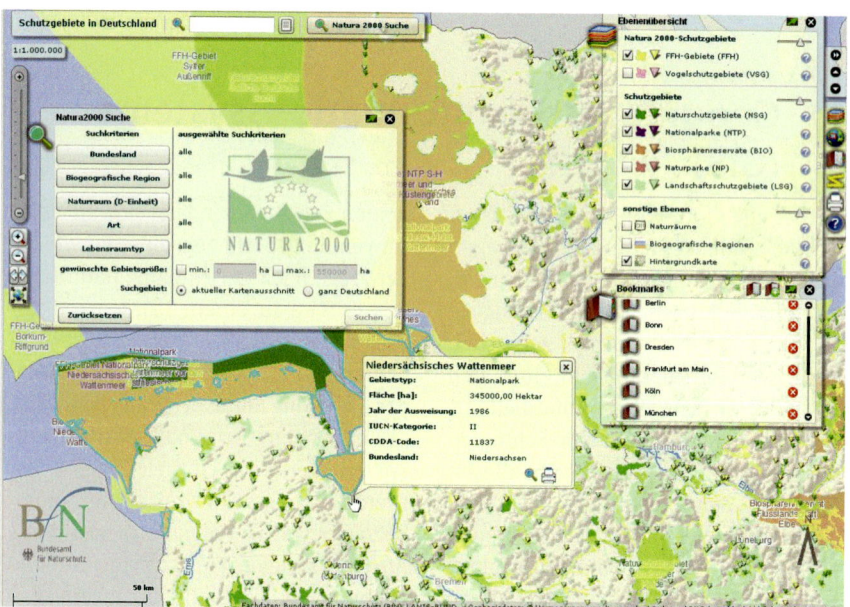

Abb. 1/2 *Schutzgebiete im Norddeutschen Tiefland; dargestellt mithilfe des Kartenviewer des Bundesamtes für Naturschutz (BfN). Auf den Karten stehen auch Zusatz-
informationen der einzelnen Schutzgebiete zur Verfügung.*

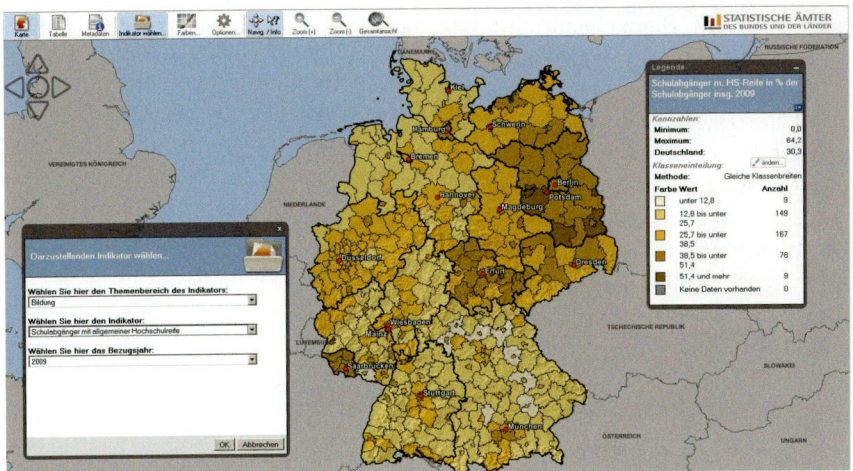

Abb. 1/3 *Schulabgänger mit allgemeiner Hochschulreife in Deutschland im Jahr 2009; dargestellt mithilfe des GIS-gestützten Regionalatlas der Bundesrepublik. Zusätzlich zur Karte kann eine Attributtabelle mit den genauen Werten der einzelnen Kreise und kreisfreien Städte aufgerufen werden.*

Geographische Informationssysteme und Regionalstatistik

Als gemeinsame Entwicklung der Statistischen Ämter des Bundes und der Länder gibt der GIS-gestützte Regionalatlas der Bundesrepublik Auskunft über wichtige Angebote der amtlichen Statistik. Der Regionalatlas greift überwiegend auf das breit gefächerte Datenangebot in der „Regionaldatenbank Deutschland" (GENESIS-Online) zu. Die Darstellungen der Themen beziehen sich auf Länder, Stadt- und Landkreise der Bundesrepublik Deutschland. Anhand einer GIS-gestützten Abfrage lassen sich leicht verständliche Informationen über die regionalen Schwerpunkte der Arbeitslosigkeit, über die Gesundheitsversorgung der Bevölkerung, Wanderungsbewegungen, über Bildung und Einkommensunterschiede nach Kreisen

abfragen und in Karten visualisieren. Die amtlichen Daten wurden mittels eines Geoinformationssystems auf den Grenzen der administrativen Gebietseinheiten abgebildet. Der Nutzer kann interaktiv nach Themen suchen und diese in verschiedene kartographische Darstellungen überführen. Der GIS-Einsatz bietet einen schnellen Vergleich zwischen Bundesländern und Kreisen.

Geographische Informationssysteme und Umweltüberwachung

Die Bereitstellung von Umweltdaten (Klima- und Wetterdaten, Bodendaten, hydrologische Kennwerte etc.) mittels Geographischer Informationssysteme ist heute operationell verfügbar und hilft somit, bei Bedarf zeitnah zu reagieren bzw. Gefahren für Mensch und Umwelt abzuwenden. Vielfältige Beispiele erge-

Abb. 1/4 GIS-gestütztes Mapping von potenziellen Fischgründen vor der indischen Küste.

ben sich aus der täglichen Überwachung von Wetterereignissen (z. B. wie die in Abbildung 1/4 dargestellte Vorhersage von potenziellen Fischgründen vor dem indischen Subkontinent) oder aus der Überwachung der Sediment- und Schadstofffracht in Flusssystemen (vgl. Abb. 1/5). Die Umweltüberwachungssysteme basieren heute überwiegend auf GIS und sind umfangreich miteinander vernetzt. Sie liefern einen schnellen Zugang auf die jeweiligen Umweltdaten, sodass sich die ergebenden Situationen zeitnah analysieren lassen.

In der Geographie und den anderen Geowissenschaften werden Internet-Technologien zunehmend für die Bereitstellung und Abgabe unterschiedlichster Geodaten genutzt. Neben der reinen Datendistribution werden in den letzten Jahren

Abb. 1/5 Sedimentfracht des Tana-River in Tansania ermittelt aus Satellitendaten und abgelegt in ein GIS-gestütztes hydrologisches Informationssystem.

aber auch Funktionalitäten über das Internet zur Verfügung gestellt (Web-GIS), die vorher nur in lokal installierten Geoinformationssystemen genutzt werden konnten. Die Folge dieser Entwicklungen zeigt sich auch in den Aktivitäten zum Aufbau von Geodateninfrastrukturen, die unter Nutzung von Internet-Standards die Interoperabilität von GIS sicherstellen. Geographische Informationssysteme ermöglichen in der Weiterentwicklung zu Geodateninfrastrukturen einen effizienten Zugriff auf räumlich verteilte Geodaten und bieten gleichzeitig über GIS-Werkzeuge die Möglichkeiten tiefgehender Datenanalyse an.

1.1 Eigenschaften von Geographischen Informationen

Die wesentliche Eigenschaft von Geographischen Informationen wird durch deren **Raumbezug** bestimmt. Im Unterschied zu herkömmlichen Informationen, die sich z. B. nur auf Alter, Größe, Geschlecht eines Menschen beziehen, beinhalten „geographische" Informationen eine räumliche Zuordnung. Solche Informationen bzw. Daten beziehen sich auf einen bestimmten Ort, das heißt, dass sie auf einer Karte und damit auch in der Realität eindeutig zugeordnet werden können – man sagt, sie sind „georeferenzierbar". Die Forderung nach **Georeferenzierung** oder **Geokodierung** (Geocoding) zeigt die enge Verbindung, die zwischen Geographischen Informationen und der Kartographie besteht.

Der Terminus Information wird definiert als Daten, an die abgeleitetes bzw. bekanntes „Wissen" geknüpft ist. Der Begriff Daten ist dabei ein Abstraktum. Daten können als Merkmalswerte bzw. Attribute verstanden werden, die sich auf einen Raum, auf die Zeit oder eine Funktion eines oder mehrerer Prozesse beziehen. Das heißt, Daten können als Merkmalswerte einen Raum repräsentieren (z. B. Flächengröße einer Waldparzelle), einen Zeitpunkt oder Zeitabschnitt kennzeichnen (z. B. 14.00 Uhr – Temperatur) oder Prozesse, das heißt funktionale Abläufe, beschreiben (z. B. spektrale Veränderung von Objekten durch Alterung). Zur Erfassung und Auswertung dieser so verschiedenartigen Daten werden insbesondere Geographische Informationssysteme (GIS) eingesetzt.

Die Geographie als integrative und interdisziplinäre Wissenschaft findet in den Geographischen Informationssystemen ihr adäquates Software-Werkzeug. Mögliche Definitionen und zugehörige Komponenten dieser Software-Werkzeuge werden in Kapitel 2 vorgestellt.

Bevor man mit der Erfassung bzw. Beschreibung eines geographischen Merkmals bzw. Objekts beginnt, soll die **Terminologie** der einzelnen Begriffe erläutert werden. Beim Studium einschlägiger Fachbücher und GIS-Softwarebeschreibungen gerät man jedoch schnell in eine Sprachverwirrung. Wortbedeutungen, das heißt die Semantik der benutzten GIS-Sprache, werden unterschiedlich ausgelegt. Da der überwiegende Teil der GIS-Literatur und der Benutzeroberflächen von GIS-Softwarewerkzeugen in englischer Sprache verfasst ist, werden dort, wo es als sinnvoll erscheint, neben der Erklärung der deutschsprachigen GIS-Terminologie die vergleichbaren oder synonymen Begriffe in der englischen Sprache in Klammern genannt.

Das Wesen eines geographischen Merkmals oder Objekts wird im angelsächsischen Sprachgebrauch durch den Begriff „Entity" (≈ Wesen) erfasst. Im vorliegenden Buch werden die Begriffe geographisches Merkmal, Objekt oder Entity als Synonyme verwendet. Ein **geographisches Objekt (entity)** bezeichnet ein geographisches Phänomen, das in sich nicht weiter teilbar ist. Ein Haus ist zum Beispiel nicht weiter teilbar in Häuser, sondern kann nur in einzelne Zimmer oder Räume aufgeteilt werden,

die wiederum für sich einzelne Objekte (entities) bilden. Ein Objekt, Merkmal oder Entity ist somit auch immer durch einen **„Identifier"** ausgewiesen. Dieser Identifier kann ein Name oder eine einfache Codenummer sein. Ein Identifier verhilft somit zur Identifikation genau eines Objekts, so wie der Personalausweis (identification card) genau eine Person ausweist. Im terminologischen Kontext der Informationsverarbeitung kommen jedoch auch Begriffe wie **„Geoobjekt"** oder **„Feature"** hinzu, die anzeigen wie sehr das Problem der Sprachkonfusion wiegt. Der Begriff Geoobjekt impliziert einen direkten Bezug zur Erde (geo ≈ griechisches Bindewort mit der Bedeutung „Erde"). Ein Feature hingegen hat im Kontext räumlicher Informationssysteme die Nebenbedeutung der Darstellung der Geoobjekte in Karten.

Im Folgenden sollen die Begriffe, welche die Eigenschaften geographischer Information erfassen und beschreiben näher erläutert werden.

1.2 Geographische Merkmale, Entitäten und Objekte (geographic features, entities, objects)

Ausgehend von der hohen Komplexität der realen Welt und dem Bestreben der Menschen, ihre Erscheinungen und Prozesse verstehen zu wollen, werden Modelle entworfen und konstruiert, die die Realität in ihren ausgewählten Aspekten möglichst getreu widerspiegeln sollen. Die dabei entstehenden Datengrundlagen gehen aus diesen Modellen hervor und bilden das Fundament zum Verständnis der abgebildeten Teilrealitäten. Eine Ansammlung räumlicher Daten zur Ab-

bildung eines Modells unserer Welt ist als Menge ausgewählter geographischer Merkmale oder Phänomene zu verstehen, die eine räumliche Datenbank (spatial database) aufbauen.

Bereits Anfang der 1980er-Jahre wurde von amerikanischen Kartographen (vgl. CODD, E. F. 1981; ROBINSON, A. & R. SALE & J. MORRISON & P. MUEHRCKE 1984) versucht, eine Standardisierung für Daten und Datenbankmodelle zu entwerfen. Dies führte 1988 durch die DCDSTF

(US National **D**igital **C**artographic **D**ata **S**tandards **T**ask **F**orce) zu einer Formulierung allgemein gültiger Definitionen für digitale kartographische Daten. Die fachliche Nähe und der nachhaltige Einfluss der klassischen Kartographie auf die Ausrichtung der zukünftigen digitalen Verarbeitung raumbezogener Daten seien hier erneut angedeutet.

Viele Definitionen und Beschreibungen der Fachtermini in diesem Buch berücksichtigen den Standard der US DCDSTF. Die wesentlichen Bestandteile der räumlichen Datenbanken bilden also Elemente, welche die Realität abbilden. Dies kann entweder das Element in der realen Welt selbst sein (Entität oder Entity) oder die Repräsentation dieser Entität in einer Datenbank (Objekt) darstellen. Der Begriff **Entität** bezieht sich also auf ein Element in der realen Welt; der Begriff **Objekt** hingegen bezieht sich auf die Präsentation dieser Entität in der Datenbank. Im Arbeitsalltag werden im Umgang mit Geographischen Informationssystemen diese Begriffe in ihrem Sinn jedoch schnell verschmelzen, sodass sie synonym gebraucht werden.

Neben den Begriffen Entität und Objekt sind die Begriffe **Symbol** und **Feature** noch als fundamentale Bestandteile räumlicher Datenbanken zu nennen. Symbole und Features sind wichtig im Zusammenhang mit kartographischen Anwendungen, da sie benutzt werden, um Entitäten/Objekte auf Karten darzustellen. Entitäten mit ähnlicher oder vergleichbarer Merkmalsausprägung können zu einem Entitätstyp (entity type oder object type) zusammengefasst werden. Ausgehend davon, dass

auf der Erdoberfläche wohl zu definierende und abzugrenzende Entitäten/ Objekte vorliegen, können fünf Informationskategorien für räumliche Entitäten definiert werden:

Informationskategorien räumlicher Entitäten:

I. Identifier (Name, Codenumber, Label, Object-ID)
II. Lagekoordinaten (position)
III. Charakteristika der Entität (attributes)
IV. Verhalten und Funktionen der Entität (behaviour und functions)
V. Räumliche Eigenschaften (spatial properties) der Entität

I. Ein **Identifier** dient der Identifikation einer einzelnen Entität oder mehrerer Entitäten aus einer entsprechenden Entitätsmenge. Der Identifier kann dabei ein Name, eine Code-Nummer oder eine andere sinnvolle Bezeichnung zur Unterscheidung sein (Object-ID). Die Belegung von Entitäten mit Namen kann in einigen Fällen zu Ungenauigkeiten führen. Der Name Frankfurt als Identifier für eine bestimmte Stadt in Deutschland kann dazu führen, dass die Forderung der Eindeutigkeit eines Identifiers verloren geht. Gibt es doch in Deutschland sowohl eine Stadt Frankfurt an der Oder als auch eine Stadt Frankfurt am Main. Zudem ist für die Pflege einer räumlichen Datenbank die zeitliche Perspektive zu berücksichtigen, da Namen sich mit der Zeit verändern können oder vollkommen verschwinden. Die Stadt Stalingrad der ehemaligen UDSSR heißt heute

Wolgograd und liegt in einem anderen Staatengefüge (Russland), sodass sich zusätzlich zur Namensänderung bezüglich der räumlichen Grenzen (hier z. B. neue Staatsgrenzen) neue Beziehungen ergeben. In den meisten Informationssystemen werden deshalb Integer-Zahlen (ganze Zahlen z. B. 123) als sogenannte ID-Numbers verwendet. Der uns vom alltäglichen Einkauf bekannte Strichcode auf den Waren ist eine andere Möglichkeit für einen Identifier. Mithilfe eines geeigneten Scanners gibt er Aufschluss über spezielle Attribute der Ware (Artikelpreis, Warenbezeichnung usw.). Beim Aufbau einer eigenen Datenbank muss die Eindeutigkeit bzw. Einmaligkeit eines Identifiers immer berücksichtigt werden. Ein Identifier kann darüber hinaus als Schlüsselattribut bei der Verknüpfung (join/link) von Daten, unterschiedlicher Datenbankdateien/tabellen fungieren.

II. Informationen über die **Lagekoordinaten** (position) einer Entität sind besonders wichtig für die Erfassung der geographischen Lage des Objekts. Gewöhnlich werden dazu numerische Koordinaten benutzt. Eine andere Möglichkeit der räumlichen Referenzierung stellen die Postleitzahlen dar, die im Bereich des Geomarketing häufig verwendet werden. Informationen über die räumliche Lage von Objekten sind in ihrer Genauigkeit häufig begrenzt. Dies kann an der Erfassung der räumlichen Koordinaten liegen (welche Instrumente wurden benutzt: GPS oder Einmessung mittels Tachymeter oder Entnahme der Koordinaten aus einer topographischen Karte?) oder an der Wahl der geographischen Projektion (Gestalt des Ellipsoids und Wahl des geographischen Datums). Ebenso können sich durch Erdbeben, Erdrutsche, Überflutungen, Küstenerosion oder andere Erdoberflächen prägende Prozesse die Lagebedingungen von Objekten ändern. Bei der Abbildung ortsgebundener Daten müssen deshalb zwangsweise Abstraktionen und Vereinfachungen vorgenommen werden, die in erster Linie vom Betrachtungs- bzw. **Erfassungsmaßstab** abhängen.

III./IV. Neben den räumlichen Eigenschaften der erfassten Entität dienen bestimmte **Charakteristika** (Attribute) zu seiner Definition und Abgrenzung. Diese Charakteristika oder Attribute einer Entität (z. B. Feuchte eines Bodens, Größe eines Sees, Einwohner einer Stadt) können direkt mit der Definition der Entität verbunden sein oder auf das **Verhalten bzw. die Funktion einer Entität** hinweisen (z. B. spektrale Verhalten einer Pflanze (Entität) in Abhängigkeit vom Chlorophyllgehalt).

V. Eng verbunden mit den Ortsangaben einer Entität sind die **räumlichen Eigenschaften** (spatial properties) eines Objekts, wie z. B. Umfang, Umriss, Fläche oder Volumen eines Objekts. In der Topologie können zudem räumliche Eigenschaften eines Objekts unabhängig von den Positionsangaben existieren (topologische Eigenschaften wie „ist enthalten"oder „beinhaltet").

Insbesondere die räumlichen Eigenschaften einer Entität weisen auf die weitergehende inhaltliche Ausrichtung eines Geographischen Informations-

Definitionen der genannten Begriffe nach DCDSTF:

Spatial data base = a set of spatially referenced data that acts as a model of reality

Entity = a real world phenomenon that is not subdivided into phenomena of the same kind

Entity type = any grouping of similar phenomena that should eventually get represented and stored in a uniform way

Spatial object = a digital representation of all or part of an entity

Spatial object type = one of a limited set of clearly defined spatial primitives and simple objects (e.g. node, chain, ring)

Feature = defined entity and its object representation on a map

Symbol = a graphic representation of an object

Attribute = a defined characteristic of an entity

Attribute value = a specific quality assigned to an attribute

Weitere Begriffe und Definitionen aus dem GIS-Bereich werden im Anhang gesondert in einem englisch/deutschsprachigen Glossar aufgenommen und erläutert.

Alle geographischen Merkmale und Objekte (Entities, Features) auf der Erdoberfläche können im zweidimensionalen Fall durch einen von drei räumlichen Objekttypen (spatial object types, feature types) charakterisiert und definiert werden. Diese „Urformen" der Merkmalserfassung und -beschreibung sind folgende räumliche Objekte:

- Punkte (Points),
- Linien (Lines),
- Flächen/Polygone (Areas) und
- Volumen (Volumes).

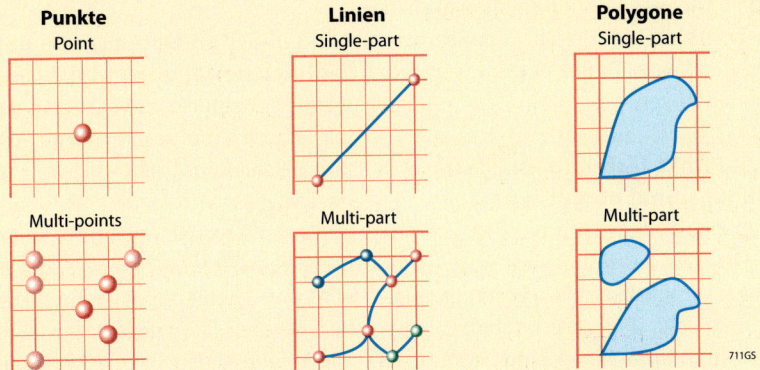

Abb. 1.2/1 *Punkt, Linie und Polygon als Grundelemente der Wiedergabe geographischer Objekte*

systems hin. Kennzeichnend für ein GIS ist über die Bearbeitung räumlicher und thematischer Attribute hinaus die Behandlung räumlicher Beziehungen der Entitäten zueinander (Verbindungen, Nachbarschaftseffekte „ist benachbart mit", Inzidenz, d. h.: Ineinanderfallen unterschiedlicher Strukturelemente, z. B. sind alle von einem Knoten ausgehende Kanten mit diesem inzident, Adjazenz, d. h.: Aneinandergrenzen gleichartiger Strukturen, z. B. sind zwei am selben Knoten endende Kanten adjazent, etc.). In einem Informationssystem kann zusätzlich zu den genannten fünf Hauptinformationskategorien zur Erfassung und Beschreibung einer Entität eine Vielzahl von unterschiedlichen Informationen aufgenommen werden. Dazu können auch Materialien über die verschiedenen Messverfahren, Informationen über Fehlergrenzen von Geräten, statistische Analysen oder anderes Dokumentationsmaterial gezählt werden. Diese zusätzlichen Informationen nennt man allgemein **Metadaten** oder **Metainformationen**. Weitere wichtige Metainformationen sind Aussagen zur Datenquelle, zum Bearbeitungsstand eines Projektes oder weiteres Expertenwissen.

1.2.1 Punkt-Daten (point data, 0-dimensional object types)

Punkt-Daten sind dann gegeben, wenn ein Ort (als Punktdatum) über eine Koordinate lokalisierbar und mit einem Merkmal oder Objekt verknüpft ist. Beispiele für Punkt-Daten sind Standorte von Wetterstationen, einzelne Höhenpunkte, Berggipfel oder Kirchturmspitzen. Bei den Punkt-Daten unterscheidet

man im angelsächsischen Sprachraum neben den unterschiedlichen Punkt-Daten (entity point, label point, area point) noch den Knoten (node), der einen Kreuzungs- bzw. Verbindungs- oder Endpunkt zwischen Linien darstellt. In der Kartographie und Topologie stellt der Punkt ein 0-dimensionales Objekt dar. Die Unterschiede der kartographischen und topologischen Sichtweise werden in Kapitel 2.4 erläutert.

1.2.2 Linien-Daten (linear data, 1-dimensional object types)

Linien-Daten sind gegeben, wenn die Lage eines Objekts durch eine Abfolge räumlicher Koordinaten beschrieben wird. Beispiele für Linien-Daten sind Flüsse, Straßen, Pipelines oder Höhenlinien. Linien-Daten gehören zu den 1-dimensionalen Objekt-Typen. Die einzelnen 1-dimensionalen Objekt-Typen (Linien, Linien-Segmente, Strings, Arcs, Links, gerichtete Links und Ketten oder Chains) werden in Kapitel 2.1.1 näher erklärt.

1.2.3 Flächen-Daten (areal data, 2-dimensional object types)

Flächen-Daten liegen vor, wenn ein Objekt durch eine geschlossene Abfolge räumlicher Koordinaten (closed string) beschrieben wird. Anfangs- und Endpunkt der Koordinatenabfolge sind identisch. Eine flächige Merkmalsausprägung wird im Allgemeinen durch ein Polygon beschrieben. Polygon-Daten sind der allgemeine Datentyp zur Beschreibung flächiger Merkmalsausprägungen. Beispiele für Polygon-Daten sind Waldflächen, Flächen klassifizierter Bodeneinheiten, geologische Einheiten, administrative Einheiten wie die Bundesländer Deutschlands oder Klimazonen. Für die meisten Polygone wird zunächst angenommen, dass sie in sich homogen sind. Die unterschiedlichen Flächen-Daten werden in Kapitel 2.1.1 näher definiert.

1.2.4 Volumen (volumes, 3-dimensional object types)

Entitäten, die als Volumen definiert werden, bringen die 3. Dimension mit in die Betrachtung ein. Die Höhe von Objekten bzw. Tiefe (z. B. eines Sees) werden durch diese dreidimensionalen Daten beschrieben. Die Volumen-Daten sind insbesondere in der Geologie, Ozeanographie, Klimatologie oder Architektur von Bedeutung. Zusammenfassend kann festgehalten werden, dass jedes geographische Phänomen im Prinzip durch Punkte, Linien oder Polygone (Flächen) wiedergegeben und erfasst werden kann. Die Abbildung 1.2/1 zeigt die drei Grundelemente geographischer Information.

Im Allgemeinen werden alle Typen geographischer Objekte durch geeignete Identifier gekennzeichnet. Jedes Objekt besitzt einen Identifier, der nur einmal an ein individuelles Objekt vergeben wird. Auf diese Weise wird es unverwechselbar und eindeutig identifizierbar. Diese Identifier oder Beschreibungen verweisen auf ein Label des Objekts. Diese Labels unterscheiden geographische Objekte gleichen Typs voneinander, wie zum Beispiel Wetterstationen sich untereinander durch ihre Höhenlage oder ihren Namen unterscheiden. Labels können also in Form eines Namens (z. B. Wetterstation Zugspitze), einer Beschreibung (z. B.

Höhenlage 2959 m ü. M.) oder einer einzelnen Integer-Zahl (z. B. 123) ein Objekt definieren. Jedes Label ist dabei einzigartig und bietet die Möglichkeit, das jeweilige Objekt mit einem Satz von Attributdaten zu verbinden. Dabei ist noch wichtig zu erwähnen, dass geographische Objekte und die zu ihrer Darstellung benutzten Symbole (Punkte, Linien, Polygone) sehr stark vom gewählten Maßstab abhängig sind. Einige Objekte können bei einem kleinen Maßstab nur als Punkte dargestellt werden (z. B. Dörfer auf einer Karte im Maßstab 1 : 1 000 000) oder gehen bei größer werdendem Maßstab in eine flächige Darstellung über (z. B. Dörfer auf einer Karte im Maßstab 1 : 10 000). Die Genauigkeit der Verortung einzelner Objekte nimmt mit kleiner werdendem Maßstab an Unschärfe zu. Die zunehmende Generalisierung der Objekte mit kleiner werdendem Maßstab ist ein charakteristisches Problem, das aus kartographischen Anwendungen bereits bekannt ist (vgl. Abb. 1.2.4/1). Für die zukünftige Arbeit mit Geographischen Informationssystemen muss beachtet werden, dass Daten bzw. Objekte zwar immer weiter auf einen kleiner werdenden Maßstab hin generalisiert werden können, aber eine höhere Detailgenauigkeit aus Daten einer kleineren Maßstabsebene nicht abgeleitet werden kann.

Es sei daran erinnert, dass mit kleiner werdendem Maßstab (z. B. von 1 : 15 000 zu 1 : 100 000) die relative Größe der darzustellenden Objekte (features) abnehmen muss und Folgendes eintreten kann: Einige Objekte können beim Zoomen unsichtbar werden, weil sie nicht mehr darstellbar sind.

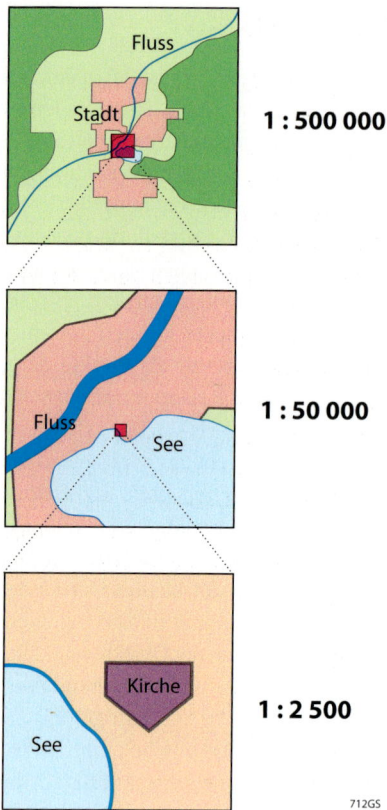

1 : 500 000

1 : 50 000

1 : 2 500

712GS

Abb. 1.2.4/1 *Abbildungen eines Raumausschnitts in unterschiedlichen Maßstabs-
ebenen*

Die Darstellung der Objekte kann sich
verändern (z. B. von Flächen zu Linien
oder Punkten). Ein Dorf oder eine Stadt,
deren Umrisse im Maßstab 1 : 15 000
noch durch Polygone dargestellt wurden,
können sich im Maßstab 1 : 100 000 zu
einem Punktsymbol verändern.
Die dargestellten Features verändern
sich in ihrem Aussehen so, dass die
Begrenzungen weniger detailliert sind
und immer stärker generalisiert werden.

Andere Objekte oder Erscheinungen wie
zum Beispiel Klimazonen werden erst ab
einem kleineren Maßstab besser unter-
scheidbar (z. B. 1 : 1 000 000).
Bei der Bewertung unterschiedlicher
Datenquellen für GIS-Anwendungen soll-
te man immer bedenken, dass die Nut-
zung bzw. der Vergleich geographischer
Daten, die aus völlig unterschiedlichen
Datenquellen stammen, zu signifikanten
Fehlern in der räumlichen Datenverarbei-
tung führen kann.
Heute spricht man allgemein in der GIS-
Welt von **Geoinformationen**, welche
Informationen über Objekte und Sach-
verhalte mit Raumbezug darstellen. Im
Rahmen der Geoinformationen sind
Geodaten rechnerlesbare Geoinforma-
tionen und stellen den Oberbegriff für
Geobasisdaten und **Geofachdaten** dar.
Geobasisdaten sind alle topographischen
Grundlagendaten und Geofachdaten sind
zum Beispiel Daten über Klima, Umwelt,
Wirtschaft oder Bevölkerung. Die Geoba-
sisdaten liegen in regional und temporär
unterschiedlichen Bezugssystemen vor,
deshalb ist im Rahmen der Katastermo-
dernisierung für Europa eine Umstellung
auf ein einheitliches Bezugssystem, das
ETRS89 (**E**uropäisches **T**errestrisches
Referenz**s**ystem 1989), beschlossen worden. Das **ETRS89** ist ein einheitliches
System, das die Verknüpfung von GNSS-
Positionierungen mit Geobasisdaten ermöglicht. Allerdings unterscheidet sich
das ETRS89 vom derzeitigen **D**eutschen
Haupt**d**reiecks**n**etz (DHDN) durch die
zugrunde liegenden Ellipsoide. Die Bezugsellipsoide von ETRS89 und DHDN
haben jeweils andere Dimensionen und
sind unterschiedlich im Raum gelagert.

Deshalb können sich Koordinaten gleicher Orte um km-Beträge unterscheiden. Das DHDN bezieht sich auf das Besselellipsoid in der Lagerung der Deutschen Landesvermessung (sog. Potsdam-Datum), das ETRS89 auf das weltweit vereinbarte GRS80-Ellipsoid in der Lagerung des Europäischen Referenznetzes von 1989. Das ETRS89 ist als 3D-System definiert. Die Abbildung in die Ebene wird durch die UTM-Abbildung des ETRS89 vollzogen. Der Vorteil gegenüber der ehemaligen Gauß-Krüger-Abbildung ist, dass wesentlich größere Flächen in einem System abgebildet werden (vgl. S. 26, Exkurs zur Umstellung von DHDN auf ETRS89).

Die Nutzung unterschiedlicher Daten aus unterschiedlichen Quellen und Maßstabsbereichen setzt eine umfangreiche Evaluierung der Daten voraus. Dies gilt auch für den Datenaustausch zwischen unterschiedlichen GIS-Softwaresystemen. Diese Problematik wird im Kapitel 6 anhand der INSPIRE-Initiative noch intensiver beleuchtet.

Zusammenfassung

- Geographische Objekte (Geo-Objekte) werden als Entitäten, Objekte oder Features bezeichnet, wobei die Urformen zur Erfassung dieser Geo-Objekte Punkte, Linien oder Flächen sind.
- Jedes geographische Phänomen bzw. Objekt kann prinzipiell durch Punkte, Linien oder Polygone (Flächen) wiedergegeben und erfasst werden.
- Die Darstellung der Geo-Objekte ist dabei empfindlich abhängig von der gewählten Maßstabsebene.
- Allgemein spricht man heute in der GIS-Welt von Geodaten, die sich in Geobasisdaten (topographische Grundlagen) und Geofachdaten (thematische Daten) aufteilen lassen.

Zum Einlesen

IMAGI (INTERMINISTERIELLER AUSSCHUSS FÜR GEOINFORMATIONSWESEN): Geodienste im Internet – ein Leitfaden (www.imagi.de)

IMAGI-BROSCHÜRE: „Geoinformation und moderner Staat" (www.bmi.bund.de/SharedDocs/Downloads/DE/Themen/OED_Verwaltung/Geoinformation/imagi.pdf?_blob=publicationFile)

IMAGI-BROSCHÜRE: „Geoinformation im globalen Wandel" Eine Festschrift zum 10jährigen Bestehen des Interministeriellen Ausschusses für Geoinformationswesen (IMAGI) (www.imagi.de/download/flyer_broschueren/Jubilaeumsschrift_IMAGI.pdf)

Die vom IMAGI herausgegebenen Broschüren sind praktische Leitfäden für die Nutzung moderner Geoinformationen sowie für den Aufbau und Betrieb webbasierter Geo-Dienste. Darüber hinaus enthalten die Broschüren weiterführende Links.

1.3 Karten und räumliche Information

Die gängige Methode, geographische Objekte im Raum darzustellen und zu identifizieren ist seit jeher die Anfertigung einer Karte. Seit der Antike werden Karten oder kartenähnliche Darstellungen genutzt, um raumbezogene Informationen darzustellen. Nach G. HAKE (1982, S. 25) wird die Karte als eine „maßstäblich verkleinerte, generalisierte und erläuterte Grundrissdarstellung von Erscheinungen und Sachverhalten der Erde, der anderer Weltkörper und des Weltraumes in einer Ebene" definiert.

Eine Karte lässt sich somit als vereinfachtes Modell der Erde oder eines Erdausschnitts ansehen. Dieser „Modellcharakter" der Karte ist vielfältig. Da die Karte Objektzusammenhänge und damit räumliche Strukturen erkennbar macht, ist sie demnach ein Strukturmodell. Weiterhin kann eine Karte wegen ihrer spezifischen Kartengrafik in Bezug auf die dargestellten Objekte symbolhaft sein, man kann sie also als Symbolmodell auffassen. Schließlich ist eine Karte ein grafisches Modell, das aus einem digitalen Modell (Digitales Kartographisches Modell – DKM) entstanden sein kann.

Die vorliegende Einführung in die Geographischen Informationssysteme kann das kartographische Grundlagenwissen nicht in voller Breite darlegen. Es soll aber darauf hingewiesen werden, dass aus kartographischer Sicht Darstellungen, die durch ein GIS erzeugt wurden, die Bezeichnung „Karte" oftmals nicht verdienen, da sie den elementaren kartographischen Ansprüchen meistens nicht genügen. Dies zeigt zum einen, dass Kartographie und GIS eng verbunden sein können, zum anderen aber von ihrer inhaltlichen Aufgabe gesehen grundsätzlich verschiedene Ziele verfolgen.

Die Karte umfasst neben dem eigentlichen Karteninhalt (Kartenbild), den Kartenrahmen und die Kartenlegende (Kartenrand). Die Kartenlegende ist der Informationsschlüssel, der die nicht-räumlichen Attributdaten mit den geographischen Objekten auf der Karte verbindet. Eine Waldbedeckungsklasse (z. B. Laubwald, Nadelwald, Mischwald) kann durch eine Farbe, ein linienhaftes Symbol oder durch eine Flächenschraffur dargestellt werden.

Geographische Daten unterscheiden sich von Attributdaten dadurch, dass sie georeferenziert sind und sich auf ein Koordinatensystem beziehen. Aus einer Reihe von existierenden Koordinatensystemen werden für das Arbeiten mit einem GIS vor allem Folgende eingesetzt: **Geographische Koordinaten** wie **geographische Länge** (λ) und **Breite** (φ), z. B. Lage des Rathausturms in Berlin-Mitte ist durch die geographischen Koordinaten l = 13° 24' 36,01'' und j = 52° 31' 11,65'' festgelegt.

In Deutschland sind die **Gaußschen Koordinaten** von besonderer Bedeutung. C. F. Gauß hat für die von ihm geleitete Hannoversche Landesvermessung (1822 – 1847) das Verfahren der winkeltreuen (konformen) Abbildung mit längentreuem Hauptmeridian entwickelt. Die von C. F. Gauß hinterlassene Darstellung hat L. Krüger vervollständigt. Daher führen die Gaußschen Koordi-

Gauß-Krüger-Koordinaten

Aufbau und Struktur des Gauß-Krüger-Systems in Deutschland: Meridianstreifen mit längentreuen

- Haupt-/Mittelmeridianen im 3°-Abstand (6°, 9°, 12°, 15° E)
- X-Werte/Hochwerte (Abszisse): vom Äquator beginnend gezählt
- Y-Werte/Rechtswerte (Ordinate)

  1. **Ziffer:** Kennziffer Längengradzahl des Hauptmeridians/3)

  2. **Ziffer:** +500 000 m zur Vermeidung von negativen Werten

  3. **– 7. Ziffer:** Abstand vom Hauptmeridian [in mm]

Koordinatenursprung ist der Schnittpunkt des Mittelmeridians mit dem Äquator

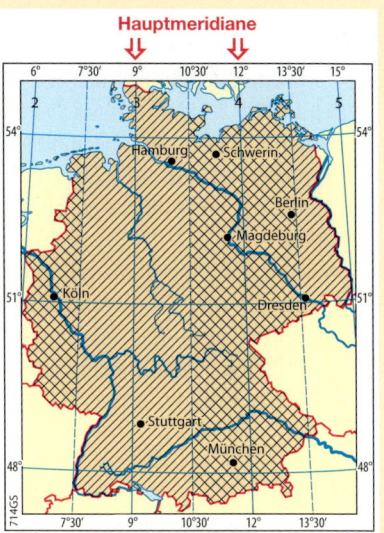

Abb. 1.3/1 *Aufbau und Struktur des Gauß-Krüger-Systems in Deutschland*

naten in Deutschland die Bezeichnung Gauß-Krüger-Koordinaten. Im englischsprachigen Ausland heißen sie transversale Mercator-Koordinaten. Aus diesen Überlegungen hat sich auch die international genutzte Universale Transversale Mercator (**UTM-Projektion**) ergeben. Der Rathausturm in Berlin-Mitte hat folgende Gauß-Krüger-Koordinaten, die sich je nach Bezugsmeridian unterscheiden. Im System des 12. Längengrades hat er einen Rechtswert (Ordinatenwert) von R12 = 45 95 696,00 m und einen Hochwert (Abszissenwert) von H12 = 58 21 529,20 m. Im System des 15. Längengrades hat er einen Rechtswert von R15 = 53 92 088,39 m und einen Hochwert von H15 = 58 21 783,04 m. Der

Ordinatenfußpunkt ist im ersten System 58 21 529,20 m, im zweiten System 58 21 783,04 m vom Äquator entfernt. Die Gaußsche Ordinate ist im ersten System + 95 696,00 m (der Punkt liegt östlich des Hauptmeridians von 12°), im zweiten System – 107 911,61 m (der Punkt liegt westlich des Hauptmeridians von 15°) vom Hauptmeridian entfernt.

Die international verwendete UTM-Projektion ist im GIS-Bereich und bei der Arbeit mit Satellitenbildern, die sich mit ausländischen Regionen beschäftigen, unentbehrlich geworden. Auch in Deutschland werden die Gauß-Krüger-Koordinaten sukzessive durch UTM-Koordinaten ersetzt.

In der UTM-Projektion wird die Erdfläche zwischen 80° nördlicher und 80° südlicher Breite in Zonen eingeteilt, die eine Ausdehnung von jeweils 6° aufweisen. Diese 6°-breiten Streifen sind beginnend beim 180° Meridian nach Osten fortschreitend von 1 bis 60 nummeriert. Ausführliche Beschreibungen der einzelnen Projektionen finden sich bei G. Hake (1982).

Zusammenfassend kann festgehalten werden, dass die Erstellung von Karten eine traditionelle Methode zur Darstellung von geographischen Informationen und damit zur Abbildung bzw. Doku-mentation (im Sinne vom Speichern) der realen Welt ist. Eine Karte stellt im Wesentlichen drei Arten von Informationen über Objekte dar:

1. Lage oder Position des Features und seine räumliche Ausdehnung,
2. Charakteristika (Attribute) des Features,
3. Beziehungen des Objekts auf der Karte (Feature) zu anderen Features.

UTM-System

- Die Universal Transverse Mercator Projektion (UTM) benutzt die folgenden Ellipsoide: International Spheroid, Clarke 1866-Ellipsoid (Afrika), Clarke 1880-Ellipsoid (Nordamerika), Everest- oder Bessel-Ellipsoid (vgl. Ausführungen von Maling, D. H. 1992)
- Die Projektion ist vergleichbar der Gauß-Krüger-Version der Transversalen Mercator-Projektion.
- Die Projektion deckt für die Kartenerstellung nur den Bereich von 84° Nord bis 80° Süd ab.
- Die Einheit der UTM-Projektion ist das Meter (m).
- Die UTM-Projektion teilt die Erde von Ost nach West in 60 Längen-Zonen mit jeweils 6° Spannbreite ein. Die Längen-Zonen werden dabei von West nach Ost durchnummeriert, startend mit Längen-Zone 1, die ihre westliche Begrenzung am 180° Meridian findet.
- Die UTM-Projektion teilt die Erde, beginnend am Äquator, von Nord nach Süd in 20 Breiten-Zonen ein. Die nördlichste und südlichste Zone besitzen eine Breitenerstreckung von 12°, alle anderen Breiten-Zonen weisen eine Breitenabdeckung von 8° auf.
- Jede Zone des UTM-Systems hat ihr eigenes Koordinatensystem.
- Der Rechtswert (easting) jeder Zone erhält den Wert 500 000, um negative Koordinatenwerte bei Ortsangaben zu vermeiden. Für die südliche Hemisphäre wird dem Äquator der Wert 1 000 000 zugewiesen und für die nördliche Hemisphäre erhält der Äquator den Wert 0.

Aufbau und Struktur des UTM-Koordinatennetzes (Meldegitter) für den Bereich Deutschland

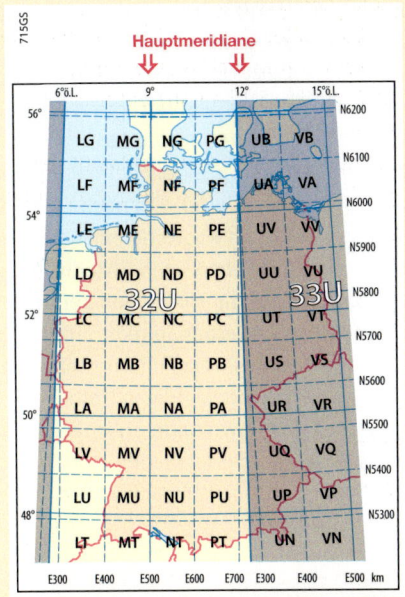

- Meridianstreifen mit Haupt-/mittelmeridianen im 6°-Abstand (3°, 9°, 15° E), insges. 60 *„Zonen"*
- Zählbeginn der Hauptmeridiane/Zonen bei 177° W (→ 9° E = Zone 32)
- innerhalb der Zonen „Bänder" mit 8° Abstand, beginnend bei 80° S mit dem Buchstaben C (→ 48°–56° = Band U)
- Abdeckung von 84° N bis 80° S

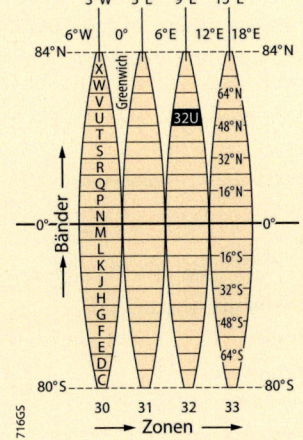

- X-/Hochwerte (Abszisse vom Äquator beginnend gezählt
- Y-/Rechtswerte (Ordinate) beginnend mit +500 km zur Vermeidung negativer Werte

Abb. 1.3/2 *Schematischer Aufbau der Universal Transverse Mercator Projektion (UTM) für Deutschland*

Umstellung von DHDN (Gauß-Krüger Koordinaten) auf ETRS89 (UTM Koordinaten)

Zur Transformation von Daten, basierend auf der Gauß-Krüger-Abbildung (auf Basis des DHDN), in die UTM-Abbildung (auf Basis des ETRS89) stellt die Arbeitsgemeinschaft der Vermessungsverwaltungen der Länder (AdV) den neuen Ansatz „Bundeseinheitliche Transformation für ATKIS (BeTA2007)" zur Verfügung. Dieser nutzt den international verwendeten und als OpenSource verfügbaren Ansatz „National Transformation Version 2" (NTv2). Dieser Ansatz ermöglicht im Rahmen der Transformation den notwendigen Datumsübergang von DHDN nach ETRS89 mithilfe von Shiftwerten (Differenzen der geographischen Koordinaten zwischen DHDN und ETRS89). Die Shiftwerte wurden in einem regelmäßigen Gitter (Gitterweite 6'x10') für das Gebiet Deutschlands festgelegt. Die Transformation der topographischen Daten erreicht eine ausreichende Submetergenauigkeit über die Bundesländergrenzen hinweg. Die Internetseite der AdV führt zur Internetseite des Bundesamtes für Kartographie und Geodäsie, auf der alle notwendigen Unterlagen, wie die Beschreibung zu BeTA2007 einschließlich der Downloadmöglichkeit von Gitterdatei und Dokumentationen bereitstehen (www.adv-online.de).

Wichtige Bezugsellipsoide und ihre Größenordnungen:

Erdmaße nach:	Große Halbachse a	Kleine Halbachse b	Abplattung f f = (a – b) : a	Volumengleiche Kugel mit dem Radius R (gerundet)
Bessel (1841)	6 377 397,155 m	6 356 078,963 m	1 : 299,1528	6 370,28 km
Hayford (1909)[1]	6 378 388 m	6 356 911,946 m	1 : 297,0	6 371,221 km
Krassowskij (1940)[2]	6 378 245 m	6 356 863,019 m	1 : 298,3	6 371,101 km
GRS-80 (1979)[3]	6 378 137,000 m	6 356 752,31414 m	$3,352810681\ 18 \cdot 10^{-3}$	6 371 km
WGS-84[4]	6 378 137,000 m	6 356 752,31425 m	$3,352810664\ 74 \cdot 10^{-3}$	6 371 km

[1] Dieses Ellipsoid wurde 1924 als Internationales Ellipsoid empfohlen.

[2] Wurde in der UdSSR und in allen Staaten des Warschauer Vertrages für die militärischen topographischen Karten verwendet.

[3] Geodetic Reference System 1980; die Ellipsoidparameter wurden im Dezember 1979 von der International Union of Geodesy and Geophysics (IUGG) bestimmt. Es ist das Bezugsellipsoid des ETRS89.

[4] World Geodetic System 1984; Bestimmung des WGS durch Navigation Satellite Timing and Ranging –Global Positioning System (NAVSTAR-GPS).

1.3.1 Allgemeine Koordinatensysteme für GIS-Arbeiten

Die Koordinaten eines Objekts definieren die Lage dieses Objekts auf der Erdoberfläche. Sie basieren dabei auf der Abweichung von einem zuvor festgelegten Ort (Koordinatenursprung). Man unterscheidet ebene (planare) und dreidimensionale Koordinatensysteme (vgl. BILL, R. 1996, S. 5 f.). Als ebenes Koordinatensystem werden insbesondere im Rahmen von GIS-Projekten die **kartesischen Koordinaten** genutzt. Das kartesische Koordinatensystem ist festgelegt durch einen Koordinatenursprung (origin) und zwei Koordinatenachsen, die im rechten Winkel zueinander stehen und in einer vorher festgelegten Richtung durch den Koordinatenursprung des Systems gehen. Nach allgemeiner Konvention werden die Achsen als x- und y-Achse benannt. Die x-Achse ist die horizontal verlaufende Achse, die y-Achse verläuft rechtwinklig vertikal dazu. Im Allgemeinen befindet sich die y-Achse in Gegenuhrzeigersinn (anticlockwise) zur x-Achse. In der englischsprachigen Literatur spricht man auch häufig von „east" oder „easting" für die x-Achse und „north" oder „northing" für die y-Achse. Die Koordinaten eines Punktes in diesem System werden als lineare Entfernungen vom Ursprung in Richtung der Achsen gemessen. Das Ergebnis ist ein Koordinatenpaar der Form (x, y).

Aus den kartesischen Koordinaten können direkt die Distanzen zwischen Punkten berechnet werden. Die sogenannte **euklidische** (oder Pythagoras) **Distanz** ist als gerade Linie vom Punkt (x1, y1) zum Punkt (x2, y2) definiert. Die Distanz zwischen beiden Punkten ergibt sich aus:

$$D = \sqrt{(x_1 - x_2)^2 + (y_1 - y_2)^2}$$

Ein anderes Vorgehen der Distanzbestimmung stellt die **Manhattan Metric** dar. Die Manhattan Metric geht von einem rechtwinkligen Routenverlauf parallel zur x- und y-Achse bei der Bestimmung der Distanz aus. Die Manhattan Metric lässt sich herleiten durch:

$$D = |x_1 - x_2| + |y_1 - y_2|$$

Bei der Wahl der Manhattan Metric haben alle Alternativrouten die gleiche Länge, da das Verfahren annimmt, dass die Distanzschritte parallel zu den Achsen verlaufen. Verläuft die Distanz nicht in parallelen Schritten zu den Achsen (sondern diagonal), so kann der Fehler bei der Distanzbestimmung bis zu 41 Prozent betragen. Das Beispiel der Distanzfunktionen zeigt deutlich die empfindliche Abhängigkeit der Abstände zwischen Punkten von der Wahl der Distanzfunktion. Je nachdem, welche Metrik zugrunde liegt, können zu kurze oder zu lange Abstände entstehen. Dies ist besonders im Rasteransatz zu berücksichtigen.

Bei der Speicherung der Koordinaten als Zahlen im Computer müssen konzeptionell zwei wichtige Fragen berücksichtigt werden:

1. Sollen die Koordinaten als Integer- oder Real-Zahlen gespeichert werden?
2. Wie hoch ist die Genauigkeit der Daten bei der Speichererfassung?

Integer-Zahlen sind ganze Zahlen, die optional mit einem Minuszeichen versehen werden können, um negative Werte anzuzeigen. Mathematisch stellen Integer-Zahlen diskrete Werte dar, da der Abstand zwischen den aufeinanderfolgenden Zahlen jeweils ‚1' beträgt. Real-Zahlen hingegen können als Dezimalzahlen ausgedrückt werden und weisen einen kontinuierlichen Zahlenverlauf auf. Real-Zahlen werden in GIS-Programmen auch oft als Gleitkommazahlen (floating point numbers) in Form eines Zahlenpaares (a, b) dargestellt. Die erste Ziffer a stellt den eigentlichen Wert dar, die zweite Ziffer b bestimmt den Exponenten, durch den die Position der Dezimalstelle festgelegt wird. Die resultierende Zahl ist das Produkt aus a•10b (vgl. Exkurs: Zahlentypen und ihre Bedeutung).

Zahlentypen, Skalenniveaus und ihre Bedeutung

Zahlentyp	Erlaubte Werte	Erlaubte Operationen
Boolean	0 oder 1	logische und Indikator-Operationen, wahr/falsch
Nominal	Jegliche Buchstabenfolge	logische Operationen, Klassifikationen und Identifikationen
Ordinal	Zahlen von 0 bis ∞	logische und Rang-Operationen, Größenvergleiche
Integer	Ganze Zahlen von -∞ bis +∞	logische Operationen, Integer-Arithmetik
Real	Gleitkommazahlen mit Dezimalstellen von -∞ bis +∞	Alle logischen und numerischen Operationen

Logische Operationen können mit allen Zahlentypen ausgeführt werden, arithmetische Operationen sind limitiert auf Integer- und Real-Zahlen.

Folgende Beispiele seien für die unterschiedlichen Skalenniveaus kurz dargestellt:

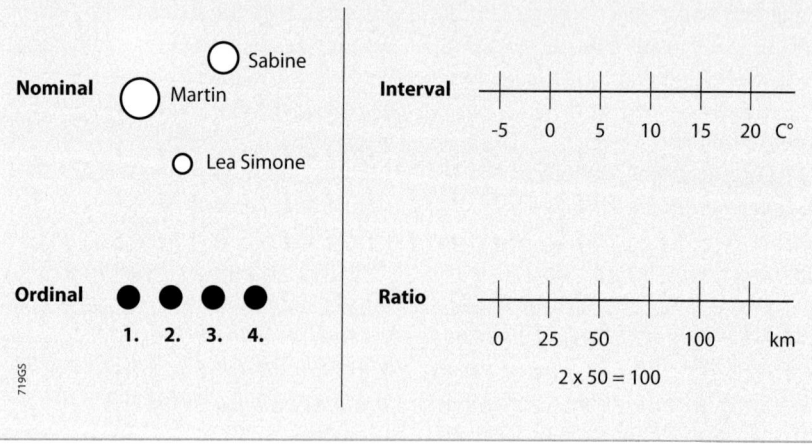

71GGS

Bei der elektronischen Datenverarbeitung ist die Speicherung der Zahlen durch die zugrunde liegende Hardware beschränkt. Integer-Zahlen werden im Computer oft als 16-bit-Werte abgespeichert und weisen dann eine maximale Wertespannbreite von $-32\,767$ bis $+32\,767$ auf. Die Gleitkommazahlen können mit einfacher oder doppelter Genauigkeit (single oder double precision) gespeichert sein. „Single precision" – Gleitkommazahlen beanspruchen 32 bits oder 4 bytes Speicher für jeden Wert. Dies entspricht sieben signifikanten Dezimalstellen. „Double precision" – Gleitkommazahlen beanspruchen 64 bits oder 8 bytes an Speicher. Dies entspricht 15 bis 16 Dezimalstellen. Die Frage nach der Genauigkeit der Zahlenabspeicherung gewinnt an Bedeutung, wenn durch umfangreiche Berechnungen (Division, Multiplikation) weitere Dezimalstellen erzeugt werden, die eventuell den Speicherbereich des Computersystems überschreiten.

Die Speichergenauigkeit kartesischer Daten in einem GIS-Projekt ist von zwei Faktoren abhängig:
1. der Größe des Untersuchungsgebiets,
2. der Auflösung bzw. der Genauigkeit der Messungen im Untersuchungsgebiet.

Hat ein Untersuchungsgebiet zum Beispiel einen Durchmesser von 10 km und die Auflösung der Messungen im Gebiet beträgt 10 cm, so würde dies einen Wertebereich von 0 bis 105 erzeugen. Das System benötigt 5 signifikante Dezimalstellen oder 15 bits (binary digits) zur Abspeicherung. Das Computersystem bietet in diesem Fall eine höhere Datenauflösung als die, die von den Daten verlangt wird. Die Daten werden also mit einer höheren Genauigkeit gespeichert, als die eigentliche Datenaufnahme vorgibt. Bei GIS-Operationen ist es deshalb wichtig zu betrachten, auf welche Weise bestimmte Analysen (z. B. Distanzberechnung) von der Genauigkeit der zugrundeliegenden Datenbank eventuell beeinflusst werden könnten.

Im GIS-Bereich wird neben den kartesischen Koordinaten auch oft mit Polarkoordinaten gearbeitet. Polarkoordinaten definieren ebenfalls ein ebenes Koordinatensystem, wobei die Distanz zu einem Koordinatenursprung (r) und der Winkel (a) zu einer vorher festgelegten Richtung die Lage eines Punktes bestimmen. Die vorher festgelegte Richtung ist gewöhnlich die Nordrichtung, von der der Winkel im Uhrzeigersinn gemessen wird. Da man bei den Polarkoordinaten von einem festen Bezugspunkt ausgeht (Citycenter, Radarbodenstation etc.), eignen sich diese besonders gut für die Einmessung von Punkten.

Die Koordinaten zwischen dem kartesischen (x,y) - und dem Polarkoordinaten (r, a) – System können dabei leicht transformiert werden:

$$x = r \cdot \sin(\alpha)$$
$$y = r \cdot \cos(\alpha)$$
$$\text{mit } r = \sqrt{(x^2 + y^2)}$$
$$\text{und } \alpha = \arctan(x / y).$$

Bezogen auf einen Festpunkt kann im Polarkoordinatensystem durch die Angabe einer Strecke und eines Richtungswinkels jeder andere Punkt im Polarkoordinatensystem angegeben werden.

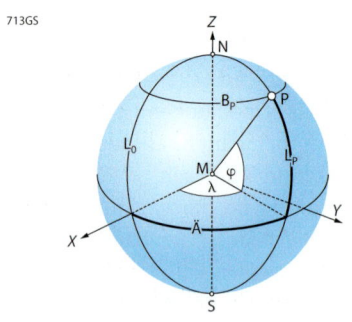
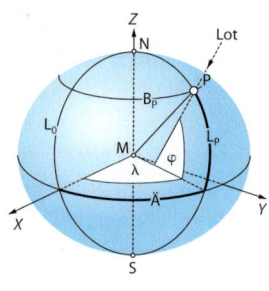

Einfache Rechenformeln bei Annahme der Erdfigur als <u>Kugel</u>:
- Umfang aller Großkreise (incl. Äquator / Längenkreise): $2\pi R \approx 40023$ km
- Umfang eines Breitenkreises mit der Breite φ: $2\pi R \cdot \cos \varphi$
- Länge eines Breitenkreisabschnittes zwischen λ_1 und λ_2: $2\pi R \cdot \cos \varphi \, (\lambda_1 - \lambda_2)°/360°$
- Oberfläche der Kugel: $4\pi R^2 \approx 510{,}1$ Mio km²
- Oberfläche der Kugelzone zwischen den Breitenkreisen: $2\pi R^2(\sin \varphi_1 - \sin \varphi_2)$
- Oberfläche der Kugelzone zwischen: φ_1 / φ_2 und λ_1 / λ_2: $2\pi R^2(\sin \varphi_1 - \sin \varphi_2)\Delta\lambda°/360°$

Abb. 1.3.1/1 *Geographische Breite und Länge sowie zugehörige Rechenformeln bei Annahme der Erdfigur als Kugel (nach HAKE, G. et al 2002, S. 45)*

Erdzentrische Koordinatensysteme definieren ihren Koordinatenursprung im Erdschwerpunkt. Durch die Annäherung der Erdoberflächengestalt an ein Ellipsoid kann die Position eines Punktes an der Erdoberfläche durch ein geographisches Koordinatensystem (j, l, h) oder durch ein kartesisches Koordinatensystem (x, y, z) bestimmt werden. Die λ-Linien beschreiben geodätische Meridiane und die l-Linien geodätische Parallelkreise (engl. Meridian ≈ line of constant longitude; parallel ≈ line of constant latitude). Die Linie h verläuft entlang der Ellipsoidennormalen.

Um Koordinaten im geographischen System zu bestimmen, kann mit einer Linie, die Nord- und Südpol miteinander verbindet (Meridian), begonnen werden. Dann wird die geographische Breite (j, latitude) als Winkel zwischen dem zu bestimmenden Punkt und der Äquator-ebene entlang des Meridian gemessen. Die geographische Breite hat dabei einen Wertebereich von –90° (Südpol) bis +90° (Nordpol). Die geographische Länge (l, longitude) wird als Winkel auf der Äquatorebene zwischen dem Meridian des zu bestimmenden Punktes und einem Hauptmeridian (0°- Hauptmeridian von Greenwich, England) gemessen. Die Spannweite der geographischen Länge reicht ausgehend vom Zentralmeridian bis –180° nach Westen und +180° nach Osten. Ist die geographische Länge und Breite zweier Punkte bekannt, so kann die Großkreisdistanz (GKD) zwischen den Punkten berechnet werden durch:

GKD = R • arccos [sin(φ_1) • sin(φ_2) + cos(φ_1) • cos(φ_2) • cos($\lambda_1 - \lambda_2$)]

R = Radius der Erde

Da geographische Länge und Breite in Grad, Minuten und Sekunden gemessen werden und die Geographischen Informationssysteme über diese Einheiten nicht verfügen, werden innerhalb von GIS-Programmen Länge und Breite als Dezimalstellen gespeichert. Eine Längengradsekunde entspricht auf der Erde ca. 30 m. Zur Speicherung der globalen Erddaten in einer Auflösung von 1 Sekunde werden $60 \cdot 60 \cdot 360 \approx 10^7$ Längengradsekunden benötigt. 10^7 Längengradsekunden belegen wiederum 7 Dezimalstellen oder entsprechen einer Speichergenauigkeit von 21 bit. Ein auf 32 bit Genauigkeit basierendes GIS-System kann deshalb global eine höhere Auflösung als 30 m erzielen.

1.3.2 Kartenprojektionen

Kartenprojektionen sind mathematische Funktionen, welche die Positionen (Lagekoordinaten) einzelner Objekte der „Erdkugel" (Ellipsoid) auf einer Ebene abbilden. Mathematisch werden durch die unterschiedlichen Projektionen die Koordinaten der krummlinigen Koordinatensysteme (ϕ, λ) zu planaren Koordinaten (x, y) oder (r, α) transformiert. Werden die krummlinigen Koordinaten des Ellipsoids oder Kugel nun auf die Fläche in ein ebenes kartesisches Koordinatensystem transformiert, so müssen auch die gemessenen Strecken und Winkel in die Ebene abgebildet werden. Die Winkel und Strecken werden bei dieser Transformation „verzerrt". Es kommt zur Flächen-, Winkel- oder Längenverzerrung. Je nachdem, welche Verzerrungen durch die Transformation entstehen, spricht man von ordinatentreuen (län-

gentreuen), konformen (winkeltreuen) und flächentreuen Projektionen. Wichtig ist hierbei zu erwähnen, dass keine Abbildung der Kugel auf eine Ebene existiert, bei der es keine Verzerrungen gibt. Bei der Transformation von krummlinigen Koordinaten auf ein ebenes System können nicht alle drei Eigenschaften (längentreu, winkeltreu, flächentreu) erhalten bleiben. In der Ebene sind nur Abbildungen möglich, bei denen einzelne Eigenschaften erhalten bleiben. Eine einfache Transformation stellt zum Beispiel die Mercator-Transformation dar:

$$x = \lambda$$
$$y = \log_e \tan (\pi/4 + \phi/2)$$

Das Ziel der kartographischen Netzentwürfe besteht darin, das ideelle Netz der Meridiane und Parallelkreise von der Erdoberfläche auf eine Ebene zu übertragen, d.h. in einer Ebene abzubilden. Um bei der Abbildung ein Verkleinerungsverhältnis – den Maßstab der Karte – berücksichtigen zu können, muss dem Erdkörper eine bestimmte Form und Größe zugemessen werden. Für Karten in größeren Maßstäben kommt hierfür das Erdellipsoid infrage. Die deutschen amtlichen Kartenwerke orientieren sich an dem Besselschen Erdellipsoid. Für Karten kleineren Maßstabs genügt es hingegen, die Erde als Kugel anzunehmen. Wie bereits gesagt, lassen sich bei der Abbildung einer Kugel auf einer Ebene die drei Eigenschaften (Flächen-, Winkel- und Längentreue) niemals gleichzeitig verwirklichen. Es ist allerdings möglich, entweder die Flächentreue oder die Winkeltreue oder schließlich auch die Längentreue in bestimmten Richtungen einzuhalten. Eine universelle längentreue Abbildung ist jedoch nicht möglich. Bei jeder Abbildung der Kugelfläche in die Ebene treten Verzerrungen auf, die es gilt nach Art und Größe zu untersuchen, um den einzelnen Netzentwürfen die Eigenschaften mitgeben zu können, die dem Zweck des GIS-Projekts (Zweck einer Ergebniskarte) am besten entsprechen.

In den Abbildungsgleichungen der einzelnen Kartennetzentwürfe werden die Koordinaten der Netzecken (= Schnittpunkte der Meridiane und Parallelkreise) in der Ebene als Funktionen der geographischen Länge λ und der geographischen Breite φ auf der Kugel ausgedrückt. Aus den Gleichungen der einzelnen Kartenprojektionen lassen sich für beliebige Punkte Bogenlängen in Meridian- und Parallelkreisrichtung bestimmen. Beim Vergleichen dieser mit den entsprechenden wahren Längen auf der Kugel, ergibt sich das Verhältnis von Bogenlänge in der Abbildung zur Bogenlänge auf der Kugel als Längenverzerrung.

(I) Längenverzerrung = Bogenlänge in der Abbildung / Bogenlänge auf der Kugel

Das Verhältnis der Längenverzerrung wird im Allgemeinen in der Meridianrichtung, der Parallelkreisrichtung und in jeder beliebigen anderen Richtung unterschiedliche Werte annehmen. Wenn von einem bestimmten Punkt auf der Kugel ausgegangen und in alle Richtungen eine gleiche Strecke bestimmt wird, so erhält man, durch die Endpunkte der Strecken markiert, einen Kreis. Da aber nach der Abbildung die Verzerrungen in den unterschiedlichen Richtungen verschieden groß sind, erscheint im Allgemeinen der Kugelkreis nicht mehr als Kreis in der Ebene. Nach einem grundlegenden Satz der Abbildungstheorie gibt es in jedem Punkt der abzubildenden Kugelfläche zwei zueinander senkrechte Richtungen, die sich nach der Abbildung wieder senkrecht schneiden. Bei den normalen echten Abbildungen werden diese beiden Richtungen durch die Meridian- und Parallelkreisrichtung dargestellt. Nach einem zweiten grundlegenden Satz der Abbildungstheorie sind die in den genannten Richtungen auftretenden Verzerrungen Extremwerte. Dies bedeutet, dass in einer Richtung das Maximum und in der anderen das Minimum der Verzerrung auftritt. Aus diesen beiden Grundsätzen folgt, dass ein infinitesimaler Kugelkreis im Allgemeinen als Ellipse in der Ebene abgebildet wird. Diese Ellipse wird Verzerrungsellipse oder **Indikatrix** genannt.

Die Achsen dieser Ellipse sind durch die Meridian- und Parallelkreisrichtung gegeben und die Verzerrungswerte sind durch die Längen beider Achsen gegeben. Ist in einer Richtung das Verzerrungsverhältnis gleich 1, so ist das Ergebnis der durchgeführten Abbildung längentreu. Aus den Indikatrixachsen (Indikatrix = math. Hilfsmittel zur Festlegung einer Flächenkrümmung) lassen sich ebenso die Winkel- und Flächenverzerrung berechnen. Die Winkelverzerrung wird in Abbildung 1.3.2/1 anhand eines gedachten Einheitskreises (Radius = 1) auf der Kugel und seiner Abbildung in die Ebene

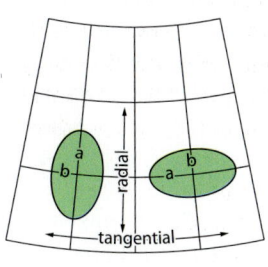
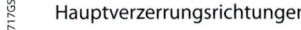
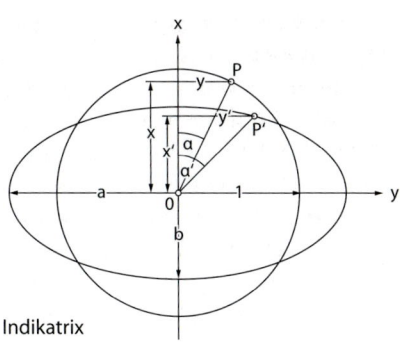

71755   Hauptverzerrungsrichtungen   Indikatrix

Abb. 1.3.2/1 *Hauptverzerrungsrichtungen und Indikatrix*

(die Verzerrungsellipse) in einem zu untersuchenden Punkt A dargestellt. Die Achsen a und b der Ellipse sind durch das Verzerrungsverhältnis festgelegt. Einem Punkt P (x, y) auf der Kugel entspricht ein Punkt P' (x', y') auf der Ellipse. Die Richtung AP vom Punkt A zum Punkt P ist durch einen Richtungswinkel α festgelegt. Der in der Abbildung entsprechende Winkel ist α'. Durch die Bildung der Differenz (α' – α) wird zunächst die Richtungsverzerrung bestimmt. Die beiden Winkel lassen sich durch die Koordinaten der Punkte A und P wie folgt ableiten:

(a) $\tan \alpha = y / x$ und $\tan \alpha' = y' / x'$.

Berücksichtigt man die Verzerrungsverhältnisse in x- bzw. y-Richtung, so ergeben sich die Koordinaten von x' und y' aus

$x' = b \cdot x$ und $y' = a \cdot y$
(vgl. Abb. 1.3.2/1)

Nach Einsetzen dieser Werte in Gleichung (a) ergibt sich folgendes Verhältnis:

$$\frac{\tan \alpha'}{\tan \alpha} = \frac{\sin \alpha'}{\cos \alpha'} \cdot \frac{\cos \alpha}{\sin \alpha} = \frac{a}{b}$$

Durch die Anwendung der korrespondierenden Subtraktion und Addition kommt man zu der Beziehung:

$$\frac{a-b}{a+b} = \frac{\sin \alpha' \cdot \cos \alpha - \cos \alpha' \cdot \sin \alpha}{\sin \alpha' \cdot \cos \alpha + \cos \alpha' \cdot \sin \alpha} = \frac{\sin (\alpha' - \alpha)}{\sin (\alpha' + \alpha)}$$

Aus obiger Beziehung kann die Richtungsverzerrung wie folgt abgeleitet werden:

(b) $\sin (\alpha' - \alpha) = \frac{a-b}{a+b} \cdot \sin (\alpha' - \alpha)$

Um die Eigenschaften eines Netzentwurfes zu beurteilen, sind allgemein die maximalen Verzerrungswerte maßgebend. Hier ist besonders der mögliche größte Wert der Richtungsverzerrung interessant. Dieser ergibt sich, wenn in Gleichung (b) das Glied $\sin (\alpha' + \alpha)$ das Maximum erreicht. Dies ist der Fall, wenn $\alpha' + \alpha = 90°$ bzw. $\sin (\alpha' + \alpha) = 1$ ist.

Man erhält somit für die maximale Richtungsverzerrung die Beziehung:

$$\sin(\alpha' - \alpha)_{max} = \sin \varpi = \frac{a - b}{a + b}$$

Da ein Winkel bekanntlich aus der Differenz zweier Richtungen hervorgeht, wird das Maximum der Winkelverzerrung dann auftreten, wenn sich die beiden Richtungsverzerrungen addieren. Daraus folgt, dass die maximale Winkelverzerrung sich ableitet aus:

$$W_{max} = 2 \varpi$$

Ergibt sich aus einem Netzentwurf die Beziehung a = b, so ist die Indikatrix ein Kreis und der Sinus von w ist 0 (ϖ = 0). Die Projektion wäre somit winkeltreu. Die Bedingung für die Winkeltreue einer Projektion ist also

a = b oder a : b = 1.

Für das Maß der Flächenverzerrung ergibt sich analog zur Längenverzerrung das Verhältnis:

(II) Flächenverzerrung = Fläche in der Projektion / Fläche auf der Kugel

Zur Berechnung der Flächenverzerrung wird die Fläche der Indikatrix benutzt und ihr die Fläche des Einheitskugelkreises gegenübergestellt. Die Flächenverzerrung F_{verz} ergibt sich demnach aus:

$$F_{verz} = \frac{a \cdot b \cdot \pi}{1 \cdot \pi} = a \cdot b$$

Ist F_{verz} kleiner als 1, so tritt in der Abbildung eine Flächenverkleinerung

ein, während bei F_{verz} größer als 1 die Flächen in der Projektion vergrößert erscheinen. Voraussetzung für die Flächentreue ist demnach die Bedingung:

$$F_{verz} = a \cdot b = 1.$$

Mit den obigen Ausführungen sind die Voraussetzungen geschaffen, die unterschiedlichen Projektionen (Netzentwürfe) auf ihre Eigenschaften hin zu untersuchen. Den unterschiedlichen kartographischen Netzentwürfen:

- echte azimutale Abbildungen in normaler Lage,
- echte azimutale Abbildungen in schiefachsiger und transversaler Lage,
- echte konische Abbildungen in normaler Lage,
- polykonische Abbildungen, Polyederprojektionen,
- unechte Abbildungen,
- geodätische Abbildungen,

liegen unterschiedliche Eigenschaften zugrunde, die jeweils für bestimmte GIS-Anwendungen berücksichtigt werden müssen. Die zuletzt genannten geodätischen Abbildungen (Soldner Koordinaten, Gaußsche Koordinaten, Gauß-Krüger-Meridianstreifensystem) unterscheiden sich in einigen wesentlichen Punkten von den kartographischen Abbildungen. Während die kartographischen Abbildungen in erster Linie zur Darstellung größerer Regionen in kleinen Maßstäben genutzt werden, werden bei den geodätischen Abbildungen im Allgemeinen verhältnismäßig kleine Gebiete (einzelne Länder) in großen Maßstäben wiedergegeben. Die Kugel als erdähnliche Figur wird dabei allgemein durch das Rotationsellipsoid abgelöst. Koordinaten von geographischen Objekten und Karten werden als wichtige Informationsträger sehr häufig in GIS-Systeme importiert. Oftmals kommt es vor, dass diese Eingabekarten in unterschiedlichen Projektionen vorliegen. Deshalb werden im GIS-Programm umfangreiche Transformationsmöglichkeiten benötigt, um diese Karten in ein einheitliches Bezugssystem zu überführen. Die Kompatibilität der Koordinaten ist für umfangreiche GIS-Arbeiten zwingend erforderlich. Deshalb sollte jedes GIS-Werkzeug mathematische Funktionen der unterschiedlichen Projektionen sowie Transformationsmöglichkeiten bereitstellen. Ein solides kartographisches Grundwissen ist für jeden GIS-Anwender notwendig, da die Datenübernahme externer Karteninhalte oder Koordinaten und die Erstellung eigener Ergebniskarten am Ende einer GIS-Analyse ein hohes Maß an Fachkenntnissen erfordert.

1.3.3 Affine und curvilineare Transformationen

Koordinatentransformationen werden immer dann benötigt, wenn unterschiedliche Koordinatensätze eines Objekts für eine Bezugsfläche registriert werden sollen und diese Koordinaten aus Karten mit verschiedenen Projektionssystemen stammen. Die Koordinaten werden transformiert und können dann mit anderen Koordinaten in einem gemeinsamen Bezugssystem genutzt werden. Dabei gibt es zwei grundsätzliche Vorgehensweisen für Koordinatentransformationen. Nach der einen Methode kann das jeweilige Objekt in das neu zu definierende Koordinatensystem bewegt werden, sodass sich die Koordinaten des Objekts ändern. Das Koordinatensystem ist feststehend und nur das Objekt wird im Koordinatensystem bewegt, sodass sich seine Koordinaten anpassen. Die andere Methode lässt das Objekt feststehend sein und das Koordinatensystem wird bewegt (vgl. Abb. 1.3.3/1). Bei Geographischen Informationssystemen wird überwiegend die zweite Methode eingesetzt.

(x,y) altes Koordinatensystem
(u,v) neues Koordinatensystem

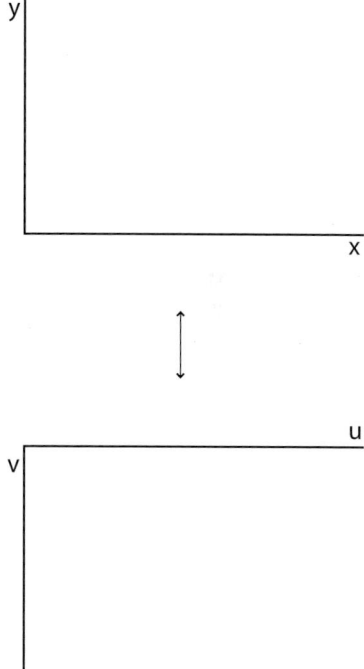

Abb. 1.3.3/1 *Grundsätzliche Vorgehensweisen bei Koordinatentransformationen*

Generell werden die Koordinaten eines Objekts im zweidimensionalen Fall vor der Transformation mit (x, y) beschrieben und nach der Transformation mit (u, v). Bei der Arbeit mit GIS unterscheidet man zwei große Gruppen von Transformationen:

1. affine Transformationen und
2. curvilineare Transformationen.

Bei den **affinen Transformationen** erhalten die Koordinaten parallele Linien. Sie gehören zu einer Klasse von Transformation mit sechs Koeffizienten. Die **curvilinearen Transformationen** hingegen sind Transformationen höherer Ordnung, die nicht notwendigerweise gerade bzw. parallele Linien erhalten. Curvilineare Transformationen benötigen mehr als sechs Koeffizienten. Zu den Grundformen affiner Transformationen gehören die Translation, die Skalierung, die Rotation und die Spiegelung.

Bei der **Translation** (engl. pan) kommt es zu einer geradlinigen Verschiebung des Objekts oder des Koordinatensystems. Wird das Koordinatensystem bei einer Translation verschoben, so bedeutet dies, dass der Ursprung des Koordinatensystems sich bewegt und die Achsen des Systems nicht rotieren. Der Ursprung des Systems wird a-Einheiten parallel zur x-Richtung und b-Einheiten parallel zur y-Richtung bewegt. Die neuen Koordinaten ergeben sich aus:

$$u = x - a$$
$$v = y - b.$$

Bei der **Skalierung** bleiben Ursprung und Achsen des Koordinatensystems fix und der Maßstab des Systems verändert sich. Die Skalierung vergrößert oder verkleinert ein Objekt im neuen Bezugssystem. Dies wird durch die beiden Skalierungsparameter c_x und d_y festgelegt. Ist $c_x = d_y$, so bleibt die Gestalt des Objekts nach der Skalierung erhalten. Man nennt diese Transformation dann uniforme Skalierung. Alle andere Skalierungen sind verzerrende Skalierungen, das heißt, die Proportionen zwischen den Koordinatenachsen bleiben nicht erhalten. Die Koordinaten ergeben sich aus:

$$u = c_x \cdot x$$
$$v = d_y \cdot y.$$

Die **Rotation** stellt eine affine Transformation dar, bei der die Achsen des Koordinatensystems um den Ursprung rotieren und der Koordinatenursprung fix bleibt. Es handelt sich also um eine Drehung des gesamten Koordinatensystems um das Zentrum. Die Koordinaten des neuen Bezugssystems (u, v) ergeben sich aus:

$$u = x \cos(\alpha) + y \sin(\alpha)$$
$$v = -x \sin(\alpha) + y \cos(\alpha)$$
(der Winkel α wird gewöhnlich gegen den Uhrzeigersinn gemessen)

Die **Spiegelung** stellt eine affine Transformation dar, bei der die Koordinatenachsen über den Ursprung gekippt werden. Dieser Transformationstyp ist wichtig für Daten, deren Koordinatenursprung in der linken oberen Ecke liegt (z. B. Daten von Fernerkundungssatelliten, Monitordarstellungen etc.). Um zum Beispiel die Koordinaten der y-Achse zu transformieren, die der x-Achse aber beizubehalten, wird folgendes formuliert:

Einfache affine Transformationen

Verschiebung (Translation): Bei der Translation wird der Koordinatenursprung verschoben, die Koordinatenachsen rotieren dabei nicht. Der Ursprung wird a-Einheiten in x-Richtung und b-Einheiten in y-Richtung verschoben. Die neuen Koordinaten ergeben sich aus: $u = x - a$ und $v = y - b$.

Skalierung (Scaling): Bei der Skalierung werden Koordinatenursprung und Koordinatenachsen beibehalten. Beide bleiben fix, jedoch ändert sich der Maßstab. Die neuen Koordinaten (u, v) ergeben sich aus: $u = c \cdot x$ und $v = d \cdot y$. Der Skalierungsmaßstab kann in x- bzw. y-Richtung unterschiedlich sein. Wenn dies der Fall ist, verändert sich das Aussehen des Objekts.

Drehung (Rotation): Bei der Rotation bleibt der Koordinatenursprung fest und die Achsen rotieren um den Ursprung. Die neuen Koordinaten ergeben sich aus $u = x \cdot \cos(\alpha) + y \cdot \sin(\alpha)$ und $v = -x \cdot \sin(\alpha) + y \cdot \cos(\alpha)$. Der Winkel α wird gewöhnlich gegen den Uhrzeigersinn gemessen.

Spiegelung (Reflection): Bei der Spiegelung wird das Koordinatensystem über den Koordinatenursprung gekippt.

Translation

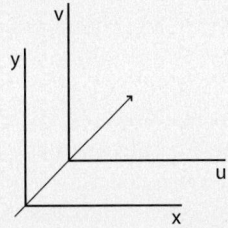

Koordinatenursprung wird bewegt, Achsen rotieren nicht

Rotation

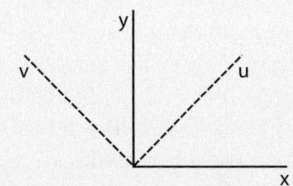

Koordinatenursprung bleibt fest, Achsen bewegen (rotieren) um den Ursprung

Skalierung

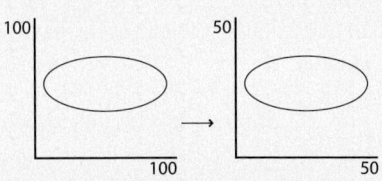

Koordinatenursprung und Achsen bleiben fest, aber der Maßstab ändert sich

Spiegelung

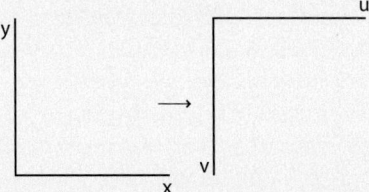

Koordinatenursprung ist gekippt, Objekte werden über den Ursprung gespiegelt

72OGS

u = x
v = c − y.

In GIS-Projekten werden affine Transformationen in den meisten Fällen als komplexe Operationen durchgeführt, was bedeutet, dass die oben genannten Transformationen nicht als einzelne, sondern überwiegend in Kombination angewandt werden. Die kombinierte Anwendung der Transformationen führt häufig zu einer Gleichung der Form:

(c)

u = a + bx + cy und v = d + ex + fy.

Nach dieser Gleichung ist eine Spiegelung erfolgt, wenn das Produkt sich als: b · f < c · e darstellt.

Häufig verursacht eine Transformation Koordinatenveränderungen, die wiederum eine weitere Transformation erfordern. Dabei ist die Reihenfolge der Anwendung unterschiedlicher Transformationen sehr wichtig. Eine Translation, die von einer Skalierung (Maßstabsänderung) gefolgt wird, bedeutet nicht das gleiche wie eine Skalierung, die von einer Translation gefolgt wird. Die unterschiedliche Reihenfolge der Anwendung von Translation und Skalierung führt jeweils zu einem anderen Ergebnis.

Beim Aufbau räumlicher Datenbanken für GIS-Projekte stellt sich oft das Problem, dass Objekte bzw. Sachverhalte auf Karten vorliegen, deren Projektions- bzw. Bezugssystem unbekannt oder sehr ungenau ist. Um diese Daten dennoch zu georeferenzieren, müssen in der Vorlage und auf einer Karte mit bekannter Projektion bzw. bekanntem Bezugssystem identische Punkte gesucht werden (sogenannte Kontrollpunkte, control points oder tics). Mithilfe dieser Kontrollpunkte (in der Bildverarbeitung auch häufig Passpunkte genannt) werden die Objekte dann georeferenziert. Es werden dabei mindestens drei Vollpasspunkte benötigt, um eine vollständige Georeferenzierung durchzuführen. Die Punkte dürfen dabei nicht auf einer gemeinsamen geraden Linie liegen, das heißt, die Punkte dürfen nicht kolinear sein. Folgende Kontrollpunkte seien für eine zu referenzierende Karte gegeben:

x	y	u	v
0	0	1	10
1	0	1	9
0	1	3	10
1	1	3	9

Zur Berechnung der Beziehung zwischen den bekannten Koordinaten der Karte (x, y) und den neuen Koordinaten (u, v) im obigen Beispiel wird ein Zusammenhang zwischen y und u sowie x und v vorausgesetzt:

v = 10 − x
u = 1 + 2y

Die kompletten Gleichungen für u und v lauten:

u = 1 + 0x + 2y
v = 10 − 1x + 0y

In diesen Gleichungen ist das Produkt der Koeffizienten b · f = 0 und c · e = -2. Da b · f > c · e ist, wurde bei der Transformation keine Spiegelung angewandt. Mit den angegebenen Einzeltransformationen lassen sich im zweidimensionalen Raum verschiedenste Koordinatentransformationen zusammenstellen. Eine erweiterte Darstellung gängiger Transformationen im zwei- und dreidimensionalen Raum findet sich bei J. Albertz & W. Kreiling (1980) sowie bei R. Bill (1996, S. 187 f.).

Die 4-Parameter-Transformation wird in der Regel im GIS angewendet, wenn eine Karte zur Digitalisierung auf Kontrollpunkte (Passpunkte) hin angepasst wird oder zwei unterschiedliche Koordinatensysteme ineinander überführt werden. Die 4-Parameter-Transformation ist deshalb von Bedeutung, da durch zwei Translationen, eine Drehung sowie eine Skalierung die notwendigen Transformationen zur Überführung von zwei Koordinatensystemen ausreichend definiert sind.

Bei der Ähnlichkeitstransformation werden mindestens zwei identische Punkte in beiden Koordinatensystemen benötigt. Wenn mehr als zwei identische Punkte vorhanden sind, können die Transformationsparameter mittels vermittelnder Ausgleichung geschätzt werden. Die Ähnlichkeitstransformation im ebenen Fall mit Übereinstimmung wird auch Helmert-Transformation genannt. Um die 6-Parameter-Transformation durchzuführen, werden analog mindestens drei identische Punkte benötigt. Für die krummlinigen Transformationen (curvilinear transformations) werden die einfachen linearen affinen Transformationen auf höhere Grade erweitert. Zum Beispiel:

$$u = a + bx + cy + gxy$$
oder
$$u = a + bx + cy + gx^2$$
oder
$$u = a + bx + cy + gx^2 + hy^2 + ixy.$$

Weiterführende Informationen zur Durchführung von Transformationen finden sich bei M. F. Goodchild (1984).

1.3.4 Diskretes Georeferenzieren

Bei den bis jetzt dargestellten Methoden der Georeferenzierung (geographische Breite/ geographische Länge, kartesische Koordinaten, Projektionen in die Ebene, usw.) handelt es sich um kontinuierliche Verfahren. Dies bedeutet, dass es streng genommen keine Beschränkung in der Genauigkeit der Referenzierung gibt, wenn die Daten in einem kontinuierlichen Maßstab aufgenommen sind.

Nun soll sich den sogenannten diskreten Methoden der Georeferenzierung zugewandt werden. Darunter versteht man Verfahren, die diskrete Einheiten (Postleitzahlen, Hausnummern etc.) nutzen, um Informationen zu verorten. Viele dieser Verfahren sind indirekt, was bedeutet, dass sie mit einem Schlüssel oder Index arbeiten, der wiederum mit geographischen Koordinaten verknüpft werden kann. Der Postleitzahlen-Code (Zip Code) ist ein indirektes Verfahren, bei dem ein Ort nicht direkt adressiert wird, sondern einem Raumbereich eine einheitliche Ziffer zugewiesen wird. Der Postleitzahlenbereich kann dann mit geographischen Koordinaten verbunden werden, sodass die Postleitzahlen auf Karten darstellbar werden. Die Genauigkeit der Darstellung bzw. der diskreten Georeferenzierung richtet sich dabei nach der Größe der benutzten diskreten Einheit, welche die Basis des Systems bildet. Die Verfahren der diskreten Georeferenzierung finden ihre Anwendung häufig im Bereich des Geomarketing. Hier gehören die Anwendung von Hausnummern (street addresses) und Postleitzahlen zu den häufigsten Verfahren der Georeferenzierung. Die Genauigkeit dieser Indizes variiert sehr stark. Für einzelne Haus- oder Appartmentadressen kann die Genauigkeit der Verortung sehr hoch sein, während zum Beispiel bei der Angabe von P.O. Box Nummern die Genauigkeit sehr gering ist, da der Index nur einen Bereich in einer Stadt angibt, der vom Postdienst betreut wird. Die Nutzung von Adressen zur Verortung von Datensätzen kann deshalb oftmals problematisch sein und zu Fehlern führen. Der generelle Ansatz versucht, die unterschiedlichen Adressen einem Satz von Straßen zuzuordnen (address matching). Diese Verfahren werden vor allem in den USA häufig angewandt. Der jeweilige Aufbau der Adresse kann dabei zu Fehlern führen. In den USA wurde zu diesem Zwecke in den späten 1960er-Jahren die DIME-Datenstruktur entwickelt, die später von der TIGER-Datenstruktur abgelöst wurde. Beide Datenstrukturen wurden vom U.S. Department of Commerce Bureau of Census entwickelt und spielen heute eine bedeutende Rolle im kommerziellen GIS-Anwendungsbereich in den USA.

Während die Nutzung von DIME- und TIGER-File-Strukturen auf die USA beschränkt bleiben, werden die unterschiedlichen Postleitzahlensysteme (postal code systems) in vielen Ländern zur Codierung von räumlichen Informationen genutzt. In Deutschland werden zum Beispiel von der Deutschen Post AG im Rahmen des Projektes GeoRoute die Zustellwege der Briefzusteller digital erfasst. Datengrundlage bildet ein navigierbares Straßennetz der Bundesrepublik Deutschland im GDF-Format (**G**eographic **D**ata **F**ile des Smallworld GIS). Dieses navigierbare Straßennetz im GDF-Format ist die Grundlage für vielfache Logistikplanungen. Die möglichen Anwendungen des Projektes GeoRoute der Post AG gehen dabei weit über die klassische Nutzung von Postleitzahlen und Hausnummern hinaus.

Zusammenfassung

- Kartographisches Wissen ist elementar für das Arbeiten in GIS. Hierzu gehören insbesondere die Kenntnisse zu Projektionen und Koordinatensystemen.
- Das UTM-System hat sich zum internationalen Bezugssystem hin entwickelt, welches auch in Deutschland das frühere Gauß-Krüger-System ablöst.
- Der Wechsel vom Potsdam Datum auf das ETRS89 / UTM hat erheblichen Einfluss auf die Geofachdaten.
- Bei erforderlichen Koordinatentransformationen innerhalb eines GIS werden überwiegend affine und curvilineare Transformationen genutzt.
- Neben kontinuierlichen Methoden der Georeferenzierung (z. B. über kartesische Koordinaten) gibt es diskrete Methoden der Georeferenzierung (z. B. über Postleitzahlen oder Hausnummern).

Zum Einlesen

HAKE, G. (1992): Kartographie. Bände I und II. Berlin.

Das Lehrbuch Kartographie von Hake bietet einen umfassenden Überblick über das Fachgebiet Kartographie. Kartographisches Wissen ist wiederum fundamental für die Arbeiten in GIS.

KOHLSTOCK, P. (2004): Kartographie. Eine Einführung. Paderborn.

Kurzes Kompendium zur Kartographie mit den wichtigsten Informationen zu kartographischen Abbildungen

RÖSCH, N. & J. SCHWEITZER & J. PACH (2009): Die Auswirkungen der Einführung von ETRS89 /UTM auf Geofachdaten – Fallbeispiel eines EVU aus dem Bundesland Hessen. GIS. Science 4, S. 123-129.

Der Aufsatz von Rösch et al. fasst in Kürze die wichtigsten Änderungen und Probleme bei der vereinheitlichenden Einführung des Bezugssystems ETRS89 zusammen.

SLOCUM, T. A. (2009): Thematic Cartography and Geovisualization. Upper Saddle River.

Umfassendes englischsprachiges Werk, das auch die neueren Entwicklungen (Visualisierung) in der Kartographie einschließt.

1.4 Genauigkeit und Qualität geographischer Daten

Die Qualität der Datenquellen für GIS-Anwendungen gewinnt an zunehmender Bedeutung. Durch den Einfluss der GIS-Software auf den kommerziellen Markt und die zunehmende Anwendung von GIS-Technologie zur Problemlösung und Entscheidungsfindung wird die Qualität und die Vertrauenswürdigkeit von GIS-Produkten immer stärker hinterfragt. Im Folgenden werden einige praktische Aussagen gemacht, um mögliche Fehlerquellen beim Arbeiten mit GIS identifizieren zu können. Dabei konzentrieren sich die Anwendungen auf die **Genauigkeit** (accuracy), **Qualität** (quality) und **Fehler** (error) der Datenerhebung.

1.4.1 Genauigkeit von Lage- und Attributdaten

Eine fundamentale Anforderung an Daten für die Verarbeitung in einem GIS ist ihre Genauigkeit. Was versteht man nun unter dem Begriff der „Genauigkeit" von Daten? Die Anforderung an die Genauigkeit von Daten kann definiert werden als das Ergebnis von Beobachtungen, das möglichst nah die „wahren" realen Werte eines Merkmals wiedergibt oder als

„wahre" Beschreibung akzeptiert wird. Dies beinhaltet, dass die Beobachtungen der meisten räumlichen Phänomene gewöhnlich nur als Schätzwerte der „wahren" Werte betrachtet werden. Der Unterschied zwischen den beobachteten und „wahren" Werten beschreibt somit die Genauigkeit unserer Wiedergabe der realen Welt.

Prinzipiell existieren zwei Typen von „Genauigkeitsbetrachtungen". Dies sind die Lagegenauigkeit und die Attributgenauigkeit eines Objekts.

Die **Lagegenauigkeit** ist die erwartete Abweichung der geographischen Lage eines Objekts von seiner wahren Position. Dabei gibt es zwei Komponenten der Lagegenauigkeit, nämlich eine relative und eine absolute Genauigkeit der Lage. Die absolute Lagegenauigkeit beschreibt die Datengenauigkeit in Bezug auf ein Koordinatensystem z. B. UTM. Die relative Lagegenauigkeit erfasst die Lage von Objekten auf einer Karte (map feature) relativ zu anderen Kartenobjekten. Bei vielen Fragestellungen im GIS-Bereich ist die relative Genauigkeit von größerer Bedeutung als die absolute Lage, demzufolge ist die Tatsache, dass ein Untersuchungsgitter in der Lage nicht ganz genau auf das amtliche Koordinatensystem passt, ein nicht so schwerwiegendes Problem. Dagegen führt die Fehllage von einzelnen Informationseinheiten (Wohnblöcke, Bodeneinheiten etc.) oder ein Auslassen von ganzen Informationseinheiten zu weitreichenden Konsequenzen bei weiterführenden GIS-Analysen.

Neben der Lagegenauigkeit ist die Attributgenauigkeit gleichbedeutend wichtig für GIS-Analysen. Die Attributgenauigkeit spiegelt die Lagegenauigkeit und die Schätzung der "wahren" realen Verhältnisse wider. Die Interpretation und Festlegung von Grenzen auf Forstkarten oder Bodenkarten steht für die Schwierigkeit und Subjektivität bei der Ausweisung der Attribut-Genauigkeit. Viele Wissenschaftler und Planer können diesen Umstand attestieren. Das Maß der Homogenität, welches durch die ausgewiesenen Attributgrenzen (z. B. Bodeneinheiten) begründet ist, ist in der Realität nicht annähernd so hoch, wie sie auf den meisten Karten erscheint. Die Problematik unscharfer Grenzen wird im Rahmen der Fuzzy-Logic-Objekte im Kapitel 4.5 erweitert diskutiert.

1.4.2 Qualität von geographischen Daten

Der Begriff Qualität von Daten kann als Tauglichkeit spezifischer Daten in Bezug auf eine bestimme Anwendung definiert werden. Daten, die für eine spezifische GIS-Anwendung nutzbar sind, können für eine andere Anwendung untauglich sein. Die Qualität der Daten für ihren Einsatz in GIS hängt vollkommen von der Wahl des Maßstabs und des Ausmaßes des GIS-Projektes ab. Die Zielsetzung der Anwendung muss genau definiert sein und bildet den Rahmen für die zu fordernde Datenqualität. Dies gilt insbesondere, wenn unterschiedliche Datenquellen gemeinsam genutzt werden sollen. Nach dem „U.S. Spatial Transfer Standard" (SDTS) werden fünf Anforderungen an die Datenqualität definiert, die bei ihrer Weiterverarbeitung in einem GIS unbedingt vorliegen sollen:

I. Herkunft (lineage)

Informationen über die Herkunft der Daten lassen sich aufgliedern in:

- Datenquelle
- Dateninhalt
- geographische Abdeckung der Daten
- Kompilierungs-/Aufnahmemethode der Daten (digitalisiert oder gescannt?)
- auf die Daten eventuell angewandte Transformationsmethoden (z. B. Glättungsalgorithmen, Speicheralgorithmen – run length coding etc.)

II. Lagegenauigkeit (positional accuracy)

Die Identifizierung der Lagegenauigkeit beinhaltet die Betrachtung inhärenter (source error) und operationeller (introduced error) Fehler. Informationen zum vorliegenden Koordinatensystem bzw. benutzter Kartenprojektion müssen bekannt sein und mit den Daten geliefert werden.

III. Attributgenauigkeit

Die Betrachtung der Genauigkeit von Attributen hilft bei der Qualitätsbestimmung der Daten. Dies gilt insbesondere für die Homogenität von bereits klassifizierten Datenebenen.

IV. Logische Konsistenz der Daten

Der Begriff „logische Konsistenz" von Daten beschäftigt sich mit der Zuverlässigkeit von Datenstrukturen. Insbesondere Daten, die durch eine vorgegebene Datenstruktur (z. B. Satellitendaten) gekennzeichnet sind, weisen häufig Sprünge oder Lücken in ihrer Datenmatrix auf. Dazu gehören duplizierte Datenreihen und Datengrenzen oder fehlende Datenreihen. Viele GIS- oder Remote Sensing-Programme bieten deshalb Module an, welche die Datensätze bezüglich ihrer logischen Konsistenz untersuchen. Die Suche nach duplizierten Datenreihen bei der Satellitenbildverarbeitung gehört zur Standarduntersuchung, um Datenredundanz und weitergehende Fehler bei der Datenanalyse im Vorfeld zu vermeiden.

V. Vollständigkeit der Daten

Voruntersuchungen zur Vollständigkeit eines Datensatzes sind von elementarer Bedeutung für die Qualitätseinstufung der Daten. Gibt es z. B. Datenlücken oder nicht klassifizierte Bereiche in einem klassifizierten Datensatz? Wurden bestimmte Transformationsalgorithmen angewandt, die eventuell zu Datenverlust bzw. „Ausdünnung" der Originaldaten führten?

1.4.3 Fehler

Wie bereits erwähnt, unterscheidet man zwei Arten von Fehlern: inhärente und operationelle. Beide Fehlerarten beeinflussen die Qualität der GIS-gestützten Analyse. Die inhärenten Fehler sind den Daten eigen und entstehen bei der ursprünglichen Datengewinnung. Die operationellen Fehler entstehen überwiegend bei der Datenerfassung und der weitergehenden Datenmanipulation in einem GIS. Mögliche Ursachen operationeller Fehler sind zum Beispiel:

- falsche Flächenbezeichnungen auf einer thematischen Karte,
- falsche Grenzziehung auf thematischen Karten,
- menschliche Fehler beim Digitalisieren und manuellen Aufnehmen von Daten,
- Fehler bei Klassifizierungsverfahren,
- Ungenauigkeiten von GIS-Algorithmen,
- menschliche Fehlentscheidungen.

Obwohl bei allen GIS-Arbeiten Fehler vorkommen, ist es oberstes Ziel, existierende Fehler zu identifizieren und die Anzahl der durch GIS-Analysen zusätzlich entstehenden Fehler zu minimieren. Aus Kostengründen kann es oftmals günstiger sein, mit einem erkannten Fehler weiterzuarbeiten als diesen zu eliminieren. In der Praxis besteht ein Ungleichgewicht zwischen der Reduzierung des Fehlerniveaus in einer Datenbank und den Kosten ihrer Pflege und des Datenbankaufbaus. Ein kritisches Bewusstsein über den vorliegenden Fehlerstatus in einer Datenbank erlaubt es jedem GIS-Nutzer, sich eine subjektive Meinung über die Qualität und Vertrauenswürdigkeit des aus der GIS-Analyse abgeleiteten Produkts zu bilden. Die Validierung jeglicher Entscheidung, die auf GIS-gestützter Analyse beruht, ist direkt an die Bewertung der Qualität und Vertrauenswürdigkeit des Produkts geknüpft. Ein großes Problem der GIS-gestützten Analyse von Datensätzen ist das allgemeine Vertrauen in die Genauigkeit digital vorliegender Daten. Enthält eine konventionelle Karte noch Angaben zur Exaktheit der Kartenangaben (z. B.

Abweichung des Gitternetzes von geogr. Nord), werden diese Angaben beim Konvertierungsprozess in digitale Daten nicht übernommen. Da die Daten nun in digitaler Form vorliegen, können sie mit hoher Genauigkeit wiedergegeben werden und werden somit von GIS-Nutzern als absolut genau eingeschätzt. In Wirklichkeit gibt es für jedes dargestellte Feature auf einer Karte einen Pufferbereich (buffer), der die aktuelle Lagegenauigkeit dieses Features repräsentiert. In Datenbeständen, die in einem Maßstab von 1:20 000 aufgenommen wurden, liegt die Lagegenauigkeit allgemein bei + / - 10 m. Die aktuelle Position des Objekts kann also 10 m in jeder beliebigen Richtung abweichen. Davon ausgehend, dass GIS-Projekte von der Integration unterschiedlicher Datenquellen leben, kann man absehen, wie bereits vorhandene Fehler sich bei weiterer Analyseschritten fortpflanzen können. Diese Problematik führte zur Herausbildung von Initiativen zur Standardisierung von Geodaten (z. B. Federal Geographic Data Committee oder INSPIRE).

Datenstandardisierung durch internationale Organisationen:

Amerikanisches Federal Geographic Data Committee (www.fgdc.gov/): Die amerikanische nationale Geodateninfrastruktur (National Spatial Data Infrastructure (NSDI), (www.fgdc.gov/nsdi/nsdi.html) strukturiert den Aufbau von Dateninfrastrukturen in den USA. Dabei berücksichtigt es ähnlich wie die INSPIRE-Initiative die Standards des internationalen Open Geospatial Consortiums (www.opengeospatial.org/).

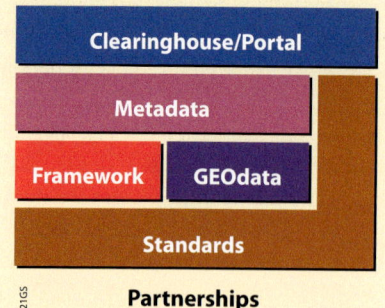

721GIS

Abb. 1.4.3/1 *Aufbau der amerikanischen nationalen Geodateninfrastruktur NSDI*

Zusammenfassung

- Geodaten lassen sich hinsichtlich ihrer Genauigkeit, Qualität und inhärenter Fehler bei der Datenerhebung für anschließende GIS-Analysen bewerten.
- Eine Qualitätsanalyse der Geodaten ist vor dem Einsatz in GIS-Projekten unabdingbar. Dies gilt insbesondere, wenn die Daten nicht selbst erhoben worden sind.
- Die Anbindung von GIS-Systemen an Geodateninfrastukturen (GDI, vgl. Kapitel 5) liefert zum einen die Möglichkeit, leicht an umfangreiche Geodatensätze zu kommen, fordert aber auch von den Betreibern der GDI ein hohes Maß bei der Einhaltung von Standards.

Zum Einlesen

DREESMANN, M. & M. SEIFERT (2005): Übersicht der ISO Standards zu Geographischen Informationen / Geomatik. GIB Geschäftsstelle, Landesvermessung und Geobasisinformation Brandenburg. Potsdam.
Der Beitrag liefert eine aktuelle Übersicht über die wichtigsten Standards und Qualitätsanforderugen für Geographische Informationen, wobei diese auch inhaltlich bewertet werden.

Abb. 2/1 *Das Landesvermessungsamt Augsburg hat umfangreiche Geodaten der Stadt aufgenommen und stellt diese den Bürgern zur Verfügung.*

2 Grundlagen der Geographischen Informationssysteme

Geographische Informationssysteme dienen in ihren Grundfunktionen der Erfassung, Verarbeitung und der Analyse von raumbezogenen Daten. Sie fungieren somit im weitesten Sinne als Werkzeug für Raumuntersuchungen. Die Komplexität dieses Werkzeugs macht es erforderlich, am Anfang dieses Kapitels einen definitorischen Teil anzuführen, um dann im weiteren Verlauf auf die physikalischen Komponenten eines GIS sowie auf die unterschiedlichen Datenmodelle (räumliche Datenmodelle und Attributdatenmodelle) näher einzugehen.

2.1 Definitionen und Komponenten eines GIS

Aus der Vielzahl der Publikationen und der unterschiedlichen definitorischen Ansätze für ein Geographisches Informationssystem sei zunächst die Definition nach H. D. PARKER (1988, S. 12) zitiert:

> *„Overall, GIS should be viewed as a technology, not simply as a computer system."*

PARKER geht über „GIS als reines Computersystem" hinaus und spricht GIS als eine technologische Entwicklung an.

Im Allgemeinen wird ein Geographisches Informationssystem als ein integriertes Computersystem betrachtet. Genauer betrachtet kann ein Geographisches Informationssystem auch aus einer Vielzahl von Software- und Hardware-Werkzeugen bestehen. Ausschlaggebend dabei ist die genaue Abstimmung der unterschiedlichen Werkzeuge aufeinander, die ein optimales und funktionales geographisches Datenverarbeitungssystem bilden. In den letzten Jahren hat sich die Definition von GIS immer stärker in Richtung der Technologieausrichtung im Sinne der Definition von H. D. PARKER entwickelt.

Die Spezialisierung bei den Geographischen Informationsystemen ist mittlerweile vielseitig. Im deutschen Sprachraum werden folgende Systeme im GIS-Umfeld genannt (die Begriffe werden teilweise synonym benutzt):

- Raumbezogenes Informationssystem (RBIS),
- Rauminformationssystem (RIS),
- Landinformationssystem (LIS),
- Geo-Informationssystem (GIS) oder
- Geographisches Informationssystem (GIS),
- Umweltinformationssystem (UIS),
- Netzinformationssystem (NIS),
- Fachinformationssystem (FIS).

Das „Raumbezogene Informationssystem" (RBIS) bzw. das Rauminformationssystem (RIS) sind Instrumente, die vor allem im Bereich der Erarbeitung von regionalen Entwicklungsprogrammen eingesetzt werden.

Ein "Landinformationssystem" (LIS) wird häufig im Rahmen der Abschätzung von ökologischen Folgen von Planungs-

vorhaben, wie z. B. der Umweltverträglichkeitsprüfung (UVP,) verwendet und ist somit ein Instrument der Entscheidungsfindung in den Bereichen Recht, Verwaltung und Wirtschaft.

Ein Umweltinformationssystem (UIS) ist ein sehr spezifisches Geographisches Informationssystem und besteht in der Regel aus mehreren Umweltdatenbanken mit unterschiedlichen Umweltdatenbeständen (z. B. die Systeme NIBIS, UMPLIS oder STABIS).

Ein Netzinformationssystem ist ein Werkzeug zur Erfassung, Verwaltung, Analyse und Präsentation von Betriebsmitteldaten. Dies können Daten von Anlagen zur Ver- und Entsorgung sowie Daten über Leitungssysteme sein.

Nach BILL, R. & D. FRITSCH (1991) stellen die Fachinformationssysteme Spezialanwendungen dar, die von den bisherigen Begriffsbezeichnungen nicht abgedeckt werden. Für die weiteren Ausführungen soll die Bezeichnung „Geographisches Informationssystem" (GIS) genutzt werden.

Die Spannbreite der benutzten Begriffe weist bereits auf die Hauptanwendungsgebiete der GIS-Technologie hin. Im Allgemeinen bietet ein GIS verschiedene Funktionalitäten der Datenverarbeitung. Angefangen bei der **Datenerfassung** (data capture), über das **Datenmanagement** und die **Datenanalyse** bis hin zur **Ergebnispräsentation** in graphischer Form oder als Tabellen, wobei besonders die räumlichen Zusammenhänge der Daten berücksichtigt werden. Ein Informationssystem ist somit in seiner einfachsten Form ein Frage-Antwort-System, das auf einen bestimmten Datenbestand mit den Funktionen Speicherung, Verarbeitung und Wiedergabe angewandt wird. Im Unterschied zu den klassischen Vertretern von Informationssystemen wie Bibliotheks-, Management-, Bank- und Betriebsinformationssysteme beinhalten Geographische Informationssysteme immer raumbeschreibende Daten, d.h. Daten, die Informationen über Objekte auf unserer Erde zum Ausdruck bringen. Aus der Sicht der einzelnen Verarbeitungsschritte kann ein Informationssystem in die Komponenten: Erfassung, Verwaltung, Analyse und Präsentation (EVAP-Komponenten) von Daten – im englischen Sprachraum: Input, Management, Analysis and Presentation (IMAP-components) unterteilt werden. Das Dateneingabesystem (data input system) erlaubt dem Bearbeiter, Daten zu erfassen und sie in digitale Form umzuwandeln. Die Dateneingabe umfasst dabei alle Methoden, die von der Eingabe über die Tastatur bis hin zur Erfassung raumbezogener Daten mit modernen Technologien reichen. Hierbei sind vor allem die Arbeitsweisen der Vermessung, insbesondere die Punktaufnahmen und Tachymetrie, sowie der Photogrammetrie und Satellitenfernerkundung zu nennen. Im Vordergrund stehen dabei das Digitalisieren und Scannen von vorhandenen analogen Karten. Darüber hinaus spielt die Integration bereits digital bestehender, externer Datenquellen eine große Rolle. Eine Vielzahl digitaler Datenbestände befindet sich bei den Behörden und professionellen Datendistributoren, sodass der Austausch von Geometrie- und Sachdaten mit anderen Geographischen Informationssystemen ein wichtiger Bestandteil der Datenerfassung für ein GIS ist. Der Datenaustausch zwischen verschiedenen Geographischen Informationssystemen stellt die Anwender in der Praxis häufig vor große Probleme. Oftmals sind die Schnittstellen bezüglich des Datenaustausches mit anderen Systemen unzureichend konfiguriert, sodass die Integration anderer Datenquellen, die von Behörden oder Unternehmen geführt werden, erheblichen Arbeits- und Zeitaufwand kostet. Für die meisten GIS-Projekte entstehen hierbei die größten Aufwandskosten. Liegen die Daten nach erfolgreicher Aufnahme im GIS vor, beginnt die eigentliche Verwaltung bzw. Verarbeitung der Datenbestände.

Die Verwaltungssoftware des jeweiligen Geographischen Informationssystems erlaubt je nach Datentyp (Vektor-, Raster-, Attribut- oder Sachdaten) die interaktive Manipulation der Daten. Die Basis der Datenverwaltung ist eine Datenbank (DB), deren Datenmodell hierachisch, relational, netzwerkartig oder objektorientiert sein kann. Die Datenbank wird über ein zugehöriges **Datenbank**management**system** (**DBMS**) verwaltet. Datenbank und zugehöriges Datenbankmanagementsystem bilden das Herz eines Geographischen Informationssystems. Geographische Informationssysteme greifen deshalb oft auf bereits bestehende kommerzielle Datenbanksysteme zurück, wie z. B. auf die bekannten Datenbanken dBase, Oracle oder Access, die sich in der praktischen Arbeitswelt bewährt haben und eine relative große Verbreitung und Akzeptanz aufweisen. Neben den typischen Pflegefunktionen von geometrisch-topologisch und beschreibenden Attributdaten wie z. B. Daten verschieben, löschen, aufsplitten, verschmelzen, ändern etc., sind insbesondere die Datenkonversionen (z. B. Raster- zu Vektordaten) den Funktionen eines Datenbankmanagementsystems zuzuordnen. Die beschriebenen Funktionalitäten eines Datenbanksystems (data storage and retrieval) sind häufig als eigenständiges Subsystem in das GIS integriert. Die Organisation der räumlichen und thematischen Daten hat in einer Form zu geschehen, die dem Nutzer eine schnelle und effiziente Datenanalyse wie auch ein leichtes und genaues Update der Datenbank ermöglicht.

Ähnlich wie die reine Datenverwaltung stellen die Techniken der Datenanalyse einen zentralen Bestandteil eines Geographischen Informationssystems dar. Das Datenanalysesystem eines Geographischen Informationssystems ist meistens ebenfalls als ein Subsystem konzipiert. Das System der Datenmanipulation und Datenanalyse unterscheidet die Geographischen Informationssysteme von anderen Informationssystemen und computergestützten Zeichenprogrammen (computer-aided drafting – CAD-Systems).

Die Güte eines Geographischen Informationssystems definiert sich in der praktischen Anwendung oftmals in der Güte und Anzahl der zur Verfügung stehenden Analysetools. Hier setzt auch der Vergleich kommerzieller GIS-Softwareprodukte an. Die Softwareanbieter werben mit einer Vielzahl von unterschiedlichen Analysetools. Ein wichtiges Kriterium bei der Bewertung der unterschiedlichen GIS-Produkte ist die möglichst offene Gestaltung im Bereich der Datenanalyse, Datenmanipulation sowie des Datenaustauschs.

Nach der Dateneingabe und Datenanalyse folgt die Datenausgabe in Form einer grafischer Präsentationen oder in Form von Tabellen. Das Datenausgabesystem (data output) sollte dem Nutzer die schnelle grafische Darstellung der Daten in Form von Karten erlauben. Bei den meisten Geographischen Informationssystemen steht der schnelle Aufbau von Karten im Vordergrund, um Analyseergebnisse oder Resultate einer Modellierung zu zeigen. Die Qualität dieser automatisiert erstellten bzw. computergestützten Karten entspricht meist nicht den klassischen kartographischen Ansprüchen. Fasst man die Definition und die Komponenten eines Geographischen Informationssystems zusammen, so kann man festhalten, dass ein GIS sich als ein Set unterschiedlicher Subsysteme beschreiben lässt, die bestimmte Aufgaben im Ablauf der Informationsverarbeitung übernehmen und untereinander in Beziehung stehen.

Die Unterteilung in unterschiedliche Subsysteme mit spezifischer Aufgabenzuteilung weist auf den modularen Aufbau des Geographischen Informationssystems hin. Es zeigt sich aber auch, dass eine allgemeingültige Definition eines Geographischen Informationssystems schwierig zu formulieren ist. Auch aus der Perspektive der Anwendungen, der Funktionen oder der Systemstruktur ist die Definition eines Geographischen Informationssystems, aufgrund des jeweils wechselnden Charakters des Systems, nicht eindeutig fassbar. Dies führt zurück zur eingangs vorgestellten Definition eines Geographischen Informationssystems nach H. D. PARKER (vgl. S. 45).

Ein Geographisches Informationssystem als eine „Technologie" aufzufassen, deutet darauf hin, dass ein solches System bzw. Produkt sich in einer stetigen Weiterentwicklung befindet. Demzufolge bleibt die Antwort auf die Frage „Was denn nun ein GIS sei?" stetigen Änderungen bzw. Erweiterungen unterworfen. Zurzeit entwickeln sich neben GIS sogenannte Geodateninfrastrukturen (siehe Kapitel 5), die auch ohne GIS via Internetbrowser angesteuert werden können.

2.1.1 Datenmodelle in GIS

Die Arbeit mit Geographischen Informationssystemen bedingt die Integration von zwei Hauptdatentypen:

- Geometriedaten (graphic data, spatial object types) und
- Sachdaten (attribute data).

Geometriedaten werden allgemein als räumliche Daten, während nicht-graphische Daten als Attributdaten oder Sachdaten bezeichnet werden. Räumlichen Daten beschreiben die Spezifika geographischer Merkmale. Attributdaten beschreiben die Charakteristika dieser geographischen Merkmale und können qualitativer oder quantitativer Natur sein. Die geographischen Lagekoordinaten eines Forstbestandes werden als deren räumliche Daten festgehalten. Seine dominanten Baumarten, die Baumdichte, Baumhöhen, der Kronenschlussgrad etc., als die Charakteristika dieses Forstbestandes, stellen seine Attributdaten dar.

Aus der Sicht der elektronischen Datenverarbeitung ist es sinnvoll, die beschriebenen Hauptdatentypen eines geographischen Merkmals (Geometrie- und Sachdaten) um bestimmte GIS-spezifische Datentypen zu erweitern. Folgende Charakteristika können ein geographisches Merkmal in einem Geographischen Informationssystem beschreiben:

- Geometriedaten in Form von Vektor- und/oder Rasterdaten,
- Topologische Beziehungen der Knoten, Kanten, Flächen und Volumina,
- Thematische Ausprägungen durch Sach- und Attributdaten,
- Merkmalsidentifikatoren (z. B. Referenzen, Schlüssel etc.)

Für die oben genannten Merkmalscharakteristika werden folgende Dimensionsbezeichnungen verwendet:

- Zweidimensional (2D):
  Die Geometriedaten liegen nur als x,y-Koordinaten (planares Modell) vor.
- Dreidimensional (3D):
  Daten eines Teilgebiets werden über x,y,z-Koordinaten beschrieben. Es sind hier 3D-Linienmodelle, 3D-Flächenmodelle und 3D-Volumenmodelle zu unterscheiden.
- Vierdimensional (4D):
  Neben den Raumkoordinaten (x,y,z) eines geographischen Merkmals wird zusätzlich ein Zeitparameter t mitgeführt.

Die topologischen Dimensionen werden durch die Ausdehnungen der räumlichen Objekttypen festgelegt (vgl. Kapitel 1.2.1 - 1.2.4). Man unterscheidet hierbei:

- Nullzellen (0-Zellen):
  Nullzellen werden durch Punkte (Knoten) repräsentiert.

Klassifikation räumlicher Objekttypen/ Englischsprachige Begriffe:

Die räumlichen Objekttypen lassen sich innerhalb ihrer topologischen Dimension noch genauer klassifizieren. Nach der DCDSTF (Digital Cartographic Data Standard Task Force) werden sie folgendermaßen definiert:

0-dimensionale Objekttypen *(0-dimensional object types):*

point: specifies geometric location

node: a topological junction or end point, may specify location

1-dimensionale Objekttypen *(1-dimensional object types):*

line: a one dimensional object

line segment: a direct line between two points

string: a sequence of line segments

arc: a locus of points that forms a curve that is defined by a mathematical function

link: a connection between two nodes

directed link: a link with one direction specified

chain: a directed sequence of nonintersecting line segments and/or arcs with nodes at each end

ring: a sequence of nonintersecting chains, strings, links or arcs with closure

2-dimensionale Objekttypen *(2-dimensional object types):*

area: bounded continuous object which may or may not include its boundary

interior area: an area not including its boundary

polygon: an area consisting of an interior area, one outer ring and zero or more nonintersecting, nonnested inner rings

pixel: a picture element that is the smallest nondivisible element of an image

grid cell: an element of a regular or nearly regular tesselation of a surface, differs from pixel by relative size - a pixel is relatively small compared to a grid cell

Weitere Definitionen bzw. Erklärungen von Fachbegriffen finden sich auch unter dem Geoinformatik Service der Universität Rostock (www.geoinformatik.uni-rostock.de/lexikon.asp)

- Einzellen (1-Zellen):
  Einzellen werden durch Linien (Kanten) dargestellt, die zusammen mit den Nullzellen ein Linienmodell beschreiben.
- Zweizellen (2-Zellen):
  Zweizellen werden durch geschlossene Linienpolygone (Flächen) repräsentiert und stellen die Grundlage für ein Flächenmodell dar.
- Dreizellen (3-Zellen):
  Dreizellen stellen einfache dreidimensionale Merkmale dar und bilden den Bezug zum Volumenmodell.

Die von der DCDSTF aufgestellten Definitionen der unterschiedlichen räumlichen Objekttypen sind in Abb. 2.1.1/1 dargestellt. Die Übernahme der englischsprachigen Begriffe in das vorliegende Buch erschien sinnvoll, da diese Begriffe und Bezeichnungen mittlerweile in die deutschsprachige GIS-Welt Einzug gehalten haben. Durch das Erlernen der Begrifflichkeiten und durch die unterschiedliche Syntaxauslegung kann ein breiterer Einstieg in das Arbeiten mit verschiedenen GIS-Softwarewerkzeugen erzielt werden. Der Leser soll durch die Lektüre dieses Buches in der Lage sein, mit unterschiedlichen Begrifflichkeiten zu arbeiten und diese miteinander in Einklang bringen zu können. So wird zum Beispiel im deutschen Sprachgebrauch für das grafische Grundelement **Punkt** der Begriff **Knoten** benutzt und die Verbindung zweier Knoten entspricht einer **Kante**.

Im englischen Sprachraum entspricht dem Begriff Knoten der Begriff **node** und die Verbindung zweier nodes entspricht einem **link**. Durch den Umgang mit verschiedenen GIS-Werkzeugen und unterschiedlicher Fachliteratur wird dem Leser bzw. dem GIS-Anwender schnell der Sinn und Gebrauch der einzelnen GIS-Begriffe vertraut sein.

Auch die thematischen Daten (Sach-/Attributdaten) lassen sich auf der Grundlage des Ebenenprinzips in verschiedene Dimensionen aufteilen. Die thematische Dimension in einem Geographischen Informationssystem wird durch die Anzahl der Sachdaten- bzw. Attributdatenebenen dargestellt. Theoretisch ist ein GIS thematisch n-dimensional, wenn n verschiedene thematische Ebenen vorliegen. Innerhalb eines GIS enthält ein digitales Geländemodell (DGM) meist nur die geometrische (x,y,z) und keine thematische Dimension. Ein DGM kann deshalb thematisch als dimensionslos bezeichnet werden. Weitere Ausführungen und Betrachtungen zur Topologie erfolgen im Kapitel 2.4.1.

0-dimensionale Objekttypen:

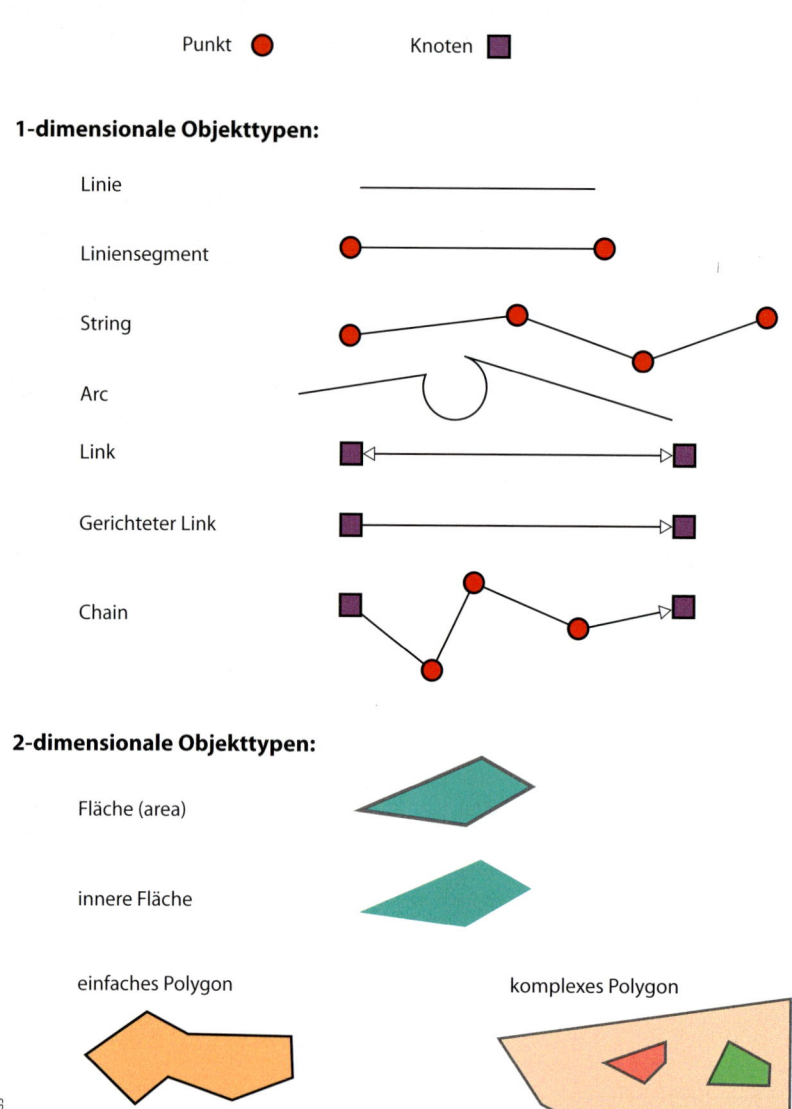

Abb. 2.1.1/1 *Schematische Darstellung 0-,1- und 2-dimensionaler Objekte im Raum*

2.1.2 Physikalische Komponenten eines GIS

Geographische Informationssysteme weisen vier wichtige physikalische Komponenten auf:

I. Computer Hardware,
II. Computer Software,
III. Geodaten und
IV. ein geeignetes organisatorisches Umfeld, in dem Hardware, Software, Geodaten und Mensch gemeinsam arbeiten können.

Die Computer Hardware eines Geographischen Informationssystems besteht aus einer leistungsfähigen CPU (Central Processing Unit), unterschiedlichen Laufwerken (disk drives, tape drives), Digitalisiergeräten (digitizer), Plottern und Printern sowie geeigneten Eingabe- (mouse, scanner) und Ausgabegeräten (graphics displays).

Die Softwarekomponenten eines GIS sind modular aufgebaut und erfüllen die Ansprüche der schon genannten Subsysteme. Die allgemeinen Inhalte dieser Subsysteme werden im Detail später erläutert.

Geodaten liegen in vielfältiger Form, meist als Vektor- oder Rasterdaten vor, wobei die sich neu bildenden Geodateninfrastrukturen (GDI) für die GIS-Arbeit immer bedeutsamer werden.

Der vierten Komponente fällt bei der Durchführung von GIS-gestützten Projekten eine entscheidende Rolle zu, denn die Schaffung eines geeigneten organisatorischen Umfelds entscheidet über die erfolgreiche Integration der neuen „GIS-Technologie" in die bisherige Arbeitsstrategie. Konkret handelt es sich hierbei um geeignetes Personal, welches durch eine gezielte Auswahl und Ausbildung oder auch durch Schulungen in ein GIS-Projekt eingebunden wird.

Zusammenfassung

- Es gibt unterschiedliche Bezeichnungen für GIS, die von Landinformationssystemen bis hin zu Umweltinformationssystemen, Netzinformationssystemen und Fachinformationssystemen reichen.
- Ein GIS bietet allgemein folgende Funktionalitäten in der Datenverarbeitung: Datenerfassung, Datenmanagement, Datenanalyse und Ergebnispräsentation. Die Datenanalyse ist dabei die Kernaufgabe bzw. Kernkompetenz eines GIS-Systems.
- Herzstück eines GIS ist die zugehörige Datenbank (bei proprietären Systemen das Datenbankmanagementsystem, DBMS) oder die Einbindung in verteilte Datenhaltungssysteme (Geodateninfrastrukturen).
- Innerhalb von GIS wird mit zwei Hauptdatentypen gearbeitet, den Geometriedaten und den Sach- oder Attributdaten.

Zum Einlesen

Warcup, C. (2005): Von der Landkarte zum GIS. Einführung in Geographische Informationssysteme. Norden.
Das Buch von Warcup beschreibt sehr eindrücklich den Weg der Datenaufnahme bis hin zur Präsentation einer Datenanalyse.

2.2 Räumliche Datenmodelle (spatial data models)

Eine konventionelle Karte kann ortsgebundene Informationen direkt in ihrem räumlichen Zusammenhang präsentieren. EDV-gestützte Anlagen können dieses nicht direkt leisten. Deshalb müssen Konzepte (Datenmodelle) entwickelt werden, welche die räumlichen Bezüge der geographischen Merkmale in einem Geographischen Informationssystem speichern. Die unterschiedlichen Datenmodelle entsprechen im Prinzip den Formen der Diskretisierung.

Was bedeutet das **Prinzip der Diskretisierung**? Viele Erscheinungen auf unserer Erde, wie z. B. die Atmosphäre oder der Verlauf der Erdoberfläche, entsprechen einem Kontinuum. Für die Darstellung dieser Kontinua werden Diskreta benutzt. Diskretisierung bedeutet die Überführung eines Kontinuums (z. B. die Höhe über N.N.) in einzelne, diskrete Bereiche (z. B. Höhenschichten, Isohypsen). In der Regel ist der Mensch nicht fähig, kontinuierliche Erscheinungen in einem System abzubilden, wobei jedes Kontinuum aber modellierbar ist. In der Praxis sind Kontinua zu komplex, um sie vollständig darzustellen. Möglichkeiten, Kontinua in eine nicht kontinuierliche Form zu überführen, d. h. sie zu diskretisieren, bieten Ansätze über:

- Rasterpunkte oder Rasterzellen,
- unregelmäßig verteilte Einzelpunkte,
- Dreiecksvermaschung (TIN's),
- Isolinien und
- Polygone.

Die einzelnen Darstellungsmöglichkeiten eines Raumes in einem GIS (z. B. TIN – triangulated irregular network, grids, tesselations etc.) werden in den späteren Kapiteln wieder aufgegriffen. Die wichtigsten räumlichen Datenmodelle in einem Geographischen Informationssystem sind zurzeit das

- Vektor- und
- Raster-Datenmodell.

Die angebotene GIS-Software wird oftmals nach dem Schwerpunkt des ihr zugrunde liegenden Datenmodells eingeteilt: in eine vektororientierte (z. B. ArcGIS) oder rasterorientierte (z. B. Idrisi, Grass) Kategorie. Geographische Informationssysteme, die sowohl die Rasterdatenverarbeitung als auch die Vektordatenverarbeitung berücksichtigen, werden als hybride Geographische Informationssysteme bezeichnet. im Folgenden werden die beiden Datenmodelle betrachtet.

2.2.1 Vektordatenmodelle

Der Lagebezug eines geographischen Merkmals wird in einem Vektordatenmodell direkt über Koordinatenangaben erfasst. Punkte werden über ihre x- und y-Koordinate in der Lage beschrieben (z. B. Lagepasspunkt in der Photogrammetrie) bzw. über ihre z-Koordinate (Höhenangabe) ergänzt. Ein vollständig erfasster Punkt wird also durch seine x-,y-,z-Koordinate $[(x,y,z) = $ Tripel] beschrieben (z. B. Vollpasspunkt in der Photogrammetrie). Ein einfacher Punkt wird durch seine x-Koordinate und y-Koordinate $[(x,y) = $ Tupel oder Vertex] beschrieben, die man im englischen Sprachgebrauch „nodes" oder „vertices" nennt. Eine Linie wird durch zwei oder

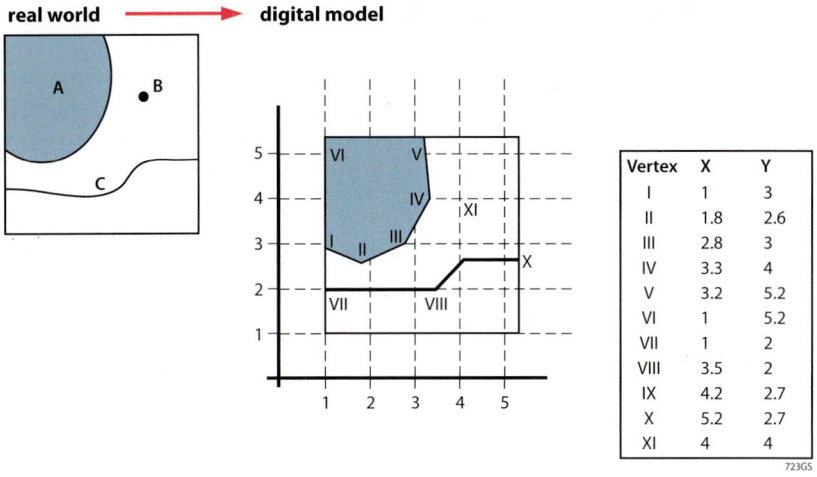

Abb. 2.2.1/1 *Räumliche Objekte in der Vektordatenform*

mehrere Tupel oder Vertices gebildet. Eine Fläche wird durch eine geschlossene Linie, also mindestens drei Vertices im System wiedergegeben.

Das Vektordatenmodell beschreibt die auf der Erde vorkommenden geographischen Merkmale also durch eine sequentielle Folge von Punkten, die lineare Segmente bilden bzw. gerichtete Linien (Vektoren) darstellen. Linien im Vektordatenmodell werden auch häufig als „Arcs" bezeichnet und bestehen aus einer Abfolge von Punkten bzw. Vertices und sind durch eine mathematische Funktion darstellbar. Polygone werden durch eine Folge geschlossener Koordinatenpaare definiert.

Im Vektordatenmodell ist die Speicherung der Koordinatenpaare (Vertices) für jedes einzelne geographische Merkmal genauso wichtig, wie die Verbindung (connectivity) zwischen den einzelnen Merkmalen oder Objekten, d. h. die Fest-

stellung, durch welche gemeinsamen Punkte die Objekte verbunden sind. Obwohl eine Vielzahl unterschiedlicher Vektordatenmodelle besteht, werden zwei Datenmodelle vorherrschend zur Speicherung von Vektordaten in einem GIS genutzt. Die häufigste Methode, die räumlichen Beziehungen zwischen den Objekten zu erhalten, stellt die Abspeicherung der Nachbarschaftsinformationen von Objekten dar. Dieses Modell oder diese Methode ist bekannt als das **topologische Datenmodell** (topologic data model). Die Topologie ist ein mathematisches Konzept und findet ihre Basis in der Betrachtung der **Nachbarschaftsinformationen** (adjacency information) und der **Verbindung** von Objekten. Die topologische Datenstruktur ist als eine sehr intelligente Datenstruktur ausgewiesen, da die räumlichen Beziehungen zwischen den einzelnen geographischen Objekten leicht abzuleiten sind, wenn

---

Repräsentation einfacher räumlicher Objekte in der Vektordatenform

Einfache räumliche Objekte (Punkte, Linien, Flächen) können als x,y-Koordinatenpaare kodiert werden:

Punkte: (x, y)

Linie: $(x_1, y_1), (x_2, y_2), \dots (x_n, y_n)$

Fläche: $(x_1, y_1), (x_2, y_2), \dots (x_n, y_n)$

Zur Konstruktion von Linien oder Flächen werden die aufeinanderfolgenden Punkte miteinander verbunden. Im Falle eines Flächenobjekts wird angenommen, dass der letzte Punkt mit dem ersten Punkt identisch ist $[(x_1, y_1) = (x_n, y_n)]$ bzw. der letzte Punkt durch eine Linie mit dem ersten verbunden ist.

---

sie konsequent angewendet wird. Aus diesem Grund ist das topologische Datenmodell zurzeit das vorherrschende Datenmodell in der GIS-Welt. Viele komplexe Datenanalysefunktionen könnten ohne diese topologische Datenstruktur nicht durchgeführt werden. Weitere Ausführungen und Beispiele zur Topologie folgen im Kapitel 2.4.

Die zweite Vektordatenstruktur, die allgemein im GIS-Umfeld genutzt wird, ist die CAD-Datenstruktur. Diese Datenstruktur definiert die geographischen Objekte über die Abfolge von Punkten, ohne die Verbindung und Nachbarschaftseffekte zwischen den Objekten zu berücksichtigen. Es entsteht oftmals eine beträchtliche Redundanz, da zum Beispiel die Begrenzungen von benachbarten Polygonen doppelt erfasst werden, weil jedes Polygon einzeln aufgenommen wird. Die CAD-Struktur entstand durch die Entwicklung computergestützter Grafiksysteme, die zunächst rein zur grafischen Darstellung ohne Berücksichtigung einer möglichen Weiterverarbeitung geographischer Objekte geplant wurden. Da

die in dieser Struktur aufgenommenen Merkmale sich selbst enthalten und unabhängig sind, sind Fragen möglicher Nachbarschaftsbeziehungen zwischen den Objekten nur schwer zu beantworten. Festzuhalten ist an dieser Stelle, dass das CAD-Vektordatenmodell die Festschreibung räumlicher Beziehungen zwischen den einzelnen Objekten vernachlässigt. Diese für die Arbeiten mit einem Geographischen Informationssystem wichtigen Beziehungen werden nur von einem topologischen Datenmodell berücksichtigt.

2.2.2 Rasterdatenmodelle (tesselated data models)

Die Diskretisierung kontinuierlicher Räume kann viele unterschiedliche Formen annehmen. Die Rasterdatenmodelle nutzen eine Gitterdaten-Struktur (grid-cell data structure), wobei der abzubildende Raum in Zellen unterteilt wird, die über eine Zeilen- (row) und Spalten- (column) Nummer identifiziert werden. Diese Datenstruktur wird allgemein Rasterdatenstruktur genannt. Aufgrund der

Verwendung irregulärer Gitterdaten wie zum Beispiel Quadtrees ist der Bergiff „Raster" jedoch nicht ganz korrekt, da er ein regelmäßiges Gitternetz andeutet, das aber nicht immer gegeben sein muss. Der englische Begriff „tesselation", der sich aus dem griechischen Wort „tetara" oder dem lateinischen Wort „tessella" ableitet, ist ausschließlich für regelmäßige Gitterdaten reserviert. Die Größe der Gitterzellen richtet sich nach der Datengenauigkeit und der vom Anwender benötigten Auflösung. Es ist keine spezielle Codierung der geographischen Koordinaten nötig, da die Lage eines Objekts intern durch das Layout des Gitters festgelegt wird.

Eine Rasterdatenstruktur stellt also eine Matrix dar, in der jede Koordinate schnell berechnet werden kann, wenn der Ursprungspunkt des Gitters und die Größe der Gitterzelle (grid size) bekannt sind. Da Gitterzellen als zweidimensionale Arrays in einem Computer behandelt werden, können viele analytische Operationen leicht programmiert und ausgeführt werden. Deshalb wird die Rasterdatenstuktur von vielen GIS-Softwarewerkzeugen als Datenstruktur gewählt. Die Topologie ist dabei in der Datenmatrix inhärent vorhanden, da durch die Lage einer Zelle die jeweilige Nachbarschaft (adjacency) bzw. Verbindung (connectivity) mit anderen Zellen implizit vorgegeben ist.

Von den unterschiedlichen Rasterdatenstrukturen werden in der GIS-Welt zurzeit zwei Strukturen überwiegend genutzt:

- Regelmäßiges Raster und
- Quadtree-Struktur.

Die häufigste Struktur ist die eines regelmäßigen Rasters, d. h. die Zellen besitzen gleiches Aussehen und gleiche Größe. Dazu werden meistens Quadrate genutzt, um den Raum mit einem gleichmäßigen Gitter abzudecken. Da geographische Merkmale in der Natur sich selten durch ein quadratisches Aussehen auszeichnen, ist es oft schwierig, die geeignete Auflösung der Gitterzellen zu bestimmen. Wenn die Maschenweite des Gitters zu groß gewählt wird, kommt es zu einer zu starken Generalisierung der abzubildenden Objekte. Ist die Maschenweite sehr fein gewählt, werden sehr viele Rasterzellen generiert, die zum einen große Datensätze produzieren und zum anderen die Verarbeitungsgeschwindigkeit in einem GIS für viele Arbeitsschritte herabsetzen können. Eine Rastergenauigkeit, die größer ist als die Genauigkeit des ursprünglichen Datenaufnahmeprozesses, kann zu fehlerhaften Ergebnissen während weitergehender Analysen führen.

Da die meisten Daten in einem Vektorformat erfasst werden (z. B. durch Digitalisierung), müssen diese Daten später in eine Rasterdatenstruktur konvertiert werden. Diesen Prozess nennt man Vektor-Raster-Konvertierung (rasterization). Dabei ist das Wissen über die Genauigkeit der Originaldaten für die Konvertierung unabdingbar. Die meisten GIS-Werkzeuge erlauben dem Nutzer, die Maschenweite des Rasters selbst zu definieren. Die stärker auf Rasterdaten ausgerichteten GIS-Werkzeuge erwarten, dass eine Rasterzelle genau von einer diskreten Zahl charakterisiert wird. Dies führt dazu, dass eine thematische Datenebene (z. B. Datenebene Forstbestand) aufgeteilt wird in eine Serie einzelner Rasterkarten, die jeweils ein Attribut der Datenebene Forstbestand repräsentieren (z. B. eine Rasterkarte der Wuchshöhen, eine Rasterkarte der Wuchsdichte). Diese Karten bezeichnet man auch als Einzelattributkarten (one attribute maps). In konventionellen Vektorsystemen werden diese Daten meist als multiple Attributkarten (multiple attribute maps) verwaltet. Die Polygone einer Forstbestandskarte können zum Beispiel mit einer Datenbanktabelle verbunden sein (link), die alle Attribute des Forstbestands als Spalten enthält. Der Hauptunterschied zu den vektororientierten Datenstrukturen ist, dass die Rasterdatenstruktur die bessere Grundlage für quantitative Analysetechniken liefert. Hier spricht man häufig von Raster- bzw. Map-Algebra.

Rasterdatenstrukturen erlauben die Anwendung mathematischer Modellierungsprozesse, während Vektordatenstrukturen in diesem Bereich häufig durch die Möglichkeiten ihres Datenbankmanagementsystems eingeschränkt sind. Dieser Unterschied ist das Hauptmerkmal raster- und vektorbasierter GIS-Werkzeuge. Es ist wichtig, zu verstehen, dass die Wahl der jeweiligen Datenstruktur (Vektor- oder Rasterdatenstruktur) Vorteile bzw. Nachteile während bestimmter Analyseschritte im GIS erbringen kann. Das Vektordatenmodell behandelt keine kontinuierlichen Daten (wie z. B. die Geländehöhe), während das Rastermodell für diese Art der Analyse hervorragend geeignet ist. Auf der anderen Seite lassen sich mit der Raster-datenstruktur Probleme, die auf linearen Daten beruhen, wie die Kürzeste-Wege-Suche (shortest path), nicht so elegant lösen wie mit vektorbasierten Systemen. Für den zukünftigen GIS-Anwender ist es wichtig zu verstehen, dass jedes Datenmodell (Raster oder Vektor) bestimmte Vorteile und Nachteile beinhaltet.

Die zweite Rasterdatenstruktur, die in einem GIS-System genutzt wird, ist die **Quadtree-Datenstruktur.** Diese erlaubt die Veränderung der Zellengröße über einer Region. Wo immer eine Gitterzelle keinen homogenen Attributwert aufweist, wird sie in Quadranten unterteilt. Die rekursive Rasterung einer Fläche kann je nach Bedarf und den Genauigkeitsansprüchen nutzerspezifisch angepasst werden. Die Quadtree-Datenstruktur hat einige konzeptionelle Vorteile gegenüber der konventionellen Rastermethode mittels gleichmäßig strukturierten Gitterzellen. Eigenschaften einer Fläche können leicht und effizient berechnet werden. Da die Quadtree-Datenstruktur eine variable Auflösung erlaubt, kann Detailinformation dort aufgenommen werden, wo sie auch wirklich vorhanden ist. Das Resultat ist eine optimierte Datenspeicherung. Andere Vorteile der Quadtree-Datenstruktur gegenüber der herkömmlichen Rasterdaten-Struktur liegen in einer wesentlich schnelleren Datenverarbeitungszeit. Quadtrees besitzen ihren größten Vorteil, wenn die Daten relativ homogen vorliegen und kein häufiges Update erforderlich ist.

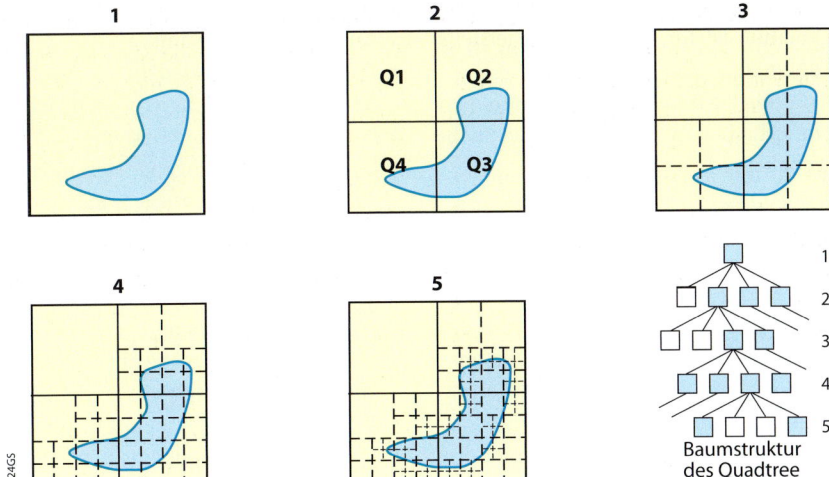

Abb. 2.2.2/1 *Beispiel einer Quadtree-Datenstruktur*

2.2.3 Vorteile und Nachteile der Modelle

Die wichtigsten Vor- bzw. Nachteile der einzelnen Datenstrukturen (Raster, Vektor) werden im Folgenden kurz aufgelistet. Dabei sei angemerkt, dass die kurze Gegenüberstellung der Vor- und Nachteile der jeweiligen Datenstrukturen nicht auf Vollständigkeit abzielt.

Vektor-Datenmodell

Vorteile:

- Die Daten können in ihrer Originalauflösung und ohne größere Generalisierung wiedergegeben werden.
- Die grafische Ausgabe von Vektordaten ist meistens von besserer Qualität.
- Da die meisten Daten in Form von konventionellen Karten vorliegen und diese bereits Vektordaten darstellen, wird keine Datenkonversion benötigt.
- Vektordaten beinhalten eine genaue geographische Verortung.

- Vektordaten erlauben eine effiziente Kodierung der zugehörigen Topologie. Sie sind für alle Analyseprozesse, die auf topologische Informationen zurückgreifen, die geeigneten Daten (z.B. Netzwerkanalysen oder Nachbarschaftsanalysen)

Nachteile:

- Der Ort jedes Tupels (x, y) oder Vertex muss gespeichert werden.
- Für weitergehende Analysen müssen Vektordaten in eine topologische Struktur überführt werden. Dies bedarf intensiver Prozessierung und gewöhnlich intensiver Datenbereinigung.
- Algorithmen für bestimmte Analysefunktionen bzw. Datenmanipulationen sind sehr komplex und können zu langen Verarbeitungszeiten führen. Die zugehörige Software ist meist teuer.
- Kontinua wie z.B. Höhendaten können in Vektordatenform nicht gut dargestellt werden.

- Eine starke Generalisierng und Interpolation ist für diese Daten meistens notwendig.
- Räumliche Analysen und Filterungen innerhalb von Polygonen sind nicht möglich.

Raster-Datenmodell:

Vorteile:

- Der geographische Ort jeder einzelnen Gitterzelle leitet sich direkt aus der Lage der Zelle innerhalb der Zellenmatrix ab. Deshalb reicht die Speicherung des Ursprungspunkts der Matrix. Andere geographische Koordinaten müssen nicht mitabgespeichert werden.
- Aufgrund der Datenspeicherung sind Datenanalysen leicht zu programmieren und schnell auszuführen. Die Rastersysteme sind deshalb meist preiswerter als Vektorsysteme.
- Diskrete Daten wie z. B. Forstbestände werden in einem Rastersystem gleichgestellt mit kontinuierlichen Daten, wie z. B. Höhendaten. Somit intergriert die Raster-Datenstruktur beide Datentypen.
- Rastersysteme sind kompatibel mit rasterbasierten Ausgabegeräten (wie z. B. elektrostatische Plotter oder Grafikterminals).

Nachteile:

- Die Zellengröße bestimmt die Auflösung, in der die Daten präsentiert werden.
- In Abhängigkeit von der gewählten Zellengröße ist es schwierig, lineare Objekte angemessen zu präsentieren. Netzwerkverbindungen sind deshalb schwierig zu etablieren.
- Der Datenzugriff geschieht oft sequenziell, sodass sich die Verarbeitungsgeschwindigkeit während komplexer Analysen verlangsamt.
- Die Verarbeitung assoziierter Attributdaten kann zeitintensiv sein, wenn große Datenmengen bestehen.
- Da die meisten Eingabedaten in Form von Vektordaten vorliegen, müssen die Daten einer Vektor-Raster-Konversion unterzogen werden. Neben der zunehmenden Prozessierungszeit für diesen Prozess ist bezüglich der durchzuführenden Generalisierung auf die Datenintegrität (data integrity) zu achten.
- Die meisten Ausgabekarten, die auf Rasterdaten basieren, entsprechen keiner hohen grafischen Qualität.

Es könnten hier noch einige Vor- oder Nachteile der jeweiligen Datenstrukturen aufgezählt werden. Wichtig ist jedoch an dieser Stelle, dass in einem GIS Verarbeitungsmöglichkeiten für Raster- und Vektordaten integriert sein sollten.

Zusammenfassung

- Die wichtigsten räumlichen Datenmodelle in einem GIS sind das Vektordatenmodell und das Rasterdatenmodell.
- Beide Datenmodelle sind mit Vor- und Nachteilen belegt, die beim praktischen Projekteinsatz in einem GIS abgewogen werden müssen.

Zum Einlesen

Vossen, G. (2008): Datenmodelle, Datenbanksysteme und Datenbankmanagementsysteme. – 5. Aufl., München.
Hier finden sich nützliche Anmerkungen zu den einzelnen Datenmodellen, insbesondere für den praktischen Einsatz. Die Eignung der Datenmodelle wird vor allem im Hinblick auf unterschiedliche Anwendungsfelder beleuchtet.

2.3 Attributdatenmodelle

Für die Speicherung und Bearbeitung von Attributdaten existiert eine Vielzahl von unterschiedlichen Datenmodellen. Zu den allgemein gebräuchlichsten Datenmodellen gehören:

- Relationales Datenmodell,
- Objektrelationales Datenmodell und
- Objektorientiertes Datenmodell.

Im Folgenden wird die Charakteristik der einzelnen Datenmodelle kurz vorgestellt sowie Aussagen zu ihrer Verbreitung bzw. Etablierung getroffen.

2.3.1 Relationales Datenmodell

Das relationale Datenmodell organisiert die Daten in Tabellen. Jede Tabelle ist identifizierbar über einen eindeutigen Tabellennamen und ist aus Zeilen (rows) und Spalten (columns) aufgebaut. Jede Spalte innerhalb einer Tabelle hat einen Namen, der in der Tabelle nur einmal vorkommt. Die Spalten speichern die Werte der einzelnen Attribute eines geographischen Objekts (z. B. Bedeckungsgrad, Baumhöhe, Baumalter). Die Zeilen einer Tabelle repräsentieren einen kompletten Datensatz (record) bzw. beinhalten alle Attribute eines geo-graphischen Objekts (z. B. eines Forstbestands). In einem GIS mit relationalem Datenmodell steht also jede Zeile einer Datentabelle für ein geographisches Objekt. Jede Zeile ist aus mehreren Spalten aufgebaut und jede Spalte beinhaltet einen spezifischen Attributwert für dieses Objekt.

Die Tab. 2.3.1/1 zeigt den Aufbau einer Tabelle, die 4 Zeilen und 5 Spalten hat. Die Forstbestandsnummer dient zum einen als Label für das geographische Objekt „Forstbestand" und zum anderen als primärer Schlüssel der Datenbanktabelle. Dieser primäre Schlüssel stellt die Verbindung zwischen der räumlichen Definition des Objekts (Koordinaten) und seinen Attributen her. Die Attributdaten eines räumlichen Objekts sind häufig in verschiedenen Tabellen abgelegt. Diese Tabellen können anhand gemeinsamer Spalten miteinander verbunden werden. Gewöhnlich stellt die gemeinsame Spalte eine Identifizierungsnummer (Identifier) dar, die als primärer Schlüssel für ein geographisches Objekt dient. Diese Verbindungen und Verknüpfungen stellen die Basis eines relationalen GIS-Werkzeugs dar.

Forstbe-stands-Nummer	Bedeckungsgrad (%)	Baumhöhe (m)	Baumart	Alter des Bestands (Jahre)
001	65	15	Kiefer	25
002	48	22	Fichte	12
003	80	25	Buche	120
004	54	8	Birke	30

Tab. 2.3.1/1 Tabelle einer relationalen Datenbank mit 4 Zeilen und 5 Spalten

Das relationale Datenmodell ist das am meisten akzeptierte Datenmodell für das Management von Attributdaten. Viele GIS-Softwareanbieter greifen dabei auf kommerzielle relationale Datenbanksysteme (ORACLE, dBASE, ACCESS, FoxPro etc.) zurück und haben die Schnittstellen ihrer Softwarepaket an den Datenimport und -export dieser Systeme angepasst. Das relationale Datenbankmanagementsystem ist für den GIS-Anwender aus folgenden Gründen interessant:

• Einfachheit der Datenorganisation und der Datenmodellierung.

• Flexibilität – Daten können leicht bearbeitet werden durch das Verbinden unterschiedlicher Tabellen.

• Speichereffizienz – durch einen guten Aufbau der Datentabellen kann die Datenredundanz minimiert werden.

• Suchen bzw. Abfragen innerhalb einer relationalen Datenstruktur müssen die interne Organisation der Daten nicht in Betracht ziehen.

Die Tab. 2.3.1/2 zeigt die Verbindung zweier Datentabellen, die unterschiedliche Bodentypen in einem GIS präsentieren.

Tabelle 1: Bodenpolygone		
Polygon ID	**Fläche (m²)**	**Bodenkennung**
1	45,2	BG 17
2	67,3	PD 12
3	83,4	SCH 16
4	32	AN 22

Tabelle 2: Bodendaten		
Bodenkennung	**pH-Wert**	**Saugspannung 50 cm Tiefe (hPa)**
AN 22	5,7	350
BG17	6,5	480
PD 12	7,3	650
SCH 16	6,4	390

Tabelle 3: Verbundene relationale Datentabelle (Bodenpolygone + Bodendaten)				
Polygon ID	**Fläche (m²)**	**Bodenkennung**	**pH-Wert**	**Saugspannung 50 cm Tiefe (hPa)**
1	45,2	BG 17	6,5	480
2	67,3	PD 12	7,3	650
3	83,4	SCH 16	6,4	390
4	32	AN 22	5,7	350

Tab. 2.3.1/2 *Verbindung zweier Datentabellen über gemeinsame Spalten*

Die Spalte „Bodenkennung" dient als primärer Schlüssel für beide Tabellen. Da diese Spalte beiden Tabellen gemeinsam ist, können die beiden Tabellen verbunden werden (joined relational table, vgl. Tab. 2.3.1/2 Tabelle 3). In den meisten relationalen Datenmodellen, die in kommerziellen Geographischen Informationssystemen verwendet werden, wird für die einzelnen Tabellen ein gemeinsamer Identifier benutzt. Ein weiterer Vorteil dieses Datenmodells besteht darin, dass es die weit verbreitete Datenbankabfragesprache SQL (Structured Query Language) unterstützt, mit der verknüpfte Abfragen an die Datenbank formuliert werden können. Viele hilfreiche Hinweise zu SQL finden sich bei F. Lusardi (1988). Zusammenfassend kann festgehalten werden, dass viele Geographische Informationssysteme räumliche Daten und Attribute in unterschiedlichen Datenmanagementsystemen separat behandeln. Häufig wird die topologische oder rasterorientierte Struktur benutzt, um die räumlichen Informationen zu speichern, während für die Attributdaten die relationale Datenstruktur gewählt wird. Die Daten beider Strukturen sind verbunden über einen gemeinsamen Schlüssel (identifier, DBMS primary keys). Die Koppelung der räumlichen Daten mit den Attributdaten geschieht somit meistens durch eine intern vom jeweiligen GIS vorgegebene Nummer oder einen Code.

2.3.2 Objektrelationales Datenmodell (object-relational data model, ORDB)

In einem objektrelationalen Datenbankmanagementsystem werden Konzepte der relationalen Datenmodelle mit denen der objektorientierten Datenbanken verschmolzen. Die ORDB werden dort genutzt, wo Mengen von Objekten in Beziehung zu anderen Daten oder Objekten gebracht werden müssen. Die Entität einer relationalen Datenbank entspricht dabei dem Objekt einer objektorientierten Datenbank.

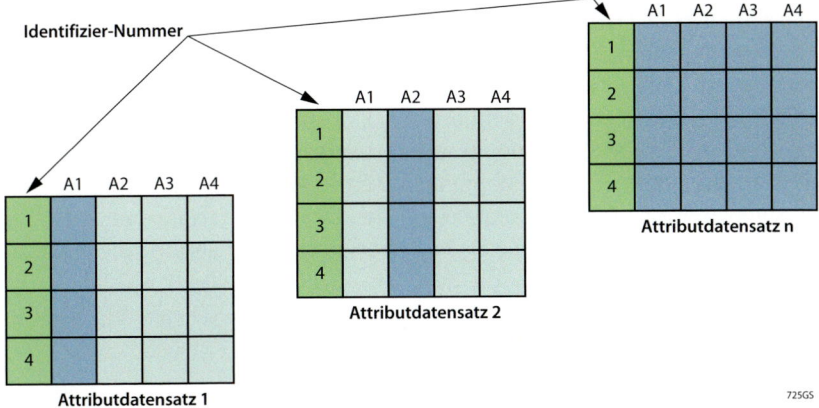

Abb. 2.3.1/1 *Relationale Tabellen (tuples)*

ORDB wurden vor dem Hintergrund steigender Ansprüche an die Organisation von großen Datenmengen verwirklicht. Hier liegt der größte Nachteil der relationalen Datenbanken. Vor allem durch das eingeschränkte Typsystem von relationalen Datenbanken können umfangreiche Excel-Tabellen, XML-Dokumente oder Mediadaten nur mit großem Aufwand in einer relationalen Datenbank gespeichert werden.

Weitere Probleme stellen sich beim Mapping von Objekten der realen Welt auf das relationale Modell ein. Unter Mapping versteht man das Zuordnen von Daten (Abbildung) aus zwei verschiedenen Feldern oder Speicherbereichen zueinander. Dieses Problem wird auch „impedance mismatch" genannt. Das ORDB integriert nun die einfach strukturierten Datensätze, basierend auf den Relationen mit den komplexeren Strukturen eines Objektmodells. Relationen stellen eine Sammlung von Tabellen dar, in denen Daten angeordnet werden können. Im objektrelationalen Modell werden die Daten als Relationen von komplexen Objekten gespeichert. Weiterhin können über Referenzen Objekte verkettet werden und Relationen in Unterrelationen zueinander stehen. Dadurch wird ausgedrückt, dass eine Relation die Subrelation einer anderen sein kann. Für das Mapping von komplexen Sachverhalten muss ein objektrelationales Datenmodell entsprechende Konzepte und Regeln zur Beschreibung der Struktur der Datenbank zur Verfügung stellen, allerdings gibt es im Gegensatz zu relationalen Datenbankmodellen bei den objektorientierten Datenbankmodellen keine einheitlichen Strukturen. Ein wesentliches Konzept objektrelationaler Datenmodelle sind sogenannte strukturierte Typen. Die strukturierten Typen sind vergleichbar mit Objekttypen, welche die Attribute und das Verhalten von gleichartigen Objekten in der Datenbank definieren. Diese strukturierten Typen erbringen die Anforderungen der Objektorientierung. Anforderungen der Objektorientierung sind in Bezug auf die Strukturierung der Daten beispielsweise die Vererbung von Attributen und Verhalten oder des Prinzips der Kapselung. Das objektorientierte Konzept der Klasse wird in objektrelationalen Datenbanken mit sogenannten typisierten Tabellen erreicht, die wiederum auf strukturierten Typen beruhen und der Speicherung der Daten dienen. Benutzerdefinierte strukturierte Datentypen erweitern das relationale Datenmodell in ein objektrelationales Datenbankmodell um sogenannte anwendungsspezifische Datentypen und bauen die Brücke zu den objektorientierten Datenmodellen. Abschließend kann festgehalten werden, dass ORDB entwickelt wurden, um die Vorteile von objektorientierten Datenbanken bezüglich der Speicherung komplexer Objekte zu nutzen. Andererseits sollte aber auch die bereits eingeführte Abfragesprache SQL weiterhin eingesetzt werden können. Deshalb ergänzte man das vorhandene relationale Modell um entsprechende objektorientierte Konzepte. Als ein aktuelles Beispiel dieser Entwicklung ist die Datenbank PostgreSQL anzusehen.

2.3.3 Objektorientiertes Datenmodell (object-oriented data model, OODB)

Das objektorientierte Datenmodell managt Daten durch Objekte. Ein Objekt ist dabei eine Sammlung von Datenelementen und Datenoperationen, welches als eine funktionale Einheit betrachtet wird. In einer objektorientierten Datenbank wird jeder Datensatz als ein Ganzes gespeichert. Der Ansatz bietet den Vorteil, dass Objekte mit ihren Eigenschaften und Funktionen betrachtet werden. Eine wichtige Grundlage der objektorientierten Struktur ist dabei die Einkapselung (encapsulation) von Eigenschaften und Funktionen eines Objekts. Dies bedeutet, dass Eigenschaften und

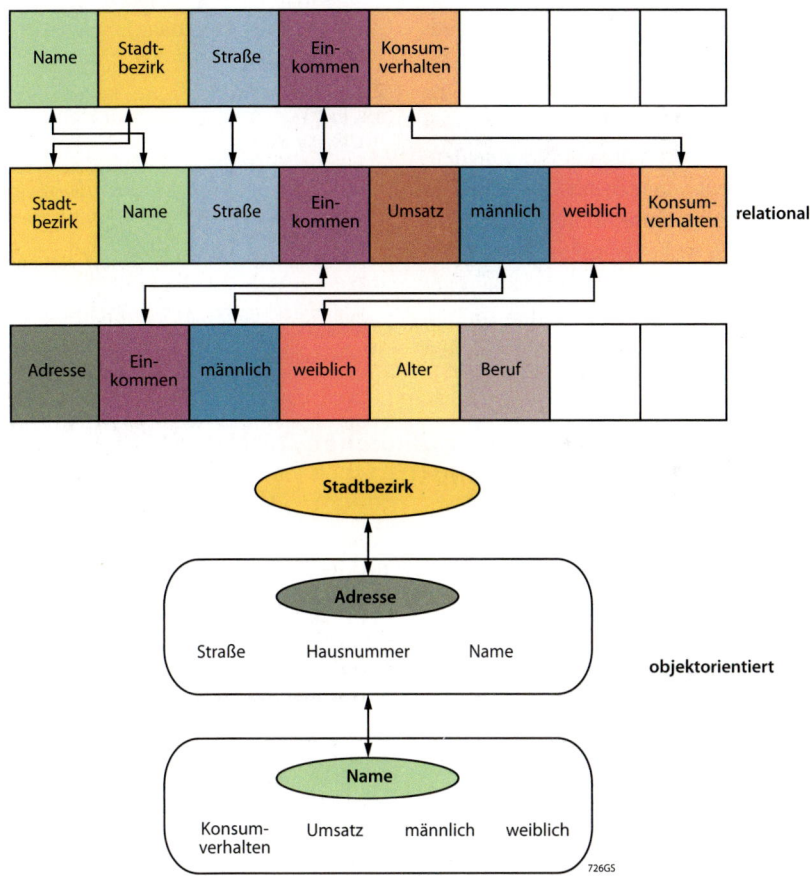

Abb. 2.3.3/1 *Vergleich relationaler Datenspeicherung und objektorientierter Datenspeicherung*

Funktionen der Objekte gleichrangig gespeichert werden. Objekte gleichen Typs können zu einer Klasse zusammengefasst werden und besitzen identische Eigenschaften.

Zurzeit machen nur einige Geographische Informationssysteme Gebrauch von diesem Datenmodell. Die sich in der Raumanalyse abzeichnenden Entwicklungen lassen aber erwarten, dass dieses Konzept zunehmend für die GIS-Analysen an Bedeutung gewinnen wird. Der relationale Ansatz ist für die Datenhaltung zunächst einfacher, aber die umfangreichen Verknüpfungen zwischen Daten und Dokumenten in Dokumentenmanagementsystemen sind innerhalb einer objektorientierten Datenbank besser abzubilden, wobei komplexe Strukturen in objektorientierten Datenbanken generell besser abgebildet werden können und die resultierenden Datenbanken meistens leistungsfähiger sind.

Zusammenfassung

* Für Attributdaten besteht eine Vielzahl von Datenmodellen (Relationale, Objektrelationale und Objektorientierte Datenmodelle).
* In der Praxis dominieren die Relationalen Datenmodelle bis heute.
* De facto Standard für die Abfrage von relationalen Datenbanken ist die Datenbankanfragesprache SQL (Structured Query Language).

Zum Einlesen

BEIGHLEY, L. (2008): SQL von Kopf bis Fuß. O'Reilly. Köln.
Das Buch beschreibt die Syntax und die Anwendung von SQL von den einfachsten Grundanweisungen (z. B. „Where"- Abfragen) bis zu komplexen Abfragen.

TÜRKER, C. & G. SAAKE (2005): Objektrelationale Datenbanken - Ein Lehrbuch. Heidelberg.
Das Lehrbuch bietet einen ausführlichen Überblick über die Synthese von relationalen und objektorientierten Datenbanken.

2.4 Beziehungen zwischen räumlichen Daten (spatial data relationships)

Die Beziehungen zwischen räumlichen Daten stellen ein komplexes Problem dar und sind für das Verständnis jeglicher Arbeit mit einem GIS bedeutend. Die primäre Aufgabe eines GIS ist die Analyse großer räumlicher Datensätze. Zurzeit wird zur Berücksichtigung der räumlichen Bezüge unter den Objekten die topologische Struktur der Daten als theoretische Lösung des Problems herangezogen. Es existiert eine große Anzahl von möglichen Beziehungen zwischen räumlichen Daten. Viele von Ihnen sind bedeutend für die Datenanalyse. Die Beziehung „ist beinhaltet in" (is contained in) für einen Punkt und eine Fläche ist zum Beispiel wichtig für die Lage der einzelnen Objekte zu ihrer Umgebung. Schnittstellen bzw. Kreuzungen von Linien (intersects) sind bedeutend für die Betrachtung von Netzwerken. Die Verfolgung von Routen (Versorgungsleitungen, Streckenverbindungen von Eisenbahnen, Schaltpläne eines Betriebs etc.) in einem Netzwerk ist unmittelbar auf diese Beziehungen zwischen den Linien eines Netzwerks angewiesen. Die Beziehungen eines Objekts zu seiner Umgebung sind nur ein wichtiges Kriterium, das für viele Fragestellungen der räumlichen Analyse benötigt wird.

Die Beziehungen können zwischen Entitäten des gleichen Typs oder zwischen Entitäten unterschiedlichen Typs bestehen. Zum Beispiel kann für ein Einkaufszentrum die Lage des nächstliegenden Einkaufszentrums betrachtet werden (Entitäten gleichen Typs). Betrachtet man für jeden Kunden eines Einzugsgebiets jeweils das nächstliegende Einkaufszentrum, so handelt es sich um einen Beziehungsvergleich zwischen Entitäten unterschiedlichen Typs.

Grundsätzlich lassen sich drei Kategorien von Beziehungen (relationships) postulieren:

1. Beziehungen, die benutzt werden, um ausgehend von primitiven Grundeinheiten (z.B. Punkte) komplexe Objekte zu konstruieren. Als Beispiele sind hier die Beziehungen einer Linie zur geordneten Reihenfolge der Punkte zu nennen, die diese Linie aufbauen. Ein weiteres Beispiel dieser Kategorie stellen die Beziehungen einer Fläche bzw. eines Polygons zu einem geordneten Satz von Linien dar, die diese Fläche bzw. dieses Polygon beschreiben.

2. Beziehungen, die sich aus den Koordinaten der einzelnen Objekte berechnen lassen. Bei Linien kann zum Beispiel berechnet werden, ob sie sich kreuzen (cross-relationship). Flächen können daraufhin untersucht werden, ob sie Punkte oder andere Flächen beinhalten (is contained relationship). Flächen bzw. Polygone können weiter auf Überlappungen hin untersucht werden (overlaps-relationship).

3. Beziehungen, die nicht aus den Koordinaten der Objekte berechnet werden können und als eigene Angabe in die Datenbank während der Eingabe aufgenommen werden müssen. Hierzu gehören z.B. Angaben, ob Autobahnen oder andere Linienstrukturen sich wirklich schneiden und echte Kreuzungspunkte (intersections) aufweisen oder ob es sich um Über- oder Unterführungen handelt (overpass or underpass of lines). Sind z.B. die Kreuzungspunkte von Autobahnen im planaren Fall noch aus den Koordinaten der Objekte zu berechnen, so müssen Angaben zu vorhandenen Über- oder Unterführungen zusätzlich in die Datenbank aufgenommen werden. Einige Datenbanken erlauben hier die Ausweisung komplexer Objekte, in denen die assoziierten Attribute logisch gruppiert werden.

Beispiele räumlicher Beziehungen zwischen Objekten lassen sich in Anlehnung an die räumlichen Objekttypen (Punkt, Linie, Fläche) formulieren: Betrachtet man ausschließlich paarweise Beziehungen für Punkte, Linien und Flächen (binary combinations), so erhält man im Allgemeinen sechs mögliche Kombinationen:

- Punkt-zu-Punkt – Beziehungen (point-point)
- Punkt-zu-Linie – Beziehungen (point-line)
- Punkt-zu-Fläche – Beziehungen (point-area)
- Linie-zu-Linie – Beziehungen (line-line)
- Linie-zu-Fläche – Beziehungen (line-area)
- Fläche-zu-Fläche – Beziehungen (area-area)

R. Laurini & D. Thompson (1995, S. 82) unterscheiden durch eine erweiterte Betrachtung konzeptioneller Abhängigkeiten einzelner Entitäten untereinander insgesamt neun mögliche Kombinationen zwischen den räumlichen Objekttypen Punkte, Linien und Flächen. Im Folgenden sollen Beispiele für die sechs oben genannten räumlichen Abhängigkeiten vorgestellt werden, da vor allem diese sechs Hauptkombinationen in der Arbeit mit GIS häufig vorkommen.

Punkt-zu-Punkt – Beziehungen (point-point):

Punkt-zu-Punkt – Beziehungen lassen sich meist durch zwei Fragestellungen beschreiben. Zum einen ist die Abfrage „welcher Punkt liegt innerhalb?" von Bedeutung oder zum anderen die Abfrage „welcher Punkt liegt am nächsten zu einem anderen Punkt?". Für den ersten Fall ist die Abfrage nach allen topographischen Festpunkten, die in einem Umkreis von 1 km von einem festen Bezugspunkt liegen, ein Beispiel. Für den zweiten Fall ist die Abfrage nach der Grundwassermessstation, die am nächsten an einer Verschmutzungsstelle liegt, ein Beispiel.

Punkt-zu-Linie – Beziehungen (point-line):

Für das räumliche Verhältnis von Punkt-zu-Linie – Beziehungen lassen sich wiederum zwei häufige Abfragen innerhalb eines GIS formulieren. Zum Beispiel: „Finde den End- bzw. Kreuzungspunkt einer Straße" oder „Finde die Straße, die am nächsten zu einem Punkt (z. B. Tankstelle) verläuft".

Punkt-zu-Fläche – Beziehungen (point-area):

Für das Beziehungsverhältnis von Punkt- und Flächenentitäten lassen sich zwei Bezüge feststellen. Zum einen kann ein Punkt in einer Fläche liegen und zum anderen kann eine Fläche von einem Punkt aus gesehen werden. Beispiel für diese Bezüge wären Fragestellungen wie „Finde alle Kundenorte innerhalb des Postleitzahlenbereichs" oder „Kann diese Fläche von diesem Aussichtspunkt aus eingesehen werden?".

Linie-zu-Linie – Beziehungen (line-line):

Die wichtigsten Beziehungen zwischen linearen Objekttypen lassen sich durch „Kreuzungen" oder „Flussrichtungen" beschreiben. Die Frage, ob sich eine Straße oder ein Fluss kreuzen oder ob ein Bach in einen bestimmten Fluss entwässert, stehen als Beispiel hierfür.

Linie-zu-Fläche – Beziehungen (line-area):

Ähnlich wie bei den Linie-zu-Linie – Beziehungen ist bei der relativen Betrachtung von Linien zu Flächen die Frage nach Schnittpunkten und Begrenzungen (borders) wichtig. Die Frage nach den Schnittpunkten einer zu planenden Eisenbahnlinie mit bestimmten Bodeneinheiten (-flächen) oder die Funktion eines Flusses als Landesgrenze sind Beispiele hierfür.

Fläche-zu-Fläche – Beziehungen (area-area):

Fragen an das Datenkonvolut eines GIS, die Fläche-zu-Fläche-Beziehungen betrachten, werden sehr häufig gestellt. Überlappungen von Flächen wie z. B. die Frage nach der Überlappung von Flächen eines bestimmten Bodentyps mit Flächen bestimmter Landnutzung werden ebenfalls sehr häufig gestellt.

2.4.1 Topologie

Das topologische Datenmodell ist für den GIS-Einsteiger am Anfang oftmals verwirrend. Wie bereits erwähnt, stellt das topologische Modell ein mathematisches Konzept dar, das es erlaubt, die Strukturen der Daten nach dem Prinzip der Nachbarschaftsbezüge (adjacency) und Verbindungen (connectivity) zwischen den geographischen Objekten zu ordnen. Im deutschen Sprachraum verwendet man bei der Beschreibung topologischer und struktureller Eigenschaften die Begriffe „Inzidenz" und „Adjazenz". **Inzidenz** bezeichnet das Ineinanderfallen verschiedener und **Adjazenz** das Aneinandergrenzen gleicher Strukturelemente. Die Topologie stellt eine mathematische Methode dar, die dazu dient, die räumlichen Bezüge unter den Objekten zu definieren. Ohne Erfassung der topologischen Datenstruktur in einem vektorbasierten Geographischen Informationssystem wäre eine Vielzahl von Datenanalysen nicht durchführbar. Eine allgemein verbreitete topologische Datenstruktur stellt das Linien/Knoten-Modell (arc/node data model) dar. Dieses Modell beinhaltet zwei Basisentitäten, die Linie (arc) und den Knoten (node). Eine Linie wird dabei durch eine Abfolge von Punkten beschrieben. Auch hier gibt es wiederum Unterschiede in der Syntax. R. Bill (1996) spricht bezüglich des Linien/Knoten-Modells von einem Graphenmodell (vgl. Bill, R. 1996, S. 31 f.). Ein Graph wird dabei durch die Menge seiner Knoten (vertices) und Kanten (edges) definiert. Ein Graph besteht danach aus folgenden Basiselementen:

1. Aus den Schnittpunkten (nodes) oder Endpunkten (vertices) von Linien (Benennung ist je nach Bearbeiter und Region z. B. England, USA, Deutschland kontextabhängig).

2. Aus den Linien selbst, die je nach Interpretation bzw. Nomenklaturauslegung auch als „edges", „links", „arcs" oder „chains" benannt sein können.

3. Aus seperaten, einzelnen Linien, die nicht mit anderen Linien verbunden sind (subgraphs).

4. Aus „freien" Flächen, die zwischen oder außerhalb der Linien liegen (faces oder regions).

Der GIS-Anwender sollte sich von der begrifflichen Vielfalt topologischer Definitionen nicht verwirren lassen (zur begrifflichen Interpretation von arcs, lines, nodes, links etc. vgl. Kap. 2.1.1). Die Abb. 2.4.1/1 zeigt die Komponenten eines Graphen sowie die zugehörige Terminologie.

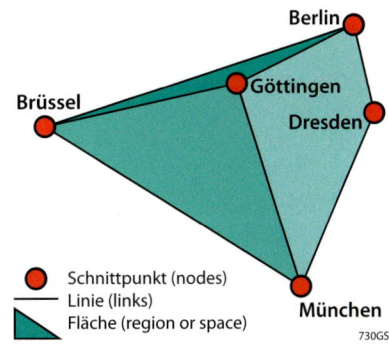

Abb. 2.4.1/1 *Komponenten eines Graphen*

Die englische Definition eines „arc" (arc: a locus of points that forms a curve that is defined by a mathematical function) verdeutlicht, dass aus einem einmal topologisch strukturierten Datensatz sowie durch Nutzung graphentheoretischer Algorithmen bestimmte Fragestellungen an ein GIS gestellt werden können:

• Wo ist der kürzeste Weg zwischen zwei Knoten?
• An welchem Knoten endet eine Linie?
• Was ist in einer Fläche beinhaltet?
• Welche Flächen grenzen aneinander?
• Welche Fläche grenzt an welche Linie?

Da die Mehrzahl der Daten bei ihrer Eingabe in ein GIS in der Regel keine topologische Struktur besitzt, muss die Topologie zwischen den einzelnen Objekten zunächst aufgebaut werden. Dieser Prozess kann abhängig vom jeweiligen Datensatz sehr zeitaufwendig sein. Graphen besitzen spezielle Eigenschaften, die bereits sehr früh vom schweizer Mathematiker Euler beschrieben wurden. Für zweidimensionale Graphen formulierte Euler eine Gleichung der Form:

$$V + F = E + S$$

V = Vertices oder Knoten, E = Kanten, F = Raum bzw. Fläche zwischen den Kanten, S = Euler-Zahl oder Genus (vgl. R. Laurini & D. Thompson, 1995, S.180 f.) Die Euler-Zahl (S) verändert sich in Abhängigkeit davon, ob die Fläche außerhalb eines Graphen oder eines Polygons mitgezählt wird oder nicht (inside – outside polygons). Wenn die Fläche mit betrachtet wird (vgl. Abb. 2.4.1/2 a), wird

S = 2 gesetzt, anderenfalls ist S = 1. Die Euler oder Euler-Poincaré-Gleichung beschreibt ein konstantes Verhältnis zwischen einer Anzahl von Links in einer ebenen Fläche. Die Anzahl der Knoten und inneren Flächen (inside regions ≈ faces) hängt direkt von der Anzahl der Kanten ab.

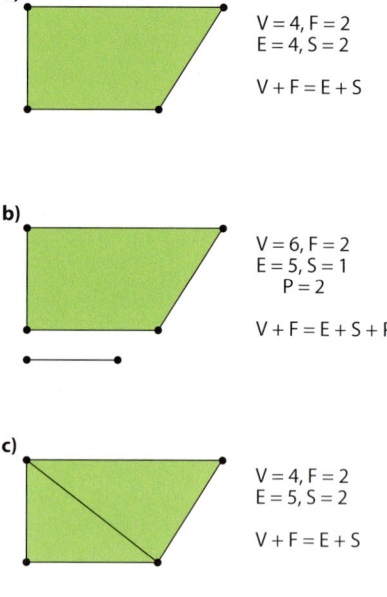

a)
V = 4, F = 2
E = 4, S = 2

V + F = E + S

b)
V = 6, F = 2
E = 5, S = 1
P = 2

V + F = E + S + P

c)
V = 4, F = 2
E = 5, S = 2

V + F = E + S

d)
V = 9, F = 3
E = 11, S = 1

V + F = E + S

731GS

Abb. 2.4.1/2 *Anwendung der Euler-Gleichung für den zweidimensionalen Fall*

a) Einfacher Fall vier verbundener Knoten mit S = 2, falls F als äußere und innere Polygonfläche definiert ist bzw. S = 1 ist und F nur als innere Fläche (face) aufgefasst wird.

b) Zusätzliche Einführung eines Untergraphen P, S wird nur als innere Fläche definiert.

c) Hinzufügen einer Kante zu bestehenden Knotenverbindungen, F wird nur als innere Polygonfläche definiert.

d) Komplexer Graph, bei dem F nur als innere Polygonfläche definiert ist.

Die Datenorganisation von Vektordatenstrukturen kann innerhalb eines GIS sehr komplex sein. Als Beispiel dieser komplexen Strukturen seien die unterschiedlichen Möglichkeiten der Darstellung von Polygonen in einer Datenbank aufgezeigt. Das Ziel der Polygondatenstruktur ist es, die topologischen Eigenschaften einer Fläche (Aussehen, Gestalt, Nachbarn, Hierarchie etc.) in der Art zu erfassen, dass die mit den Polygonen assoziierten Attribute auf Basis dieser räumlichen Einheiten als thematische Karte dargestellt werden können. Bevor der Aufbau bzw. die Konstruktion einer sinnvollen Polygondatenstruktur beschrieben wird, ist es nützlich, sich über die Anforderungen an Polygondatenstrukturen im Hinblick auf geographische Daten klar zu werden. Folgende allgemeine Anforderungen sind beim Aufbau einer Polygondatenstruktur vorauszusetzen:

Erstens: bei der Abbildung eines Polygonnetzwerkes besitzt jedes Polygon seine eigene Form bzw. Gestalt, Umfang (perimeter) und Fläche. Das heißt, es gibt keine uniformen Polygone im Sinne einer Standardbasiszelle eines rasterbasierten Systems (z. B. pixel). In der Praxis ist eine Uniformität räumlicher Objekte auch eher selten anzutreffen. Raumeinheiten auf Bodenkarten oder geologischen Karten weisen durchweg unregelmäßige Begrenzungen auf.

Zweitens: geographische Analysen erfordern von der Datenstruktur, dass Informationen zu den Nachbarschaftsbeziehungen jedes Polygons erfasst und gespeichert werden.

Drittens: in thematischen Karten besitzen nicht alle Polygone das gleiche Ordnungsniveau. Inselpolygone können innerhalb größerer Polygone auftreten, die selbst wiederum Inseln größerer Polygone darstellen (z. B. Inseln innerhalb eines Sees). Polygone werden deshalb in einer Vektordatenbank in unterschiedlichster Weise dargestellt.

Einfache Polygone werden durch die Abfolge (chain) ihrer Begrenzungspunkte (boundary points) abgespeichert. Neben der Speicherung der einzelnen x,y-Koordinaten der Polygonbegrenzungspunkte wird zu jedem Polygon ein Textstring oder Symbol zur sinnhaften Benennung des Polygons erfasst. Diese Methode der Polygonerfassung hat den Vorteil, dass sie sehr einfach strukturiert ist. Auf der anderen Seite impliziert diese einfache Methode mehrere Nachteile:

1. Linien zwischen nebeneinander angrenzenden Polygonen müssen doppelt digitalisiert und gespeichert werden. Dies führt oftmals zu Fehlern in der Darstellung der gemeinsamen Grenze von Polygonen (slivers und gaps).

2. Es wird keine Information über Nachbarschaftsbeziehungen der Polygone erfasst.

3. Die Darstellung von Inselpolygonen ist unmöglich, außer als reine graphische Konstruktionen.

4. Die Überprüfung der Topologie der Polygonbegrenzungen ist sehr schwierig. Die einfache Polygonmethode bietet keine ausreichenden Möglichkeiten der Überprüfung auf korrekte Erfassung der Punktverläufe wie z. B. unvollständige Polygonbegrenzungslinien (dead ends) oder unzulässige Schleifen (inadmissible loops = „weird polygons").

Die Abb. 2.4.1/3 zeigt typische Fehler in einem Polygonnetz. Die häufigsten Fehler stellen unsauber digitalisierte Linienzüge zwischen nebeneinander liegenden Polygonen und unvollständige Linienzüge mit toten Enden dar. Diese Fehler entstehen meistens bei der Datenaufnahme durch Digitalisieren von vorhandenem Kartenmaterial.

Als weitere Methode der Polygonerfassung ist die Speicherung der Polygonbegrenzungspunkte in Punktverzeichnisse zu nennen. Bei dieser Methode werden alle Koordinatenpaare sequenziell nummeriert und in ein Verzeichnis geschrieben, in dem festgehalten ist, welche Punkte zu den jeweiligen Polygonen gehören. Die Methode der Polygonerfassung mit Punktverzeichnis hat den Vorteil, dass die Grenzen zwischen benachbarten Polygonen einheitlich sind. Das Problem der unberücksichtigten Nachbarschaftsbeziehungen und der mangelnden Überprüfungsmöglichkeiten auf unzulässige Schleifen und „dead ends" bleibt allerdings bestehen. Das Inselpolygonproblem bleibt ebenso erhalten. Um ein Polygonsystem mit ausführlicher Topologie zu erhalten, müssen alle topologischen Bezüge mit in die Datenbankstruktur aufgenommen werden. Dafür gibt es generell zwei mögliche Wege. Zum einen kann die topologische Struktur während der Dateneingabe

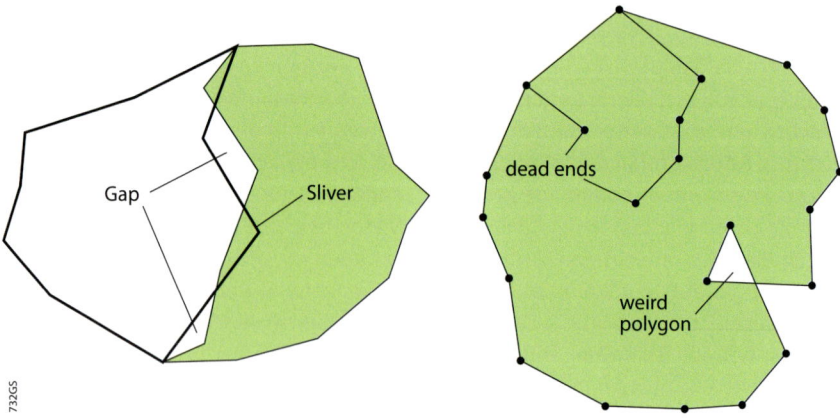

73CS

Abb. 2.4.1/3 Topologische Fehler in einem Polygonnetz

Repräsentation der Topologie in GIS-Systemen

Das wichtigste Merkmal einer GIS-Datenstruktur, das diese von einer rein kartographischen Datenstruktur unterscheidet, ist die Betonung der Beziehungen zwischen den räumlichen Objekten.

In einem GIS dient der Begriff **„Topologie"** zur Beschreibung dieser räumlichen Beziehungen zwischen den Objekten.

Zwei spezifische Typen von Beziehungen werden in einem GIS oft chiffriert: Beziehungen in Netzwerken (relationships in networks) und Beziehungen zwischen Flächen (relationships between areas).

Beziehungen in Netzwerken:

Netzwerke bestehen aus zwei Typen von Objekten:

Linien (lines), auch benannt als „links", „edges" oder „arcs"

Knoten (nodes), auch benannt als „Schnitt-oder Kreuzungspunkte", „intersections" oder „junctions".

Eine einfache Methode, Beziehungen zwischen Linien und Knoten zu kodieren, ist die Zuweisung zweier zusätzlicher Attribute - nämlich die Identifier (ID's) der Knoten [vom Knoten (x, y) weg, zum Knoten (x, y) hin].

Daraus ergeben sich zwei Datensätze (data records):

Linien-Koordinaten (line-, arc-coordinates): (x1, y1), (x2, y2), ° (xn, yn)

Linien-Attribute (lines, arc-attributes): vom Knoten (x, y) weg, zum Knoten (x, y) hin, Länge, Attribute, . . .

Unter Ausnutzung dieser Struktur ist es möglich, von Linie zu Linie zu navigieren, indem für die Linien die zusammenpassenden Knotennummern gesucht werden. Der DIME-Datensatz und die TIGER-Daten des US Bureau of the Census benutzen dieses topologische Speicherprinzip. Jedoch ist die Suche bzw. Abfrage nach zusammenpassenden Knoten nicht sehr effizient. Eine verbesserte Datenstruktur würde die Liniensegmente an jedem Knoten auflisten. Dies führt zur Ergänzung eines dritten Datensatzes: Angabe des jeweiligen Knotens (x, y), direkt angrenzende Linien (positiv (+) steht für zum Knoten hin, negativ (-) steht für vom Knoten weg).

Beziehungen zwischen Flächen:

Wissend, dass das Angrenzen von Flächen (adjacency) für die Arbeit mit Flächen-Objekten sehr wichtig ist, arbeiten viele GIS-Programme wesentlich effektiver, wenn bekannt ist, welche Flächen gemeinsame Grenzen (common boundaries) teilen.

Viele GIS-Programme speichern die Begrenzungen von Flächen als mehrere einzelne Arcs ab. Den Arcs werden sogenannte Zeigervariablen (pointer) zugewiesen, die anzeigen welche Fläche links bzw. rechts des Arcs liegt.

Die Speicherung gemeinsamer Polygongrenzen anstelle der kompletten Grenzen für jedes einzelne Polygon verringert unnötigen Digitalisierungsaufwand. Fehler, die auftreten würden, wenn zwei digitalisierte Versionen gemeinsamer Grenzen bestehen, werden verhindert.

Viele GIS-Programme speichern die Beziehungen zwischen Flächen in drei unterschiedlichen Dateien:

einer Polygon-Attribut-Tabelle (polygon attribute table)

einer Arc-Attribut-Tabelle (arc attribute table)

einer Arc-Geometrie-Tabelle (arc geometry table), enthält die (x, y)-Koordinatenpaare eines Arcs. In dem GIS-Program ArcGIS werden z. B. diese drei Dateien mit den Extensions PAT, AAT und ARC gespeichert.

direkt berücksichtigt werden und zum anderen können die topologischen Relationen nach Aufnahme der Daten mittels geeigneter Software berechnet werden. Beide Methoden führen zu einem enormen Anwachsen der Datenmengen, die für die einzelnen räumlichen Objekte gespeichert werden müssen, um eine vollkommene Beschreibung der topologischen Bezüge der Objekte untereinander zu erhalten. Einer der ersten Versuche, ausführliche topologische Beziehungen zwischen Objekten zu berücksichtigen, war das DIME-System des US Bureau of the Census (Dual Independent Map Encoding System). Das Basiselement des DIME-Systems ist ein Liniensegment, das von zwei Endpunkten (Knotenpunkte) begrenzt wird. Komplexe Linien werden durch eine Abfolge von Liniensegmenten repräsentiert. Jedes Liniensegment hat zwei Pointer, die auf die Knotenpunkte (nodes) verweisen und besitzt Identifier für angrenzende Polygone auf jeder Seite des Liniensegments. Jedem Knotenpunkt wird im DIME-System ein eindeutiger Identifier zugewiesen. Die Knotenpointer sind dabei aber nicht rückbezüglich, sodass Abfragen nach benachbarten Segmenten sehr arbeitsaufwendig sind.

2.4.2 Der Aufbau einer vollständigen topologischen Netzwerkstruktur

Die bis jetzt gemachten Ausführungen zur Speicherung topologischer Beziehungen zwischen räumlichen Objekten zeigten einfache Methoden auf, die bestimmte Nachteile (mangelnde Berücksichtigung von Inselpolygonen,

mangelnde Berücksichtigung von Nachbarschaftseffekten, etc.) beinhalten. Eine topologisch vollständige Abbildung einer Polygonnetzstruktur sollte folgende Ansprüche erfüllen:

- Verschachtelung von Inselpolygonen und umgebenden Polygonen auf beliebigen Ordnungsniveaus.
- Automatische Kontrolle bezüglich unerlaubter Schleifen (weired polygons) und Prüfung der Kanten auf Schluss (dead ends).
- Automatische bzw. halbautomatische Verbindung nicht-räumlicher Attribute mit den resultierenden Polygonen.
- Volle Unterstützung der Abfrage von Nachbarschaftsbeziehungen.

Die gestellten Anforderungen an eine vollständige Erfassung der topologischen Bezüge lehnen sich an ähnliche Vorgaben von Geographischen Informationssystemen an, die auf eine lange Erfahrungszeit in der Abbildung topologischer Beziehungen zurückgreifen können (z. B. Harvard Polyvert Programm, vgl. Peuker T. K. & N. Chrisman, 1975).

Die Digitalisierung der Polygongrenzen und der Aufbau der zugehörigen Topologie sollte nach Erfahrung des Verfassers am besten in zwei getrennten Schritten vorgenommen werden. Die Verfahren zum Aufbau der Topologie der Polygongrenzen sollten zwei Annahmen berücksichtigen:

1. Die Polygongrenzen sollten in Form von Arcs kodiert sein.
2. Die Polygonnamen oder andere Datensätze, die benutzt werden, um die grafischen Daten mit den Attributdaten zu verknüpfen, sollten als klar identi-

fizierbare Punkte (point entities) an beliebiger Stelle innerhalb der Polygongrenzen digitalisiert sein.

Der Aufbau einer vollständigen topologischen Struktur sollte in einem GIS in mehreren Stufen vollzogen werden (vgl. P. BURROUGH, 1998, S. 61 f.):

I. Verknüpfung der Kanten zu einem Netz (linking arcs into a boundary network),
II. Überprüfung der Polygone auf ihren Abschluss (checking polygons of closure),
III. Verknüpfung von Kanten zu Polygonen (linking the lines into polygons),
IV. Berechnung der Polygonflächen (computing polygon areas),
V. Verbindung nicht-graphischer Attribute zu den einzelnen Polygonen (associating non-graphic attributes to the polygons).

I. Verknüpfung der Kanten zu einem Netz (linking arcs into a boundary network)

Bei diesem Arbeitsschritt werden die Kanten zuerst nach ihren Koordinaten sortiert. Minimum- und Maximum-Koordinaten eines Arcs werden sortiert gelistet, sodass topologisch nahe beieinander liegende Arcs auch im Datenfile eng zusammenliegen. Dieses Vorgehen spart Zeit bei der Suche nach nebeneinander liegenden Arcs. Die in der Datenbank aufgenommenen Arcs werden dann auf Schnittpunkte untersucht. Ist zuerst festgestellt, welcher Arc einen anderen schneidet, werden Kreuzungspunkte kreiert und der Arc-Datenfile wird um diese Informationen (z. B. Pointer,

Winkel) erweitert. Mehrfach digitalisierte Kreuzungspunkte werden zu einem Knoten vereint. Arcs, die sich an anderen Stellen als ihren Endpunkten schneiden, werden automatisch in neue Arcs aufgetrennt und zugehörige Pointer vergeben.

II. Überprüfung der Polygone auf ihren Abschluss (checking polygons of closure)

Das aus dem ersten Schritt resultierende Netzwerk wird daraufhin untersucht, ob jede Kante (Arc) über ihren Anfangs- und Endpunkt mit einer anderen Kante verbunden ist. Das heißt, die Überprüfung der Kanten auf ihren Abschluss bedeutet eine Prüfung der Verbindungen der Kanten innerhalb eines Netzwerks. Jede Kante muss einen Pointer zu einer anderen Kante hin oder von einer anderen Kante weg aufweisen. Im Falle eines Inselpolygons kann die andere Kante auch die Kante selbst sein bzw. Anfangs- und Endknoten sind identisch. Alle Kanten, die den Test nicht erfüllen, müssen markiert bzw. berichtigt oder entfernt werden.

III. Verknüpfung von Kanten zu Polygonen (linking the lines into polygons)

Der erste Schritt dieser Verarbeitungsstufe ist die Ausweisung eines Hüllpolygons (envelope polygon). Das Hüllpolygon umfasst alle anderen Flächen bzw. Polygone. Ziel dieses Arbeitsschrittes ist es nun, die auftretenden Kanten innerhalb des Hüllpolygons zu Flächen zu verknüpfen. Der Datenrecord des Hüllpolygons beinhaltet folgende Angaben:

• einen einheitlichen Schlüssel,
• eine Kodierung (Kennung), die es als Hüllpolygon ausweist,

- eine Auflistung aller beteiligten Kanten bzw. eines Ringpointers sowie der Pointer aller einzelnen Kanten,
- Angabe zur Fläche des Hüllpolygons,
- Ausdehnung des Hüllpolygons (Maximum- und Minimum- (x, y)-Koordinaten eines begrenzenden Rechtecks).

Das Hüllpolygon ist dabei vom GIS-Nutzer nicht zu sehen. Einziger Zweck des Hüllpolygons ist der Aufbau der topologischen Struktur des Gesamtnetzwerks. Der Aufbau der einzelnen Polygone kann nun beginnen. Dazu werden beginnend vom gleichen Ausgangspunkt aus sich im Uhrzeigersinn bewegend, die Polygone erfasst, indem man den einzelnen Arcs auf dem Begrenzungspolygon (Hüllpolygon) folgt. Nach jeder neuen Verzweigung wird die Kante für das neu zu bildende Polygon genommen, die am weitesten rechts vom Verknüpfungspunkt liegt. Dabei dürfen jeder Kante maximal zwei Flächen zugeordnet werden. In Uhrzeigerrichtung fortschreitend kommt man an den Anfangspunkt zurück und hat somit alle Kanten des neu zu bildenden Polygons gefunden. Das neu gebildete Polygon wird mit folgenden Angaben in einem Datenrecord abgelegt:

- ein einheitlicher Polygonschlüssel (identifier),
- ein Link vom Hüllpolygon zum gefundenen Polygon (ring pointer),
- eine Liste aller an der Begrenzung des Polygons beteiligten Liniensegmente (bounding arcs), wobei für jede einzeln erfasste Linie (arc) der zugehörige Polygon-Identifier aufgenommen wird,
- ein Link zum nächst benachbarten Polygon im Netzwerk,

- Minimum- und Maximum- (x, y)-Koordinaten eines das Polygon begrenzenden Rechtecks (Ausdehnung).

Nachdem das erste Polygon im Netzwerk abgearbeitet ist, geht die Suche nach dem nächsten Polygon im Netzwerk auf dem gleichen Niveau weiter, bis das letzte Polygon einer Hierachiestufe aufgenommen ist. Wenn dieses Verfahren abgeschlossen ist, wird die Methode auf alle Inselpolygone und bis dahin unverknüpfte Strukturen angewandt. Sind alle Inselpolygone aufgenommen, wird überprüft, ob keine Überschneidungen zwischen den Strukturen bestehen. Dafür werden sogenannte „Point in Polygon" - Routinen benutzt, um zu überprüfen, ob ein Inselpolygon auch vollständig in einem übergeordnetem Polygon liegt. Wenn keine Überschneidungen bzw. zusammenpassende Paare („overlaps" oder „matching pairs") gefunden werden, bedeutet dies, dass mindestens zwei oder mehrere voneinander unabhängige Polygonebenen (Hierachieebenen) vorliegen. Die Pointerstruktur, welche die Hierachie zwischen Hüllpolygon, Netzwerkpolygon und Inselpolygonen beschreibt, erlaubt dem GIS-Bearbeiter theoretisch eine unbegrenzte Zahl von Ebenen in der Polygonverschachtelung. Die Verschachtelungstiefe braucht dabei jeweils nur einmal erarbeitet zu werden. Anhand der Pointer kann der Bearbeiter dann jede Hierarchieebene aufrufen. Überprüfungsalgorithmen (Schnittpunkte von Linien, Punkt-in-Polygon-Abfragen, etc.) sollte jedes GIS dem Bearbeiter zur Verfügung stellen.

IV. Berechnung von Polygonflächen (computing polygon areas)

Die Flächenberechnung eines Polygons lässt sich mit folgender GIS-Abfrage formulieren: „Finde die Fläche eines Polygons, die durch die Abfolge einer bestimmten Anzahl von Punkten (Vertices) definiert ist." Ein allgemeiner Ansatz zur Lösung dieser Abfrage ist die Nutzung eines Algorithmus, der die Flächen einer Anzahl von Trapezflächen berechnet (trapezoidal rule). Eine Trapezfläche ist dabei begrenzt durch ein Liniensegment, vertikale Linien zur x-Achse und die x-Achse selbst (vgl. Abb. 2.4.2/1).

a) Trapez
b) Folge von Trapezflächen

In einem ersten Arbeitsschritt werden vertikale Linien von zwei benachbarten Knoten (Vertices) zur x-Achse gezogen. Eine erste Trapezfläche ist somit bestimmt und die Fläche des Trapezes berechnet sich nach folgender einfachen Formel:

$$\text{Fläche (A)} = (x_2 - x_1) \cdot (y_2 + y_1) / 2 \quad [T1 = (x_1, y_1), T2 = (x_2, y_2)]$$

Vom ersten Trapez ausgehend bestimmt man für das gesamte Polygon alle weiteren Trapezflächen, bis das Polygon vollständig erfasst ist. Um die Fläche des Polygons zu bestimmen, summiert man die Flächen aller Trapeze auf. Die Summe aller **Trapezflächen** berechnet sich nach:

$$A = \Sigma \, [(x(i+1) - x(i))] \cdot [(y(i+1) + y(i))] / 2$$

Bei der Ableitung der Polygonfläche über die Summe der beteiligten Trapezflächen muss darauf geachtet werden, dass nur Trapezflächen addiert werden, die ihrer Form nach in einer Richtung liegen. Die Trapezflächen in entgegengesetzter Richtung müssen hingegen subtrahiert werden. Die Abbildung 2.4.2/1 verdeutlicht die Lage der oberen Trapezflächen, die addiert werden und der unteren Trapezflächen, die subtrahiert werden.

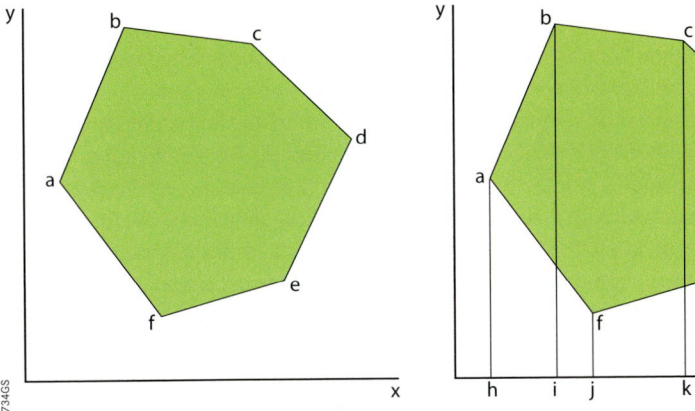

Abb. 2.4.2/1 *Flächenberechnung über die Trapezmethode*

Eine Voraussetzung für die Berechnung der Polygonfläche ist, dass $[x(n+1), y(n+1)] = [x(1), y(1)]$ ist. Wenn $x(i+1) < x(i)$ ist, wird der Beitrag zur Polygonfläche negativ. Die Fläche eines Trapezes entspricht allgemein dem Produkt aus der halben Summe der Trapezseiten mit den entsprechenden Horizontaldistanzen.

Bei der Erfassung der Polygonflächen über die Trapezmethode kann es zu folgenden Problemen kommen:

- der Algorithmus arbeitet nicht gut, wenn die Polygongrenzen sich selbst schneiden,
- wenn das Polygon entgegen dem Uhrzeigersinn digitalisiert ist, ist seine Fläche negativ,
- Probleme treten zudem auf, wenn die y-Werte negative Werte aufweisen. In diesem Fall kann man keine Senkrechten zur x-Achse ziehen. Lösen kann man dieses Problem, indem man zuerst eine große Zahl zu den y-Werten hinzufügt oder den kleinsten y-Wert als Bezugslinie definiert, zu der man von den einzelnen Punkten aus die Senkrechten fällt,
- wenn das Koordinatensystem sehr präzise ist, z. B. UTM-System mit großen Zahlen, kann es bei kleinen Polygonen zu Ungenauigkeiten in der Flächenbestimmung kommen.

Oftmals ist es sinnvoll, die Flächen aller in Betracht kommenden Polygone in einem Arbeitsschritt zu berechnen. Wenn die Polygone durch echte Arcs festgelegt werden, kann für jeden Arc ein linkes bzw. rechtes Polygon identifiziert werden (L-Polygon, R-Polygon). Nach der Bearbeitung jedes einzelnen Arc kann

die gesamte Fläche aller beteiligten Polygone bestimmt werden. Ein häufiges Problem bei der Überlagerung von Polygonflächen (polygon overlay operations) oder der Verschneidung von Polygonen ist die Bestimmung der Schnittpunkte von Polygonbegrenzungslinien. Die Kreuzung zweier Linien ist ein häufiges und oftmals kritisches Problem in der GIS-Benutzung. Deshalb sollte ein Geographisches Informationssystem einen geeigneten Algorithmus zur Verfügung stellen, um die Schnittpunkte von Linien zu bestimmen. GIS-Algorithmen für komplexe Probleme bauen häufig auf Algorithmen für einfachere Probleme auf.

V. Verbindung nicht-grafischer Attribute zu den einzelnen Polygonen

Der letzte Arbeitsschritt zum Aufbau einer kompletten Polygon-Vektordatenstruktur ist die Verbindung der einzelnen Polygone mit den Attributen, welche die Polygone letztlich inhaltlich beschreiben. Dies kann auf unterschiedliche Weise geschehen. Zuerst kann für jedes Polygon ein Textstring in die Polygonfläche hineindigitalsiert werden. Dies kann parallel zur Polygondigitalisierung selbst geschehen oder interaktiv, nachdem alle Polygone gebildet worden sind. Dieser Text kann als Pointer benutzt werden, um vom Polygon aus auf die assoziierten Attribute zu verweisen. Die Attributdaten können dabei mit den grafischen Daten der Polygone zusammen gespeichert sein oder in gesonderten Attributtabellen vorliegen. Die Textvariable der Polygone ist zudem wichtig für die visuelle Differenzierung der unterschiedlichen Polygone am Bildschirm. Der Textstring ist dabei über eine "Punkt-in-Polygon-Abfrage" mit dem Polygon verbunden. An den Text können weitere Identifier gehängt werden, die wiederum auf zahlreiche Attributtabellen verweisen können. Die resultierende Datenstruktur hat folgende Vorteile:

- Das Polygon-Netzwerk ist vollständig integriert und frei von Lücken und Slivers. Die Koordinaten-Redundanz wird minimiert.
- Alle Polygone, Arcs und zugehörige Attribute sind Teil einer untereinander verbundenen Einheit, sodass alle Arten von Nachbarschaftsanalysen möglich sind. Die beschriebene topologische Struktur erlaubt es sogar jedem einzelnen Arc eines Polygons, nicht-graphische Attribute mit sich zu tragen.
- Die Anzahl der Verschachtelungstiefe (Anzahl und Verhältnis von Inselpolygonen zu übergeordneten Polygonen) ist unbegrenzt.
- Die räumliche Genauigkeit bzw. die Auflösung der Polygonstruktur in der Datenbank wird nur durch die Genauigkeit der Digitalisiereinheit und der Speichertiefe im Computer begrenzt.

Ist das Polygonnetzwerk nach den fünf Arbeitsschritten

1. Verknüpfung der Kanten zu einem Netz,
2. Überprüfung der Polygone auf ihren Abschluss,
3. Verknüpfung von Kanten zu Polygonen,
4. Berechnung der Polygonflächen,
5. Verbindung nicht-grafischer Attribute zu den einzelnen Polygonen

vollständig aufgebaut, können leicht Teile des Netzwerks editiert, Attribute verändert oder Teile von Linien hinzugefügt oder ausgeschnitten werden. Die Veränderung von Koordinaten oder Attributen bedingt keine Modifikationen der vorab abgeleiteten Topologie. Werden allerdings im Netzwerk neue Linien hinzugefügt oder vorhandene ausgeschnitten, ist eine Neuberechnung der Topologie notwendig und die Datenbank muss neu aufgebaut werden. Aus diesem Grund sind diese Datenstrukturen nicht sehr effizient für räumliche Muster, die einer kontinuierlichen Veränderung unterliegen.

Die Tab. 2.4.2/1 zeigt einige Topologie-Regeln einer Geodatabase von ArcGIS der Firma Esri. Die Geodatabase in Arc-GIS stellt ein Datenformat in ArcGIS (ab ArcGIS 8) dar. Dieses Datenformat ist ein objektorientiertes, relationales Datenbankformat, welches in mehreren Ausführungen zur Verfügung steht. Die Personal-Geodatabase speichert Daten im Microsoft-Access-Format. Die ArcSDE Geodatabase nutzt die ArcSDE-Software, um die Daten in einem relationalen Datenbankmanagementsystem (z. B. Oracle, SQL-Server) abzulegen. Neu an dieser Geodatabasestruktur ist, dass nicht nur die Sachdaten, sondern auch die Geometriedaten als Tabellen verwaltet werden. Ab ArcGIS 9.2 wurde die File-Geodatabase eingeführt, wobei Sach- und Geometriedaten in einfachen Ordner- und Dateistrukturen gespeichert werden. Es zeigt sich, dass die Entwicklung von intelligenten Geodaten-Modellen im Fluss ist und ständig neue Datenformate entwickelt werden. Insgesamt kann

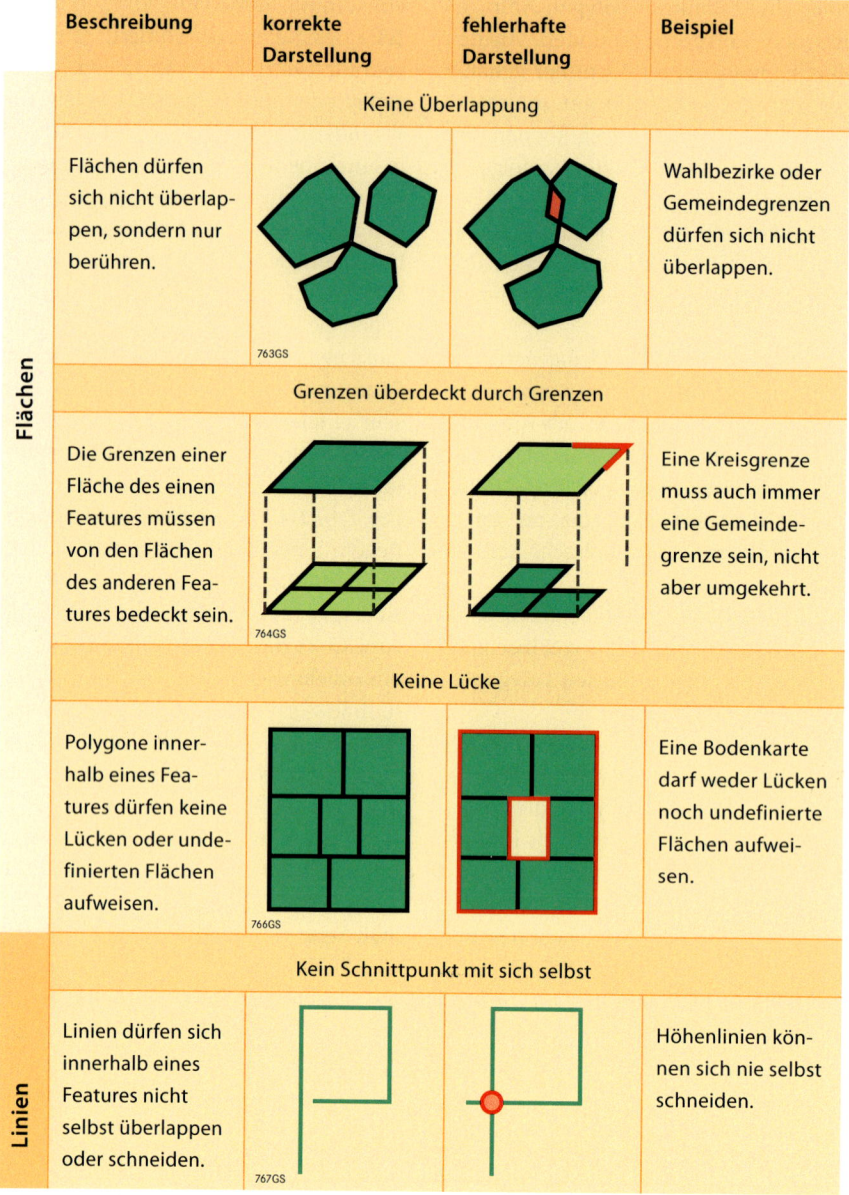

Beschreibung	korrekte Darstellung	fehlerhafte Darstellung	Beispiel

Flächen

Keine Überlappung

Flächen dürfen sich nicht überlappen, sondern nur berühren.	763GS		Wahlbezirke oder Gemeindegrenzen dürfen sich nicht überlappen.

Grenzen überdeckt durch Grenzen

Die Grenzen einer Fläche des einen Features müssen von den Flächen des anderen Features bedeckt sein.	764GS		Eine Kreisgrenze muss auch immer eine Gemeindegrenze sein, nicht aber umgekehrt.

Keine Lücke

Polygone innerhalb eines Features dürfen keine Lücken oder undefinierten Flächen aufweisen.	766GS		Eine Bodenkarte darf weder Lücken noch undefinierte Flächen aufweisen.

Linien

Kein Schnittpunkt mit sich selbst

Linien dürfen sich innerhalb eines Features nicht selbst überlappen oder schneiden.	767GS		Höhenlinien können sich nie selbst schneiden.

Tab. 2.4.2/1 *Topologie-Regeln in der Geodatabase von ArcGIS® für Flächen, Linien und Punkte (Auszug aus ArcGIS® Geodatabase Topologie Regeln)*

Beschreibung	korrekte Darstellung	fehlerhafte Darstellung	Beispiel

Linien

	Keine Dangles		
Der Endpunkt einer Linie muss auf einer anderen Linie oder einer anderen Stelle derselben Linie dieses Features liegen.	768GS		Bei der Darstellung von Straßennetzen muss diese Regel befolgt werden, Ausnahmen sind Sackgassen und Wendeplatten.
	Wird überdeckt durch alle Linien von ...		
Linien eines Features müssen durch Linien eines anderen Features bedeckt sein.		769GS	Busrouten müssen immer dem Verlauf von Straßenrouten folgen.

Punkte

	Liegt innerhalb der Flächen von ...		
Punkte in einem Feature müssen innerhalb der Fläche des anderen Features liegen.	771GS		Hauptstädte müssen innerhalb der Länder/Staaten liegen.
	Liegt auf den Grenzen von ...		
Punkte in einem Feature müssen die Grenzlinien eines anderen Features berühren.	772GS		Grenzsteine dürfen nur auf einer Flurstücksgrenze liegen.

festgehalten werden, dass Standard-Datenbank-Modelle meist nicht optimal für die geometrisch-topologische Modellierung von Geoobjekten geeignet sind. Spezielle Geodaten-Modelle auf der Basis des objektorientierten Ansatzes wären günstiger. Dort könnten z. B.

- die Knoten direkt als Koordinatenpaare,
- die Kanten im geometrischen Sinne als geordnete Folge von Zwischenpunkten,
- die Kanten im topologischen Sinne als Knotenpaare und
- die Polygone als geordnete Knoten-Tupel beschrieben werden.

2.4.3 Triangular Irregular Network (TIN)

Ein Spezialfall einer Vektorpolygonstruktur, die häufig in Geographischen Informationssystemen genutzt wird, ist das TIN. TIN werden genutzt, um die Erdoberfläche in dreidimensionaler Sicht im Computer darzustellen. Ein TIN wird gebildet, indem man bekannte Punkte miteinander verbindet und in eine Folge von Dreiecken überführt (Delauney Triangulation). Die Dreiecksvermaschung und die Bildung von Nachbarschaftsgraphen sind grundlegende Algorithmen für den Übergang von punktförmigen Daten zu linienhaften und flächenhaften Betrachtungen. Große Bedeutung kommt diesen Verfahren bei der Bildung von digitalen Geländemodellen und Nachbarschaftsanalysen zu.

Das Triangulationsverfahren erlaubt eine variable Dichte und Verteilung der Punkte. Das Strukturmodell betrachtet die Knoten des Netzwerks als die primären Einheiten. Die topologischen Beziehungen innerhalb eines TIN werden dadurch aufgebaut, dass Pointer zwischen einem Knoten und seinen nächsten Nachbarn konstruiert werden. Die Liste der benachbarten Knoten wird dabei im Uhrzeigersinn oder gegen den Uhrzeigersinn sortiert, wobei man jeweils von Norden (12°° Uhr) ausgeht. Die Bereiche außerhalb der durch das TIN modellierten Fläche werden durch einen „Dummy-Knoten" (dummy-node) präsentiert.

Die zu einem TIN gehörige Datenbank besteht aus drei unterschiedlichen Datensätzen: einer Knoten-Liste (node-record), einer Pointer-Liste und einer Dreiecks-Liste (triangle list). Die Knoten-Liste besteht aus Datensätzen, welche die Koordinaten jedes Knotens, die Anzahl der unmittelbar benachbarten Knoten und die Startposition der zugehörigen Identifier in der Pointer-Liste beinhaltet. Knoten, die auf der Außengrenze der durch das TIN darzustellenden Fläche liegen, bekommen einen Dummy-Pointer (z. B. -9999), der anzeigt, dass sie an der Außengrenze der Fläche liegen. Knoten-Liste und Pointer-Liste enthalten alle wichtigen Informationen (z. B. Höhenangaben) und Verbindungen. Der Höhenverlauf des Reliefs kann somit gut dargestellt werden. Für andere Anwendungen, wie Neigungskartierungen (slope mapping), (Höhen-) Flächenschummerung (hill shading) oder die Verbindung anderer Attribute mit den Dreiecken ist es notwendig, die Dreiecke direkt adressieren zu können. Dies wird unter Ausnutzung der Dreiecks-Liste erreicht, indem jede Kante eines Dreiecks, die direkt an das nächste, rechts liegende Dreieck angrenzt, adressiert wird. Wenn Knoten im Bereich größter Variation der Oberfläche (Reliefschwankungen auf kleinstem Raum) zahlreich vorliegen, reduziert sich der Fehler bei der Ableitung des TIN. Die Nutzung der Delauney-Triangulation verringert bzw. vermeidet gegenüber einem regelmäßigen Raster die Datenredundanz und ist ein effizientes Werkzeug zur Ableitung weiterer Daten (z. B. Neigungskarten).

Die Speicherung eines TIN über die Knoten und ihre Nachbarn ist in der GIS-Welt als die Original-TIN-Struktur bekannt. Andere TIN-Strukturen speichern Dreieck für Dreieck.

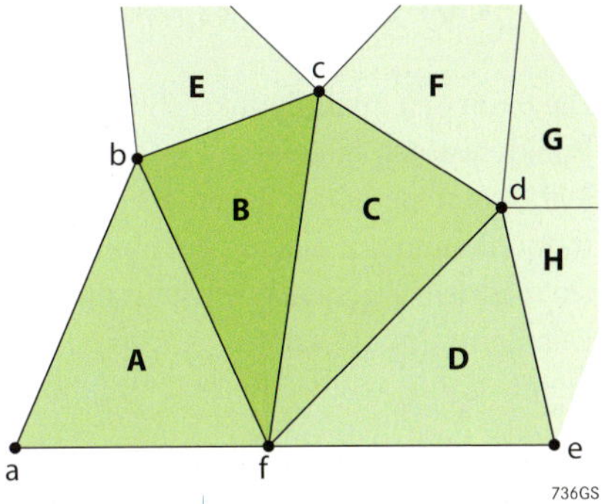

Dreiecke					
ID	Koordinaten		Nachbarn		
A	a(x,y,z); b(x,y,z); f(x,y,z)		B		
B	b(x,y,z); c(x,y,z); f(x,y,z)		A	E	C
C	f(x,y,z); c(x,y,z); d(x,y,z)		B	F	D
usw.					
Punkte					
a	x,y,z		b	f	
b	x,y,z		a	f	c
c	x,y,z		b	d	f
usw.					

736GS

Abb. 2.4.3/1 *Aufbau eines Triangular Irregular Network (TIN) mit Datenrecord*

Speicherung von Triangular Irregular Networks (TIN):

Es gibt zurzeit zwei grundsätzliche Möglichkeiten der Speicherung von TIN:

I. Dreieck bei Dreieck

In diesem Fall enthält ein Datenrecord:

- eine Referenznummer für jedes Dreieck,
- die x, y, z-Koordinaten der drei Punkte des Dreiecks und
- die Referenznummern der drei benachbarten Dreiecke.

II. Speicherung von Knoten sowie deren Nachbarn

In diesem Fall enthält ein Datenrecord für jeden Punkt bzw. Knoten:

- eine Identifizierungsnummer (Identifier) des Punktes,
- die x, y, z-Koordinaten des Punktes und
- die Pointer zu den benachbarten Punkten (Knoten), die im Uhrzeigersinn oder gegen den Uhrzeigersinn aufgenommen sind.

Die Speichermethode II wird als Original-TIN-Struktur bezeichnet.

Trotz der Einfachheit eines TIN-Aufbaus stellen sich dem GIS-Nutzer wichtige Fragen für den spezifischen Aufbau des TIN und dessen Nutzung im GIS. Ausgehend von der Frage, wie die Punkte verteilt sein sollen, um die Oberfläche (Relief) so genau wie möglich darzustellen, folgen Fragen der Verknüpfungsmöglichkeiten der einzelnen Punkte sowie über Möglichkeiten der Modellierung jeder einzelnen Dreiecksfläche.

In vielen Fällen wird das TIN aus einem bereits bestehenden Höhenmodell (DEM) oder digitalisierten Höhenlinien abgeleitet. Ist ein Höhenmodell oder ein Satz digitalisierter Höhenlinien vorgegeben, stellt sich also die Frage, wie Punkte aus dieser Vorgabe ausgewählt werden können, um die Oberfläche möglichst genau zu repräsentieren. Im Normalfall reicht ein TIN mit ca. 100 Punkten gegenüber einem DEM mit mehreren hundert Punkten aus, um eine Oberfläche darzustellen.

Zunächst sei die Frage gestellt: Wie können Punkte aus einem vorgegebenen Höhenmodell oder aus digitalisierten Höhenlinien ausgewählt werden, um den nachfolgenden TIN-Aufbau zu optimieren? Zur Lösung des Problems macht man sich generell zwei unterschiedliche Methoden zunutze, um Punkte aus einem vorgegebenen Höhenmodell zu extrahieren.

Die eine Methode basiert auf dem Algorithmus von R. J. Fowler und J. J. Little (1979) und arbeitet nach dem Konzept oberflächenspezifischer Punkte (surface-specific-points). Diese oberflächenspezifischen Punkte repräsentieren wichtige Merkmale im Relief wie Gipfel und

Mulden. Der Algorithmus benutzt ein 3x3 - Fenster, sodass in einem Gitter von 3x3 Punkten insgesamt neun Punkte betrachtet werden (1 Zentralpunkt und acht Nachbarn, vgl. Tab. 2.4.3/1).

P1	P2	P3
P8	P	P4
P7	P6	P5

Tab. 2.4.3/1 *Einfaches 3 x 3-Fenster*

Die 8 um den Zentralpunkt (P) liegenden Punkte werden mit einem (+) -Label belegt, wenn sie höher liegen als der Zentralpunkt und mit einem (-) -Label, wenn sie niedriger liegen als der Zentralpunkt. Der Zentralpunkt ist ein „Gipfelpunkt" genau dann, wenn alle acht Nachbarpunkte niedriger liegen. Andererseits, wenn alle acht Nachbarpunkte höher liegen, ist der Zentralpunkt eine Mulde. Alternieren die Nachbarpunkte in ihrer Höhe um den Zentralpunkt, so liegt eine Pass-Situation vor (vgl. Tab. 2.4.3/2).

P1 (+)	P2 (+)	P3 (-)
P8 (-)	P	P4 (-)
P7 (-)	P6 (+)	P5 (+)
oder		
P1 (+)	P2 (-)	P3 (+)
P8 (-)	P	P4 (-)
P7 (+)	P6 (-)	P5 (+)

Tab. 2.4.3/2 *Pass-Situation beim digitalisieren von Höhenlinien*

Nach diesem Schritt wird der Datensatz mit einem 2 x 2-Fenster untersucht, sodass jeder Punkt in vier Positionen dieses Fensters erscheint (außer an den Außengrenzes des Gebiets). Ein Punkt ist genau dann ein potenzieller Punkt eines Kammbereichs (ridge point), wenn er in allen Positionen des 2x2 -Fensters höher ist als die anderen Punkte. Andererseits ist ein Punkt genau dann ein potenzieller Punkt einer Tiefenlinie (channel point), wenn er niemals höher ist als die anderen Punkte im 2x2 -Fenster. Nach diesem erneuten Prozess des Durchsuchens mit einem vorgegebenen Ausschnitt (3x3, 2x2 -Fenster), wird, ausgehend von einer Passsituation, nach benachbarten Ridge Points gesucht, bis ein Gipfelpunkt erreicht ist. Die umgekehrte Suchfolge erfolgt über die Channel Points, bis eine Mulde erreicht ist. Das Ergebnis dieser Suchfolgen ist ein Netz von Gipfel- und Muldenpunkten sowie benachbarter Ridge- und Channel Points. Die Punkte dieses Netzes werden durch Dreiecke verbunden. Der Fowler und Little -Algorithmus ist sehr komplex und bringt gute Ergebnisse, wenn im darzustellenden Gelände scharfe Brüche und Neigungsänderungen entlang von Kammlinien oder Tiefenlinien auftreten.

Die zweite Methode zur Extraktion von Punkten aus einem vorgegebenen Höhenmodell ist der VIP (Very Important Points) Algorithmus. Anders als der Fowler und Little -Algorithmus, der sich stärker auf die allgemeinen Hauptmerkmale des Geländes konzentriert, arbeitet der VIP-Algorithmus das Gelände stärker kleinräumig ab, d.h. lokale Reliefveränderungen werden besser berücksichtigt und stehen somit im Vordergrund. Das Verfahren berücksichtigt wiederum ein 3x3-Fenster. Somit hat jeder Punkt acht unmittelbare Nachbarn, die vier diame-

trale, d.h. genau entgegengesetzte Paare bilden. Diese Paare werden gebildet durch den direkten oberen und unteren Nachbarn, den linken und rechten, sowie den links oberhalb und rechts unterhalb und den rechts oberhalb und links unterhalb liegenden Nachbarpunkt (vgl. Tab. 2.4.3/3).

A	B	C
D	P	D
C	B	A

Tab. 2.4.3/3 *Diametrale Nachbarschaftspaare im VIP-Verfahren (z. B. A-A, B-B, C-C, …)*

Für jeden zu berücksichtigenden Punkt werden die vier diametralen Nachbarschaftspaare gebildet. Die Nachbarschaftspunkte werden dann mit einer Linie verbunden und der rechtwinklige Abstand der Linie zum Zentralpunkt (P) wird berechnet. Die vier unterschiedlichen Distanzen zum Zentralpunkt werden nachfolgend gemittelt, um deren Signifikanz für den Zentralpunkt festzulegen. Daraufhin werden die weniger signifikanten Punkte (höhere Distanz zum Zentralpunkt) entfernt.

Diese Schritte werden solange durchgeführt, bis zwei Bedingungen erfüllt sind:

1. Die Anzahl der Punkte erreicht eine vorher festgelegte Grenze und
2. die berechnete Signifikanz erreicht eine vorher festgelegte Grenze.

Aufgrund der kleinräumigen Betrachtung des Reliefs arbeitet dieser Algorithmus zufriedenstellend, wenn die Anzahl der zu eliminierenden Punkte gering ist. Eine weiterentwickelte Form dieses Algorith-

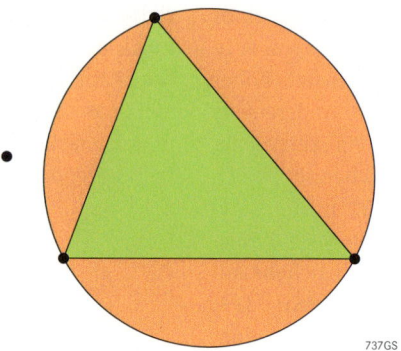

737GS

Abb. 2.4.3/2 *Delaunay-Dreieck*

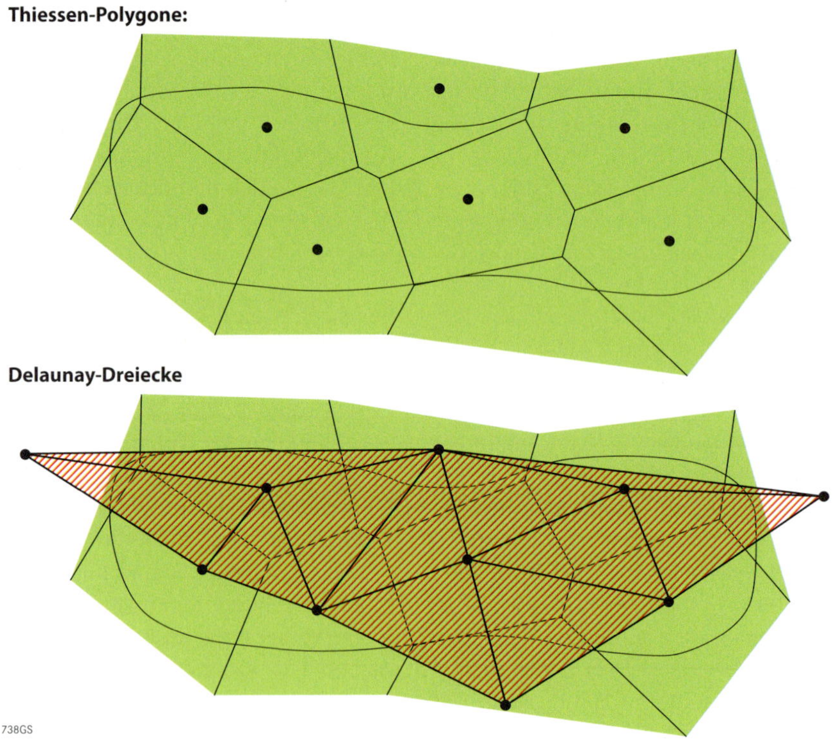

Thiessen-Polygone:

Delaunay-Dreiecke

738GS

Abb. 2.4.3/3 *Thiessen-Polygone und Delaunay-Dreiecke*

mus nutzt zum Beispiel das Programm ArcGIS der Firma ESRI.

Sind durch die beschriebenen Verfahren genügend Punkte für den Aufbau eines TIN gefunden, stellt sich die Frage, wie diese Punkte verbunden werden können, um eine Dreiecksstruktur zu erhalten. Hierzu gibt es wiederum verschiedene Methoden, die Punkte zu Dreiecken zu verknüpfen. Die Bildung von Dreiecken mit Winkeln von 60° (fat triangle) ist als besonders günstig einzustufen, da bei dieser Konstruktion die Punkte möglichst nah an einem Knotenpunkt des Dreiecks liegen. Dies ist besonders wichtig, weil die Wiedergabe der realen Oberfläche an den Knoten am genauesten ist. Für den Aufbau der Dreiecksstruktur wird in der Praxis von fast allen Geographischen Informationssystemen die Delaunay-Triangulation benutzt. Per definitionem formen 3 Punkte ein Delaunay-Dreieck, wenn ein Kreis, auf dem die drei Punkte liegen, keine weiteren Punkte beinhaltet (vgl. Abb. 2.4.3/5). Nach der Delaunay-Triangulation sind zwei Punkte geometrisch genau dann benachbart, wenn sie eine gemeinsame Seite eines Thiessen-Polygons bilden. Die Bildung des Thiessen-Polygons (auch Voronoi-Diagramm oder Dirichlet-Tesselation genannt) ist komplementär zur Delaunay-Triangulation zu sehen; aus dem Thiessen-Polygon ergibt sich die Delaunay-Triangualtion und aus der Delaunay-Triangulation folgt das Thiessen-Polygon.

Abb. 2.4.3/4 *TIN-Darstellung in ArcGIS*

Zusammenfassung

- Für die Verwaltung der Geometrie-, Topologie- und Sachdaten (Attributdaten) in GIS werden meist noch konzeptionelle und logische Datenmodelle (Datenschemata) verwendet. Überwiegend sind dies relationale Modelle, die für die Verwaltung geographischer Objekte und ihrer Attribute entwickelt wurden. Diese Standard-Datenbanken sind zwar für die Verwaltung der Attributdaten in GIS sehr gut geeignet, aber
  - nicht für die Verwaltung der Geometrie- und Topologie-Daten von Geoobjekten
  - und insbesondere nicht für raumbezogene Selektionen (z. B. Linien, die ein Polygon schneiden)
- Aufgrund dieser Problematik mit Standard-Datenbanken sind seit einigen Jahren spezielle „middleware-Komponenten" für die Verknüpfung von

GIS mit Standard-Datenbanken (z. B. ArcSDE von ESRI) und raumbezogene Datenbankkomponenten (z. B. Oracle Spatial) entwickelt worden, die den Bedarf der Verwaltung und Selektion von Geoobjekten berücksichtigen. Sie

– überwinden die separate Modellierung von Geometrie/Topologie- und Sachdaten in unterschiedlichen Datenbankmodellen,

– stellen spezielle raumbezogene Operationen zur Verfügung (z. B. Verschneiden von Geoobjekten, clipping von Objekten am Kartenrand),

– erlauben mit speziellen Datenbanksprachen auch raumbezogene Abfragen (z. B.: „liegt innerhalb", „ist Nachbar von").

Zum Einlesen

BARTELME, N. (2005): Geoinformatik: Modelle, Strukturen, Funktionen. Berlin.

Das Buch gibt eine Übersicht über das Gesamtgebiet der Geoinformatik, wobei GIS nur einen Teil davon darstellt. Insbesondere wird die Verwaltung von Geodaten ausführlich behandelt.

Abb. 3/1 *Luft- oder Satellitenbilder gehören zu den wichtigsten Datenquellen für Geographische Informationssysteme*

3 Datenquellen, Datenspeicherung und Datenmanagement

Wie im Kapitel 2 bereits beschrieben, verarbeitet ein GIS zwei unterschiedliche Datentypen:

1. Räumliche Daten (Geometriedaten),
2. Attributdaten (Sachdaten).

Der Dateneingabeprozess ist in diesem Falle gleichzusetzen mit dem Aufbau einer GIS-Datenbank und bedeutet konkret die Durchführung von Operationen, bei denen die genannten Datentypen kodiert werden. Der Aufbau einer fehlerfreien digitalen Datenbank ist die wichtigste und komplexeste Aufgabe, von der die Brauchbarkeit des gesamten GIS abhängt. Des Weiteren stellen die digitalen Daten den weitaus teuersten Teil eines Geographischen Informationssystems dar. Dies sollte bei Planungen von GIS-gestützten Projekten auf jeden Fall berücksichtigt werden.

Nicht selten wird dieser Kostenfaktor am Anfang von GIS-Projekten unterschätzt. Das Gleiche gilt für die Qualität der Daten und ihre Herkunft. Oft werden digitale Daten aus leicht zugänglichen Datenbanken übernommen, ohne auf deren Qualität und Herkunft zu achten. Dabei ist es ebenso wichtig, die Ursachen von Fehlern in räumlichen Datensätzen zu verstehen, um dadurch deren Auswirkung auf die Daten- und Analysequalität innerhalb eines GIS beurteilen zu können.

3.1 Datenquellen

Für beide Datentypen (räumliche Daten, Attributdaten) existiert eine große Vielfalt von unterschiedlichen Datenquellen. Als allgemeine Datenquellen können Folgende genannt werden:

- analoge Karten (hardcopy maps, meist topographische Karten),
- Luftbilder,
- Satellitenbilder,
- Punktdaten unterschiedlicher thematischer Feldaufnahmen und
- bereits existierende digitale Datenbestände.

In einer verteilten und vernetzten Datenvorhaltung können folgende Strukturen als Datenquellen dienen:

- Mapserver,
- kartengestützte Online-Auskunftssysteme,
- Geodatenserver,
- Online GIS,
- Funktionsserver.

Zurzeit stellen analoge Karten die am häufigsten genutzte Datenquelle für die meisten GIS-Projekte dar. Die Satellitenbilder haben den Vorteil, dass ihre Daten bereits digital vorliegen und in das GIS importiert werden können. Die Vielzahl der Datenquellen für Attributdaten ist noch wesentlich größer als die für die räumlichen Daten. Jeder Text oder jede Tabelle kann auf eine räumliche Entität hin georeferenziert werden und als Attribut in das GIS importiert werden. Die Eingabe von Attributdaten in das GIS geschieht im Allgemeinen manuell über die Tastatur oder über automatische Zeichenerkennung nach Einscannen der Text- oder Tabellenvorlagen (z. B. Text-

erkennungssoftware, OCR). Das ASCII-Format ist zurzeit der allgemein übliche Standard für den Transfer und die Konversion von Attributdaten in GIS. Auf der Homepage der „Global Land Cover Facility" sind eine Vielzahl von Satellitendatenquellen abrufbar. Neben der Recherche nach einzelnen Satellitenbildern als Datenquelle können auch Datenprodukte der einzelnen Satelliten (z. B. LAI-Produkt) abgerufen werden.

Zusammenfassung

- Datenquellen für den GIS-Einsatz sind vielseitig, wobei heute noch analoge Daten (z. B. Karten) überwiegen. Die Digitalisierung schreitet aber voran und wird durch Initiativen wie INSPIRE in den nächsten Jahren eine nahezu vollständige Digitalisierung von Geobasisdaten liefern.
- In Zukunft dürfte die Integration verteilter Datenquellen in GIS via WMS und WFS dominieren (vgl. Kapitel 5).
- Auch bei der Datenbereitstellung zeigt sich eine Entwicklung weg von der proprietären Datenhaltung hin zu verteilten Datenservern.

Zum Einlesen

Donaubauer, A. J. (2004): Interoperable Nutzung verteilter Geodatenbanken mittels standardisierter Geo Web Services. Technische Universität München, Institut für Geodäsie. (www.rtg.bv.tum.de/index.php/article/archive/41Sept.2005)
Der Beitrag von Donaubauer gibt einen aktuellen Überblick zur Einbindung von Geodaten aus verteilten Datenbanken, wobei unterschiedliche Webdienste genutzt werden.

3.2 Dateneingabetechniken

Da die Eingabetechniken für Attributdaten sehr einfach sind, beschränken sich die Ausführungen auf die möglichen Eingabetechniken für räumliche Daten. Allgemein gibt es vier verschiedene Möglichkeiten, um räumliche Daten in ein GIS zu importieren:

1. manuelles Digitalisieren der Daten (manual digitizing),
2. automatisches Einscannen von Vorlagen (automatic scanning),
3. Eingabe von Koordinaten über die Methode der Koordinatengeometrie (coordinate geometry, COGO) und
4. die Konversion bereits existierender digitaler räumlicher Daten in das GIS.

Die vier genannten Dateneingabetechniken werden im Folgenden kurz skizziert.

3.2.1 Digitalisieren von analogen Daten

Der überwiegende Teil kartographischer bzw. räumlicher Daten wird zurzeit über manuelles Digitalisieren in das GIS eingegeben. Eine Digitalisiereinheit besteht dabei aus einem Digitalisiertisch (Digitalisiertablett), auf dem eine Karte oder Vorlage aufgelegt wird und einem Digitalsierstift oder einer Maus, womit die aufzunehmenden Objekte nachgezeichnet werden. Alle digitalisierten Punkte werden in Relation zu vorher festgelegten Kontrollpunkten registriert. Gewöhnlich sind dies die Eckpunkte der Karte, die vor dem Digitalisierprozess festgelegt werden oder gut zu identifizierende Referenzpunkte wie Straßenkreuzungen, Brücken oder markante Einzelpunkte. Die Koordinaten werden in einem vom Benutzer definierten Koordinatensystem oder einer Kartenprojektion aufgenommen. Geographische Koordinaten wie geographische Länge und Breite oder das UTM-System sind allgemein übliche Standards. Die Möglichkeit, digitalisierte Daten während des Digitalisierprozesses an eine vorgegebene Projektion anzupassen oder Koordinaten von einer Projektion in eine andere zu transformieren, sollte in einem GIS gegeben sein.

Die Digitalisierung von Objekten kann in einem Punkt-Modus (point mode) oder kontinuierlichen Modus (stream mode) durchgeführt werden. Beim Punkt-Modus werden einzelne Punkte bei jeder Betätigung des Digitalisierstiftes (mouse, cursor) registriert. Im kontinuierlichen Modus werden die Punkte in einem festgelegten Zeit- oder Raumintervall fortdauernd aufgenommen. Die meisten Geographischen Informatonssysteme zeigen den Digitalisiervorgang begleitend auf dem Bildschirm an, sodass bereits hier interaktiv korrigiert werden kann.

Viele GIS verfügen beim Digitalisieren über den Spaghetti Modus. Dieser Modus ermöglicht es, dass Linien digitalisiert werden, indem Anfangs- und Endpunkt der Linie angezeigt werden.

Einige Systeme erlauben bereits während des Digitalisierens die Speicherung der Daten in einer Linien-Knoten Struktur (arc-node mode). Die Linien-Knoten-Struktur bedingt allerdings, dass der Digitalisierstift Knoten identifizieren kann. Die Datenspeicherung in einer Linien-Knoten-Struktur ermöglicht den sofortigen Aufbau einer topologischen

Datenstruktur. Dies verringert den Aufwand an Nachprozessierung der Daten zum Aufbau einer genauen topologischen Datenstruktur. Normalerweise ist der Aufbau der topologischen Struktur ein der Digitalisierung nachgeschalteter Prozess oder läuft im Hintergrund ab (Hintergrundprozess). Zurzeit bieten nur wenige kommerzielle GIS die Möglichkeit eines interaktiven Topologieaufbaus während der Digitalisierung an.

Das manuelle Digitalisieren bietet viele Vorteile, z. B.:

- der geringe Kostenaufwand: Digitalisiertabletts sind relativ preiswert,
- Flexibilität und Anpassungsfähigkeit zwischen unterschiedlichen Datentypen und -quellen,
- leicht und in kurzer Zeit erlernbar - kein hohes Fachwissen nötig,
- die Datenqualität ist generell hoch und
- das Update bereits bestehender Daten ist einfach.

Neben den Vorteilen gibt es auch Probleme, die sich durch das Digitalisieren von Vorlagen bzw. Karten einstellen. Häufige Fehler des manuellen Digitalisierens sind:

- „overshoots",
- „undershoots (gaps)" und
- „spikes".

Bei einem overshoot wird über eine Anschlusslinie hinaus digitalisiert. Es entsteht zusätzlich ein totes Linienstück (dead end). Beim undershoot schließt eine digitalisierte Linie nicht an eine andere Linie exakt an. Es entsteht eine Lücke oder ein sogenanntes „Gap". Spikes sind kleinere „Ausschwünge" aus dem normalen Linienverlauf einer digitalisierten Linie (vgl. Abb. 3.2.1/1).

3.2.2 Automatisches Einscannen

Obwohl die Scanner-Technologie viele unterschiedliche Ansätze bietet, haben alle Geräte eines gemeinsam und zwar die sehr schnelle Datenaufnahme in Form eines „digitalen Bildes". Das Ergebnis eines Scannvorgangs ist immer ein Rasterdatensatz. Die Auflösung, mit der die Vorlage abgetastet wird, liegt üblicherweise zwischen 100 und 1200 Punkten pro Zoll (= dpi: dots per inch). Dabei können in Abhängigkeit von der vorhandenen Software und des Scanners Farb- oder Grautonbilder erzeugt werden. Gescannte Bilder zeigen oft hohe Ungenauigkeiten bei der Erfassung bestimmter Merkmale (z. B. Texte, Signaturen). Die Erfahrung zeigt, dass die meisten eingescannten Daten eines erheblichen Aufwands an Nachbearbeitung mittels manueller Editierung

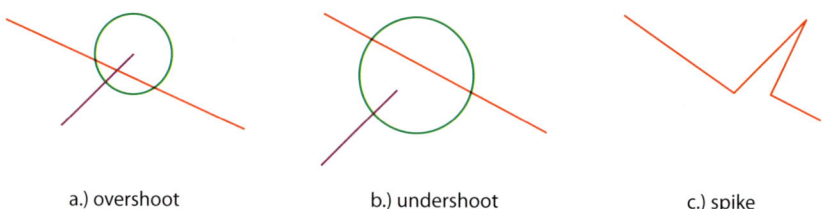

a.) overshoot   b.) undershoot   c.) spike

733GS

Abb. 3.2.1/1 *Häufige Fehler beim manuellen Digitalisieren*

und Digitalisierung bedürfen, um einen brauchbaren Datenlayer zu bilden. Ausgehend von den angesprochenen Nachteilen gescannter Daten können folgende praktische Einschränkungen für den Einsatz von Scannern genannt werden:

- analoge Karten sind oftmals in einem Zustand, der einen effektiven Scannvorgang unmöglich macht (blasse Farben und Konturen etc.);
- auf einer Karte gibt es zu wenig unterschiedliche geographische Merkmale, sodass der Einsatz des Scanners sich nicht lohnt;
- oftmals ist die Auflösung des Scanners zu gering, um dicht beieinander liegende geographische Merkmale zu unterscheiden (z. B. sehr dicht verlaufende Höhenlinien mit Beschriftung);
- durch die Rasterung des Scannvorgangs ist es schwierig, Textlabels für einzelne geographische Merkmale zu unterscheiden;
- wenn man alle anfallenden Kosten betrachtet (Nachbereitung der gescannten Daten), ist das automatische Scannen von Vorlagen teurer als das manuelle Digitalisieren von Vorlagen.

Auch wenn in der GIS-Welt zurzeit die Qualität und der Wert gescannter Daten für GIS-Analysen nicht hoch eingeschätzt werden, kann man festhalten, dass dieser Technologie in den nächsten Jahren ein großes Potenzial zuzumessen sein wird. Technologische Verbesserungen in der automatischen Texterkennung oder der nachbearbeitenden automatischen topologischen Kodierung eingescannter Daten machen diese Technolgien für große GIS-Anwendungen zunehmend interessant.

3.2.3 Koordinatengeometrie (COGO)

Die Bezeichnung COGO (coordinate geometry) fasst eine Gruppe von Funktionen zusammen, die das Messen, Berechnen und Zählen in einem Datenbestand erlauben. Die Dateneingabe in ein GIS über Koordinatengeometrie ist ein sehr arbeitsintensiver und kostenintensiver Prozess. Dabei werden ausgehend von bekannten geographischen Objekten weitere Objekte in Bezug zu diesen bekannten Objekten erfasst bzw. ausgemessen. Diese Methode der Datenaufnahme ist nützlich für den Aufbau hochgenauer kartographischer Datenbanken und wird deshalb überwiegend im Katasterbereich eingesetzt. Die Genauigkeit der durchgeführten Berechnungen hängt in einem vektorbasierten System von der Genauigkeit der gespeicherten Koordinaten ab. In einem rasterbasierten System entscheidet die Größe der Rasterzellen über die Genauigkeit der Berechnungen.

3.2.4 Konvertierung bereits vorliegender digitaler Daten

Eine weitere, sehr populäre Methode des Dateninputs in ein GIS ist die Wandlung bereits existierender digitaler Daten. Eine Vielzahl räumlicher Daten und digitaler Karten sind bei Behörden oder privaten Unternehmen frei zugänglich. Sehr häufig werden digitale Daten von CAD/CAM -Systemen als Basisdatenlayer in einem GIS genutzt (z. B. AutoCAD, DXF).

In den letzten Jahren haben sich unterschiedliche Datenaustauschformate in der GIS/CAD-Welt etabliert. Einige der häufigsten Datenformate für einen Austausch graphischer Daten werden im Folgenden kurz aufgelistet.

Datenaustauschformate im GIS / CAD-Bereich

- **SIF – Standard Interchange Format**: Ein ASCII-Format, das zum Austausch von Daten zum oder vom Intergraph IGDS-Format genutzt wird.

- **IGDS – Interactive Graphics Design Software**: IGDS ist ein Binär-Format (binary format) der Firma Intergraph und ist im CAD-Bereich zum Standard geworden. Insbesondere in Kanada ist IGDS ein de facto Standard in der GIS/CAD-Welt. Die Nutzung des IGDS-Formats bedingt allerdings die Nutzung einer berechtigten Lizenz.

- **DLG – Digital Line Graph**: DLG ist ein ASCII-Format, welches vom US Geological Survey (USGS) genutzt wird. Es wird in den USA sehr häufig genutzt, spielt auf dem kanadischen und europäischen GIS-Markt eine untergeordnete Rolle. Dennoch ist dieser Standard bzw. ein Konvertierungsmodul zum DLG-Format in den meisten GIS-Programmen enthalten.

- **DXF – Drawing Exchange Format**: Ein ASCII-Format, das auf der AutoCAD-Software beruht. DXF regelt den Datenaustausch zwischen den AutoCAD-Systemen.

- **E00**: wird auch ArcGIS-Exportformat genannt und ist von der Firma ESRI als internes Austauschformat zwischen verschiedenen ArcGIS-Versionen vorgesehen. Das E00-Format unterstützt sowohl Topologie-Informationen als auch Sachdaten.

- **EDBS – Einheitliche Datenbankschnittstelle**: wurde von mehreren Bundesländern für die Weitergabe amtlicher ALK- und ATKIS-Daten entwickelt, wobei länderspezifische Variationen auftreten können. EDBS ist ein hochkomplexes Kunstformat, das von keinem kommerziellen GIS als eigene Datenstruktur genutzt wird.

- **GENERATE – ArcGIS Graphic Exchange Format**: GENERATE ist ein allgemeiner ASCII-Code, der den In- und Output grafischer Daten zum Softwarepaket ArcGIS regelt.

- **EXPORT – ArcGIS Export Format**: Ein Austauschformat, das den Export von Attribut- und grafischen Daten erlaubt. Wird häufig für die Archivierung von ArcGIS-Daten benutzt.

- **SHP – Shapefile**: ist kein echtes Datenaustauschformat, sondern das binäre Dateiformat der Shapes von ArcView. Es kann zusammen mit DBF-Dateien (dBASE) Sachdaten enthalten. Das Shape-Format ist aufgrund der großen Verbreitung von ArcView und der vielen in diesem Format vorliegenden Daten wichtig. EDBS-Files werden oft in das Shape-Format übertragen, um die Daten in andere Systeme zu importieren.

- **SQD – Sequential Data File**: Datenaustauschformat des Systems Sicad der Firma Siemens (heute Sicad Geomatics). SQD kann sowohl Sachdaten als auch Topologie- und Objektbildungsinformationen enthalten.

- **JPEG – Joint Photographic Experts Group**: Beschreibung siehe MrSID.

- **TIFF – Tagged Information Format**: ein allgemein genutztes Rasteraustausch-format, entwickelt von Aldus Corporation.
- **MrSID – Multi Resolution Seamless Image Database**: eine Komprimierungs-methode speziell zur Erhaltung der Qualität großer Bilder. Ermöglicht ein hohes Komprimierungsverhältnis und schnellen Zugriff auf große Datenmengen in beliebigem Maßstab.
- **ERDAS Imagine** – Dateien können kontinuierliche und diskontinuierliche Einzelband- und Multiband-Daten speichern (Fernerkundungsdaten).
- **GIF – Graphics Interchange Format**: Hochkomprimiertes Bildformat, ermög-licht die Anzeige qualitativ hochwertiger, hochauflösender Graphiken.
- **PNG – Portable Network Graphic**: Dieses Format komprimiert verlustfrei und dabei meist kompakter als vergleichbare Formate. Es unterstützt wie das JPEG-Format Echtfarben sowie „echte" Transparenz (Alpha-Transparenz).
- **BMP – Windows-Bitmap-Bilder**: werden zum Speichern von Bildern oder Clip-Arts verwendet. BMP-Dateien können zwischen verschiedenen Anwendungen von Windows verschoben werden.

Neben den oben genannten Beispielen besteht eine Vielzahl produktspezifischer Datenformate. Fast jedes Geographische Informationssystem benutzt sein eigenes spezifisches Datenformat. Beim Erwerb einer GIS-Software sollte deshalb darauf geachtet werden, welche Aufwendungen für Datenkonversionen entstehen, wenn Daten bzw. fertige GIS-Analysen aus dem System exportiert werden sollen. Ein verlustloser Transfer ist wegen der unterschiedlichen Eigenheiten der einzelnen Systeme meist nicht möglich. Es haben sich zwar in der Praxis einige Formate als Quasi-Standards etabliert aber ein einziges Format, welches mög-lichst unkompliziert ist und von allen Systemen akzeptiert wird, fehlt immer noch. Insbesondere die Einbindung his-torischer Daten ist oftmals problematisch bzw. müssen die Daten dann neu erfasst werden.

Zusammenfassung

- Die Dateneingabe in ein GIS basiert auf der Digitalisierung von analogen Daten bzw. auf dem Import bereits vorhan-dener digitaler Daten.
- Für die Verarbeitung digitaler Daten ha-ben sich viele softwarebasierte Daten-formate herausgebildet. Ein GIS sollte diese Datenformate für den Import und Export von Geodaten unterstützen.
- Nach der Wahl eines Datenmodells sind Datenkonversionen nach Möglich-keit zu vermeiden, da oftmals Quali-tätsverluste und Informationsverluste zu verzeichnen sind.

Zum Einlesen

Steines, B. & S. Woehl (2002): Machbarkeitsstu-die: Präsentation von Geodaten im Internet. Geodätisches Institut der RWTH Aachen. Der Beitrag untersucht die Möglichkeit Geodaten unterschiedlicher Herkunft und Formate verein-heitlicht im Internet zur Verfügung zu stellen.

3.3 Dateneditierung

Die Dateneditierung und anschließende Verifikation der Daten ist ein notwendiger Schritt, um die Daten auf Fehler zu überprüfen, die während des Datenaufnahmeprozesses auftreten. Die Fehler, die während der Datenaufnahme auftreten können, lassen sich wie folgt klassifizieren:

- Unvollständigkeit der räumlichen Daten: Fehlende Punkte, Linienstücke oder Polygone;
- Positionsfehler in den räumlichen Daten, rühren meist von einer unpräzisen Digitalisierung oder schlechten Kartenvorlage her;
- Verzerrung der räumlichen Daten, rührt meist von nicht-maßstabskorrigierten Kartenaufnahmen her;
- Falsche Zuordnungen von räumlichen Objekten zu Attributdaten als Resultat falsch zugeordneter Identifier oder Labels. Eine Zuordnung eines falschen Labels zu einem Objekt bzw. mehr als eines Labels oder Identifiers zu einem Objekt;
- Falsche oder unvollständige Attributdaten.

Die Dateneditierung ist somit der komplementäre Prozess zur Datendigitalisierung bzw. allgemeinen Datenaufnahme. Eine fehlerhafte bzw. ungenaue Digitalisierung führt zu einem hohen Aufwand an nachträglicher Dateneditierung und verursacht hohe Kosten. Deshalb sollte speziell die Datenneuaufnahme und Datenübernahme aus fremden Quellen sehr gewissenhaft durchgeführt werden. Die Identifizierung von Fehlern in räumlichen Datensätzen bzw. Attributdatensätzen ist oftmals sehr kompliziert. Viele der räumlichen Datenfehler werden beim Aufbau der topologischen Beziehungen zwischen den Objekten entdeckt. Das Ausdrucken von Testplots (check plots) ist ein übliches Verfahren, um zu prüfen, ob räumliche Datenfehler im Datensatz vorhanden sind. Häufige Fehler wie Over- und Undershoots oder Spikes können von den meisten GIS-Programmen direkt erkannt werden.

Die Verfahren der Dateneditierung bieten unterschiedliche Funktionalitäten, um diese Fehler zu beheben. Die geläufigsten Routinen der Dateneditierung sind solche Funktionen wie:

- Einfangen (Snap),
- Verschieben (Move),
- Löschen (Delete),
- Hinzufügen (Add),
- Trennen (Split),
- Verbinden (Join).

Je nach ausgewählter GIS-Software unterscheidet sich der Umfang der Funktionalität beim Dateneditieren erheblich.

3.3.1 Räumliche Datenfehler

Räumliche Datenfehler hängen in starkem Maße von der Qualität der Originaldaten und von der Art der Datenaufnahme (manuelles Digitalisieren, Scannen etc.) ab. Die Mehrzahl der Fehler tritt jedoch auf, wenn die aufgenommenen Daten in eine topologische Datenstruktur überführt werden. Viele GIS-Programme bieten Routinen an, um die Daten auf logische Konsistenz zu prüfen und um danach eine topologische Struktur zu bilden. Wenn die Daten am Anfang der GIS-Analyse bereits in einer „unsauberen"

Form vorliegen, ist ein Mehraufwand an Arbeit für die Fehlerbereinigung, Editierung und logische Verknüpfung der räumlichen Daten aufzuwenden. Die häufigsten räumlichen Datenfehler, die bei der Konvertierung in eine topologische Struktur entstehen, sind folgende:

- Fehler im digitalisierten Linien- oder Polygon-Netzwerk wie Slivers und Gaps (Lücken). Slivers entstehen, wenn z.B. die gemeinsame Grenze zweier Polygone jeweils für jedes Polygon einzeln digitalisiert wird. Sind die beiden Linien, welche die gemeinsame Grenze bilden nicht 100 Prozent deckungsgleich, entsteht ein Sliver;
- Tote Enden von Linien (dead ends oder auch dangling arcs genannt) resultieren aus Overshoots und Undershoots;
- Schleifen (bow ties, loops) und unvollkommene Polygone (weird polygons), die durch das unpassende Schließen von Verbindungen zwischen geographischen Objekten verursacht werden;
- Fehler die durch die manuelle Bedienung des Digitalisierstiftes durch den Operator selbst erzeugt werden, indem z.B. die Hand des Operators zittert oder unbewusst kleine Kreise (= polygonal knots oder loops) erzeugt;
- Weitere häufige Fehler dieser Art sind Spikes und Switchbacks.

Die genannten topologischen oder räumlichen Datenfehler werden am augenscheinlichsten, wenn Polygonstrukturen im Datensatz untersucht bzw. dargestellt werden. Das Sliver-Problem ist das häufigste Problem bei der nachbearbeitenden Datenbereinigung. Slivers also z.B., wenn gemeinsame Grenzen von Polygonen separat digitalsiert werden. Sie erscheinen aber auch häufig, wenn Daten aus unterschiedlichen Quellen verbunden werden. Es ist daher ratsam, eine neue Datenebene (Datenlayer) im Hinblick auf eine bereits digital bestehende Datenebene hin zu digitalisieren, als später zu versuchen, die einzelnen Datenebenen aufeinander anzupassen. Liegen mehrere thematische Datenebenen (Forstbestandskarte, Bodenkarte, Geologische Karte, Hydrographische Karte etc.) vor und sollen diese durch manuelle Digitalisierung in das GIS aufgenommen werden, so sollte der Bearbeiter vorher einen genauen Plan bzw. die Reihenfolge der Digitalsierung mit den entsprechenden Prioritäten festlegen. Diese Überlegung, die am Anfang eines solchen Arbeitsvorgehens unbedingt stehen sollte, spart viel Zeit ein, die sonst beim interaktiven Editieren und Bereinigen des gesamten Datensatzes verloren gehen würde.

Tote Enden (Endstücke von Linien ohne weitere Verbindung) treten häufig auf, wenn Daten im „Spaghetti-Modus" digitalisiert werden und besonders dann, wenn keine Einfangfunktion zu bestehenden Knoten genutzt wird. Viele Geographische Informationssysteme bieten die Möglichkeit, den digitalisierten Datensatz im Hinblick auf Over- und Undershoots durch eine vorher festgelegte Distanzfunktion zu bereinigen. Die Festlegung einer unangepassten Toleranzgrenze bzw. Distanz kann zur Bildung sehr kleiner Polygone führen. Ist die Toleranzgrenze zu groß gesetzt, kann dies dazu führen, dass Linienstücke, die zu nahe beieinander liegen, „gesnappt" werden, obwohl sie nicht verbunden sein sollten. Ein weiteres häufiges Problem, das im Allgemeinen beim Topologieaufbau auftritt, sind dupliziert vorliegende Linien. Duplizierte Linien entstehen oft beim manuellen Digitalisieren oder der Konvertierung von Daten aus CAD-Systemen. Viele GIS-Programme unterstützen das automatische Entfernen von dupliziert vorliegenden Elementen. Andererseits kann es vorkommen, dass ein System diese Inkonsistenzen im Objektaufbau nicht wahrnimmt, da der topologische Aufbau eines Objekts rein mathematisch korrekt ist. Das heißt aber auch, dass ein rein mathematisch korrekter Topologieaufbau nicht unbedingt geographisch sinnvoll sein muss.

3.3.2 Attributdatenfehler

Die Identifizierung von Attributdatenfehlern ist normalerweise schwieriger als die von räumlichen Fehlern. Dies gilt insbesondere für Unsicherheiten, die sich im Hinblick auf die Betrachtung der Qualität und Vertrauenswürdigkeit von Daten ergeben. Einfache Fehler wie Verknüpfungsfehler, unvollständige Datenrecords oder fehlende Datenrecords werden bei der Verbindung der Attributdaten zu den räumlichen Daten festgestellt.
Neben der falschen Zuordnung von Attributen zu räumlichen Objekten ist zudem die Generierung von Attributdaten vielfältigen Fehlern oder Fehlinterpretationen ausgesetzt. Insbesondere die Ableitung von Attributdaten aus Luftbildern oder klassifizierten Satellitenbildern kann zu hohen Fehlerraten führen. Dazu kommt bei vielen Attributen der hohe Grad an Subjektivität in der Auslegung der Attribute. Die Kartierung eines Forstbestandes, die einen Bestand mit hoher Diversität und als relativ alt gewachsen ausweist, ist von der Interpretation der Attribute „Diversität" und „Altbestand" empfindlich abhängig. Der Begriff „Diversität" allein besagt noch nicht, wie viele unterschiedliche Individuen pro Fläche enthalten sind. Bedingen 5, 10 oder 20 unterschiedliche Baumarten eine hohe Diversität? Ist ein Baumbestand mit 80 Jahren oder 150 Jahren als Altbestand auszuweisen? Diese Fragen zeigen die relative Ungenauigkeit, die Attributdaten anhaftet. Andererseits bedeutet dies, dass die Aussagekraft bzw. Genauigkeit von Attributdaten durch weitere Informationen (wiederum Attribute) erhöht werden kann und somit der Vernetzungsgrad zwischen den Attributen mit zunehmender Aussagesicherheit ein hohes Maß erreicht. Für unser Beispiel des Forstbestandes würde dies zum Beispiel heißen, dass als ergänzende Attribute die Artenzusammensetzung (Eichen-Buchen-Mischwald oder reiner Nadelwald) und eine bestimmte Artenanzahl zur Schwellwertbildung eines Diversitätsentscheids vorgegeben werden.

3.3.3 Datenverifikation

Die Verifikation, d. h. Überprüfung der räumlichen Daten auf deren Richtigkeit, lässt sich in sechs klar untergliederte Schritte aufteilen, die während der Editierung der Daten durchgeführt werden:
I.   Visuelle Überprüfung der Daten am Bildschirm, Ausdruck der Daten,
II. Bereinigung von Linien und Kreuzungspunkten,
III. Entfernen von überflüssigen Koordinaten (z. B. redundanten Knoten in Linien- und Polygonstrukturen),

IV. Korrektur der Verzerrungen (die meisten GIS-Programme haben Routinen zur Maßstabskorrektur),

V. Aufbau von Polygonen (die Mehrzahl der in einem GIS genutzten Applikationen greift auf eine Polygonstruktur der Daten zurück);

VI. Hinzufügen eines eindeutigen Identifiers bzw. Labels.

Diese Schritte der Datenüberprüfung werden normalerweise direkt nach der Dateneingabe und vor der Verknüpfung der räumlichen Daten mit den Attributdaten durchgeführt. Die Datenverifikation sichert die Integrität der Beziehung zwischen den Attribut- und räumlichen Daten. Die Abbildung 3.3.3/1 fasst die wesentlichen Schritte im sukzessiven Aufbau einer topologisch korrekten Datenbank, die aus Linien (Arcs) und Polygonen besteht, nochmals zusammen.

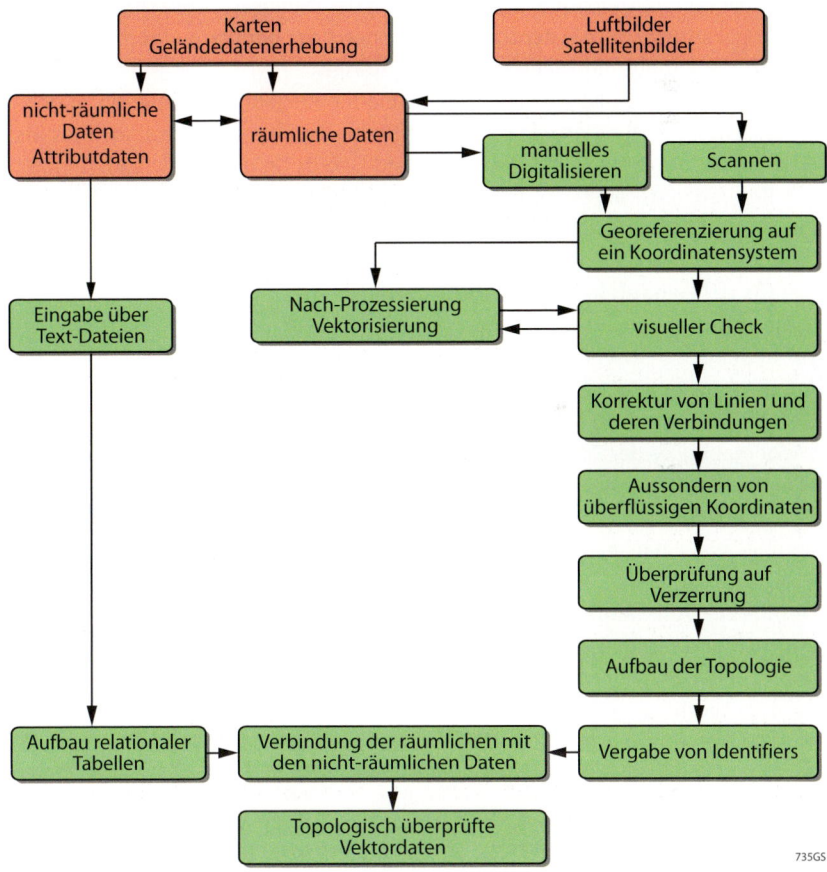

735GS

Abb. 3.3.3/1 *Ablaufschema zum Aufbau einer topologisch korrekten Vektor-Datenbank*

Standardangaben zu einem Datensatz

Um die Brauchbarkeit eines Datensatzes für den individuellen Einsatz abschätzen zu können, sollten dem Nutzer folgende Standardangaben über die räumlichen Daten bekannt sein:

I. Herkunft bzw. Abstammung der Daten (lineage),
II. Lagegenauigkeit der Daten (positional accuracy),
III. Genauigkeit der Attributdaten (attribute accuracy),
IV. Logische Konsistenz der Daten (logical consistency),
V. Vollständigkeit der Daten.

Details zur Herkunft bzw. Abstammung der Daten:
Informationen zur Datenquelle, Aufnahmezeit des Datensatzes, auf den Datensatz eventuelll angewandte Datentransformationen oder benutzte Algorithmen.

Details zur Lagegenauigkeit der Attributdaten:
Welche Koordinaten liegen vor?, bekannte oder ausgedrückte Relation zu geographischen Koordinaten wie Länge und Breite, Angabe des Standardellipsoids (in der Horizontalen), Angabe des Standard Geoids (in der Vertikalen), Angabe des Referenzdatums, eventuell angewandte Methoden zur Bestimmung der Lagegenauigkeit, Angaben zur deduktiven Abschätzung der Fehlerfortpflanzung für weiterführende Datentransformationen.

Details zur Genauigkeit der Attributdaten:
Liegen kontinuierlich skalierte oder klassifizierte Attributdaten vor?, Angaben zur deduktiven Einschätzung der Basis der Attributdaten (z. B. Bedeutung von Attributen wie „groß", „klein" etc.) oder Quantifizierung der Eigenschaften.

Details zur logischen Konsistenz der Daten:
Wiedergabegüte der Beziehungen zwischen den Objekten, gibt es Schnittpunkte nur an beabsichtigten Stellen?, sind die Daten auf duplizierte Linien überprüft?, sind Polygone richtig geschlossen?, existieren over- bzw. undershoots?, Report darüber, welche Inkonsistenzen im Datensatz korrigiert wurden und welche im Datensatz verblieben.

Details zur Vollständigkeit der Daten:
Informationen zu den Auswahlkriterien der Attribute, Angabe von Definitionen und Gesetzmäßigkeiten der zugrunde liegenden Kartenaufnahmen, Angaben zu eventuell vorliegenden Geo-Kodierungen (z. B. USGS). Diese teilweise sehr allgemeinen Anforderungen an Geodaten aus den 1980er-Jahren gelten auch noch heute und spiegeln sich in den aktuellen Regelwerken der europäischen INSPIRE-Richtlinie wieder.

Zusammenfassung

- Die Dateneditierung ist ein wesentlicher Arbeitsschritt im GIS, um zum einen digitalisierte Daten auf ihre Qualität hin zu überprüfen und zum anderen Daten interaktiv zu verändern bzw. Datensätze zu ergänzen.
- Die Datenqualität ist von großer Bedeutung für die im GIS anstehenden Analysen und muss vorher geprüft werden.
- Insbesondere der Aufbau einer korrekten Topologie ist sehr zeitaufwendig und fehleranfällig. Ein Problem ist dabei, dass ein rein mathematisch korrekter Topologieaufbau nicht unbedingt geographisch sinnvoll sein muss.

Zum Einlesen

THALMANN, T. (2010): GDI im Dienst der Umwelt. In: GIS Trends and Markets. S. 36-45, 6/2010.

Der Aufsatz beschreibt für den Fachbereich Umweltmonitoring die unterschiedlichen Raumtypologien und nimmt Bezug auf wichtige Initiativen wie die FFH-Richtlinie oder die Wasserrahmenrichtlinie. Datenqualität und Datenstandards im Hinblick auf eine europäische Umweltpolitik stehen im Mittelpunkt insbesondere unter der Berücksichtigung von vereinheitlichten Datenmodellen.

3.4 Datenspeicherung und Datenmanagement

Das Datenmanagement organisiert Daten (räumliche Daten und Attributdaten) in einer Form, die dem GIS-Nutzer einen schnellen Zugriff auf Datenabfragen, Datenanalysen wie auch Updates ermöglicht (Access, Query). GIS-Programme greifen häufig an dieser Stelle auf kommerzielle Hilfsprogramme zur Dateneditierung und Datenabfrage zurück. Für die Verwaltung der Attributdaten werden häufig kommerzielle **Datenbankmanagementsysteme** (DBMS) genutzt.

Da viele GIS-Programme ihre eigene Datenstruktur zur Speicherung der räumlichen Daten benutzen, ist es sinnvoller, die Datenorganisation zur Vorbereitung einer GIS-Analyse aus der Sicht der Attributdaten zu betrachten. Wie bereits eingangs erwähnt, sind die Daten in einem GIS zumeist als Layer- oder thematische Ebenen angelegt. Die räumlichen Datenebenen wie auch die Attributdaten-Ebenen werden im Allgemeinen einzeln eingegeben. In der Abhängigkeit vom Attributdatenmodell, welches dem Datenbankmanagementsystem zur Datenverwaltung zugrunde liegt, müssen die Daten in dem Format vorgehalten werden, das die Anforderungen einer anschließenden Datenanalyse erfüllt. Der Aufbau und die Strukturierung des Datensatzes ist deshalb eine wichtige und grundsätzliche Vorüberlegung, die der GIS-Anwender möglichst in Teamarbeit und unter mannigfaltiger Beachtung der späteren Anforderungen an das System durchführen sollte. Für die Datenspeicherung und Verwaltung der Attributdaten hat sich in der GIS-Welt das relationale Datenbanksystem etabliert. Das relationale DBMS ermöglicht Sofortabfragen und eine schnelle Prozessierung der Daten.

Der Zugriff auf die Daten wird in allen Systemen durch eine geeignete Indizierung der Daten oder auch Indexbildung erreicht. Den Prozess der Indexbildung kann man mit einer allgemeinen Registrierung der Objekte vergleichen. Beispiele klassischer Indexsysteme sind das manuelle Suchen in einem Dictionary, das Katalogkartensystem in einer Bücherei oder die Nutzung eines Telefonbuchs wie die „Gelben Seiten". Das Grundkonzept der Indizierung ist die Nutzung eines primären Schlüssels, anhand dessen in einem Datensatz gezielt gesucht werden kann. Die Kernfragen, die sich für einen gezielten Zugriff auf Informationen in einem Datensatz stellen sind:

- In welcher Weise wird die physikalische Kodierung im Computer selbst durchgeführt?
- Erleichtert der Aufbau der Datenstruktur eine Indexbildung?
- Werden spezifische Softwarewerkzeuge zur Speicherung und Datenverarbeitung bereitgestellt?
- Welche Attribute werden zur Bildung eines geeigneten Index genutzt?

In kommerziellen relationalen Datenbanksystemen hat der Anwender zwei Optionen, eine Indexierung durchzuführen:

1. Der Anwender greift nicht aktiv ein, d. h. dass DBMS nutzt seine produktspezifische Kodierung, um die Daten zu adressieren.
2. Der Anwender kreiert eigene spezifische Indizes, die nicht auf systemvorgegebenen Identifiern basieren, sondern auf sorgfältig ausgesuchten Attributen.

In den SQL-fähigen Datenbanken wird die Indexbildung unter Nutzung von Attributen durch das Statement CREATE INDEX erreicht. Mit diesem Statement können auch beliebige gekoppelte Indizes gebildet werden. Für die Datenabfrage ist es jedoch wichtig, dass man eine geeignete Auswahl an Attributen zur Indexbildung bestimmt. Würde man in einem GIS-Abfrageprozess zum Beispiel nach bestimmten Eigenschaften einer Landschaft suchen wollen (z. B. Landschaftseinheiten, die eine Hangneigung über 30°, trockene Böden und eine mittlere Höhe unter 3700 m aufweisen), so wäre die Abfrage am effektivsten, wenn das erste Attribut den Datensatz so stark selektiert, dass möglichst wenige Fälle übrig bleiben. Dieses Attribut sollte den ersten Index bilden.

Die **SQL-Abfragesprache** ist im Bereich der Geographischen Informationssysteme zum de facto-Standard geworden. Als Abfragesprache relationaler Datenbanksysteme basiert sie auf den fünf Operatoren der relationalen Algebra:

1. Selektion,
2. Projektion,
3. Kartesisches Produkt,
4. Vereinigung und
5. Differenz.

Eine typische Abfragesequenz mittels SQL lautet:

SELECT *(Attributliste)*
FROM *(Tabellenliste)*
WHERE *(Abfragebedingung)*

Der SELECT-Befehl sucht aus einer Liste von Attributnamen (Attributliste) die Werte der Attribute, die in der WHERE-Bedingung spezifiziert werden. Boolesche Ausdrücke (und, oder, $<$, $=$, $>$ etc.) formulieren die Anforderungen, welche die Ergebnismenge erfüllen muss. Die Tabellenliste liefert die Objektklassen, deren Daten für die Beantwortung der Abfrage benötigt werden.

Neben den Standardabfragesprachen gibt es auch GIS-spezifische Abfragesprachen wie zum Beispiel GOAL (GIS-Oriented Analysis Langugae) oder PPL (Parametric Programming Language). Bei GOAL handelt es sich um eine leicht zu bedienende Programmiersprache für Rastersysteme. PPL ist eine objektorientierte Programmiersprache für die Bildung, Pflege und Analyse raumbezogener Daten im MGE-Analyst. Im Folgenden seien einige typische SQL-Befehlssequenzen aus dem GIS-Abfragebereich vorgestellt:

Datei: WELT_BEVÖLKERUNG (LÄNDER_NAME, BEVÖLKERUNG)

Abfrage-Beispiel 1:
Aus einer Datenbank mit dem Namen „Weltbevölkerung", welche die einzelnen Länder der Erde und ihre Bevölkerungszahl enthält, sollen alle Länder mit einer Bevölkerung > 100 Millionen Einwohner bestimmt werden.
 SELECT *(LÄNDER_NAME)*
 FROM *(WELT_BEVÖLKERUNG)*
 WHERE *(BEVÖLKERUNG > 100)*
Das Ergebnis dieser Abfrage ist die Anzeige aller Länder mit einer Einwohnerzahl über 1 000 000.

Abfrage-Beispiel 2:
Um aus der gleichen Datenbank bestimmte Wertebereiche (z. B. Länder mit einer Bevölkerungszahl zwischen 50 und 80 Millionen Einwohnern) zu suchen, können Ausdrücke der Booleschen Algebra beliebig durch „AND" und „OR" verknüpft werden.
 SELECT *(LÄNDER_NAME)*
 FROM *(WELT_BEVÖLKERUNG)*
 WHERE *(BEVÖLKERUNG > 50 AND BEVÖLKERUNG < 80)*

Ergebnis dieser Abfrage ist die Anzeige aller Länder, die eine Bevölkerungszahl zwischen 50 und 80 Millionen Menschen aufweisen.

Dateien: WELT_BEVÖLKERUNG (LÄNDER_NAME, BEVÖLKERUNG), WELT_STADT (CITY_NAME, CITY_BEVÖLKERUNG, CAPITAL)

Zusätzlich zur Datei WELT_BEVÖLKERUNG wird die Datei WELT_STADT mit Informationen über die Städte der einzelnen Länder der Erde hinzugefügt. Sie beinhaltet Daten über die Einwohnerzahl und die Funktion der einzelnen Städte (z. B. Hauptstadt, Verwaltungssitz). Falls Informationen aus beiden Dateien benötigt werden, kann eine kombinierte Abfrage auf beide Dateien zugreifen. Bedingung hierfür ist jedoch, dass die beiden Dateien über eine Schlüsselvariable in Beziehung zu setzen sind.

Abfrage-Beispiel 3:
Es sollen die Hauptstädte gesucht werden, die eine Bevölkerung > 5 Millionen Einwohner aufweisen. Weiterhin soll der Name des zugehörigen Landes angegeben werden.
 SELECT *(LÄNDER_NAME, CITY_NAME, CITY_BEVÖLKERUNG, CAPITAL)*
 FROM *(WELT_BEVÖLKERUNG, WELT_STADT)*
 WHERE *(CITY_NAME = CAPITAL AND CITY_BEVÖLKERUNG > 5)*
Wie die obige Abfrage verdeutlicht, wurden zwar sämtliche Hauptstädte, die eine Einwohnerzahl > 5 Millionen besitzen, selektiert, die Namen der zugehörigen

Länder wurden jedoch noch nicht abgefragt. Warum ist dies bei der Vorgabe der genannten Dateien nicht möglich? Um die vollständige Abfrage durchzuführen, muss es eine Verbindung oder Relation zwischen den beiden Dateien WELT_BEVÖLKERUNG (LÄNDER_NAME, BEVÖLKERUNG) und WELT_STADT (CITY_NAME, CITY_BEVÖLKERUNG, CAPITAL) geben. Aus der Betrachtung relationaler Tabellen ist der Begriff „joined relational tables" bekannt, der zwei relationale Tabellen über eine Schlüsselvariable verbindet. Jedoch weisen die beiden Dateien keine gemeinsame Variable auf. Die vollständige Beantwortung der Eingangsfrage ist somit nicht ohne weitere Schritte möglich.

Die Entwicklung der SQL-Abfragesprache geht bis in die 1970er-Jahre zurück. Die Verbreitung des SQL-Standards fand vor allem durch die parallele Verbreitung von Oracle-Datenbanken Anfang und Mitte der 1980er-Jahre statt. Bereits 1986 wurde die SQL-Sprache als ANSI-Standard und nur ein Jahr später als ISO-Standard nominiert. Heute kann man mit Recht feststellen, dass SQL zur wichtigsten Abfragesprache geworden ist. Andere Abfragesprachen wie QUEL (Query Language, SEQUEL (Structured English Query Language) oder QBE (Query by Example) fanden weitaus weniger Beachtung. Dabei kann man weiterhin festhalten, dass SQL bei weitem kein statisches Endprodukt darstellt und sich stetig weiterentwickelt.

Die Beispiele zeigen deutlich, dass lediglich thematische Abfragen an die Datenbank gestellt werden. Geometrische oder räumliche Anfragen sind mit den Standardabfragesprachen schwierig oder gar nicht zu verwirklichen. Für Verschneidungen von Datenebenen stehen in den üblichen Standardabfragesprachen keine Möglichkeiten zur Verfügung. Abfragesprachen in GIS sollten deshalb auch raumbezogene Daten (Vektor, Raster) sowie die Beziehungen zwischen den räumlichen Daten (z. B. Nachbarschaftseffekte) berücksichtigen. Einige kommerzielle Softwaresysteme haben mittlerweile räumliche Abfragemöglichkeiten in SQL implementiert (spatial extentions to SQL). Das GEO/SQL-System der Generation-5 Technology (Denver/Colorado) ist hierfür ein gutes Beispiel. In GEO/SQL bestehen Möglichkeiten, auf räumliche Objekte wie Polygone oder Netzwerke zu verweisen. Meist dienen dazu räumliche Operatoren wie Distanz oder Schnittflächenbildung (intersections). Andere Entwicklungen wie zum Beispiel POSTGRES (theoretisches Modell der Datenbank INGRES) berücksichtigen die Bildung und Definition von Punktdatentypen. Rasterbasierte GIS-Systeme wie MAP, IDRISI oder GRASS bedienen sich ebenfalls einer räumlichen Abfrageterminologie wie „distance" oder „overlay one map on top of another". Die räumlichen Abfragemöglichkeiten der genannten Rastersysteme sind zusätzlich gekoppelt an eine SQL-Abfragesprache (z. B. IDRISI benutzt die Overlay-Technik gekoppelt an die Abfragesprache SQL und die Datenbank Access). Als nächstes werden die Grundlagen der räumlichen Indexbildung angesprochen.

3.4.1 Indexbildung für räumliche Daten (spatial indexing)

Die räumliche Indexbildung beinhaltet Methoden, die das Speichern und die Bildung von Abfragen mit räumlichen Daten in einem GIS ermöglicht. Um die räumlichen Abfrageprozesse im GIS zu beschleunigen, existiert eine weitere Anzahl von unterschiedlichen Methoden. Die meisten von ihnen basieren auf der Aufteilung des geographischen Raumes in Teilflächen (subsets oder tiles). Diese Teilflächen werden dann mathematisch indiziert (z. B. durch Quadtrees oder R-(rectangle)-trees) und erlauben danach einen schnellen Zugriff auf die räumlichen Daten. Der Prozess der räumlichen Idexbildung ist für große Datenkonvolute sehr wichtig. GIS-Nutzer klagen oft darüber, dass die Antwortzeit eines GIS auf räumliche Abfragen sehr lang ist. Die kommerziellen GIS-Anbieter reagierten darauf mit der Entwicklung und Bereitstellung geeigneter Algorithmen zur Indizierung und Abfrage von räumlichen Daten (z. B. Peano-N-Order, Hilbert-II-Order oder Morton-Indizierung, Quadtrees, R-/R + -trees). Die meisten Geographischen Informationssysteme (sowohl Raster- als auch Vektor-Systeme) benutzen zur Strukturierung der räumlichen Daten die Methode der Overlay- bzw. thematischen Ebenen- (feature planes) Technik.

Es sei hier angemerkt, dass Rastersysteme aufgrund ihrer inhärenten Datenstruktur an sich keine räumlichen Indizierungs-

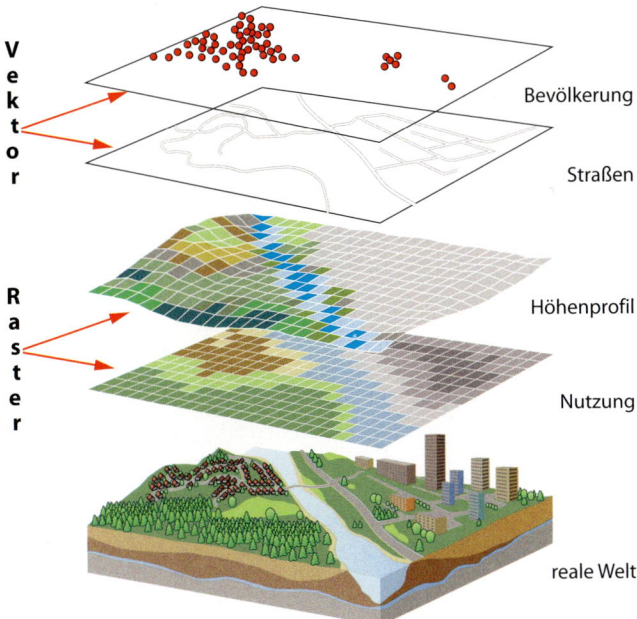

V e k t o r

Bevölkerung

Straßen

R a s t e r

Höhenprofil

Nutzung

reale Welt

Abb. 3.4.1/1 *Rasterlayer und thematische Ebenen in einer Rasterdatenstruktur und Vektordatenstruktur*

methoden benötigen, da der Rasteransatz bereits regelmäßige und leicht adressierbare Einheiten im gesamten Datensatz bietet, die der gesamten Datenstruktur eigen sind. Die Vektordatensysteme jedoch benötigen eine Indizierungsmethode für ihre Daten, damit sie schnell auf räumliche Objekte zugreifen können. Ein erster Schritt, räumliche Daten zu indizieren, ist deshalb oftmals die Überlagerung eines Gitters oder Rasters. Nach der Überlagerung werden die Koordinaten eines Objektes in diesem quadratischen oder rechteckigen Gitter dafür benutzt, um einen geeigneten Index zu bilden und einen Zugriff auf das Objekt zu kreieren. Die Notwendigkeit der Ausweisung von zwei Indizes (x und y) für ein räumliches Objekt stellt allerdings einen wesentlichen Nachteil dar. Vereinfacht gesagt, muss bei dieser Datenabfrage im zweidimensionalen Fall zuerst in beide Richtungen (für die x-Richtung und für die y-Richtung) gesucht werden, um danach das Suchergebnis beider Indizes zu verbinden. Dieses Problem setzt sich im dreidimensionalen Fall fort, da hier mit drei Indizes für ein räumliches Objekt gearbeitet werden muss. Die horizontale Indizierung räumlicher Daten innerhalb eines Geographischen Informationssystems bringt deshalb mehrere Anforderungen, die sich auf den Umfang des räumlichen Indizierungsansatzes beziehen, mit sich. Sie beinhalten

- die Nutzung eines Bibliotheksuntersystems zur Organisation der Daten für den Anwender,
- die Erfordernis von Vorschriften bei der Definition von Ebenen,
- die Erfordernis einer geeigneten Merkmalskodierung (feature coding) innerhalb der definierten Ebenen und

- den Erhalt der Datenintegrität.

Nachdem ein Überblick über die mögliche Indizierung von Daten gegeben worden ist, werden in den folgenden zwei Kapiteln die Grundlagen der Strukturen und Speicherung von Vektor- und Rasterdaten dargelegt.

3.4.2 Vektordatenstrukturen, Speicherung von Vektordaten und Algorithmen

Wie bereits erläutert, sind räumliche Daten in einem Vektor-GIS normalerweise durch drei Informationseinheiten präsentiert. Es sind die räumlichen Objekte selbst (Punkte, Linien, Flächen), die zugehörigen bzw. assoziierten Attribute und die räumlichen Beziehungen zwischen den Objekten (Topologie). Punkte, Linien und Flächen werden dabei über x, y-Koordinatenpaare kodiert. Um eine Linie oder Fläche zu konstruieren, werden die Koordinatenpaare von Punkten miteinander verbunden. Im Falle einer Fläche sollte der letzte Punkt dem ersten Punkt entsprechen bzw. sollte der letzte Punkt mit einer Linie zum ersten Punkt verbunden sein. Einzelne Punkte müssen nicht notwendigerweise mit Linien verbunden sein.

Dieses Kapitel konzentriert sich auf die Darstellung der Speichermöglichkeiten von Linien und Polygonen. Die Repräsentation der zugehörigen Attribute sowie der Topologie wurde bereits erläutert. Die Abbildung 3.4.2/1 veranschaulicht, dass diese Linien einen ganz unterschiedlichen Charakter aufweisen können. Jede dieser Linien stellt ein anderes geographisches Objekt dar (z. B. Staatsgrenze, Flussmäander, Eisenbahnli-

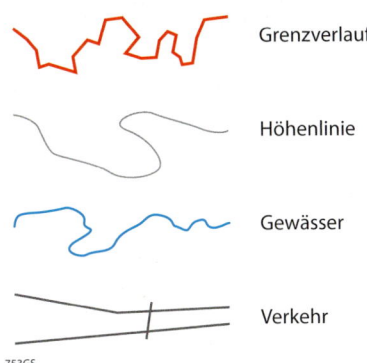

Grenzverlauf

Höhenlinie

Gewässer

Verkehr

753GS

Abb. 3.4.2/1 *Beispiele geographischer Linien*

nie). Viele GIS speichern Linien und Flächen als Punktesequenz, die durch gerade Linienstücke verbunden sind. Dies ist eine sehr einfache Struktur und sie eignet sich gut für die Wiedergabe von Linien mit scharfen Brüchen im Linienverlauf. Für die Darstellung relativ glatter Linien (smooth curves) eignet sich diese einfache Methode allerdings nicht. Ein Flussmäander oder eine Eisenbahnlinie können effizienter durch eine geglättete Kurve dargestellt werden als durch eine große Anzahl von geraden Linienstücken. Hinzu kommt, dass die Erzeugung einer geglätteten Kurve den Digitalisieraufwand erheblich reduziert. Es gibt also unterschiedliche Methoden, Linien zu diskretisieren. Flächenhafte Objekte werden meistens durch gerade Liniensegmente präsentiert und man bezeichnet sie als Polygone.

Unregelmäßige Linien, die durch eine Abfolge von geraden Linienstücken beschrieben werden, haben eine Vielzahl von Bezeichnungen. Wenn eine Linie eine gemeinsame Grenze zwischen zwei Flächen repräsentiert, wird sie oft als „Arc", „Segment", „Edge" oder „Chain" bezeichnet. Ausgehend von diesen Begriffen hat sich neben dem Terminus „Arc" (insbesondere im Zusammenhang mit dem Informationssystem ArcGIS), die Bezeichnung „Chain" als Standard in der amerikanischen digitalen Kartographie durchgesetzt. Um unregelmäßige Linienstücke darzustellen, werden folgende Techniken eingesetzt:

- Gerade Liniensegmente (straight line segments),
- Kreisbogenstücke (arcs of circles) und
- Splines.

Wenn ein Linienobjekt sehr kurvenreich ist, können gerade Liniensegmente den wahren Verlauf des Objekts nur annähernd darstellen. Die Approximation des wahren Linienverlaufs hängt in diesem Falle von der Länge der verwendeten geraden Linienstücke ab. Um den Verlauf eines gekrümmten Linienobjekts darzustellen, werden in manchen Geographischen Informationssystemen gerade Linienstücke und Kreisbögen zwischen Punkten eingesetzt. Ein solches GIS muss allerdings in der Lage sein ‚den Radius der Krümmung, den Start- und Endpunkt des Kreisbogens speichern zu können. Dieser Ansatz wird im System9-GIS von Prime angewandt und vor allem im Ingenieurbereich (z. B. zur Erfassung von Straßenverläufen und Eisenbahnlinien) eingesetzt.

Splines werden zur Darstellung von gekrümmten Linienverläufen (z. B. mäandrierende Flüsse) eingesetzt. Hierfür wird eine mathematische Funktion (spline function) zugrunde gelegt, die durch spezifische Punkte der darzustellenden Linie verläuft und dabei minimale Krümmung aufweist. Splines werden häufig zur Glättung von Kurvenverläufen herangezogen und allgemein stärker im CAD- als im GIS-Bereich genutzt.

Wenn eine Linie als Abfolge von Koordinaten gespeichert wird, kommt es bei der Speicherung von „Chains" oder „Arcs" oft zu signifikanter Speicherredundanz. Die Koordinaten stellen meist relativ lange Zahlenketten dar, die bei nah beieinanderliegenden Koordinaten identische Anfangsziffern aufweisen. Beispiel: Die Koordinaten einer Straße (fünf Punkte eines Straßenverlaufs) stellen sich in einem Koordinatensystem folgendermaßen dar:

(54.9519, 92.3203)
(54.9519, 92.3210)
(54.9521, 92.3212)
(54.9522, 92.3218)
(54.9523, 92.3222)

Wie man sieht, sind die ersten vier Ziffern der Koordinaten (Breite, Länge), die den jeweiligen Punkten des Straßenverlaufs entsprechen, identisch. Zur Speicherung des Straßenverlaufs könnte somit auf die ersten vier Ziffern verzichtet werden. Der Vorteil besteht hierbei in der Reduktion des Speichervolumens. Als Nachteil ist der Verlust der verallgemeinernden Darstellung des Koordinatensystems zu nennen. Dies führt bei der Konvertierung der Koordinaten sowie der Georeferenzierung zu Problemen. Anstelle der Speicherung einer Abfolge von Koordinatenpaaren werden von einigen Systemen Linien in Form von Bewegungsrichtungen (incremental movements) kodiert. Diese Art der Darstellung wird vor allem von Systemen, deren Dateninput überwiegend auf gescannten Daten beruht, verwendet. Dazu wird eine feste Zahl von Bewegungsrichtungen vorher festgelegt. Normalerweise handelt es sich dabei um acht Bewegungsrichtungen, denen Integer-Zahlen von 0 bis 7 zugewiesen werden.

In der Abbildung 3.4.2/2 entspricht jeder Schritt nach Norden einer Bewegung in

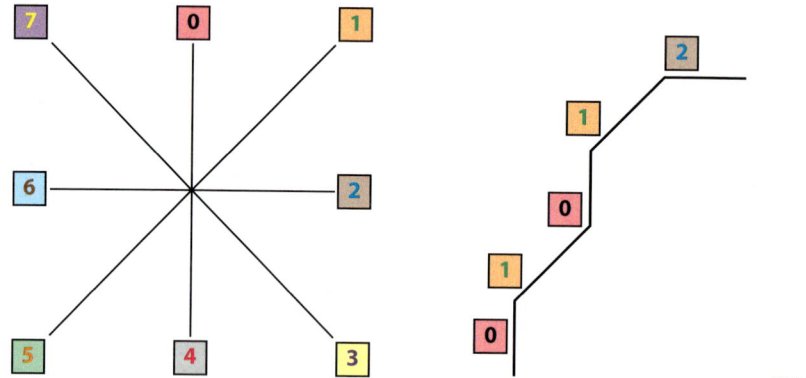

755GS

Abb. 3.4.2/2 *Bewegungsrichtungen und Beispiel einer Kodierung für eine Kurve ("01012")*

der 0-Richtung. Vier Bewegungen nach Norden bzw. nach oben werden somit durch vier Nullen kodiert. Jeder Schritt in der Bewegungsmatrix bedarf einer Ziffer zwischen 0 und 7 bzw. drei Binärziffern (binary digits) zwischen 000 und 111. Diese Technik der vorwärts zählenden Kodierung (incremental coding) geht auf H. Freeman (1961) zurück. Die Speicherungstechnik wird deshalb auch häufig als **Freeman-Kette** (Freeman chain codes) bezeichnet. Die Nutzung von Chain Codes ist allgemein auf zwei Anwendungsgebiete beschränkt

1. die Vektorisierung von Rasterdaten,
2. die Vektorisierung eines Scanneroutputs.

Bei der Vektorisierung von Rasterdaten steht die Grenzziehung zwischen zwei Objekten im Vordergrund. Eine Vektorisierung von Rasterdaten mittels Chain Codes (Grenzverlauf: 202020) sieht wie folgt aus:

A	A	A	B
A	A	B	B
A	B	B	B
B	B	B	B

Um die A- von der B-Fläche zu trennen, wird eine Linie entlang der Pixelgrenzen kreiert. Die Kodierung als Chain Code für die Linie würde lauten: 202020.

Für die Vektorisierung eines Scanneroutputs gibt es viele verschiedene Algorithmen. Weitere Beschreibungen der Algorithmen sind bei T. Pavlidis (1982) nachzulesen.

Ein Beispiel der Vektorisierung eines Scanneroutputs sei kurz dargestellt. Scanner speichern Informationen in Form von Nullen und Einsen. Demnach wird eine eingescannte Linie wie folgt dargestellt:

0	0	0	1	1	1
0	0	1	1	1	0
0	1	1	1	0	0
1	1	1	0	0	0

Die Einsen zeigen an, wo der Scanner die Linie auf der Vorlage erkannt hat, die Nullen markieren den leeren Raum um die Linie herum. Der erste Schritt einer Vektordarstellung dieser Linie ist das „Ausdünnen" des gescannten Datensatzes mit Standardalgorithmen (vgl. Pavlidis, T. 1982). Die Anwendung des Ausdünnungsalgorithmus hat folgendes Ergebnis:

0	0	0	0	1	0
0	0	0	1	0	0
0	0	1	0	0	0
0	1	0	0	0	0

Nach diesem Bearbeitungsschritt kann der Verlauf der Linie aus den verbleibenden Einsen abgeleitet werden. Der zugehörige Chain Code ist 111 (drei Bewegungseinheiten nach Nordost). Die Verwendung von Chain Codes ist für Anwendungen, deren Vektordaten ihren Ursprung in einer Rasterdatenform (Scannerdaten oder andere Bilddaten wie z. B. Satellitendaten) haben, am sinnvollsten. Rückblickend sind folgende Kodierungsmöglichkeiten für Vektordaten festzuhalten:

• X, Y-Koordinaten und,
• Freeman-Ketten.

Um die aufgenommenen Koordinaten zu komprimieren, können unterschiedliche Kompressionsmethoden (compressing codes) benutzt werden. Einige der Komprimierungsverfahren werden bei der Nutzung von Chain Codes häufiger angewandt als andere. Bei der Codierung von Linien steht die Überlegung im Vordergrund, dass Richtungsänderungen des Linienverlaufs meistens in einem Winkelbereich von 0° bis 45° liegen. Das heißt, Richtungsänderungen von 180° sind also für den nächsten Schritt der Codierung einer Linie wesentlich unwahrscheinlicher. Nach dieser Überlegung weist die Codierung eines Linienverlaufs nach einer „4" höchstwahrscheinlich wieder eine „4" oder eine „3" oder „5" auf. Das Folgen einer „0", „1" oder „7" nach einer „4" ist weniger anzunehmen. Diese Wahrscheinlichkeitsannahme, die sich in der Praxis häufig bestätigt, kann für eine Codierung in folgender Form genutzt werden:

1	gerade (kein Richtungswechsel)
01	Richtungswechsel 45° nach Rechts
001	Richtungswechsel 45° nach Links
0001	Richtungswechsel 90° nach Rechts
00001	Richtungswechsel 90° nach Links
000001	Richtungswechsel 135° nach Rechts
0000001	Richtungswechsel 135° nach Links

Durch die obige Art und Weise der Codierung kann die Anzahl der binären Ziffern zur Wiedergabe der Linie erheblich reduziert werden. Falls die zu ko-

dierende Linie längere gerade Abschnitte aufweist, können Sequenzen von Chain Codes auch wiederholt werden, was wiederum zur Einsparung von Speicherplatz führt. Eine Linie, die zum Beispiel sechs Einheiten nach Osten verläuft und danach drei Einheiten nach Nordosten abbiegt, kann durch die Abfolge von 6 Zweien und 3 Einsen (222222111) wiedergegeben werden. Anstelle der vollständigen Wiedergabe der Sequenz 222222111 kann man die Sequenz auch als 62 und 31 speichern, indem man vorher festlegt, dass die erste Ziffer jeweils ein Multiplikator der nachfolgenden Richtungseinheit ist.

Im Folgenden sollen Algorithmen für die Bearbeitung von Fragestellungen vorgestellt werden, die sich bei der Verarbeitung von Flächen- bzw. Polygondaten ergeben. Einfache Verfahren zur Bestimmung der Polygonflächen wurden bereits beim Aufbau einer vollständigen topologischen Netzwerkstruktur vorgestellt. Eine häufige Frage, die sich bei der Arbeit mit Polygondaten stellt, ist die Frage, ob ein Punkt oder eine andere Fläche innerhalb eines definierten Polygons oder außerhalb des Polygons liegt. Die allgemeine Aufgabe, die sich dem GIS stellt, wäre also: Finde heraus, welche Punkte in einem Polygon liegen oder suche in einer Menge von Polygonen das Polygon, welches bestimmte Punkte enthält.

Beispiele für Abfragen:

- Bestimmung der Länder, die eine bestimmte Anzahl von Vertriebszentren (z. B. Autohäuser) aufweisen. Die Vertriebszentren sollen über ihre Koordinaten identifiziert werden unter Verwendung eines Datenfiles, der die Ländergrenzen enthält.

- Bestimme die Attribute eines Landnutzungspolygons, welches bestimmte Bebauungen enthält.
- Welche Kanalanschlüsse liegen innerhalb einer bestimmten Gemarkungsfläche?

Drei traditionelle Arbeitsbereiche nutzen die Methode der Polygonverschneidung intensiv: die Landschaftsplanung, die Flächeninterpolation sowie die allgemeinen Anwendungen der Mengenlehre (set theory) innerhalb eines Geographischen Informationssystems. In der Landschaftplanung dominiert die Überlagerung geographischer Datenebenen (z. B. Verschneidung physisch-geographischer Daten mit sozialgeographischen Daten), sodass die räumlichen Beziehungen zwischen den Datenebenen genutzt werden können, um zukünftige Entscheidungen zur Landnutzung abzuleiten. Eine gute Referenz für diesen Arbeitsbereich stellt das Buch von I. L. McHarg (1969) „Design with Nature" dar.

Bei den Operationen der Mengenlehre innerhalb eines Geographischen Informationssystems wird ein Polygon als eine repräsentative Menge von Objekten angesehen. Wenn zwei Mengen (Polygone) überlagert werden, kann dies als graphische Darstellung der Schnitt- (intersection) bzw. Vereinigungsmenge (union) zwischen beiden Mengen interpretiert werden. Die Fläche des Überschneidungsbereichs (overlap) zweier Polygone A und B entspricht dem Booleschen Ausdruck A.AND.B (Schnittmenge oder intersection). Die Vereinigung beider Polygone entspricht der gesamten Fläche von A und B oder dem Booleschen Ausdruck A.OR.B (Vereinigungsmenge oder union). Insgesamt ist es möglich, 16 unterschiedliche Kombinationen Boolescher Ausdrücke zu formulieren (z. B. A.AND. (NOT.B) entspricht der gesamten Fläche von Polygon A, die nicht von B überlagert wird. Der Ausdruck NOT.(A.OR.B) oder (NOT.A).AND.(NOT.B) entspricht dem Bereich außerhalb der Polygone. Bei den meisten Overlay-Operationen ist die Schnittmengenbildung von großem Interesse. Sie stellt die Fläche dar, die beiden Polygonen gemeinsam ist.

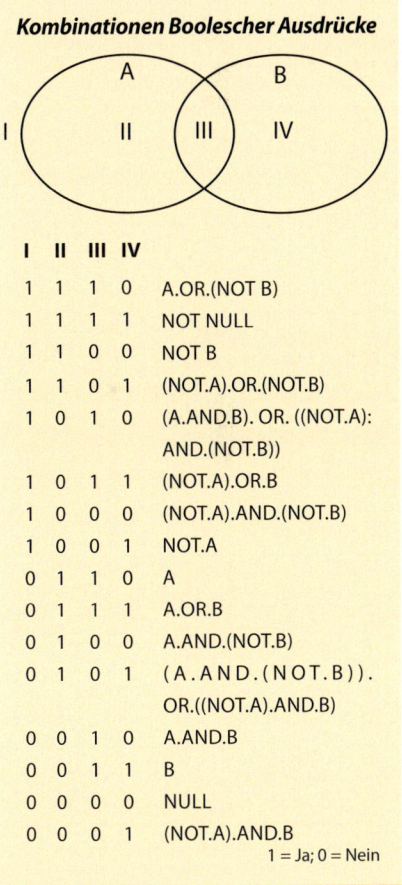

Kombinationen Boolescher Ausdrücke

I	II	III	IV	
1	1	1	0	A.OR.(NOT B)
1	1	1	1	NOT NULL
1	1	0	0	NOT B
1	1	0	1	(NOT.A).OR.(NOT.B)
1	0	1	0	(A.AND.B). OR. ((NOT.A): AND.(NOT.B))
1	0	1	1	(NOT.A).OR.B
1	0	0	0	(NOT.A).AND.(NOT.B)
1	0	0	1	NOT.A
0	1	1	0	A
0	1	1	1	A.OR.B
0	1	0	0	A.AND.(NOT.B)
0	1	0	1	(A.AND.(NOT.B)). OR.((NOT.A).AND.B)
0	0	1	0	A.AND.B
0	0	1	1	B
0	0	0	0	NULL
0	0	0	1	(NOT.A).AND.B

1 = Ja; 0 = Nein

Bei den Mengenoperationen der Booleschen Algebra werden Teilmengen, Schnittmengen oder Vereinigungsmengen betrachtet. Haben zwei Mengen A und B keine gemeinsamen Elemente, so spricht man von einer leeren Menge. Die Vereinigungsmenge $(A \cup B)$ hingegen besteht aus Elementen, die mindestens in einer der beiden Mengen vorhanden sind. Die Schnittmenge $(A \cap B)$ enthält nur Elemente, die sowohl in A als auch in B vorhanden sind. Eine Teilmenge $(A \subset B)$ A aus B ist dann gegeben, wenn A Elemente aus B enthält. Wenn A eine Teilmenge von B ist, dann enthält die Komplementärmenge A_k genau die Elemente aus B, die nicht in A sind. Für die Betrachtungen unterschiedlicher Mengen lassen sich folgende Gesetzmäßigkeiten aufstellen:

Kommutatives Gesetz:

$A \cup B = B \cup A$

$A \cap B = B \cap A$

Assoziatives Gesetz:

$A \cup (B \cup C) = (A \cup B) \cup C$

$A \cap (B \cap C) = (A \cap B) \cap C$

Absorptionsgesetz:

$A \cup (A \cap B) = A$

$A \cap (A \cup B) = A$

Distributives Gesetz:

$A \cup (B \cap C) = (A \cup B) \cap (A \cup C)$

$A \cap (B \cup C) = (A \cap B) \cup (A \cap C)$

Komplementgesetz

$A \cup \emptyset = A$

$A \cap D = A$

$A \cup A = D$

$A \cap A = \emptyset$

Als weiteres Arbeitsgebiet der Polygonverschneidung ist die Flächeninterpolation zu nennen. Flächeninterpolationen sind sehr häufige Operationen innerhalb eines GIS. Man stelle sich in einer bevölkerungsgeographischen Untersuchung zum Beispiel zwei Gebiete A und B vor. Die Bevölkerungszahl des Gebiets A ist bekannt und die Gebiete A und B überlappen sich. Mithilfe des Polygon-Overlay-Verfahrens soll nun die Bevölkerung des Gebiets B bestimmt werden. Dieses Problem kann dadurch gelöst werden, indem die Bevölkerung des Gebiets A so aufgeteilt wird, dass die Anzahl der Bevölkerung des Gebiets B proportional zu der Fläche gesetzt wird, die von B überdeckt wird. Dies ist eine sehr einfache Methode zur Abschätzung der Bevölkerungsdichte, die eine einheitliche Bevölkerungsdichte in Gebiet A voraussetzt. Zunächst sei etwas zur generellen Konzeption von Polygon-Overlay-Operationen innerhalb eines GIS gesagt. Im Normalfall einer Polygon-Overlay-Operation werden in einem GIS zwei thematische Ebenen überlagert bzw. verschnitten. Jede thematische Ebene (map layer) besteht dabei aus sich nicht überschneidenden Polygonen. Man kann sich bei der Overlay-Operation einen Layer in der Farbe x vorstellen und den anderen in der Farbe y. Die Aufgabe besteht jetzt darin, alle Polygone des sich überlagernden xy-Bereichs zu finden. Die Attribute der xy-Polygone werden die Attribute der x- und y-Polygone enthalten. Dieser Prozess kann auch als Verknüpfung von Attributen (concatenating attributes) betrachtet werden. Dabei wird gewöhnlich eine neue Attributtabelle generiert, die entweder die vereinte Menge der alten Attribute oder neue Attribute enthält, die aus der Anwendung logischer oder mathematischer Operationen hervorgegangen sind. Die Anzahl neu gebildeter Polygone nach einer Overlay-Operation ist dabei schwierig vorauszusagen. Spezielle Anwendungen, die eine Polygon-Overlay-Operation benötigen, sind Fenstertechniken (windowing), Ausweisung von Pufferbereichen (buffering) und die Ableitung von Punkten, Linien und Flächen aus digitalisierten „Spaghetti-Daten" (planar enforcement). Beim letzteren Anwendungsgebiet werden Linien immer dann aufgeteilt, wenn Schnittpunkte vorliegen. Die Linien mit Schnittpunkten werden an denselben aufgeteilt und Punkte eingefügt. Das Ergebnis des „Planar Enforcement" ist ein Datensatz von Punkten, Linien und Flächen, der bestimmten Gesetzen entspricht.

Die Polygon-Overlay-Algorithmen sind numerisch und zeitlich sehr intensive Prozesse innerhalb eines GIS. Wenn die Berechnungszeit für einen Overlayprozess von n Objekten proportional zu n ist, spricht man von einer sogenannten „computational complexity" der Ordnung n. Ist die Bearbeitungszeit proportional zu n^2, so liegt eine „n-squared" Order vor.

Für viele praktische Arbeitsschritte ist es sehr wichtig zu wissen, wieviel Zeit es bedarf, um eine Datenebene mit einer festen Anzahl von Polygonen zu überlagern bzw. mit einer anderen Ebene fest vorgegebener Polygonanzahl zu verschneiden. Die Anzahl der vorhandenen Arcs und Polygone hat dabei direkten Einfluss auf die Bearbeitungszeit einer Polygonverschneidung. Gewöhnlich ist es möglich, die Anzahl der zu überlagernden Polygone zu bestimmen. Die

Anzahl der zugehörigen Arcs ist dann um das dreifache größer als die Anzahl der Polygone. Andere Faktoren wie die starke Unregelmäßigkeit der Polygonbegrenzungslinien beeinflussen den Verarbeitungsprozess zeitlich und sind schwer abzuschätzen.

Eine oft gestellte Frage im Polygon-Overlay-Prozess ist die Frage nach der Menge der neu bzw. maximal entstehenden Polygone. Das Minimum der entstehenden Polygone aus einer Verschneidung einer Karte mit n_1-Polygonen und einer Karte mit n_2-Polygonen ist $(n_1 + n_2)$. Dabei kommt es nicht zum Schnitt der beteiligten n_1- und n_2-Polygone. Das Maximum der Polygonverschneidung liegt theoretisch im Unendlichen. Erfahrungsgemäß liegt die Anzahl der neu gebildeten Polygone nach einem Overlayprozess aber bei einer Größe des Drei- bis Vierfachen von $(n_1 + n_2)$. Wenn jedes der n_1-Polygone mit jedem der n_2-Polygone verglichen wird, weist der Algorithmus eine Ordnung von $(n_1 \cdot n_2)$ auf.

Einige der heute in GIS-Programmen vorhandenen Polygon-Overlayroutinen erreichen eine Verarbeitungsgeschwindigkeit, die ausreicht, um Polygonkarten mit mehreren Zehntausend Polygonen in circa einer Stunde zu überlagern. Abschließend kann festgehalten werden, dass die Funktion der Flächenverschneidung als Minimalanforderung an die Analysefunktionalität eines Geographischen Informationssystems zu sehen ist. Ein GIS-Produkt ohne Möglichkeit der Flächenverschneidung sollte nach R. BILL (1996) nicht als GIS, sondern als graphisch-interaktives System bezeichnet werden.

3.4.3 Rasterdatenstrukturen, Speicherung von Rasterdaten und Algorithmen

In einfachen Rastersystemen, in denen jede einzelne Zelle einer einzelnen Ebene als unabhängige Einheit in der Datenbank betrachtet wird, besteht eine sogenannte „one-to-many"-Beziehung zwischen dem Datenwert des Pixel und der Örtlichkeit. Jedes Pixel wird durch ein Koordinatenpaar erfasst und besitzt eine Attributmenge für jedes Overlay. In diesem Ansatz wird also auf jede einzelne Zelle (Pixel) verwiesen. Diese Art der Datenvorhaltung ist sehr speicherintensiv. Als Alternative zu dieser Methode kann jedes Overlay als zweidimensionale Punktdatenmatrix, welche jeweils ein Attribut enthält, gespeichert werden. In diesem Ansatz wird also jedes Overlay direkt adressiert. Aber auch diese Methode ist sehr speicherintensiv und enthält keine Angaben über die Zellengröße oder darzustellende Symbole. Ein weiteres Problem ist die Redundanz der jeweils mitzuführenden Koordinaten für jedes Overlay. Das folgende Schema zeigt den Aufbau dieser Datenstruktur.

Rasterdatenstruktur mit „one-to-many"-Beziehung:

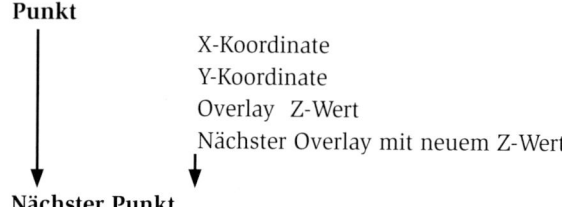

Punkt

> X-Koordinate
> Y-Koordinate
> Overlay Z-Wert
> Nächster Overlay mit neuem Z-Wert

Nächster Punkt

Rasterdatenstruktur als Overlay mit selbstständiger zweidimensionaler Matrixstruktur:

Overlay

> Punkt mit X-, Y-Koordinate und Z-Wert
> Nächster Punkt mit X,Y-Koordinaten und Z-Wert

Nächstes Overlay

Rasterdatenstruktur bei der jede Kartiereinheit direkt adressiert ist:

Overlay mit Titel und Maßstab

> Kartiereinheit I
> Name bzw.Label
> Darstellungssymbol oder –farbe
> Attribute
> Satz von Punkten mit X-,Y-Koordinaten
> Nächste Kartiereinheit (mapping unit)

Nächstes Overlay

Eine weitere Rasterdatenstruktur besteht darin, dass jedes Overlay als separater Datenfile zusammen mit einem Header gespeichert wird. Der Header enthält Informationen über die jeweilige Kartenprojektion, die Zellen- oder Pixelgröße, Anzahl von Zeilen (rows) und Spalten (columns), den Datentyp sowie eine einfache Liste von Attributwerten, die nach der Reihenfolge der Zeilen und Spalten geordnet sind. Diese Art der Speicherung ist effektiver als die vorangegangenen, da die Koordinaten der Pixel nicht explizit gespeichert werden. Die interne Geometrie der Matrix und deren Darstellungswerte sind im Header der Datei vorgegeben. Das Programm PCRaster (vgl. WESSELING, C. et al. 1996) benutzt diese Datenstruktur.

Rasterdatenstruktur, bei der jedes Overlay als separater File mit zugehörigem Header gespeichert wird:

Overlay

> Header mit
> Anzahl der Zeilen (N), Anzahl der Spalten (M),
> Zellengröße,
> Projektion,
> X-Minimum, Y-Minimum (Gitterursprung),
> Pointer zur Attributliste
>
> Abfolge von NxM-Zellen

Nächstes Overlay

Die vier genannten Rasterdatenstrukturen
- direktes Adressieren jedes Pixels,
- direktes Adressieren jedes Overlays,
- direktes Adressieren jeder Kartiereinheit und
- Speicherung jedes Overlays als separater File mit zugehörigem Header dokumentieren die Datenorganisation in Rasterdatenstrukturen.

Auf die Frage, warum es sinnvoll ist, Rasterdaten als Datengrundlage eines Geographischen Informationssystems zu definieren, kann Folgendes verallgemeinernd festgehalten werden:
- Daten aus dem Bereich Remote Sensing, Photogrammetrie oder allgemeinen Scannprozessen werden als Rasterdaten aufgezeichnet und sind somit leicht in ein GIS zu integrieren.
- Rasterdaten stellen eine allgemeine und weit verbreitete Methode dar, um Daten digitaler Höhenmodelle zu strukturieren.
- Rasterdaten erfordern kein apriori Wissen über ein geographisches Phänomen.
- Die Aufnahme des Phänomens oder des Geländes geschieht in einer uniformen Art, sodass sich die räumliche Variabilität der zu rasternden Vorlage mit einer höheren Scanndichte (erhöhte Pixelaufnahme bzw. durch Verfeinerung des Rasters) erfassen lässt.
- Daten werden oft zu Rasterdaten konvertiert, um diese als allgemeines Austauschformat zu nutzen (z. B. TIFF).

- Rasterdaten sind geeignet, um sie mit Fernerkundungsdaten bzw. digitalen Geländemodellen zu verknüpfen.
- Rasteralgorithmen sind oftmals einfacher zu formulieren und schneller in der Prozessierung der Daten (z. B. die Bildung von Pufferzonen ist in der Rasterwelt einfacher).
- Rasterdaten sind meistens dann geeignet, wenn für die Ergebnisableitung eine einheitliche räumliche Auflösung gefordert wird (z. B. die Ausscheidung optimaler Routen für lineare Versorgungslinien – Stromversorgungsnetz – oder der Ableitung von Flussnetzwerken aus Höhenmodellen)

Wie bereits gezeigt, gibt es viele Möglichkeiten, Rasterdaten zu speichern (Rasterdatenstrukturen). Einige von ihnen sind in der Ausnutzung des Speicherbedarfs ökonomischer als andere und wiederum andere sind effizienter im Datenzugriff bzw. der Prozessierungsgeschwindigkeit. Nach einer allgemeinen Konvention in Europa/Nordamerika werden Rasterdaten normalerweise Reihe für Reihe (row by row), ausgehend von der linken oberen Ecke, gespeichert. Dies entspricht der gleichen Speicherfolge eines Fernsehbildes. Ein Bild der Form:

A	A	A	C	C
B	B	C	C	C
C	C	C	C	C
A	A	A	B	B
B	B	B	A	A

wird auf 25 Speicherplätzen (ein Speicherplatz für jedes Pixel) in folgender Sequenz gespeichert:
AAACCBBCCCCCCCAAABBBBBAA

Was passiert jedoch, wenn für jedes Pixel mehrere Informationen vorliegen?
Zwei Möglichkeiten der Speicherung bieten sich an. Zum einen, die Speicherung jeder einzelnen zusätzlichen Pixelinformation in einen separaten Layer (das ist die gängige Praxis) oder zum anderen die gemeinsame Speicherung aller Informationen eines Pixels. Letzteres bedarf zusätzlichen Speicherbedarfs und einer anfänglichen Überlegung über den zusätzlich zu berücksichtigen Speicherplatz für ein einzelnes Pixel.
Beispiele aus dem Fernerkundungsbereich sind im ersten Fall die „band sequential"-Speicherweise und im zweiten Fall die „band interleaved"-Speicherweise. Neben der rein physikalischen Abfolge der Speicherplätze ist es wichtig, zu wissen, welche Art von Information bzw. welcher Datentyp innerhalb eines Rastersystems auf ein Pixel abgelegt werden darf. Einige Rastersysteme erlauben pro Pixel lediglich die Speicherung von Integer-Zahlen in einem vorher festgelegten Wertebereich (z. B. -127 bis $+127 = 1$ byte pro Pixel oder -32767 bis $+32767 = 2$ bytes pro Pixel). Andere Rastersysteme berücksichtigen über Integer-Zahlen hinaus die Abspeicherung von Realzahlen (Gleitkommazahlen) und alphabetischen Zeichenketten (characters). In diesem Fall ist es vorteilhaft, wenn das Rastersystem Informationen über den jeweilgen Datentyp eines Layers mitspeichert, die verhindern, dass der Nutzer eventuell falsche Operationen auf die Daten anwendet.
Beispiel:
Eine Vegetationskarte liegt im Rasterformat vor und die Vegetationseinhei-

ten wurden für jedes Pixel als Buchstabenkombinationen (A bis K) erfasst. Zusätzlich liegt eine Rasterkarte mit Höhenwerten für das Gebiet der Vegetationsaufnahmen vor. Die Höhendaten wurden als Realzahlen (z. B. 100.8 m) erfasst. Das Rastersystem sollte dem GIS-Anwender nicht erlauben, die beiden Rasterkarten einfach zu addieren (z. B. B + 100.8 m). Auch sollten arithmetische Operationen auf die Vegetationsdaten ausgeschlossen sein.

Neben den genannten Speichermethoden gibt es Methoden zur Datenkompression. Gemeint sind hiermit Verfahren, die den Speicheraufwand für räumliche Daten verringern. Zur Speichermöglichkeit von Rasterdaten kann allgemein Folgendes gesagt werden:

Wenn Rasterdatenstrukturen benutzt werden, um kontinuierliche Flächen (continous fields) in einem GIS zu präsentieren, dann wird jeder Rasterzelle ein eigener Wert zugewiesen und für die Codierung eines Overlays werden n • Zeilen und m • Spalten benötigt. Zusätzlich werden Informationen zur Kartenprojektion, zum Gitterursprung, zur Zellengröße und zum Datentyp abgelegt. Die speicherintensiven Rasterdatenebenen sind diejenigen, die pro Zelle eine skalare Größe erhalten, wie zum Beispiel eine Gleitkommazahl (real number, z. B. 3,1367). Dies ist vor allem der Fall, wenn Höhenmatrizen eines digitalen Höhenmodells oder anderer kontinuierlicher Oberflächen gespeichert werden, deren Daten meist aus Interpolationsberechnungen hervorgehen. Andere Datentypen benötigen weniger Speicherplatz, da sie ihre Daten mit weniger Bits im Computer ablegen können.

Wenn Rasterdaten zur Speicherung von Objekten genutzt werden, deren Pixel im Objektbereich gleiche Werte aufweisen, z. B. Wiedergabe von Linien oder Flächen mit Rasterdaten, können erhebliche Einsparungen des Speicherbedarfs durch unterschiedliche Datenkompressionsverfahren erreicht werden. In den Rasterdatenstrukturen, die im Schema auf S. 114 beschrieben wurden, sind kompakte Datenkompressionsmethoden nicht möglich. Diese Strukturen kodieren ihre Daten nicht in einer many-to-one-Beziehung zwischen den Zellen-Attributen und den zugehörigen Koordinaten. Die dritte Rasterdatenstruktur (vgl. S. 115) verweist auf einen ganzen Satz von Punkten für eine Kartiereinheit und erlaubt somit eine Vielzahl von Datenkompressionsmethoden. Es gibt vier Hauptmethoden in der Rasterdatenwelt, mit denen die räumlichen Daten einer Kartiereinheit (mapping unit) oder eines Polygons effizienter gespeichert werden können:

1. „Chain Codes",
2. die Lauflängenkodierung (run-length-coding),
3. Block-Kodierungen (block codes) und
4. „Quadtrees".

Chain Codes können mittels Integer-Datentypen abgespeichert werden (Integer = Ganze Zahlen) und bieten deshalb eine sehr effiziente Möglichkeit der Datenspeicherung von Polygonen bzw. Flächen. Trotz der Datenkompression erlauben Chain Codes die Durchführung bestimmter Operationen wie Bestimmung der Flächengröße oder des Flächenumfangs. Ebenfalls ist das Aufspüren ausgeprägter Richtungsänderungen und Hohlräume leicht möglich. Die

Computer, interner Speicherplatz, Speicherung von Daten, ASCII-Code

Arten von Speichern im Computer:

Interner Speicher (main memory):
speichert den Input und Output der CPU (**C**entral **P**rocessing **U**nit); die Speichermenge wird gemessen in bits, bytes, Kbytes (K, Kb, 10^3 bytes), Megabytes (Mb, 106 bytes), Gigabytes (Gb, 109 bytes), Terabytes (Tb, 1012). Der interne Speicher ist in Form von Mikrochips zusammen mit der CPU im Computer eingebaut. Auf jedes Byte kann im internen Speicher sehr schnell zugegriffen werden (random access = RAM). Die Speicherung der Daten im RAM-Bereich ist jedoch nur temporär, eine Stromunterbrechung führt zu vollständigem Datenverlust im RAM.

Sekundärer Speicher (secondary memory oder auxiliary memory):
Der sekundäre Speicher wird zur Speicherung von großen Datensätzen oder Anwenderprogrammen genutzt. Er ist ein virtueller Speicher.

Periphere Speicher: Festplatten (hard disks), CD's, Optical Disks, Magnetband-Streamer etc.

Datenspeicherung im Computer:
Daten werden im Computer elektronisch nach zwei Zuständen (yes/no oder on/off) codiert. In der Computerterminologie wird diese „two-state-condition" durch eine binäre Kodierung (binary notation) mittels Nullen (0 ≈ no) und Einsen (1 ≈yes) wiedergegeben. Zwei unterschiedliche Zustände (0 und 1) können insgesamt vier mögliche Codierungen bilden (00, 01, 10, 11). Drei Zustandsmöglichkeiten bilden acht mögliche Alternativen für eine Kodierung (000, 001, 010, 011, 100, 101, 110, 111). Mathematisch lässt sich die Beziehung zwischen der Anzahl der **bit's** (**b**inary dig**it**) und den möglichen Kodierungen darstellen als:

1 bit ermöglicht 21 = 2 Möglichkeiten
2 bit ermöglichen 22 = 4 Möglichkeiten
3 bit ermöglichen 23 = 8 Möglichkeiten
4 bit ermöglichen 24 = 64 Möglichkeiten
8 bit ermöglichen 28 = 256 Möglichkeiten

Eine Gruppe von 8 bits nennt man ein **byte**. Bytes sind die Standardeinheit für die Speicherung von Daten im Computer. Die PC werden anhand ihres Datentransfers in 8, 16, 32 und 64 bit Systeme eingeteilt, was bedeutet, dass bei einem echten 64bit-System real 64 bit gleichzeitig übertragen werden.

ASCII-Code (**A**merican **S**tandard **C**ode for **I**nformation **I**nterchange):
Der Transfer von Daten zwischen Computern benötigt einen Standardcode, der von allen Systemen verstanden wird. Hierzu wurde der American Standard Code for Information Interchange entwickelt. Im ASCII-Code werden den Zahlen 0 bis 127 insgesamt 128 Zeichen (character) zugewiesen. Diese character enthalten das klein- und großgeschriebene Alphabet, die Zahlen 0 bis 9 sowie diverse

Sonderzeichen. Die 128 unterschiedlichen Zeichenketten können durch 7 bit unterschiedlicher Kombination dargestellt werden. In der Praxis werden 8 bits benutzt. Unter Anwendung der binären Kodierung können die ASCII-Codes in Dezimalzahlen überführt werden. Von Rechts beginnend werden die 8 bits von 0 bis 7 nummeriert:

bit	7	6	5	4	3	2	1	0
Einheiten	128	64	32	16	8	4	2	

Die Kombination 01010101 bedeutet in dieser Nomenklatur:
Keine 128, einmal 64, keine 32, einmal 16, keine 8, einmal 4, keine 2, einmal 1
Daraus ergibt sich $64 + 16 + 4 + 1 = 85$

Speicherung einer Rasterdatenstruktur in Chain Codes ist zudem nützlich für die Konvertierung der Rasterbeschreibung von Polygonen in die Vektorform. Bei dieser Konvertierung müssen die treppenartigen Stufungen von Linienverläufen geglättet werden. Dabei entstehen Fehler bei der räumlichen Zuweisung der Flächengrenzen. Overlay-Operationen wie Vereinigung oder Verschneidung von Flächen sind nur eingeschränkt mit in Form von Chain Codes gespeicherten Daten durchzuführen. Die Daten müssen dazu wieder in ein vollständiges Grid überführt werden. Ein weiterer Nachteil dieser Datenkompression ist die mehrfache Speicherung von gemeinsamen Grenzen zwischen benachbarten Flächen. Dies führt bei einer hohen Polygondichte zu erheblicher Speicherredundanz. Weitere Ausführungen zu dieser Technik sind nachzulesen bei H. Freeman (1974).

Die Lauflängenkodierung (run length codes) erlaubt die Speicherung von Punkten einer Karteneinheit, indem die Punkte Reihe für Reihe von links nach rechts für jede Klasse gespeichert werden. Die Reihen enthalten jeweils eine Anfangs- und Endzelle (Pixel) sowie ein zugehöriges Attribut. Zum Kodieren werden überwiegend Integer-Zahlen auf dem 8-bit-Level genutzt. Allgemein können Lauflängenkodierungen genutzt werden, wenn im Rasterdatensatz „many-to-one"-Beziehungen vorliegen. Dabei ist allerdings unbedingt zu beachten, dass eine zu starke Datenkompression die Zeitdauer der Datenverarbeitung während der Analyseprozesse empfindlich erhöhen kann. Die Lauflängenkodierung eignet sich nicht zum Kodieren kontinuierlicher Veränderungen im Raum, da sie jeder kodierten Zelle einen einheitlichen Wert zuschreibt.

Die Methode der Lauflängenkodierung kann zu einer Block-Kodierung ausgeweitet werden. Dabei werden meist quadratische Blöcke benutzt, um eine „mapping unit" aufzuteilen. Die Datenstruktur besteht dann aus drei Zahlen: dem Ursprungspunkt des Quadrats bzw. Blocks (Zentrum oder untere linke Ecke des Blocks), dem Durchmesser des Quadrats und der zugehörigen Attributkennung. Dieser Prozess des Kodierens wird auch „medial axis transformation" (MAT) genannt. Die Methode des Block-Kodierens arbeitet umso effizienter, je größer und homogener die zu kodierenden Flächen sind. Dies bedeutet, dass eine Block-Kodierung für heterogene Räume nicht sehr sinnvoll ist.

Die vierte Methode der Datenkomprimierung ist die Anwendung von Quadtrees und binären Bäumen (binary trees). Ein Hauptproblem regelmäßiger Gitterzellen ist, dass die Auflösung der Details im Datensatz durch die Größe der vorgegebenen Basiszelle limitiert bzw. vorgegeben wird. Binäre Bäume und Quadtrees bieten aber Ansätze, sukzessiv eine höhere Detailgenauigkeit im Datensatz zu adressieren. Im Prinzip besteht hier für die Detailauflösung eine unendliche Tiefe im Verschachtelungsniveau. Der Bearbeiter kann theoretisch beliebig viele Unterteilungen des Raumes vornehmen. Die effektivste Methode der komprimierten Präsentation eines Raumes ist die sukzessive Unterteilung eines $2n \cdot 2n$-Matrixfeldes. Wenn die Unterteilung der gesamten Fläche jedes mal die Hälfte beträgt, entspricht die Methode einem binären Baum. Wird der Bereich sukzessive mit Quadraten in der Art unterteilt, dass notiert wird, welches Quadrat noch vollständig das verbleibende Feld unterteilen kann, so spricht man von Quadtrees. In beiden Fällen (binäre Bäume oder Quadtrees) ist die untere Grenze der Unterteilung durch die Größe des einzelnen Pixels in der Rasterdatenstruktur vorgegeben.

Zusammenfassung

- Eine wichtige Eigenschaft von GIS ist es, große Datenmengen zu verwalten und zu speichern. Dazu stellt ein GIS unterschiedliche Funktionalitäten für die Speicherung und Komprimierung von Vektor- und Rasterdaten zur Verfügung.

- Hoch entwickelte GIS-Systeme stellen Funktionalitäten und Algorithmen für die Verarbeitung von Vektor- und Rasterdaten zur Verfügung.

- Aufgrund der Historie von GIS-Systemen haben sich zum einen stärker vektorbasierte Systeme (wie z.B. ArcGIS von ESRI) oder rasterbasierte Systeme (wie z.B. IDRISI oder GRASS) entwickelt.

- Für die Abfrage von Geodaten in relationalen Datenbanken hat sich SQL (Structured Query Language) als de-facto-Standard etabliert. Dies gilt sowohl für proprietäre als auch Open-Source-Systeme.

- Eine der wichtigsten Analysemethoden in einem Vektor-GIS ist die Polygonverschneidung, die insbesondere in der Landschaftsplanung (Umweltmonitoring) und in der Flächenverschneidung genutzt wird.

Zum Einlesen
BURROUGH, P. & R. A. MCDONNELL. (1998): Principles of Geographical Information Systems. Oxford.
In diesem Lehrbuch wird sehr ausführlich auf die Speicherung von Vektor- und Rasterdaten sowie deren Komprimierung eingegangen. Zusätzlich finden sich zahlreiche Beispiele zur Analyse von Geodaten (Overlay-Verfahren).

(Nearest Neighbour, Cubic Convolution, Bilineare Interpolation etc.) zur Verfügung. Die Verschneidung mittels des Rasterdatenansatzes bietet viele Vorteile für Anwendungen mathematischer Algorithmen auf die einzelnen Zellen. Von Vorteil ist weiterhin, wenn die vorliegenden Rasterdaten in einer platzsparenden Datenstruktur abgelegt werden. Die Integration von Bilddaten (Satellitenbilder, Luftbilder, gescannte Karten, Photos) ist im zunehmenden Maße auch für Multimedia-Anwendungen von Bedeutung.

4.2.2 Netzwerkanalysen

Als Pendant zur Flächenverschneidung können für die Analyse linienhafter Phänomene die Netzwerkanalysen genannt werden. Unter Netzwerkanalysen in einem GIS versteht man im weitesten Sinne alle Analysefunktionalitäten, die sich bei der Untersuchung von planaren Graphen ergeben. Ein planarer Graph ist dabei ein zweidimensionales Gebilde, in dem Knoten durch Kanten verbunden sind. Planare Graphen dienen zur Darstellung verschiedenster Netzsysteme wie zum Beispiel Elektrizitätsnetze, Straßennetze, Verkehrssysteme oder Gewässernetze. Die meisten Datenanalysen in solchen Netzsystemen werden unter drei Gesichtspunkten durchgeführt:

- beste Wege-Analysen,
- beste Standorte-Analysen und
- das Reisenden-Problem.

Ein Netzwerk kann jedoch nicht nur hinsichtlich topologischer Parameter bearbeitet werden, sondern auch Größen wie die Kantenrichtungen, Kantenlängen oder Winkel zwischen Kanten, die in einem Knoten münden, können bei der Netzbewertung berücksichtigt werden. Sind die Kanten eines Netzes unter der Voraussetzung ermittelt, dass sie alle Knoten eines Netzes mit einem in der Summe minimalen Gesamtweg verbinden, so spricht man von einem Minimalgerüst eines Netzes. Bei der Berechnung der Minimalwege in einem Netz von einem Ort (Knoten) zu allen anderen Orten (Knoten) im Netz unterscheidet man die topologischen Wege von den metrischen Wegen. Bei der Berücksichtigung der metrischen Wege spielt die wahre Länge eine Rolle, während bei der Wahl der topologischen Wege die geringste Anzahl von Kanten zwischen zwei Orten im Netz gesucht wird. Für bestimmte Fragestellungen wird der Weg mit der geringsten Anzahl an Kanten, das heißt auch der geringsten Anzahl an Knoten- bzw. Kreuzungspunkten geeigneter sein als der Weg mit der tatsächlich minimierten Gesamtstrecke. Die topologische Wegoptimierung wird deshalb oft bei Routenplanungen herangezogen, um die Anzahl an Kreuzungen und damit die Wartezeit minimal zu halten. Die jeweilige fachspezifische Sicht (Versorgungsplanung, Verkehrsnetze, Transportnetze etc.) erfordert von einer intelligenten Netzwerkanalyse, dass nicht nur die Weglängen im Netz berücksichtigt werden, sondern auch fachspezifische (z. B. Flussbeziehungen im Netz, Widerstände, Leitungsdurchmesser etc.) Berücksichtigung finden. Daraus folgt, dass je nach Fragestellung der kürzeste Weg bzw. die geringsten Wegekosten sich nicht aus einer reinen Abstandsberechnung ableiten, sondern vielschichtige Informationen (Gewichtungsfunktionen) in die Netzwerkanalyse einfließen. Bei der Einsatzplanung von Krankenwagen wird zum Beispiel der Faktor „benötigte Zeit vom Krankenhaus zum Einsatzort" wesentlich wichtiger sein, als die Ermittlung der kürzesten Wegstrecke in Kilometern. Bei den Beste-Wege-Analysen werden also die optimalen Wege zur Verbindung zweier Orte eines Netzes gesucht, wobei das jeweilige Optimum fachspezifisch definiert ist.

Ähnliches gilt für die Gruppe der „Beste Standorte-Analysen". Auch hier wird bei der Bestimmung der absoluten Wegekosten nicht nur die Wegstrecke zur Bewertung bestimmt, sondern eine Vielzahl von Einflussfaktoren (Verkehrsanbindung, Verkehrsaufkommen, Bevölkerungs- bzw. Zielgruppenverteilung usw.) zur Standortfindung herangezogen. Einige GIS-Programme bieten deshalb die Möglichkeit einer multifaktoriellen Standortbewertung, in der die einzelnen Einflussfaktoren auf die Standortwahl gewichtet werden können.

Ähnliches gilt für das „Reisenden-Problem" (travelling salesman problem), bei dem unterschiedliche Algorithmen zur Optimierung angewandt werden.

In Anbetracht der Komplexität des zu modellierenden Weges beim Reisenden-Problem sei auf die Ausführungen von D. Jungnickel (1987) verwiesen, der eine Vielzahl möglicher Berechnungsansätze (z. B. Optimierung über Mittelwert- oder Medianbildung) beschreibt.

Zusammenfassung

- Der Umfang der Datenanalyse ist das Herzstück und das Charakteristikum eines GIS und unterscheidet es von anderen interaktiven graphischen Systemen.
- Die räumliche Verschneidung von Objekten (Punkt mit Fläche, Linie mit Fläche oder Fläche mit Fläche) ist eine der wichtigsten Analysefunktionen in einem GIS.

Zum Einlesen

Ormsby, T. & E. Napoleon & R. Burke & C. Groessl, L. Feaster (2004): Getting to Know ArcGIS desktop. ESRI Press.
Das Buch führt anhand von vielen Screenshots und erläuternden Beispielen in die Datenanalyse mittels ArcGIS (Version 9) ein. Alle gängigen Datenanalysemethoden werden anhand von Beispieldatensätzen bildreich erklärt. Die Lektüre empfiehlt sich für das Eigenstudium von ArcGIS.

4.3 Digitale Geländemodelle

Digitale Geländemodelle bilden die Erdoberfläche in dreidimensionaler Sicht ab. In der Fachwelt werden die Begriffe Digitales Höhenmodell (DHM oder DEM = Digital Elevation Model im Englischen) und Digitales Geländemodell (DGM oder DTM = Digital Terrain Model im Englischen) synonym angewandt. Als digitales Höhenmodell definiert man die Menge der digital gespeicherten Höhenpunkte, die in Anbindung an die Lage der Punkte die Höhenstruktur einer Landschaft wiedergeben. Daneben gibt es ein Digitales Situationsmodell (DSM), das die Grundrissinformationen speichert. Das Digitale Geländemodell beinhaltet sowohl das DHM als auch das DSM. Zum Digitalen Geländemodell gehören neben den dreidimensionalen Koordinaten (x,y,z) auch die Verfahren zur Strukturierung der Höhen- und Lagedaten sowie die verwendeten Interpolationsverfahren zur Überführung der diskreten Punktverteilung auf entsprechende Kurven (z.B Höhenprofile, Digitale Geländemodelle) und Flächen. Neben der reinen Darstellung des dreidimensionalen Oberflächenverlaufs einer Landschaft sind die aus den Geländemodellen abzuleitenden Größen (Exposition, Hangneigung, Wölbung etc.) für viele ökologische und planerische Fragestellungen interessant. Bei den Daten eines DGM lassen sich zwei Punktkategorien unterscheiden:

• Punktdaten, die ausschließlich Höheninformationen beinhalten und keine Informationen über die Geländecharakteristik aufweisen (z.B. Gittermessungen),

• Punktdaten, die zusätzlich Informationen zur Geländecharakteristik enthalten (z.B. markante Höhenpunkte, Falllinien, Strukturlinien, Bruchlinien, Böschungskanten).

Die Punkte zweiter Kategorie können zur weiteren Interpretation genutzt werden. Das Vorhandensein markanter Höhenpunkte in einem DGM zeigt an, dass die Geländeoberfläche in diesen Punkten eine Tangentialebene besitzt. Dies wird dazu benutzt, um die in Relation zum Geländeausschnitt vorkommenden höchsten (Kuppen) und tiefsten (Mulden) Punkte lage- und höhenmäßig festzulegen. Zusätzlich vorhandene Informationen über Falllinien geben Auskunft über den Verlauf der größten Flächenneigung. Unscharfe Übergänge zwischen zwei unterschiedlich geneigten Teilflächen werden durch Strukturlinien erfasst, wobei die Flächenkrümmung senkrecht zur Strukturlinie zunimmt (vgl. KAPPAS, M. 1995). Grundlage eines DGM können z.B. Höhendaten eines regelmäßigen Gitters oder beliebig verteilte Punkte sein. DGM auf der Basis von regelmäßig verteilten Höhenpunkten werden in der Regel noch mit Informationen wie Geländekanten, markanten Höhenpunkten und Randlinien ergänzt. Weiterhin können die unterschiedlichen Geländemodelle dahingehend unterteilt werden, ob die Punkte (oft auch Massenpunkte genannt) direkt als Primärdaten zum Aufbau des DGM genutzt werden oder ob aus diesen zunächst ein regelmäßiges Gitter erzeugt wird, welches dann das DGM aufbaut (Sekundärdaten).

Folgende Strukturen werden beim Aufbau digitaler Geländemodelle zurzeit genutzt:

- DGM aus gleichmäßig verteilten Punktdaten in quadratischen Gittern, die eventuell mit weiteren Punktinformationen ergänzt werden.
- DGM aus unregelmäßig verteilten Punkten, die mittels Dreiecksvermaschung verknüpft werden (vgl. TIN).
- DGM aus einer Anordnung der Massenpunkte in Gitterform, wobei wesentliche morphologische Informationen durch Dreiecksvermaschung ergänzt werden.

Die Einbettung von DGM in Geographische Informationssysteme ist von großer Bedeutung. Eine häufige Anwendung ist die Überlagerung einer oder mehrerer Sachebenen (drape image) auf das DGM. Oftmals werden Geländemodelle genutzt, um Höhenlinien abzuleiten bzw. darzustellen. Die Darstellung des Neigungsverhaltens eines Geländes bzw. Rasterdarstellungen von Neigungsklassen und Neigungsrichtungen werden oft zur Ermittlung erosionsgefährdeter Bereiche oder für Anströmungsberechnungen in der angewandten Klimatologie (Schadstoffdeposition etc.) genutzt. Weitere Anwendungen finden sich bei Flurbereinigungsverfahren, im Verkehrswegebau oder in der Stadtplanung. Im Bereich des Versorgungsmangements finden DGM eine breite Anwendung im Leitungs- und Kanalwesen (z. B. Überprüfung von Oberflächenabständen, Höhenlagen von Kanälen) sowie im Bereich der Wasserwirtschaft (Darstellung von Flussprofilen, Einzugsbereiche möglicher Überflutungen, Einmessung von Pegeln zur Ableitung von Grundwasserabstandsgleichen). Eine neue Bedeutung erlangten die DGM mit dem Aufkommen neuer Telekommunikationstechniken. Hierzu zählen insbesondere die Projektion von Empfangsanlagen im Satellitenfunk sowie die Ableitung der möglichen Ausbreitung von elektromagnetischen Wellen im Erdfunk (Standortplanung von Sendern). Die Liste der Anwendungsbereiche von DGM in GIS ließe sich endlos verlängern. Im Zusammenhang mit digitalen Bilddaten (z. B. Stereo-Luftbilder oder stereofähige SPOT-Bilder oder IKONOS-Bilder) ist hier noch abschließend die Ableitung von Orthophotos aus Luftbildern als wichtige Anwendung zu nennen.

In Deutschland sind für die Nutzung digitaler Höhenmodelle insbesondere die Produkte der ATKIS-Daten zu nennen. Landesspezifisch können hier digitale Datensätze aufbauend auf den topographischen Grundlagenkarten TK 1 : 5000, TK 1 : 25000 usw. bezogen werden. Daneben werden von den Landesvermessungsämtern weitere Produkte wie Digitale Höhenmodelle (DHM) oder Digitale Landschaftsmodelle (DLM) zur Verfügung gestellt. Die einzelnen Produktkataloge sind bei den jeweiligen Landesvermessungsämtern erhältlich. Seit 2006 liegen für einzelne Bundesländer auch Geländemodelle aus Befliegungen mittels fluzzeuggestützter Laserscanner vor (Airborne Laserscanning). Wie eingangs beschrieben, wird in einem digitalen Geländemodell die Oberfläche durch räumliche Koordinaten einer repräsentativen Menge von Geländepunkten beschrieben.

Häufig abgeleitete Produkte / Attribute aus Digitalen Geländemodellen in einem GIS

Attribut: **Höhe** (elevation)
Beschreibung: Höhe über NN oder einer lokalen Referenz
Anwendung: Bestimmung von Potenzialen, klimatische Variablen: Temperatur, Luftdruck etc., Vegetations- und Bodenhöhenstufen, Berechnung von Volumina

Attribut: **Neigung** (slope)
Beschreibung: Relative Veränderung der Höhe bzw. Steilheit eines Geländes
Anwendung: Abschätzung des Oberflächenabflusses, Landeignungsklassifikation (landwirtschaftliche Nutzung), Bodenerosionsabschätzung, Korrektur von Satellitendaten

Attribut: **Exposition** (aspect)
Beschreibung: Himmelsrichtung der am steilsten geneigten Fläche in einem Punkt
Anwendung: Berechnung der solaren Einstrahlung, Evapotranspirationsabschätzung, Korrektur von Satellitendaten

Attribut: **Krümmung** (profile curvature)
Beschreibung: Veränderungsrate der Neigung in einem Höhenprofil
Anwendung: Bestimmung konvexer bzw. konkaver Hänge, Abflussbeschleunigung, Zonen verstärkter Erosion bzw. Akkumulation, Ableitung von Boden- bzw. Landnutzungsindizes

Attribut: **Wölbung** (plan curvature)
Beschreibung: Veränderungsrate der Exposition
Anwendung: Abschätzung der Bodenwasserdynamik, allgemeine Fließbetrachtungen

Attribut: **lokale Abflussrichtung** (local drain direction)
Beschreibung: Steilste Abflussrichtung aus einem Gebiet (pixel)
Anwendung: Charakterisierung von Wassereinzugsgebieten als Funktion der Abflusstopologie, Abschätzung des Materialtransports (Schleppkraft)

Attribut: **Spezifisches Wassereinzugsgebiet** (upstream area)
Beschreibung: Anzahl von Pixeln/Flächen, die oberhalb einer gegebenen Fläche/Pixel liegen
Anwendung: Abschätzung des Wassereinzugsgebiets von einer gegebenen Stelle aus, Abschätzung der Abflussmenge aus diesem Gebiet

Attribut: **Gerinnelänge** (stream length)
Beschreibung: Länge des Weges entlang einer lokalen Abflussrichtung (Länge des maximalen Stromlinienverlaufs)
Anwendung: Abschätzung der Abflussgeschwindigkeit, Bodenerosionsraten und Sedimentfracht

Attribut: **Wasserscheiden** (drainage divides, ridges)
Beschreibung: Linien, die ein Wassereinzugsgebiet abgrenzen
Anwendung: Abschätzung des Wasserrückhalts im Gebiet bzw. Einfluss der Größe des Wassereinzugsgebiets

Attribut: **Einstrahlung** (irradiance)
Beschreibung: Erfassung der solaren Einstrahlung zur Ableitung eines Beleuchtungsmodells
Anwendung: Bewertung für Vegetations- und Bodenstudien, Abschätzung der Evapotranspiration, Bewertung für die Versorgung mit Solarenergie (Standortbewertung)

Die Daten werden durch photogrammetrische Messungen aus Luftbildern (Stereoeffekt) im Maßstab 1:13 000 (oder besser) und Laserscanning abgeleitet. Geomorphologische Besonderheiten wie Kantenlinien, Geripplinien, Bruchlinien und Extrempunkte werden zusätzlich aufgenommen. Diese Daten werden als sogenannte Primärdaten gespeichert, aus denen Standardprodukte wie **DGM 1**, DGM 2, DGM 5, DGM 10, DGM 25 und DGM 50 abgeleitet werden. Diese Standardprodukte, auch Sekundärdaten genannt, enthalten räumliche Koordinaten, die als regelmäßiges Gitter (DGM 1 = 1 m Gitter, DGM 2 = 2 m Gitter, …, DGM 50 = 50 m Gitter) angeordnet sind und einem bundesweiten Standard entsprechen (Festlegung durch AdV, Arbeitsgemeinschaft der Vermessungsverwaltungen der Länder der Bundesrepublik Deutschland).

Das digitale Geländemodell 1 (DGM 1) beschreibt die natürliche Geländeform durch regelmäßig angeordnete Gitterpunkte mit einer Gitterweite von 1 m. Dieses hochgenaue DGM 1 wird insbesondere für Simulationen im Bereich des Hochwasserschutzes (Überschwemmungsanalyse), für Erdmassenberech-

nungen oder 3D-Visualisierungen angewandt. Die Höhengenauigkeit des DGM 1
liegt bei ± 0,2 m und die Lagegenauigkeit bei ± 0,5 m. Neben dem Flugzeuggestützten Laserscanning werden Lidar-
Verfahren (Lidar = Light detection and
ranging) eingesetzt, um hochgenaue 3D-
Daten für ein Gebiet zu erzeugen. Lidar
ist der Radar Methode (radiowave detection and ranging) verwandt und wird
zur optischen Abstands- und Geschwin-
digkeitsmessung sowie zur Fernmessung
atmosphärischer Parameter eingesetzt.
Anstelle von Funkwellen wie beim Radar
werden aber Laserstrahlen verwendet.
Das Lidar schickt Laserpulse aus und
zeichnet das von einem Objekt zurück-
gestreute Licht auf. Aus der Laufzeit der
Signale und der Lichtgeschwindigkeit
wird die Entfernung zum Objekt berechnet. Durch dieses abbildende Verfahren
können dann hochaufgelöste 3-D-Daten
erzeugt werden. Die Abbildung 4.3/1
zeigt das Ergebnis einer Lidar-Befliegung
für das Gebiet von Manhattan nach dem
Anschlag auf das World Trade Center im
Jahr 2001.
Neben den sehr genauen nationalen
Höhenmodellen (z. B. DGM 1 oder La-
ser) existieren weitere DGM-Produkte,
wie zum Beispiel die Höhenmodelle
der **SRTM-Mission** oder der **ERS-1/2-
TanDEM-Mission**. Diese Geländemodelle
werden aus Radarbefliegungen (Interferometrie) abgeleitet. Die Höhendaten
der SRTM zeigen die Oberflächenstruktur der Erde, dabei muss diese nicht mit
der Höhe der Erdoberfläche identisch
sein, da Bewuchs (Baumschicht) oder
Bebauung die Oberflächenstruktur verändern. Es können in den SRTM-Daten

Abb. 4.3/1 *3D-Darstellung von Manhattan in New York nach dem Anschlag
auf das World Trade Center im Jahr 2001,
abgeleitet aus einer LIDAR Befliegung*

„Löcher", sogenannte Fehlpixel auftau-
chen, wenn die reflektierte Radarstrahlung zu schwach war. Ursächlich ist dies
in Regionen mit hohen Geländeneigun-
gen der Fall, wo die Radarstrahlen zu
stark vom Sensor weg reflektiert wurden. Ein anderes Problem ist die starke Streuung der Radarstrahlung über
flachen Wasser-, Eis- oder Sandflächen.
Über diesen Regionen war die zurück-
reflektierte Strahlungsmenge zu gering.
Die horizontale Auflösung von circa 90
x 90 m liefert kein vollständiges Oberflä-
chenabbild des Geländes. Reliefpunkte,
die zwischen den 90 x 90 m-Rasterpunk-
ten liegen, müssen bei der DGM-Erstellung interpoliert werden. Problematisch
ist in diesem Zusammenhang vor allem
die Bestimmung des Küstenverlaufs aus
SRTM-Daten.

SRTM, TanDEM-X und ASTER

SRTM (**S**huttle **R**adar **T**opography **M**ission) ist eine X-SAR-Anwendung. Die SRTM startete im Februar 2000 und erzeugte hochgenaue topographische Daten mit einem weltraumgestützten Radarsystem. Dabei wurden zusätzlich zu den Hauptantennen in der Ladebucht des Spaceshuttles an der Spitze eines 60 Meter langen, ausfahrbaren Mastes weitere Empfangsantennen angebracht. Die Kombination dieser auseinanderliegenden Empfangsantennen (vgl. Abb. 4.3/3) ermöglichte die erste dreidimensionale Ansicht der Erde aus dem Weltall. Die Mission mit dem Shuttle Endeavour dauerte insgesamt 11 Tage. Danach wurden die aufgezeichneten Radardaten in digitale Höhenmodelle umgerechnet (30 m und 90 m Auflösung). Die erzeugten Höhenmodelle decken den Globus im Bereich zwischen 60° Nord und 58° Süd ab.

Abb. 4.3/2 *SRTM-Geländemodell des Ätna*

TanDEM-X ist eine TerraSAR-X-Erweiterung für digitale Höhenmessungen. Er ist ein deutscher Radar-Satellit, der gemeinsam mit dem Satelliten TerraSAR-X mittels SAR im X-Band die Erdoberfläche stereographisch vermisst. TanDEM-X verfügt über ein abgestuftes Auflösungsvermögen von 1 m, 3 m und 16 m (Höhenauflösung wird besser als 2 m angegeben). Die Abtastbreite liegt je nach Modus zwischen 10, 30 und 100 km.

Abb. 4.3/3 *TanDEM-X-Geländemodell des Ätna in 3D (erste 3D-Ansicht des TanDEM-X und TerraSAR-X Flugs)*

ASTER (**A**dvanced **S**paceborne **T**hermal **E**mission and **R**eflection Radiometer) ist ein Instrument an Bord des Erdbeobachtungssatelliten Terra, der 1999 von der NASA gestartet wurde. Der erste Satellitenkanal 3N (Nadir) bildet die Erdoberfläche senkrecht unter der Aufnahmeplattform ab. Der zweite Satellitenkanal 3B nimmt dieselbe Fläche zeitversetzt um 27,6° rückwärts gedreht auf. Dadurch entsteht ein Stereobild, welches für die Ableitung eines digitalen Höhenmodells genutzt wird (vgl. Abb. 4.3/2: 3D-Bild des Ätna). Die digitalen Höhendaten von ASTER bieten eine Ortsauflösung von 30 m bis 83° Breite. Im Vergleich dazu liegen die SRTM-Daten mit einer Auflösung von nur 90m (außerhalb der USA) vor.

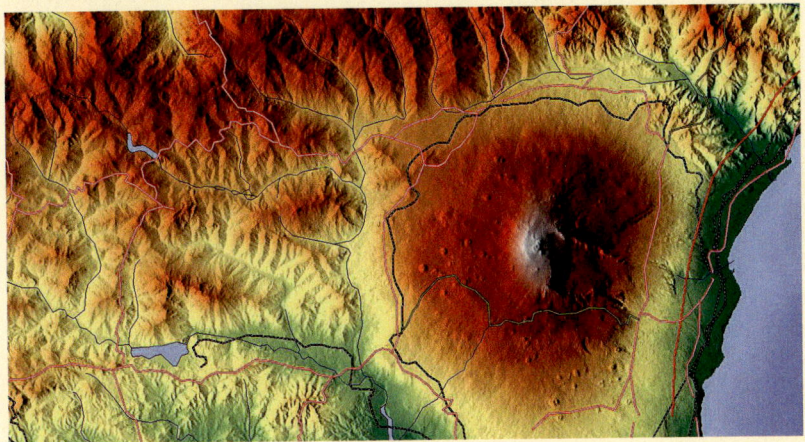

Abb. 4.3/4 *ASTER-Geländemodell des Ätna*

Oftmals stimmen die SRTM-Küstenlinien nicht mit den realen Küstenlinienverläufen überein.

Die aktuellste Bereitstellung von Geländemodelldaten für GIS-Anwendungen wird in Zukunft über die TanDEM-X Mission erfolgen. Man könnte die TanDEM-X Mission auch als Nachfolge zur sehr erfolgreichen SRTM-Mission bezeichnen, wobei die horizontale und vertikale Auflösung des SRTM-Geländemodells um ein Vielfaches verbessert wird.

Zusammenfassung

- In der Fachwelt werden die Begriffe Digitales Höhenmodell (DHM oder DEM = Digital Elevation Model im Englischen) und Digitales Geländemodell (DGM oder DTM = Digital Terrain Model im Englischen) synonym angewandt.
- Das ATKIS-DLM (DLM = Landschaftsmodell) besteht aus einem digitalen Situationsmodell, dem ATKIS-DSM und einem digitalen Geländemodell, dem ATKIS-DGM.
- Für die Arbeiten in GIS bestehen vielfältige Datenquellen für Höhen- bzw. Geländemodelldaten. Im nationalen Maßstab Deutschlands sind vor allem die Höhenmodelldaten der Landesvermessungsämter die erste Wahl. Im globalen Maßstab sind Geländemodelldaten der SRTM-Mission oder von ASTER zurzeit die beste Wahl.

- In naher Zukunft (TanDEM-X-Mission läuft bereits) werden durch die Radarmission TanDEM-X hochgenaue Geländemodelldaten der gesamten Erde zur Verfügung stehen. Diese Daten werden auch in den Genauigkeitsbereich der nationalen Höhenmodelldaten der Landesvermessungsämter in Deutschland hineinreichen.
- Für die Ableitung von Geländemodellen im lokalen bis regionalen Maßstab stehen darüber hinaus neuere hochauflösende Satellitensensoren wie WorldView-1 und -2 zur Verfügung bzw. die Befliegung mit flugzeuggestützten Laserscannern (Airborne-Laserscannern, z. B. Ableitung von DGM1 und DGM2 in Deutschland).

Zum Einlesen

CHENG, P. & C. CHAAPEL (2008): Automatic DEM Generation – Using WorldView-1 Stereo data with or without Ground Control Points. GeoInformatic, Vol.11, S. 34-39. Der Aufsatz beschreibt die automatische Ableitung eines DEM aus WorldView-1 Daten (Stereobilder, OR2A-Produkt) mit einer Modellgenauigkeit bis zu 1 m.

Im Internet
www.dlr.de/srtm/index.htm
Die SRTM-Seite der Deutschen Luft- und Raumfahrt (DLR) bietet eine sehr gute Übersicht zur Historie der SRTM-Mission sowie zur Prozessierung der Radardaten (Interferometrie) und der vorhandenen Produkten. (www.dlr.de/rd/desktopdefault.aspx/tabid-2440/3586_read-16692/)
Die TanDEM-X-Seite der Deutschen Luft- und Raumfahrt (DLR) gibt eine gute Übersicht zur gesamten TanDEM-X-Mission und zu deren Produkten. Auf dieser Seite ist ebenfalls ein Download einer TanDEM-X-Broschüre als PDF-Datei verfügbar

4.4 Räumliche Interpolationen – Geostatistik

Die räumliche Interpolation von Datenquellen beschäftigt sich mit einem sehr alten Problem geographisch räumlicher Analyse, nämlich der Ableitung räumlich kontinuierlicher Datensätze aus spärlich verteilten Einzel- bzw. Punktmessungen in der Fläche. Das Problem der räumlichen Interpolation beschreibt also die Ableitung räumlicher Attributverteilungen aus Punktdaten. Kurz gesagt, es handelt sich um die Abschätzung einer Attributausprägung von Punktdaten auf die Fläche. Dabei stützt sich die Interpolation auf Messpunkte innerhalb eines Gebiets, an denen die Messwerte (Stützpunkte) eines Attributs bekannt sind. Die Vorhersage von nicht gemessenen Attributwerten außerhalb eines Gebiets mit festen Messpunkten nennt man Extrapolation. Für Interpolationsberechnungen müssen intervall- oder ratio-skalierte Daten vorliegen.

Die Interpolation wird also zur Konvertierung der gemessenen Punktdaten in die Fläche benötigt und findet bei folgenden Problemen häufig Anwendung:

(a) Wenn eine diskrete Oberfläche (z. B. Rasterfeld) in der räumlichen Auflösung von einer geforderten Auflösung abweicht (z. B. Veränderung der Zellengröße oder Zellenorientierung) und eine andere Auflösung benötigt wird.

(b) Wenn eine räumlich kontinuierliche Datenoberfläche aus einem bestimmten Datenmodell hervorgeht, aber ein anderes Datenmodell zur Ableitung der Datenoberfläche gewünscht wird.

(c) Wenn die aufgenommenen Messdaten das gesamte Interessengebiet einer Untersuchung nicht komplett abdecken (samples).

Fall (a) tritt häufig auf, wenn gescannte Daten (Luftbilder, Satellitenbilder) durch den Scanvorgang in einer vorgegebenen Auflösung/Orientierung vorliegen und diese Daten in ein anderes System mit einer unterschiedlichen Auflösung und Orientierung konvertiert werden sollen. Dieses Verfahren ist allgemein auch als „Convolution" bekannt.

Beispiele für den Fall (b) sind Datentransformationen von einem Speichersystem in ein anderes (z. B. vom TIN zum Raster und vom Raster zum TIN oder von Vektorpolygondaten zu Rasterdaten).

Beispiele für den Fall (c) sind die klassischen Übertragungen gemessener Punktdaten auf die Fläche (z. B. Ableitung der räumlichen Niederschlagsverteilung aus einzelnen Messstellen in einem Gebiet). Häufiger Anwendungsfall der Kategorie (c) ist die Interpolation von einzeln verteilten Höhendaten zu einem digitalen Höhenmodell.

Das vorliegende Kapitel beschreibt im Folgenden die unterschiedlichen Strategien der Stichprobenerhebung, Methoden räumlicher Vorhersage inklusive allgemeiner globaler Klassifikations- und Regressionsansätze sowie lokaler deterministischer Interpolationsmethoden wie Thiessen-Polygone oder die inverse Distanzmethode.

4.4.1 Einfache Interpolation und Stichprobenerhebung

Der rationale Hintergrund räumlicher Interpolation ist die Beobachtung, dass Messungen an nah zusammenliegenden Messstellen häufiger ähnliche Messwerte aufweisen als weit voneinander entfernte Messstellen. Konkret bedeutet dies, dass die Wahrscheinlichkeit, dass zwei Punkte die gleiche Höhe über NN haben, wesentlich größer ist, wenn diese Punkte nahe beieinanderliegen. Sind die Punkte hingegen mehrere Kilometer voneinander entfernt, ist es eher unwahrscheinlich, dass sie eine ähnliche Höhe über NN aufweisen.

Die mögliche räumliche Abhängigkeit zwischen Messstellen außer Acht lassend, werden häufig Klassifikationsverfahren genutzt, um Vorhersagen über die Attributausprägung an den nicht mit Messwerten belegten Stellen zu machen. Dieses Konzept berechnet mittlere Attributwerte für homogene Klassen. Dabei geht die kleinräumige Variabilität zwischen den einzelnen Messstellen einer Klasse verloren. Geeignetere Methoden nutzen gerade diese kleinräumige Variabilität zwischen den Messstellen, um die Variation einer bestimmten Attributausprägung im Raum genauer zu beschreiben.

Die Lage der einzelnen Mess- bzw. Erhebungspunkte einer Stichprobe im Raum (sample) muß für die nachfolgenden Analysen berücksichtigt werden. Idealerweise sollten die Einzelpunkte einer Stichprobe relativ gleichmäßig über die Fläche verteilt sein. Andererseits kann eine räumlich vollkommen regelmäßig aufgenommene Stichprobe auch zu Störungen führen, insbesondere wenn das Auftreten eines regelmäßigen Musters in der Landschaft (z. B. Aufforstungsfläche mit regelmäßigem Abstand der Bäume) mit dem Abstand des Aufnahmemusters der Stichprobe zusammenfällt. Um diese Fehler zu vermeiden, können zufällig verteilte Stichproben (random sampling) gezogen werden, um ungestörte Mittelwerte und Varianzen zu berechnen. Vollständige Zufallsstichproben bedingen aber auch einige Nachteile. Erstens muss jeder Stichprobenpunkt einzeln bestimmt werden und zweitens kann eine reine Zufallsstichprobe zu einem Ungleichgewicht in der Stützpunktverteilung innerhalb der Stichprobe führen. Ein guter Kompromiss zwischen einer rein zufällig bestimmten und einer regelmäßigen Stichprobe stellt die „stratified random sample" dar. Bei diesem Vorgehen werden ausgehend von regelmäßig verteilten Stützpunkten zusätzlich per Zufall ergänzende Stützpunkte für das vorliegende Untersuchungsgebiet erzeugt.

Für die unterschiedlichen Interpolationsmethoden soll folgende Terminologie zur Beschreibung der Stichprobe gelten: Der Attributwert an einer Stützstelle wird bezeichnet mit $Z(x_i)$, wobei i für eine der maximal n möglichen Messungen an der Stelle x steht (x bezeichnet eine Koordinate in einem beliebigen kartesischen Koordinatensystem). Ein interpolierter Wert wird mit $Z(x_0)$ bezeichnet. Die Differenz zwischen dem gemessenen und dem interpolierten Wert $[Z(x_0) - Z(x_i)]$ wird bei den meisten nicht exakten Interpolationsmethoden als Indikator für die Qualität des Interpolationsergebnisses herangezogen. Eine Interpolationsmethode deren Vorhersageergebnis genau mit dem real gemessenen Wert eines Stichprobenpunktes übereinstimmt, wird als exakte Interpolationsmethode bezeichnet (exact interpolator). Alle anderen Interpolationsmethoden sind sogenannte „nicht exakte", approximative Verfahren (inexact interpolators). Die durch exakte Verfahren abgeleitete interpolierte Fläche verläuft durch jeden gemessenen Stichprobenwert. B-Splines und Kriging-Verfahren stellen solche Verfahren dar.

Unter den Interpolationsmethoden unterscheidet man weiterhin „globale" und „regionale" Verfahren. Globale Interpolationen benutzen alle verfügbaren Daten eines Bezugsraums, um eine Vorhersage für den gesamten Stichprobenraum zu machen. Lokale Verfahren arbeiten in einer kleinen Umgebung eines zu interpolierenden Punktes, um sicherzustellen, dass nur Informationen (Punkte) in unmittelbarer Nähe des zu interpolierenden Punktes Berücksichtigung finden. Die globalen Methoden werden meistens in einem ersten Analyseschritt dazu benutzt, globale Variationen im Datenbestand zu bewerten bzw. zu entfernen (z. B. globale Trends). Wenn die globalen Schwankungseffekte in einem Datensatz erkannt sind, können deren Residualwerte (residuals) lokal interpoliert werden. Die globalen Interpolationsverfahren sind meist leicht zu berechnen und basieren überwiegend auf dem statistischen Fundament der Varianzanalyse oder der Regressionsanalyse.

Weiterhin unterscheidet man stochastische und deterministische Methoden. Stochastische Methoden basieren auf dem Konzept der Zufallsverteilung. Die interpolierte Oberfläche wird als eine von vielen möglichen Ableitungen betrachtet. Stochastische Verfahren wie die Trendflächenanalyse erlauben die Berechnung der statistischen Signifikanz der interpolierten Fläche sowie der statistischen Unsicherheit der vorhergesagten Werte. Deterministische Methoden hingegen basieren nicht auf der Wahrscheinlichkeitstheorie. Ein weiteres Unterscheidungsmerkmal ist, ob die Interpolation zu einer Oberfläche mit graduellen, stufenweisen oder abrupten Veränderungen im Raum führt. Das distanzgewichtete gleitende Mittel (distance weight moving average) ergibt gewöhnlich eine Interpolationsoberfläche mit graduellen Veränderungen. Es kann aber von Bedeutung sein, Grenzen im Interpolationsprozess zu berücksichtigen. Harte Grenzen, wie zum Beispiel geologische Störungen, führen zu abrupten Veränderungen der Interpolationsfläche.

Die Klassifikationsmethoden hingegen nutzen im Raum leicht abzuleitende Informationen zur Gruppierung der flächenhaft vorliegenden Attributwerte. Bodentypen oder administrative Grenzen stellen solche Informationen dar, die sich Klassifikationsverfahren zunutze machen, um den zu interpolierenden Gesamtraum in Regionen aufzuteilen, für die dann die statistischen Schätzwerte wie Mittelwert und Varianz der in den Regionen gemessenen Attributausprägungen bestimmt werden.

Regressionsmethoden postulieren eine mögliche funktionale Beziehung (functional relation) zwischen den gemessen Werten an den Stützstellen und den vorherzusagenden Attributen. Da es sich um eine räumliche Regression handelt, orientiert sich die Regressionsanalyse entweder an den geographischen Koordinaten der Stichprobenpunkte oder an der Beziehung zwischen den räumlichen Attributen des Vorhersageraumes. Im ersten Fall spricht man auch von einer Trendflächenanalyse (trend surface analysis), im zweiten Fall besitzt das empirische Regressionsmodell den Charakter einer Transferfunktion.

Folgende Verfahren sollen in ihrer Funktionsweise kurz dargestellt werden, da sie in den meisten kommerziellen Geographischen Informationssystemen implementiert sind:

Globale Methoden
• Klassifikationsmethoden (classification mapping, choropleth maps),
• Trendflächenanalyse (trend surfaces),
• Regressionsmodelle (regression models);

Regionale Methoden
• Thiessenpolygone (dirichlet/voronoi polygons),
• Lineare und inverse Distanzgewichtung (linear and inverse distance weighting),
• Splines (thin plate splines).

Den oben genannten Interpolationsmethoden geht folgende Grundüberlegung voraus: Grundsätzlich gibt es zwei unterschiedliche Wege, eine Untersuchungsfläche oder einen Untersuchungsraum statistisch zu behandeln. Zum einen kann die Fläche in Einheiten oder Parzellen aufgeteilt werden (polygon approach) und zum anderen kann die Untersuchungsfläche als kontinuierliche Datenoberfläche behandelt werden. In der Praxis wird der Ansatz der kontinuierlichen Felder dadurch realisiert, dass die Fläche mittels einem regulären Raster oder Gitternetz aufgeteilt wird, um die kontinuierlichen Variationen eines oder mehrerer Attribute in der Fläche durch eine diskrete Aufteilung der Fläche zu approximieren.

Die Klassifikationsansätze mittels homogener Entitäten oder Polygone unterstellen, dass innerhalb einer Einheit (Klasse) die Abweichung der klasseninternen Attribute geringer ist als zwischen den Klassen selbst. Dieser konzeptionelle Ansatz wird häufig in der Boden- und Landschaftskartierung genutzt. Hier werden „homogene" Einheiten wie Bodeneinheiten, Ökotope und weitere Raum- bzw. Landschaftseinheiten ausgeschieden.

$$Z(x) = \mu + \alpha i + \varepsilon$$

Z beschreibt den Wert des Attributs Z am Ort x. Der Wert μ ist das arithmetische Mittel und αi beschreibt die Abweichung zwischen ε und dem Mittel der Klasse (Einheit) i. Der Wert ε steht für den residualen Fehler (residual error) in der spezifischen Klasse (pooled within-unit error, noise). Das Modell unterstellt, dass die Attributwerte jeder Klasse i normalverteilt sind. Im Idealfall besitzt jede Klasse einen häufigsten Wert (Modus). Der mittlere Attributwert jeder Klasse i ($\cong \mu + \alpha i$) wird aus einer Folge räumlicher, unabhängiger Stichproben geschätzt. Die räumliche Unabhängigkeit wird dabei unterstellt. Die mittlere Klassenvarianz ist durch ε gegeben und wird für alle Klassen als gleich angenommen. Die relative Varianz ($\delta^2 w / \delta^2 T$) wird

Die Bedeutung der statistischen Schätzwerte Mittelwert und Varianz für eine Grundgesamtheit und eine Stichprobe

Da nicht alle Attributausprägungen exakt gemessen werden können, gibt es eine natürliche Schwankung der Werte um einen mittleren Wert (mean, average). In vielen Fällen können diese Schwankungen durch eine gaußsche Glockenkurve beschrieben werden (Normalverteilung). Die Parameter dieser Normalverteilung sind der Mittelwert μ und die Standardabweichung δ. Die Weite bzw. Form der Normalverteilung wird durch δ bestimmt. 65 Prozent der Werte einer normalverteilten Grundgesamtheit fallen in den Bereich $\mu \pm \delta$, 95 Prozent fallen in den Bereich $\mu \pm 2\delta$ und 99 Prozent der Werte liegen innerhalb von $\mu \pm 3\delta$. Je größer die Standardabweichung einer Grundgesamtheit ausfällt, desto geringer ist die Genauigkeit der Aussage jeder Stichprobe, die aus dieser Grundgesamtheit gezogen wird. In vielen Fällen können die Grundgesamtheiten geographischer Entitäten als unendlich angenommen werden (z. B. Bodenprofile, Grundwassermessstellen). Die Daten, die gesammelt werden, sind somit nur Ausschnitte bzw. Stichproben (sample) der Grundgesamtheiten und μ und δ werden geschätzt, indem der Mittelwert (m) und die Standardabweichung (s) der n-Beobachtungen einer Stichprobe berechnet werden.

$$m = \frac{1}{n}\sum_{i}^{n} z_i \qquad s = \sqrt{\frac{1}{n}\sum_{i}^{n}(z_i - m^2)}$$

Um die beste Abschätzung der Grundgesamtheit zu erhalten, muss s möglichst klein gehalten werden. Das Quadrat der Standardabweichung wird Varianz (δ^2) genannt. Die Varianz ist sehr nützlich, da die Varianzen unterschiedlicher Stichproben miteinander verbunden werden können. Bei eine Karte mit pm – Polygonen und ni-Beobachtungen pro Polygon, können drei Varianzen berechnet werden:

- $\delta^2 t$, die gesamte Varianz aller Beobachtungen, die sich zusammensetzt aus
- $\delta^2 k$, die Klassenvarianz innerhalb einer Klasse und
- $\delta^2 zk$, die Varianz zwischen den einzelnen Klassen.

$$\delta^2 t = \delta^2 k + \delta^2 zk$$

Die Aufteilung der Daten in pm- Polygone kann durch die statistische Signifikanz des Verhältnisses der Varianzen $\delta^2 k$ δ $\delta^2 zk$ für die entsprechenden Freiheitsgrade bewertet werden. Die Freiheitsgrade sind für $\delta^2 zk$ gegeben durch pm – 1 und für $\delta^2 k$ durch n – pm. Die Freiheitsgrade können in den Tabellen eines statistischen F-Tests abgelesen werden. Die Größe der erklärten Schwankungsbreite der Datenklassifikation in pm – Polygone ist durch das Verhältnis von $\delta^2 zk$ / $\delta^2 t$ gegeben. In der Regressionsrechnung wird dieses Verhältnis R^2 genannt. Je größer R^2 ist, desto besser wird die Schwankungsbreite der Grundgesamtheit durch die pm – Polygone (Klassen) erklärt. Die Schwankung der Werte innerhalb eines Polygons (Klasse) kann durch die Subtraktion der Werte Z_i vom Klassenmittelwert (mk) bestimmt werden.

als Gütemaß der Klassifikation herangezogen. Der Wert $\delta^2 w$ beschreibt dabei die Varianz innerhalb einer Klasse und $\delta^2 T$ die Varianz der gesamten Stichprobe. Beide Varianzen können berechnet werden, wenn mehr als eine Stichprobenerhebung vorliegt. Je kleiner die relative Varianz ausfällt, umso besser ist der Klassifikationsprozess zu bewerten. Die Signifikanz der statistischen Schätzwerte des Klassifikationsprozesses kann durch einen statistischen F-Test bezüglich des Varianzverhältnises von VB/VI unter Berücksichtigung der Freiheitsgrade bestimmt werden.

Der Ansatz der Standardvarianzanalyse geht von folgenden Annahmen der Merkmalsverteilung im Raum aus:

- Die Variation des Wertes Z innerhalb der Karteneinheiten (Klasse) ist zufällig und nicht räumlich abhängig,
- alle Karteneinheiten besitzen die gleiche Varianz, welche innerhalb der Polygone einheitlich ist,
- alle Attribute sind normalverteilt,
- alle räumlichen Veränderungen in der Fläche treten an Grenzen auf, die scharf ausgeprägt und nicht graduell sind.

Weiterhin müssen die Daten nicht notwendigerweise normalverteilt sein. Daten können lognormal, rechtwinklig, hyperbolisch oder in anderer Form vorliegen. In vielen Fällen ist deshalb zuerst eine Transformation der Daten in eine Normalverteilung notwendig. Dies kann zum Beispiel durch die Berechnung des natürlichen Logarithmus, einer Logit-Transformation oder andere geeignete Transformationen geschehen.

Zusammenfassend lassen sich die Interpolationsverfahren nach punkt- oder flächenbezogenen Interpolationen ordnen. Zu den weiteren Unterscheidungsmerkmalen zählen:

- Globale und lokale Interpolatoren,
- Exakte und approximative Interpolatoren,
- Stochastische und deterministische Interpolatoren,
- Graduelle und abrupte Interpolatoren.

Als exakte Methoden punktbezogener Interpolation können

- Annäherungsverfahren,
- B-Splines,
- Kriging und Variogramm-Methoden,
- und manuelle Interpolationen („eyeballing")

genannt werden.

Approximative Methoden punktbezogener Interpolation finden sich in

- der Trendflächenanalyse (trend surface analysis),
- den Fourier-Reihen (fourier-series) und
- dem gleitenden Mittel / distanzgewichteten Mittel (moving average / distance weighted average).

Die genannten exakten und approximativen Verfahren punktbezogener Interpolation werden im Folgenden in der oben genannten Reihenfolge kurz erläutert. Annäherungsverfahren (proximate methods) nehmen an, dass alle Werte dem nächsten, bekannten Punkt gleichzusetzen sind. Dieses Verfahren stellt einen lokalen Interpolator dar und die Ausgabedatenstruktur besteht aus Thiessen-Polygonen, die an ihren Grenzen abrupte Veränderungen aufweisen können. Diese Methode wird oft für Anwendungen in der Ökologie (Biotopkartierung) oder zur Abschätzung des Niederschlags auf eine

Allgemeine Datentransformationen in GIS zur Überführung von Daten in eine Normalverteilung

1. Logarithmen-Bildung:

Wenn eine Datenmenge in ihrer Verteilung eine starke positive Schiefe aufweist und nur wenige Werte sehr viel größer als das Mittel oder der Modus der Datenmenge in ihrem Wert sind, so kann der Datensatz durch Logarithmieren in eine Normalverteilung überführt werden. Es werden hier Logarithmen zur Basis 10 oder zur Zahl e benutzt. Es dürfen allerdings keine Nullen oder negative Zahlen im Datensatz vorhanden sein. Deshalb wird meist eine kleine Konstante zu den Daten addiert: **$Dn = \ln(D + k)$**

ln = natürlicher Logarithmus

Dn = normalverteilte Daten

D = nicht normalverteilte Daten

k = Konstante

2. Logit-Transformation:

Die Logit-Transformation wird benutzt, um eine Datenmenge in ihrer Verteilung verhältnismäßig aufzuspreizen. Die Daten werden dabei auf eine bestimmte Spannweite (z. B. 0 – 1 oder 0 – 100 als Prozentwerte) gestreckt und in bestimmte Anteile (proportions) überführt, sodass Datenkonzentrationen in den Randbereichen der Datenreihe vermieden werden. Die Logit-Transformation lässt sich beschreiben durch: **$Dn = \ln(p/q)$**

Dn = normalverteilte Daten als Ergebnis der Logit-Transformation

ln = natürlicher Logarithmus

p = beobachteter Anteil

q = 1 – p

Nullen oder einheitliche Anteile sollten vermieden werden. Deshalb wird ein kleiner Wert als Konstante entweder addiert oder subtrahiert.

3. Quadratwurzel-Transformation:

Eine geringe Schiefe in der Datenverteilung kann durch die Berechnung der Quadratwurzel erreicht werden: **$Dn = (D)^{0.5}$**

4. Winkel-Transformationen:

Die Arcussinus-Transformation (arcsin-Tranformation) wird dazu benutzt, Datenanteile, die an den Rändern der Datenbereichsspanne liegen, zu strecken. Ist p ein Anteil, so ist: **$Dn = \sin^{-1}(p)^{0.5}$**

Dn ist der Winkel, dessen Sinus gleich $p^{0.5}$ ist.

Fläche aus Punktdaten genutzt. Die Methode eignet sich darüber hinaus gut für Nominaldaten (nominal data), ist sehr robust, benötigt wenig Rechenzeit und liefert immer ein „Ergebnis".

B-Splines stellen stückweise Polynome dar, die aus einer Serie von Flächen (patches) eine kontinuierliche Oberfläche mit der Eigenschaft kontinuierlicher erster und zweiter Ableitungen generieren. Die Höhe über NN einer Fläche wird dabei als „zero-order" bezeichnet. Die erste Ableitung (first-order continuity) präsentiert die Neigung (slope) der Fläche, die keine abrupten Änderungen aufweist. Die Höhenlinien verlaufen ohne Schleifen oder Knoten. Aus der zweiten Ableitung (second-order continuity) lässt sich die Krümmung der Fläche ableiten. Das Endergebnis einer Interpolation mittels B-Splines ist eine kontinuierliche Fläche mit minimaler Krümmung. Die Ausgabedatenstruktur besteht aus Punkten auf einer Rasterfläche. Es handelt sich ebenfalls um einen lokalen Interpolator, der überwiegend zur Glättung von Flächen genutzt wird.

Die Kriging und Variogramm-Methode wurde von Georges Matheron auf der Basis der „Theorie regionalisierter Variablen" entwickelt. Der deutsche Ingenieur Krige nutzte dieses Verfahren als optimierte Interpolationsmethode in der Bergbauindustrie Südafrikas. Die Technik des Kriging basiert auf dem Betrag der räumlichen Varianzänderung zwischen Punkten. Diese räumliche Änderung der Varianz wird ausgedrückt in einem Variogramm, das anzeigt, wie sich die durchschnittliche Veränderung der Messwerte an zwei unterschiedlichen Punkten in

Abhängigkeit von der Distanz zwischen den Punkten ändert. Die Abbildung 4.4.2/1 zeigt ein typisches Variogramm mit seinen Kennwerten „Sill", „Range" und „Nugget". Der Sill-Wert kennzeichnet den oberen asymptotischen Wert von e. Die Distanz, mit der dieser Sill-Wert erreicht wird nennt man „Range". Der Schnittpunkt der Kurve mit der y-Achse in Abb. 4.4.2/1 wird Nugget-Wert genannt und beschreibt den zufälligen Fehler oder das „Rauschen", welches im Datenkonvolut immer vorhanden und distanzunabhängig ist. Die Abweichung des Nugget-Werts von 0 (non-zero nugget) bedeutet, dass wiederholte Messungen am gleichen Messort zu unterschiedlichen Messwerten führen. Um ein Variogramm zu entwickeln, ist es notwendig, einige Annahmen über die Art der Variation innerhalb einer Fläche zu machen. Einfache Kriging-Methoden (simple kriging) nehmen an, dass die betrachtete Fläche einen einheitlichen, konstanten Mittelwert aufweist und die Werte in der Fläche keinem Trend unterliegen. Alle Variationen in der Fläche werden als statistische Variationen angenommen.

Komplexe Kriging-Methoden gehen von einem deterministischen Trend aus, der die statistische Variation der Messwerte in der Fläche überlagert. Ob nun ein Trend angenommen wird oder nicht, alle Messwertvariationen werden beim Kriging-Verfahren als Funktion der Distanz zwischen den Messwerten verstanden.

4.4.2 Optimierte Interpolation mittels Geostatistik

Unter geostatistischen Verfahren sind hier insbesondere Kriging und Variogramm-Verfahren gemeint. Die eingangs betrachteten räumlich-stochastischen Prozesse wurden einer Diskretisierung unterworfen, d. h., die Prozesse werden nur in endlich vielen Zeit- und Raumeinheiten betrachtet. Räumliche Autokorrelationskoeffizienten können für beliebige räumliche Bezugseinheiten (Punkte, Kurvenzüge, Flächen) berechnet werden, während Variogramm und Punkt-Kriging nur für punkthafte räumliche Bezugseinheiten geeignet sind. Bei den später durchgeführten Kriging-Interpolationen von Flächeneinheiten und Rasterzellen in den Geographischen Informationssystemen handelt es sich um ein sogenanntes Block-Kriging-Verfahren, welches zur kartographischen Modellierung mit anderen Datenebenen dienen kann. Die Abbildung 4.4.2/1 zeigt ein typisches Variogramm, welches bestimmte Kennwerte besitzt.

R beschreibt den Abstand zwischen zwei Punkten (Distanz). Bei großen Werten der Distanz R flacht die Kurve ab und erreicht den sogenannten Schwellenwert (sill). Parallel dazu beschreibt diese Stelle auf der X-Achse, an der die Kurve abflacht, die Reichweite (range). Die Reichweite ist also der Abstand R, in dem der Sill-Wert erreicht wird, mithin die Distanz, ab der Messwerte räumlich voneinander unabhängig werden. Datenpunkte, die außerhalb der Reichweite eines zu interpolierenden Punktes liegen, können somit keine sinnvolle Schätzung für den zu interpolierenden Punkt leisten.

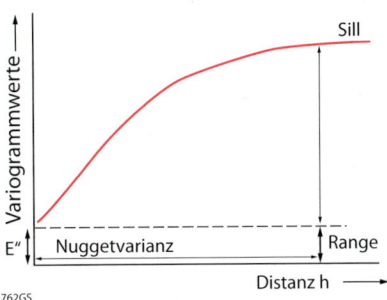

762GS

Abb. 4.4.2/1 *Variogramm und seine Kennwerte*

Nach einem Vergleich mehrerer Verfahren zur räumlichen Interpolation von Messwerten können einige positive Charakteristika des Punkt-Kriging herausgestellt werden:

- Von keinem anderen Interpolationsverfahren werden die Gewichte der Nachbarschaftspunkte ohne Verzerrung und mit minimierter Varianz festgesetzt.
- Auf Basis der vorliegenden Variogramme können Anisotropie - Effekte (= unterschiedliches Verhalten in verschiedenen Richtungen) von Merkmalsausprägungen modelliert werden.
- Ortsspezifische Standardabweichungen sind für jeden Punkt errechenbar.
- Die in die Interpolation einzubeziehenden Punkte können empirisch durch die Semivariogrammfunktion festgelegt werden. Das heißt, die Ausdehnung des Bereichs räumlicher Abhängigkeit der Messpunkte untereinander kann bestimmt werden.
- Durch die Größe der Nugget-Varianz können Aussagen getroffen werden, ob eine Interpolation sinnvoll ist.
- Vorteile des Kriging für den Einsatz mit Geographischen Informationssystemen

durch Erstellung von Wahrscheinlichkeits- und Oberflächenfehlerkarten zur räumlichen Modellierung in GIS (vgl. HEUVELINK, G. et al.1989).

- Die räumliche Erfassung von Daten und die Interpolation durch Kriging erlauben eine präzise Visualisierung von geoökologischen Kennwerten.
- Die kartographische Synthese qualitativ geoökologischer Parameter aus der Geländeerhebung mit den quantitativen Parametern aus geostatistisch verdichteten Rastern ermöglicht unter Einbindung von GIS darüber hinaus weitere Fortschritte bei der Ableitung quantitativ gestützter Flächenbewertungssysteme.
- Weiterentwickelte Verfahren des Co-Kriging (LEENARS, H. et al., 1989) können Landschaftselemente, welche als Messwerte nur schwierig und damit kostenintensiv zu erheben sind, annähern (Existenz einer Kreuzkorrelation der beteiligten Variablen vorausgesetzt).
- Binäre Karten zur Visualisierung von Grenzwerten können durch „disjunktives Kriging" abgeleitet werden.

4.4.3 Interpolationsmethoden im Vergleich

Geostatistische Methoden beschreiben einen weiten Bereich von Techniken, die ein gutes Verständnis der räumlichen Korrelationsstruktur im Datensatz vom Bearbeiter abverlangen. Das Verständnis über diese Korrelationsstruktur in den Daten wird genutzt, um die geeignete Interpolationstechnik auszuwählen. Die theoretischen Annahmen beinhalten Betrachtungen über die Stationarität der Daten, die intrinsische Hypothese oder den Grad der Normalverteilung der Daten. Diese Annahmen sind oftmals nur schwierig mit realen Datensätzen in Einklang zu bringen. Die Intrinsische Hypothese besagt, dass die Varianz der Merkmalsausprägungen zwischen Beobachtungspunkten nur von deren Distanz abhängt. Die Validität der Ergebnisse durchgeführter Interpolationen hängt dabei nicht nur von der gewählten Methode, sondern auch von der Annahme der Gleichförmigkeit des Untersuchungsgebietes/fläche ab.

Interpolationsmethoden im Vergleich

Interpolationsmethode: **Klassifikation**
Deterministisch/stochastisch: deterministisch
Lokaler/globaler Interpolator: global
Abrupte/stufenweise
Merkmalsveränderung: abrupt, wenn das Verfahren allein angewandt wird
Exakte Methode? nein
Einschränkungen: Ausweisung von Flächen und Klassen kann subjektiv sein, Fehlerschätzung beschränkt sich auf die klasseninterne Standardabweichung
Gut geeignet für ...: schnelle Abschätzungen, wenn die Datenverteilung gering ist
Datenausgabestruktur: klassifizierte Polygone
Annahmen des zugrundeliegenden Interpolationsmodells: Homogenität innerhalb der Polygongrenze

Interpolationsmethode: **Trendflächenanalyse**
Deterministisch/stochastisch: deterministisch
Lokaler/globaler Interpolator: global
Abrupte/stufenweise
Merkmalsveränderung: stufenweise, kontinuierliche Datenübergänge
Exakte Methode ? nein
Einschränkungen: Ausreißer und Kanteneffekte können das Verfahren stören, Ursache des Trends kann unsicher sein
Gut geeignet für ...: schnelle Abschätzungen und Entfernen von räumlichen Trends
Datenausgabestruktur: kontinuierliche Gitternetzfläche
Annahmen des zugrundelie
genden Interpolationsmodells: Trend wird angenommen, Daten sollten normalverteilt sein

Interpolationsmethode: **Regressionsmodelle**
Deterministisch/stochastisch: deterministisch, empirisch-statistisch
Lokaler/globaler Interpolator: global
Abrupte/stufenweise
Merkmalsveränderung: stufenweise, kontinuierliche Datenübergänge
Exakte Methode ? nein
Einschränkungen: Ergebnisse hängen von der Güte der Regressionsgleichung und der Qualität der Eingabedaten ab. Eine Fehlerabschätzung ist möglich, wenn die Eingabefehler bekannt sind.
Gut geeignet für...: einfache numerische Modellierung, wenn keine anderen Methoden zu Verfügung stehen. Trends
Datenausgabestruktur: kontinuierliche Gitternetzfläche oder Polygone
Annahmen des zugrundelie
genden Interpolationsmodells: Es werden Annahmen zwischen abhängigen und unabhängigen Variablen postuliert

Interpolationsmethode: **Thiessen-Polygone**
Deterministisch/stochastisch: deterministisch
Lokaler/globaler Interpolator: lokal
Abrupte/stufenweise
Merkmalsveränderung: abrupte
Exakte Methode ? ja

Einschränkungen:	keine Fehlerabschätzung möglich, nur ein Datenpunkt pro Polygon, Polygonmuster hängt von der Verteilung der Punkte ab.
Gut geeignet für ...:	Nominaldaten, die auf Punktbeobachtungen beruhen
Datenausgabestruktur:	Polygone oder Gitternetzfläche
Annahmen des zugrundelie genden Interpolationsmodells:	Der nächstgelegene Datenpunkt wird als bester lokaler Schätzwert angesehen

Interpolationsmethode:	**Lineare Interpolation**
Deterministisch/stochastisch:	deterministisch
Lokaler/globaler Interpolator:	lokal
Abrupte/stufenweise Merkmalsveränderung:	stufenweise Datenübergänge
Exakte Methode ?	ja
Einschränkungen:	keine Fehlerabschätzung möglich
Gut geeignet für ...:	Interpolation von Punktdaten, wenn eine hohe Punktdichte vorliegt.
Datenausgabestruktur:	Gitternetzfläche
Annahmen des zugrundelie genden Interpolationsmodells:	Die Datendichte ist so hoch, dass eine lineare Annäherung möglich ist

Interpolationsmethode:	**Gleitendes Mittel und inverse Distanzgewichtung**
Deterministisch/stochastisch:	deterministisch
Lokaler/globaler Interpolator:	lokal
Abrupte/stufenweise Merkmalsveränderung:	stufenweise Datenübergänge
Exakte Methode ?	nein
Einschränkungen:	keine Fehlerabschätzung möglich, Ergebnisse hängen von der Größe des Suchfensters und der Wahl der Gewichtungsfaktoren ab
Gut geeignet für ...:	schnelle Interpolation für spärlich im Raum verteilte Daten. Vorliegende Punktdichte
Datenausgabestruktur:	Gitternetzfläche oder Isolinien
Annahmen des zugrundelie genden Interpolationsmodells:	zugrunde liegende Oberfläche ist eben

Interpolationsmethode:	**Kriging**
Deterministisch/stochastisch:	stochastisch
Lokaler/globaler Interpolator: (stratified kriging)	lokal mit globalen Variogramm oder mit lokalem Variogramm
Abrupte/stufenweise Merkmalsveränderung:	stufenweise Datenübergänge
Exakte Methode?	ja
Einschränkungen:	Fehlerabschätzung hängt vom Variogramm und der Verteilung der Datenpunkte bzw. interpolierten Blöcke ab.
Gut geeignet für ...:	Daten, die nur spärlich im Raum vorhanden sind und für die eine Berechnung eines Variogramms möglich ist.
Datenausgabestruktur:	Gitternetzfläche
Annahmen des zugrundelie genden Interpolationsmodells	zugrunde liegende Oberfläche ist eben, statistische Stationarität der Daten und intrinsische Hypothese werden angenommen.

Zusammenfassung

- Raumbezogene Daten werden in der Regel punkthaft erfasst. An verschiedenen Orten werden Werte einer beobachteten Variable gemessen. Man möchte jedoch Informationen über die flächenhafte Struktur der Messdaten erhalten. Die Interpolation ist demnach die mathematische Lösung des Problems „vom Punkt in die Fläche".

- Grundannahme ist, dass die Eigenschaften zweier Messpunkte (Räume) umso ähnlicher sind, je näher diese Punkte zusammenliegen.

- Es werden nicht-statistische und statistische Interpolationsverfahren unterschieden. Statistischen Verfahren liegt ein geostatistisches Modell zugrunde, dieses fehlt bei den nichtstatistischen Verfahren.

- Bei der Interpolation punktuell gemessener raumbezogener Daten wird angenommen, dass diese in Abhängigkeit von Distanz und Richtung im Raum gewisse Ähnlichkeiten in den Werten aufweisen (z. B. Nachbarschaftseffekte). Räumlich unabhängige Daten können nicht interpoliert werden, da aufgrund der Unabhängigkeit der Daten keine Informationen über die Daten an nicht gemessenen Orten gewonnen werden können.

- Ein großer Nachteil der vorgestellten Interpolationsmethoden ist die vorab postulierte Festlegung des räumlichen Zusammenhangs, da der räumliche Zusammenhang von der realen Situation der Beobachtungsvariable abhängt.

- Die bestehenden Verfahren, räumliche Zusammenhänge der raumbezogenen Daten innerhalb der Geostatistik zu beschreiben, stützen sich auf die Annahme, dass der räumliche Zusammenhang der Daten nicht von der absoluten (geometrischen) Lage des Ortes abhängt, sondern nur von der relativen räumlichen Lage der betrachteten Orte zueinander (Distanz, Richtung).

- Das Variogramm-Konzept liefert ein Maß für den räumlichen Zusammenhang zweier Variablen. Das Variogramm ist ortsunabhängig und gibt die mittlere Streuung der Differenzen zwischen zwei Zufallsvariablen mit zugehörigem Abstandsvektor an.

- Neben dem Variogramm-Konzept zur statistischen Beschreibung des räumlichen Zusammenhangs kann auch eine konzeptionelle Erweiterung des Autokorrelations-Konzeptes für Zeitreihen im zweidimensionalen Raum genutzt werden.

- Ein wichtiges Interpolationsverfahren ist Kriging. Auf Basis der im Variogramm beschriebenen räumlichen Zusammenhänge wird die räumliche Verteilung der betrachteten Daten geschätzt.

Zum Einlesen

HEINRICH, U. (1981): Zur Methodik der räumlichen Interpolation mit geostatistischen Verfahren. Wiesbaden.
Der Beitrag gibt einen umfassenden Einblick in geostatistische Verfahren und behandelt weitergehende räumliche Interpolationsmethoden. Dabei werden auch Begriffe, wie die „Intrinsische Hypothese", ausführlich erklärt.
HENGL, T. (2007): A Practical Guide to Geostatistical mapping of Environmenatl Variables.
Die Broschüre kann beim Joint Research Center (JRC) heruntergeladen werden und enthält ausführliche Beschreibungen geostatistischer Methoden und einen Überblick zu frei verfügbarer Software (z. B. SAGA GIS, ILWIS).

4.5 Fuzzy Logic-Ansatz für unscharfe geographische Objekte in einem GIS

Um geographische Phänomene in einem GIS zu modellieren, ist es zuerst notwendig, den geographischen Ausschnitt der Erde anhand von klar definierten Entitäten (Landschaftseinheiten, administrative Einheiten, Bodeneinheiten, geologische Einheiten, Ökotope etc.) oder kontinuierlichen Feldern (Luftdruck, Temperaturgradienten, Grundwassserabstandsflächen, Bevölkerungsdichte) zu gliedern. Diese klar definierten Entitäten oder kontinuierlichen Felder werden in diskrete Einheiten überführt, gewöhnlich mittels eines regelmäßigen Rasters. Diese fundamentalen räumlichen Einheiten (Entitäten) werden in Form von Punkten, Linien, Polygonen oder Pixeln durch ihre Lage im Raum, ihre Attribute sowie die zugehörige Topologie beschrieben.

Die wichtigste Voraussetzung jeglicher weiterer Datenanalyse (Datenabfrage, Datenmanipulation) ist die Einteilung der Daten in Gruppen oder Klassen. Die Grundüberlegung der Datenanalyse fragt danach, ob ein bestimmtes Objekt (Entität) gewisse Selektionskriterien erfüllt oder nicht. Die Grundfrage lautet also zunächst:

Kann ein Objekt einer bestimmten Klasse zugeordnet werden oder nicht?

Beim Prozess der Klassifizierung bzw. der Datenstrukturierung werden, gewissermaßen unbewusst, die folgenden grundlegenden Gesetze der Logik benutzt:

1. Das Gesetz der Identität (law of identity): Jedes Objekt ist das, was es ist – z. B. ein Baum ist ein Baum, eine Straße ist eine Straße etc.

2. Das Gesetz der nicht erlaubten Widersprüchlichkeit (law of non-contradiction): Ein Sachverhalt und seine Verneinung können nicht gemeinsam „wahr" sein – z. B. kann ein Objekt nicht gleichzeitig als „Baum" oder als „Nicht-Baum" erfasst werden.

3. Das Prinzip der Ausschließlichkeit (principle of the excluded middle): Eine Aussage kann nur „wahr" oder „falsch" sein – z. B. ein Baum ist ein Laubbaum oder er ist es nicht.

Das **Prinzip der Ausschließlichkeit** besagt, dass alle Aussagen hinsichtlich unserer konventionellen Logik nur zwei Bewertungen aufweisen können: Die Aussagen können entweder „wahr" oder „falsch" sein, dazwischen gibt es keinen weiteren Bewertungsmaßstab. Bei der Umsetzung dieses Prinzips in den EDV-Bereich entspricht „falsch" der Null- und „wahr" der Eins-Kodierung. Dieses Vorgehen ist sehr stark im Aufbau der Datenbanken und den zugehörigen Datenabfragesprachen verankert. Das „Zwei-Werte-Logik"-Prinzip macht die Betrachtung von Überlappungen von Klassen oder Gruppen unmöglich. Eine partielle Zugehörigkeit zu einer Klasse oder Gruppe ist demnach nicht vorgesehen. Reale Objekte lassen sich nämlich oft nicht in einheitliche vordefinierte Klassen, die sich nicht überlappen, einordnen. Daraus folgt eine gewisse Ungenauigkeit bzw. Unschärfe bei der Einteilung der Objekte in bestimmte Klassen. In den heute verfügbaren GIS-Softwarepaketen steht dem Anwender kein geeignetes Werkzeug, um diese Unschärfe der Klassenzuteilung bzw. der Teilzugehörigkeiten von Objekten zu bearbeiten, zur Verfügung. Die zahlreich vorhandenen Statistikroutinen innerhalb eines GIS-Programms basieren auf der Annahme, dass alle Objekte klar definiert vorliegen und keine überlappenden Klassen vorkommen.

Selbst wenn man davon ausgeht, geeignete Klassen exakt definiert zu haben, gelingt es nicht immer, diesen Klassen alle Objekte zuzuordnen. Die Ursache dafür liegt in den unterschiedlichen Regeln der durchgeführten Diskretisierung. Unsere natürliche Sprache berücksichtigt nämlich Unschärfeerscheinungen, indem sie nach der Ausweisung von Klassengrenzen eine neue Diskretisierung durchführt und die vorher vorhandenen Klassen weiter aufsplittet. Wird z. B. die Größe von Menschen betrachtet, kann angenommen werden, dass Menschen über 1,90 m groß und unter 1,60 klein sind. Welcher Klasse ist ein Mensch mit 1,85 m Größe zuzuordnen? Meist wird auf dieses Problem mit der Ausweisung neuer Klassen reagiert, die sukzessive so lange durchgeführt wird, bis das Einteilungsprinzip zufriedenstellende Ergebnisse bringt. Sprachlich werden dabei neue Klassen definiert, wie zum Beispiel „durchschnittlich groß". Dieser linguistisch festgelegte Bereich „durchschnittlich groß" kennzeichnet unscharfe Klassengrenzen, denen eine gewisse Objektmenge zugeordnet werden kann. L. A. ZADEH (1965) führte schon relativ früh das Konzept der „fuzzy sets" ein, um mit Betrachtungen obiger Art arbeiten zu können. Die Idee der „fuz-

zy sets" nach L. A. ZADEH gestattet es, mit unscharfen Objektzugehörigkeiten in einer vorher fest definierten Art und Weise zu arbeiten. Das Konzept der **„fuzzy sets"** oder **„fuzzy objects"** wurde im Laufe der 1960er-Jahre zu sogenannten Fuzzy-Regelsystemen weiterentwickelt (vgl. KAUFFMANN, A. 1975, KANDEL, A. 1986, BURROUGH, P. & R. A. MCDONNELL, 1998). Der Begriff „fuzzy" beschreibt dabei die **Unschärfe von Klassengrenzen**, die aus verschiedenen Gründen keine exakten Klassengrenzen aufweisen. Diese unscharf definierten Klassen werden „fuzzy sets" genannt. Der Fuzzy-Ansatz erlaubt eine Teilzugehörigkeit von Objekten zu verschiedenen Klassen.

Der gravierende Unterschied zwischen der Klassenzugehörigkeit auf der Basis der Booleschen Logik und der Fuzzy Logik liegt in der Postulierung der Zugehörigkeitsfunktion für die Objekte und Klassen. Im Falle der Booleschen Logik können die Werte der Zugehörigkeitsfunktion (membership function) 0 oder 1 sein. Formal kann die Zugehörigkeitsfunktion (ZF) für Objekte im Booleschen Fall wie folgt beschrieben werden:

$ZF (z) = 1$, wenn $k1 \leq z \leq k2$
$ZF (z) = 0$, wenn $z < k1$ oder $z > k2$
$k1$ und $k2$ sind die exakten Grenzen einer Klasse; z stellt den Attributwert eines Objekts dar.

Im Falle der Fuzzy Logik wird eine Fuzzy-Klasse (fuzzy set) durch einen Satz geordneter Zahlen beschrieben. Die Zugehörigkeit eines Objekts z zu einer Klasse ist als ein vorher festgesetztes Maß möglicher Zugehörigkeit zu sehen und basiert nicht auf Wahrscheinlichkeitsbetrachtungen. Der Zugehörigkeitsgrad zu

Fuzzy Sets wird als definiertes Maß ausgedrückt, das kontinuierlich zwischen 0 und 1 liegen kann. Objekte nahe des Klassenzentrums haben Werte nahe 1 und Objekte, die weiter entfernt, liegen haben dementsprechend kleinere Werte. Wenn Z einen Objektraum aufspannt, kann F als Fuzzy Set in diesem Objektraum als geordnete Menge dargestellt werden. Die Zugehörigkeitsfunktion (ZF) ergibt sich aus:

$F = (z, ZFF (z))$, für alle z Z.

Die Festlegung von Klassengrenzen gehört bekanntermaßen zu den problematischen Bereichen der Datenerfassung, insbesondere da die Objekte nicht nur an sich, sondern auch in den Beziehungen zueinander betrachtet werden. Unterschiedliche Ansätze der Grenzziehung für Klassenober- und untergrenzen stehen sich gegenüber. Grenzen können anhand von Expertenwissen a priori festgelegt werden oder über Clusteranalysen mathematisch bestimmt werden.

Der wesentliche Vorteil der Fuzzy-Regelsysteme gegenüber statistischen und einfachen neuronalen Klassifikatoren ist die leichte Interpretierbarkeit sowie die relativ einfache Anwendbarkeit der Algorithmen (insbesondere deren Modifizierbarkeit und Erweiterbarkeit).

Die generelle Überlegung, auf der die Anwendung von Fuzzy-Verfahren basiert, besteht darin, dass anstelle der Wahrscheinlichkeitsrechnung sogenannte Zugehörigkeitsfunktionen (fuzzy membership funktions) genutzt werden.

Zusammenfassung

- Die Ansätze der Fuzzy-Theorie werden innerhalb eines GIS dazu genutzt, Unsicherheiten und Unschärfen von Prozessbeschreibungen und Datenausprägungen zu modellieren.
- Die Fuzzy-Logik ist eine Verallgemeinerung der Booleschen Logik und versucht die Unschärfe in Angaben wie „Kalt – Warm – Heiß" oder „Klein – Mittel – Groß" zu erfassen.
- Die Fuzzy-Logik stützt sich auf Fuzzy-Mengen (fuzzy-sets) und die sogenannten Zugehörigkeitsfunktionen, die Objekte auf Fuzzy-Mengen abbilden.
- Im Bereich von GIS werden Fuzzy-Ansätze überwiegend zur Klassifikation von Daten eingesetzt (Fuzzy-Clustering-Verfahren).

Zum Einlesen

KRON, T. (2005): Fuzzy-Logik für die Soziologie. In: Österreichische Zeitschrift für Soziologie, Heft 3, S. 51–89.
Der Aufsatz beschreibt die Anwendungsmöglichkeiten der Fuzzy-Logik anhand alltäglicher gesellschaftlicher Problemstellungen und gibt eine gute Übersicht zur Herangehensweise von Fuzzy-Ansätzen.

Abb. 5/1 *Computergestützter Ackerbau*

5 Geodateninfrastrukturen (GDI)

Bis etwa 1990 waren GIS fast ausschließlich proprietäre Systeme (stand-alone Systeme), die überwiegend isolierte Anwendungen erlaubten. Sie zeichneten sich bis dato als funktional komplexe Systeme aus, die ein umfangreiches Spezialwissen erforderten. Oftmals wurde die komplette Funktionalität von den meisten Anwendern nicht benötigt, musste aber beim Erwerb der Software bezahlt werden. Der Datenaustausch vollzog sich über Dateischnittstellen, wobei es bei den meisten monolithischen Systemen keinen Austausch von Funktionalität und keine offenen Programmierschnittstellen gab. Ab etwa 1995 entwickelte man GIS dann in einer **Mehrschicht-Architektur** und **Komponen-**

tentechnologie, wobei durch sogenannte **GeoMiddleware** (z. B. ArcSDE, Oracle-Spatial ...) eine verteilte Datenhaltung unterstützt wurde. In diese Zeit fällt auch die Gründung des OpenGIS Consortium (OGC) in den USA, das vor allem eine „...complete integration of geospatial data and geo-processing resources into mainstream computing" zum Ziel hat. Die Interoperabilitäts-Konzepte und Standardisierungs-Initiativen des OGC lösten eine Vernetzung von Geodaten-Servern aus.

Die Vernetzung geschah auf verschiedenen Ebenen:
• auf lokaler Ebene als Intranet in Unternehmen,

- auf regionaler Ebene, internetbasiert in den öffentlichen Verwaltungen,
- länderübergreifend bis international für Forschungsinstitute und global operierenden Unternehmen auf Basis der Internet-Technologie.

Diese verteilten Systeme von Geodaten-Servern mit Basis-Diensten (z. B. Visualisierung der Geodaten, download) nennen sich **Geodateninfrastrukturen** (GDI oder Spatial Data Infrastructure, **SDI**).

Eine GDI besteht aus Geodaten, Metadaten, Geodatendiensten sowie Netzwerken einschließlich Netztechnologien. Weiterhin erfordert eine GDI den Aufbau von organisatorischen Rahmenbedingungen. Hierzu gehören vielfältige Rechtsnormen, welche die Grundlagen zur Bereitstellung von Geodaten festlegen sowie Vereinbarungen, die den Zugang und die Nutzung der Geodaten und Geodatendienste zwischen Anbietern und Nutzern regeln. Die Grundlage der Interoperabilität von verteilten Systemen sind Normen und Standards (Spezifikationen), auf deren Basis die Verbindung und Interaktion der verschiedenen Komponenten ermöglicht wird.

Wesentliche Charakteristika dieser räumlich verteilten und vernetzten Geodateninfrastrukturen sind:

1. Das Einsparen von Ressourcen durch geringe Geodatenvorhaltung auf dem lokalen Arbeitsplatzcomputer. Dies verringert insbesondere Redundanzen und Inkonsistenzen in den Geodaten.
2. Eine bessere Qualität und höhere Aktualität der Geodaten, da die Geodaten beim Daten-Produzenten verbleiben können und dort weiter gepflegt werden.
3. Leichteres Auffinden von Daten durch sogenannte Geo-Portale und andere Dienste.

Für den Anwender ergeben sich aber trotzdem weiterhin folgende Probleme:

1. Der Anwender benötigt eigentlich eher Geoinformationen als Geodaten.
2. Um aus Basis-Geodaten Geoinformation abzuleiten, muss der Anwender GIS-Funktionen nutzen bzw. benötigt er Wissen über die Anwendung von GIS-Funktionen.
3. Zur Nutzung eines GIS braucht der Anwender spezifisches GIS-Know-how, wie es in den vorangegangenen Kapi-

---

Interoperabilität, Standards, Normen

Die **OGC** (**O**pen **G**eospatial **C**onsortium, ehemals Open GIS Consortium) Spezifikationen definieren internationale Standards (Normen), dazu zählen:
- Dienstspezifikation WMS (Web Map Service)
- Dienstspezifikation WFS (Web Feature Service)
- Datenspezifikation GML (Geographic Markup Language)
- Zugriffspezifikation SFS (Simple Features for SQL)
- Datenhaltungsformat WKT (Well Known Text) und WKB (Well Known Binary)

Ergänzt werden diese Standardisierungsbemühungen durch die TC 211 Metadaten-Spezifikationen für Geodaten der **ISO** 19-hunderter Serie.

teln beschrieben wurde. (Know-how über Koordinatensystem, Datenstrukturen, Formate, Semantik, Analysemethoden...).

Eine Lösungsmöglichkeit ist es, die Geodateninfrastrukturen (GDI) durch geeignete Geoinformations-Dienste (GI-Dienste) zu erweitern (vgl. Kapitel 5.4).

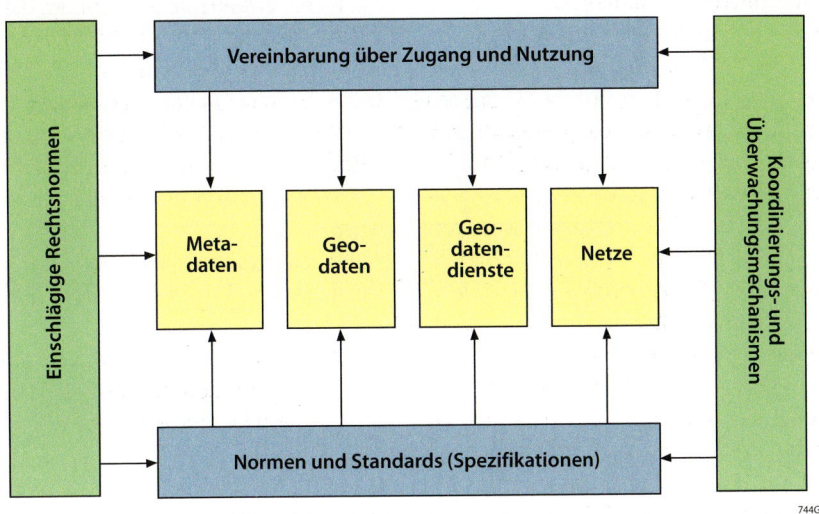

Abb. 5/2 *Komponenten und Rahmenbedingungen einer GDI*

5.1 Zum Stand der Geodateninfrastruktur in Deutschland (GDI-DE)

Der Startschuss zum Aufbau einer GDI-DE war im Jahr 2005, als das Lenkungsgremium GDI-DE (LG GDI-DE) die Koordinierungsstelle GDI-DE (KSt. GDI-DE) beauftragte, ein geeignetes Konzept zur Bereitstellung von Geodaten in Deutschland zu erarbeiten. Im Jahr 2007 wurde von Bund, Ländern und Kommunalen Spitzenverbänden die erste Version des Architekturkonzepts GDI-DE [GDI-DE-Architektur_1.0 2007] beschlossen. Seitdem befindet sich der GDI-DE-Aufbau in einem anhaltenden Prozess, indem die bestehende Architektur unter Berücksichtigung

der Weiterentwicklung von Normen und Standards im Geoinformationswesen sowie der Informations- und Kommunikationstechnik fortgeschrieben wird. Weiterhin werden in diesem Prozess die Anforderungen der Europäischen Richtlinie 2007/2/EG zur Schaffung einer Geodateninfrastruktur in der Europäischen Gemeinschaft (INSPIRE-Richtlinie, vgl. Kapitel 6) berücksichtigt.

Die GDI-DE muss sich also in den Aufbau einer europäischen Geodateninfrastruktur integrieren. Zum Aufbau einer solchen EU-Geodateninfrastruktur (EU-GDI)

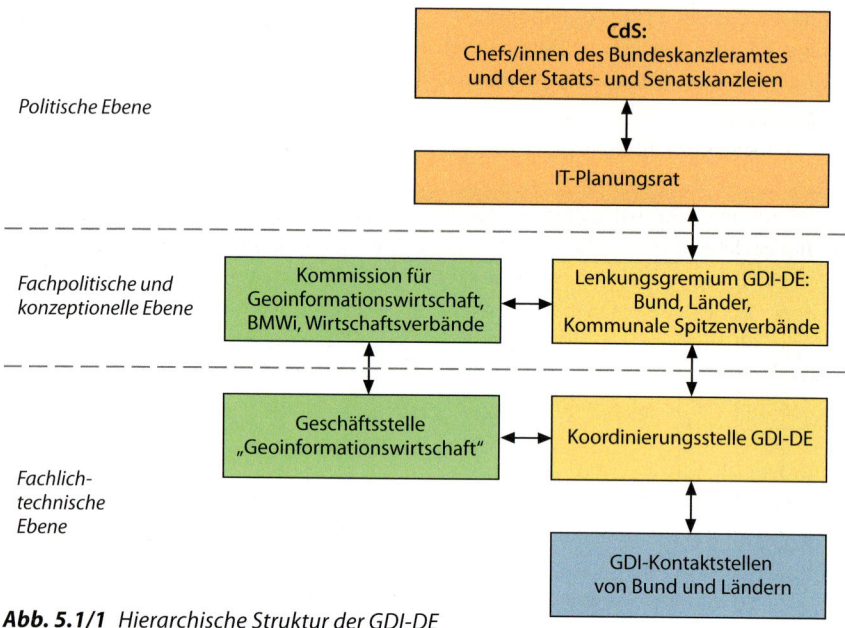

Abb. 5.1/1 *Hierarchische Struktur der GDI-DE*

740GS

verpflichtet die INSPIRE-Richtlinie alle Mitgliedstaaten der Europäischen Union, standardisierte Dienste für die Suche, die Visualisierung und den Bezug von Daten bereitzustellen. Daraus ergibt sich ein hierarchischer Aufbau, in dem die Geodateninfrastrukturen des Bundes und der einzelnen Bundesländer als integrale Bestandteile der GDI-DE aufgebaut und in die übergeordnete EU-GDI integriert werden. Auf Länderebene wiederum wird die Bereitstellung von Geodaten der Kommunen koordiniert und unterstützt.

Der strukturelle Aufbau der GDI-Deutschland verfolgt langfristige Ziele, wobei die Zieldefinitionen abstrakt sind und zunächst als Entscheidungshilfen dienen sollen. Folgende Themen sollen von der GDI-Deutschland-Struktur berücksichtigt werden:

Interoperabilität

Die GDI-DE soll eine offene Struktur sein, welche den interoperablen Transport von Daten über standardisierte Schnittstellen erlaubt und dabei gleichzeitig hersteller- bzw. produktunabhängig ist.

Erweiterbarkeit

Die GDI-DE ist eine dienstorientierte Struktur (engl. Service-Oriented-Architecture, SOA), die durch zusätzliche Dienste jederzeit erweitert werden kann.

Übertragbarkeit

Konzeptionell ist die GDI-DE-Struktur offen, d. h., sie nutzt allgemein verfügbare Standards und Prinzipien. Deshalb ist sie auf alle Ebenen der Verwaltung und der Wirtschaft übertragbar.

Verfügbarkeit

Die GDI-DE-Struktur garantiert die Erreichbarkeit von Geodaten und Geodatendiensten auf Grundlage der gesetzlichen Rahmenbedingungen sowie der Nutzer- und Leistungsanforderungen.

Performanz

Die GDI-DE bürgt für die Leistungsfähigkeit der bereitgestellten Dienste und achtet auf deren Antwortzeitverhalten.

Skalierbarkeit

Die GDI-DE Struktur sichert eine zukünftige Anpassung bei sich ändernden Anforderungen, wie zum Beispiel steigender Last.

Der gesamte Prozess des GDI-DE-Aufbaus wird ständig fortgeschrieben und nach dem aktuellen Stand der Technik neu bewertet. Eine Neubewertung kann auch dazu führen, dass Standards neu kategorisiert bzw. in der zukünftigen Struktur nicht mehr eingesetzt werden.

Der Aufbau der GDI-DE erfordert in Deutschland eine ressort- und themenübergreifende Zusammenarbeit zwischen Bundes- und Landesbehörden sowie letztendlich aller Kommunen. Die Abbildung 5.1/3 zeigt, dass beim Thema „Geoinformation" alle Ressorts der Bundesverwaltung betroffen sind. Darüber hinaus wird von allen beteiligten Stellen ein gemeinsamer technischer Nenner für die Bereitstellung von Geodaten und Geodatendiensten benötigt. Letzte Voraussetzung gilt nicht nur auf nationaler, sondern zugleich auf europäischer und internationaler Ebene.

In der Abbildung 5.1/4 zu Strukturen und Systemene des neu aufzubauenden Informationsmanagement steht die GDI-DE als zentraler Kern in der Mitte, da hier konkret Daten aufgenommen werden bzw. nach den INSPIRE Normen und Standards angepasst werden. Die Initiative GEOSS erhebt keine eigenen Daten oder stellt Datenbereitstellungskapazitäten zur Verfügung. GEOSS versteht sich anders als GMES und INSPIRE als zentrale Anlaufstelle für die koordinierte Nutzung von bereits vorhandenen Datenstrukturen (vgl. KAPPAS, M. 2009:). Daher ist die GDI-DE eingebunden in internationale Strukturen und Systeme des GEOSS.

Die Strukturen und Systeme im weltumspannendnen Beobachtungssystem sind im Wesentlichen die

- **Geodateninfrastrukturen** (Fortführung und Bereitstellung von Geodaten, Aufgabe der GDI-DE) sowie

Abb. 5.1/2 Hierarchische Einbindung der GDI in Deutschland in die EU-GDI

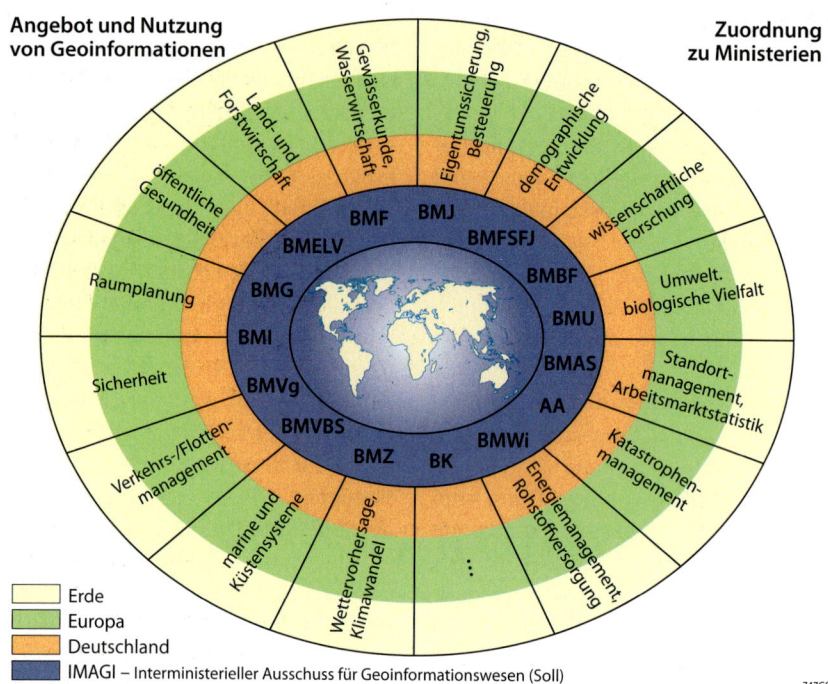

Angebot und Nutzung von Geoinformationen

Zuordnung zu Ministerien

Gewässerkunde, Wasserwirtschaft · Land- und Forstwirtschaft · öffentliche Gesundheit · Raumplanung · Sicherheit · Verkehrs-/Flotten-management · marine und Küstensysteme · Wettervorhersage, Klimawandel · Energiemanagement, Rohstoffversorgung · Katastrophen-management · Standort-management, Arbeitsmarktstatistik · Umwelt, biologische Vielfalt · wissenschaftliche Forschung · demographische Entwicklung · Eigentumssicherung, Besteuerung

BMF · BMJ · BMELV · BMFSFJ · BMG · BMBF · BMI · BMU · BMVg · BMAS · BMVBS · AA · BMZ · BK · BMWi

- Erde
- Europa
- Deutschland
- IMAGI – Interministerieller Ausschuss für Geoinformationswesen (Soll)

747GS

Abb. 5.1/3 *Ressort- und themenübergreifende Zusammenarbeit beim Aufbau der GDI-DE mit daran beteiligten Gruppen*

- **Monitoringsysteme** (Nutzung aller relevanten Geodaten und geeigneter Methoden, insbesondere Fernerkundungsmethoden und Sensornetzwerke) für die Lösung von Fachaufgaben. Der Aufbau des GEOSS sowie der anderen Initiativen wird durch entsprechende Regelwerke abgestimmt, die teilweise noch in der Abstimmung befindlich sind oder bereits abgeschlossen wurden.

Die Konkretisierung der funktionalen Zusammenhänge wird durch das Zusammenspiel nationaler, europäischer und internationaler Initiativen herbeigeführt. Im Zentrum des Interesses steht der Nutzer von Geodaten, dem Daten-

und Diensteangebote auf nationaler, europäischer und internationaler Ebene zur Verfügung gestellt werden sollen – verdeutlicht durch eine Dreiecksbeziehung um den Nutzer in Abbildung 5.1/5.

Auf nationaler Ebene besteht die **Nationale Geodatenbasis** (NGDB, konkret die GDI-DE für Deutschland), auf europäischer Ebene die **European Spatial Data Infrastructure** (ESDI, konkret INSPIRE mit der GDI-EU basierend auf GMES) und auf internationaler Ebene die **Global Spatial Data Infrastructure** (GSDI, konkret GEOSS) basierend auf existierenden internationalen, regionalen und nationalen Beobachtungssystemen.

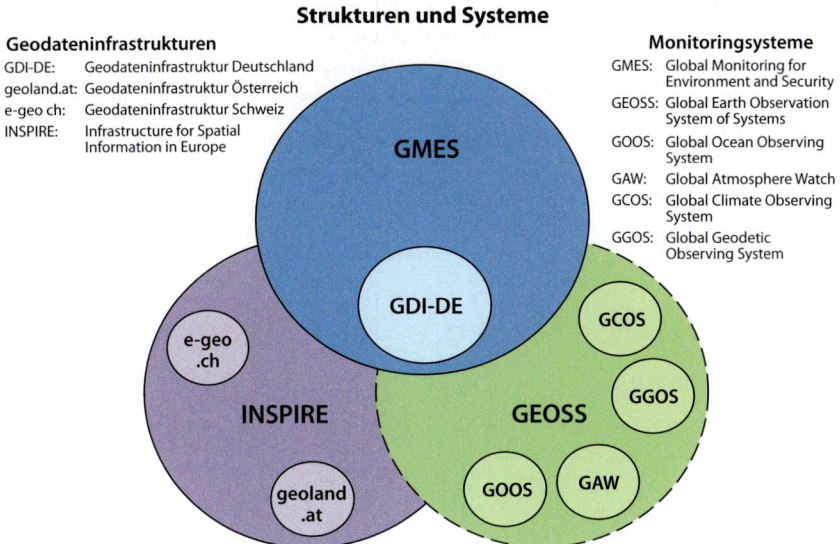

Abb. 5.1/4 *Strukturen und Systeme für den Aufbau eines weltumspannenden Informationssystems im Sinne einer „Digital Earth"*

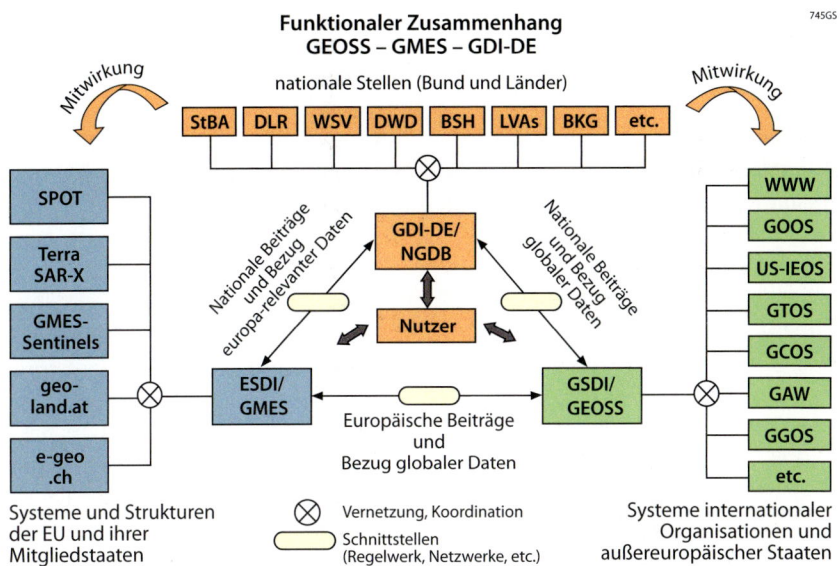

Abb. 5.1/5 *Zusammenspiel von GDI-DE, GEOSS und GMES als Hauptakteure eines internationalen Informationsmanagements – der GSDI (Global Spatial Data Infrastructure)*

Zwischen den genannten Ebenen entstehen enge Wechselbeziehungen, da zum einen vorhandene Daten in die jeweils nächsthöhere Ebene eingebunden werden müssen und zum anderen Beobachtungen und Daten der jeweils nächsthöheren Ebene genutzt werden, um die nationale oder die europäische Dateninfrastruktur zu verbessern.

Zusammenfassung

- Seit 1990 entwickeln sich GIS von proprietären Systemen zu verteilten und vernetzten Geodatenserver-Systemen.
- Geodateninfrastruktur (GDI) ist der Überbegriff für verteilte Systeme von Geodaten-Servern mit Basis-Geodiensten.
- Entwicklungsbasis der GDI ist die Einhaltung von Interoperabilitätsstandards und Normen.

- Eingebettet in die INSPIRE-Initiative wird in Deutschland die GDI-DE entwickelt.
- Übergeordnet wird sich in den nächsten Jahren eine Global Spatial Data Infrastructure (GSDI) entwickeln.

Zum Einlesen

Jubiläumsschrift 10 Jahre IMAGI – Geoinformation im globalen Wandel (1. Aufl., 2008). Die Broschüre wurde zum 10-jährigen Bestehen des Interministeriellen Ausschusses für Geoinformationswesen (IMAGI) unter dem Titel "Geoinformation im globalen Wandel" herausgegeben. Inhaltlich wird anhand von Anwendungsbeispielen das Thema "Geoinformation für Deutschland, Europa und globale Aufgaben" erläutert. Die Broschüre kann online bestellt bzw. als PDF-Datei heruntergeladen werden (http://www.imagi.de/publikationen/navl_publikationen.html). Die Broschüre erläutert neben bereits umgesetzten Maßnahmen die zukünftigen Entwicklungen im Bereich Geoinformationswesen.

5.2 Grundlagen der GDI-Deutschland-Struktur

Der Aufbau der GDI-DE folgt technisch grundlegend dem **Publish-Find-Bind-Muster** der **Diensteorientierten Architektur** (**S**ervice **O**riented **A**rchitecture, **SOA**). Dieser lässt sich vereinfacht in drei Schritte einteilen:

1. Ein Anbieter (Provider) von Geodaten bzw. Geodatendiensten oder anderen Ressourcen registriert sich in einem Katalog bzw. Verzeichnis und veröffentlicht dort sein Angebot (**publish**).

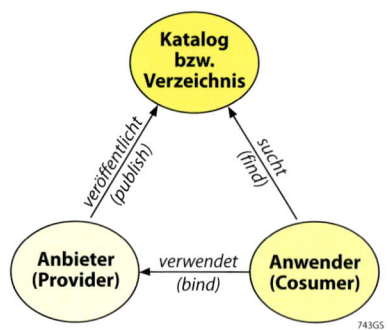

Abb. 5.2/1 *Einfaches Publish-Find-Bind-Muster*

2. Durch die Registrierung wird das Angebot für den Anwender recherchierbar. Der Anwender durchsucht den Katalog nach Geodaten bzw. Geodatendiensten und bekommt von dem Katalog ein Suchergebnis zurückgeliefert (**find**).

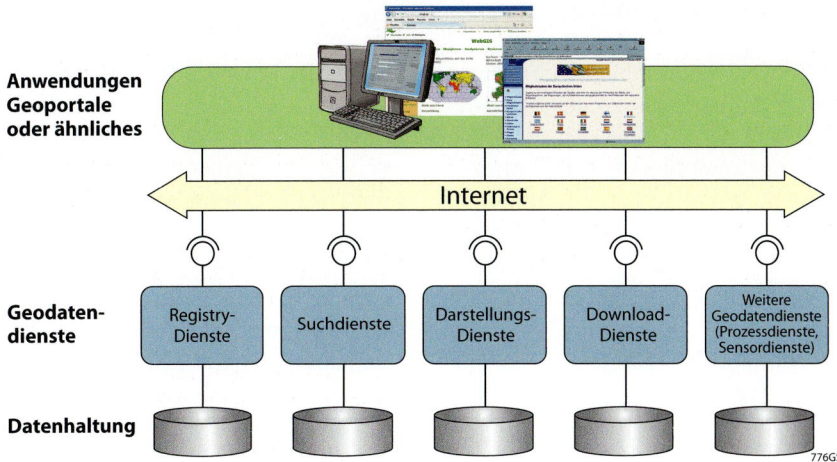

Abb. 5.2/2 *Aufbau der GDI-DE*

3. Aufgrund des Suchergebnisses kann der Anwender (Consumer) die aufgefundenen Geodaten bzw. Geodatendienste des Anbieters ansprechen und entsprechend der bereitgestellten Funktionalität und Nutzungsbedingungen verwenden (**bind**). Die Abbildung 5.2/1 fasst den Publish-Find-Bind-Prozess zusammen.

Die daraus für die GDI-DE resultierende Architektur ist eine Diensteorientierte Architektur (SOA). Konzeptionell basiert diese Architektur auf dem Prinzip der Nutzung verteilt vorliegender Ressourcen (Daten und Funktionalitäten), die über standardisierte Schnittstellen (Dienste) interoperabel bereitgestellt werden (vgl. Abb. 5.2/2).

Zusammenfassung

- Die GDI-DE folgt im Aufbau konzeptionell einer Diensteorientierten Architektur (SOA).
- Grundlage einer SOA ist das Publish-Find-Bind-Muster.
- Die Voraussetzung für die Umsetzung einer GDI ist die strikte Einhaltung von Interoperabilitätsstandards und –normen.

Zum Einlesen

Informationsflyer der GDI-DE auf der Homepage von IMAGI (www.imagi.de).

In diesem Flyer wird der Bedarf an Geodaten aus unterschiedlichen fachlichen und administrativen Quellen kurz vorgestellt. Die GDI-DE wird hier als zentrales Element eines modernen E-Government verstanden und die Bedeutung einer nationalen GDI wird verdeutlicht.

NOLDE, M. & R. DUTTMANN & M.BLASCHEK & U. KLEIN (2010): Geodateninfrastrukturen und ihre Anwendungen in der Praxis. In: Praxis der Informationsverarbeitung und Kommunikation, 33(4), 245-252.

Der Aufsatz bietet einen guten Überblick zu Anwendungen von GDI.

5.3 GDI-DE Formate

Um einen interoperablen Informationsfluss zur Übertragung oder Bereitstellung von Informationen sicherzustellen, müssen **einheitliche Formate** definiert werden. Wichtige Formate innerhalb einer GDI sind Formate für die Bereitstellung von Geodaten und Metadaten sowie Formate für Visualisierungsvorschriften.

5.3.1 GDI-Formate für Vektordaten

Die Übertragung von Vektordaten wird in einer Geodateninfrastruktur konform zur **Geographic Markup Language** (GML) geregelt. Ab GML-Version 3 wurde der GML-Ansatz auf Rasterdaten (Coverages), Sensordaten und Koordinatenreferenzsysteme erweitert. Der Hauptanwendungsbereich der GML sind

---

GML (Geography Markup Language)

GML (Geography Markup Language) wird vom Open Geospatial Consortium (OGC) gemeinsam mit dem ISO TC 211 (siehe www.isotc211.org/), dem technischen Komitee der ISO zur Festlegung digitaler geobezogener Daten, festgelegt. Inzwischen liegt GML in der Version 3.2.1 vor. Die Dokumentation ist frei verfügbar. Bei GML handelt es sich um eine sogenannte Auszeichnungssprache, die zum Austausch raumbezogener Objekte („Features") genutzt wird.

GML basiert dabei auf XML (Extended Markup Language) und wird durch Schemabeschreibungen (XML-Schemadateien *.xsd) erweitert. Mittels GML werden Objekte mit Attributen, Relationen und Geometrien übermittelt unter Einbeziehung auch nicht-konventioneller Daten (z. B. Sensordaten). GML besitzt eine Menge von „Primitiven", die zum Aufbau der Übermittlung von Geodaten genutzt werden:

- Objekt (feature)
- Geometrie (geometry)
- Koordinatenreferenzsystem (coordinate reference system)
- Zeit (time)
- dynamisches Objekt (dynamic object)
- Überdeckung unter Einschluss von geographischen Abbildungen (coverage)
- Maßeinheit (unit of measure)
- Gestaltungsregeln für die Kartendarstellung (map presentation styling rules)

GML ist ebenfalls Grundlage der künftigen **N**ormbasierten **A**ustauschschnitt**s**telle (NAS) der AdV.

Neben GML besteht noch KML (Keyhole Markup Language), das von Google weltweit verbreitet wird. KML wurde für die Visualisierung geographischer Informationen entwickelt und kann GML-Inhalte darstellen. (www.gis-news.de/papers/gml/).

aber weiterhin die Vektordaten. Grundlegendes Konzept ist das General Feature Model, welches zur Modellierung räumlicher Informationen auf Objekten (Features) mit Attributen (dazu zählen auch Geometrien) und Relationen basiert.

Für die Erstellung von GML-konformen Datenformaten bestehen ein Regelwerk für räumliche Datenmodelle (GML-Anwendungsschema) sowie der W3C-Standard „XML-Schema zur Codierung der Formatbeschreibung" von räumlichen Datenmodellen. Für die Modellierung neuer zukünftiger Datenmodelle ist die GML Version 3.2 heranzuziehen (OGC-GML Version 3.2, ISO 19136:2007/ OpenGIS® Geography Markup Language (GML) Encoding Standard, Implementation Specification).

Gemäß der INSPIRE-Richtline sind für bereitzustellende Geodaten die einzelnen Datenspezifikationen und Formate der INSPIRE-Annex-Themen verpflichtend. Weiterhin bestehen GML-konforme Formate, die in Teilbereichen der GDI-DE gebräuchlich sind. Herauszustellen ist das **AAA®-Datenmodell** (AFIS-ALKIS-ATKIS-Referenzmodell) des Amtlichen deutschen Vermessungswesens. Das AAA-Datenmodell ist normenkonform und regelt die Verwaltung und den Zugriff auf die Daten der Grundlagenvermessung, des Liegenschaftskatasters und der Geotopographie. Es besitzt ein Anwendungsschema, in dem alle Inhalte und Beziehungen beschrieben werden. Dieses besteht aus dem Basisschema und dem Fachschema. Das Basisschema beschreibt alle grundlegenden Eigenschaften von Geoobjekten. Das Fachschema hingegen enthält die Gliederung von Ob-

jektklassen, Objektartgruppen, Objektarten sowie deren Attribute. Das AAA-Datenmodell bildet alle im amtlichen Vermessungswesen der Bundesländer vorkommenden Informationen in den Bereichen Liegenschaftskataster, Topographie/Kartographie und Grundlagenvermessung (www.adv-online.de.) ab.

Ein weiteres GML-konformes Format ist das **AgroXML-Format**, welches ein Datenmodell für den Informationsaustausch in der Landwirtschaft ist (www. agroxml.de). Das aktuelle Release von AgroXML besteht als Version 1.5 und wurde am 1. Oktober 2010 veröffentlicht. Die neue Version ist abwärtskompatibel und thematisiert inhaltliche Weiterentwicklungen der betreffen Datenstrukturen zu Bodenerosion und Metadaten. In der Zukunft sind Erweiterungen für den Datenaustausch im **InVeKoS-Verfahren** und Ergänzungen im Bezug auf die Bodenanalyse vorgesehen.

Im Bereich der Geologie und Hydrologie hat sich das GML-konforme Format **BoreholeML (BML)** etabliert. Das GML-konforme Format BoreholeML ist ein von den Staatlichen Geologischen Diensten in Deutschland gemeinschaftlich entwickelter Standard zum Austausch geologischer Daten (Bohrungen). Es ermöglicht flächendeckend den Austausch aktueller geologischer Basisinformation aus der Ingenieur- und Hydrogeologie sowie der Rohstofferkundung und Geothermie (www.bgr.bund.de).

INSPIRE-Annex-Themen

INSPIRE Annex I (GDI-DE-grundlegend, INSPIRE-grundlegend)

Für die folgenden Themen definieren die INSPIRE-Umsetzungsanleitungen auf GML Version 3.2 basierende Datenspezifikationen und Formate:

1. Koordinatenreferenzsysteme

2. Geographische Gittersysteme

3. Geographische Bezeichnungen

4. Verwaltungseinheiten

5. Adressen

6. Flurstücke/Grundstücke (Katasterparzellen)

7. Verkehrsnetze

8. Gewässernetz

9. Schutzgebiete

INSPIRE Annex II und III (GDI-DE-grundlegend, INSPIRE-grundlegend)

Für die folgenden Themen ist die Erstellung von INSPIRE-Datenspezifikationen und Formaten zurzeit in der Entwicklung:

Annex II:

1. Höhe

2. Bodenbedeckung

3. Orthofotografie

4. Geologie

Annex III:

1. Statistische Einheiten

2. Gebäude

3. Boden

4. Bodennutzung

5. Gesundheit und Sicherheit

6. Versorgungswirtschaft und staatliche Dienste

7. Umweltüberwachung

8. Produktions- und Industrieanlagen

9. Landwirtschaftliche Anlagen und Aquakulturanlagen

10. Verteilung der Bevölkerung - Demographie

11. Bewirtschaftungsgebiete/Schutzgebiete/geregelte Gebiete und Berichterstattungseinheiten

12. Gebiete mit naturbedingten Risiken

13. Atmosphärische Bedingungen

14. Meteorologisch-geographische Kennwerte

15. Ozeanographisch-geographische Kennwerte

16. Meeresregionen

17. Biogeographische Regionen

18. Lebensräume und Biotope

19. Verteilung der Arten

20. Energiequellen

21. Mineralische Bodenschätze

Der **CityGML**-Standard ist ein Informationsmodell für die Modellierung, Speicherung und den Austausch von 3D-Stadt- und Landschaftsmodellen. Das Format ist XML-basiert und wurde vom OGC als internationaler Standard verabschiedet (CityGML 1.0, August 2008). CityGML ist dabei fachübergreifend und ermöglicht den Austausch von Geländemodellen, Gebäudemodellen (einschließlich Gebäuden, Brücken, Tunneln und Infrastrukturen), Vegetation, Gewässern und Verkehr. Aufgrund der durchgängigen Repräsentation von Geometrie, Semantik und Topologie unterstützt CityGML eine Vielzahl aktueller und neuer Anwendungen, wie Stadtplanung, Stadtmarketing, Tourismus und komplexe Umweltsimulationen (z. B. Solarpotentialanalyse, Lärmgutachten, Ausbreitung von Schadstoffen). Dabei werden in CityGML fünf Detaillierungsgrade (Levels of Detail (LOD)) festgeschrieben, die mit einer jeweils höheren geometrischen und semantischen Detailebene verbunden sind (www.citygml.org).

Ein weiterer GML-konformer Standdard ist **GeoSciML**. GeoSciML ist ein Format für den interoperablen Austausch von geowissenschaftlichen Daten. Neben GML basiert GeoSciML auf dem OGC Observations & Measurements Encoding Standard (O&M). Inhalte sind überwiegend fachlich harmonisierte Daten der Fachbereiche Geologie, Hydrologie, Pedologie, Mineralogie und Rohstoffforschung (www.geosciml.org).

Im Straßen- und Verkehrswesen hat sich im Rahmen eines Objektkatalogs (OKS-TRA®) eine Sammlung von Objekten für das Straßen- und Verkehrssystem in Deutschland herausgebildet. Im Dezember 2000 wurde der OKSTRA® bereits vom Bundesverkehrsministerium für die Bundesstraßen eingeführt.

In Folge des E-Government Projektes XPlanung wurde ein objektorientiertes Datenaustauschformat **XPlanGML** entwickelt. Dieses Format basiert auf den bundesweit gültigen Rahmenbedingungen der kommunalen Bauleitplanung,

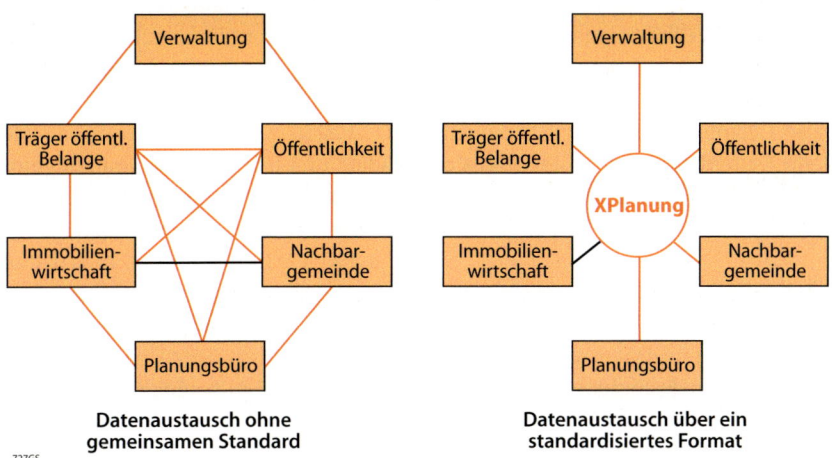

727GS

Abb. 5.3.1/1 *Datenaustausch ohne gemeinsamen Standard und mittels XPlanung*

Regional- und Landschaftsplanung und orientiert sich technisch am AAA®-Datenmodell. Das XPlanGML-Datenformat sichert den verlustfreien Austausch von raumbezogenen Planwerken zwischen unterschiedlichen IT-Systemen zu und unterstützt damit die webbasierte Bereitstellung von Plänen über Web-Dienste (www.xplanung.de).

5.3.2 GDI-Formate für Rasterdaten

Wie bereits in Kapitel 2.2.2 beschrieben, sind Rasterdaten mehrdimensionale Daten, die in Matrixform (Zeilen und Spalten) dargestellt werden. Hauptanwendungsgebiete sind die Photogrammetrie, die Fernerkundung, die thematische Kartographie und die digitale Geländemodellierung. Als GDI-DE-grundlegende Rasterdatenformate bestehen zurzeit:

- GeoTIFF, Geo Tagged Image File Format,
- HDF-EOS, Hierarchical Data Format - Earth Observing System,
- DTED, Digital Terrain Elevation Data
- NITF, National Imagery Transmission Format,
- CF-NetCDF, Climate and Forecast Metadata Convention - Network Common Data Form.

Diese Datenformate sind zu benutzen, wenn Rasterdaten über einen Web Coverage Service (WCS) übermittelt werden sollen.

5.3.3 GDI-Formate für Sensordaten

Sensordaten sind Daten von verteilten Mess-Sensoren, die Systemzustände (z. B. Bodenfeuchte) anhand von Einzelwerten oder Messreihen beschreiben. Dazu zählen sowohl Daten von Fernerkun-

dungssensoren als auch Messreihen von meteorologischen und hydrologischen Parametern. Generell zeichnen sich Sensordaten dadurch aus, dass sie Einzelwerte mit hoher Wiederholungsrate aufzeichnen und in der Regel auch Informationen über das Messverfahren selbst bereitstellen. Die Integration von Sensordaten in eine GDI wird durch die **Sensor Web Enablement** (SWE) Initiative des OGC geregelt. Die SWE definiert grundlegende Datentypen und Datenkodierungen, welche spezifikationsübergreifend im Rahmen der SWE-Architektur verwendet werden können. Als Standardformate im Bereich SensorWeb sind zu nennen:

- Sensor Model Language OGC-SensorML Version 1.0 und
- OGC SensorML Encoding Standard - Schema Corrigendum 1 (1.01).

5.3.4 GDI-Formate für Metadaten

Metadaten werden im Rahmen einer GDI benötigt, um eine gezielte Suche nach bestehenden Geodaten und ihre Eignung für einen bestimmten Anwendungsbereich zu prüfen. Konzeptionelle Grundlage der Metadatenformate für Geodatensätze und –dienste bilden die Normen ISO 19115 Geographic Information – Metadata und ISO 19119 Geographic Information – Services. Die Beschreibung und Kodierung der Metadaten erfolgt anhand der ISO 19139 Geographic Information – XML Schema Implementation. Innerhalb der GDI–DE werden Geodatensätze grundsätzlich über Geodatendienste (vgl. Kapitel 5.4) bereitgestellt. Metadaten werden ihrerseits über Suchdienste recherchiert. Um einen reibungslosen Ablauf zu gewährleisten, müssen Geodaten, Metadaten und Geodatendienste aufeinander abgestimmt sein. Daher beinhaltet eine vollständige Metadatenbeschreibung auch den Hinweis, über welche Geodatendienste die gesuchten Geodatensätze verfügbar sind.

Das Standardformat für Metadaten ist das ISO/TS 19139:2007 Geographic Information - Metadata - XML Schema.

5.3.5 Koordinatenreferenzsysteme und Projektionen

Einheitliche Koordinatenreferenzsysteme sichern die Kombination von Geodaten unterschiedlicher kartographischer Projektion. Man nennt einen Geodatendienst konform zur GDI-DE, wenn z. B. die bereitgestellten Geodaten aus Deutschland (GDI-DE) und Europa (INSPIRE) kombinierbar sind. Ein Geodatendienst muss deshalb zentrale Koordinatenreferenzsysteme und Projektionen unterstützen. Die erforderlichen Koordinatenreferenzsysteme sollen von den Geodatendiensten in der Art unterstützt werden, dass Anfragen und Antworten in den Koordinatenreferenzsystemen erfolgen können, auch wenn die Daten intern in einem anderen Koordinatenreferenzsystem vorliegen. Für die interne Datenspeicherung beim Anbieter eines Dienstes werden deshalb keine Koordinatenreferenzsysteme vorgeschrieben. Allerdings müssen im Geodatendienst intern die erforderlichen Transformationen zwischen Projektionen bzw. Referenzsystemen unterstützt werden. Für alle geforderten Koordinatenreferenzsysteme wird ein einheitliches europäisches geodätisches Datum ETRS89 verwendet (Europäisches Terrestrisches Referenzsystem 1989).

Nach INSPIRE-Vorschrift müssen Geodatendienste das **geodätische Koordinatenreferenzsystem ETRS89** (EPSG::4258) – geographische Koordinaten (Breite/Länge) unterstützen. Als Standards für Projektionen müssen Geodatendienste in Deutschland folgende Standards zwingend unterstützen:

• ETRS89/LCC Germany (EPSG::4839)

Für Maßstäbe > 1 : 500 000 wird empfohlen, eine entsprechende Universale Transversale Mercatorprojektion (UTM) zu unterstützen:

• ETRS89/TM32 (EPSG::3044)
• ETRS89/UTM Zone 32 N (EPSG::25832)
• ETRS89/TM33 (EPSG::3045)
• ETRS89/UTM Zone 33 N (EPSG::25833)

Zusammenfassung

• Um einen interoperablen Informationsfluss in der GDI-DE zu erreichen, müssen bestimmte Formate für Datentypen (Vektor-, Rasterdaten) eingehalten werden.
• GML (Geography Markup Language) hat sich als Standard bzw. Norm für die Festlegung geobezogener Daten etabliert.
• In Deutschland ist insbesondere das AAA-Datenmodell des Amtlichen Deutschen Vermessungswesens für die normenkonforme Bereitstellung von Basisdaten für GIS von Bedeutung.

Zum Einlesen

KTBL: AgroXML - Informationstechnik für die zukunftsorientierte Landwirtschaft. KTBL-Vortragstagung vom 17.-18. April 2007 in München, Ausgabe 2007.
Die Veröffentlichung der KTBL beschreibt gut verständlich die Bedeutung der GDI im Arbeitsfeld der Landwirtschaft.

5.4 Webbasierte Geodienste – Zusammenführung von Web- und GIS-Technologie

Als Grundlage der Zusammenführung von Webdiensten und GIS dient das Internet. Das Internet als weltweiter Verbund aus zusammengeschlossenen Computernetzwerken bildet das Übertragungsmedium für Informationen ab. Der bekannteste darauf aufgesetzte Dienst dürfte das **World Wide Web** (WWW) sein, welches den Austausch von E-Mail und Internet-Telefon ermöglicht. Internet und WWW-Dienste sind heute fester Bestandteil unserer Informationsgesellschaft. Spezielle Suchmaschinen (Google, Yahoo, etc.) Routenplaner oder Internetbanking sind heute leicht nutzbar. Hinter dieser Informationsstruktur stehen sogenannte **Webservices**, die von allen Menschen genutzt werden können und völlig unabhängig vom installierten Betriebssystem auf dem individuellen PC sind.

Wichtige OGC-basierte und in der Architektur der GDI-DE referenzierte Geodienste sind überwiegend Downloaddienste zur Bereitstellung von Geodaten. Der Schwerpunkt der Dienste liegt auf den Weiterverarbeitungsmöglichkeiten und der vollständigen Informationsübertragung. Folgende Dienste sind zu nennen:

- Web Map Service (WMS),
- Web Feature Service (WFS),
- Web Coverage Service (WCS),
- Catalog Service Web (CSW),
- Web Feature Service-Gazetter (WFS-G),
- Web Coordinate Transformation Service (WCTS),
- Web Terrain Service (WTS).

5.4.1 Web Map Service

Ein WMS stellt einen webbasierten Kartendienst dar, der über verfügbare Geodaten einen Kartenausschnitt generiert und diesen über das Web bereitstellt. Dabei werden die georeferenziert vorliegenden Daten in ein Rasterbildformat konvertiert (z. B. PNG, GIF oder JPEG) und können dadurch auf jedem Web-Browser dargestellt werden. Im Falle von Karten im Vektorformat können diese als SVG hochgeladen werden. Die meisten GIS-Anbieter stellen in ihrer Software eine Schnittstelle zu einem WMS-Dienst zur Verfügung. Über diese Schnittstelle können die Karten dann direkt in das GIS eingebunden und genutzt werden.

Der WMS bietet drei wichtige Funktionen. Zunächst wird der Leistungsumfang des Dienstes angefragt. Dies geschieht über die **GetCapabilities**-Funktion. Der Nutzer erhält daraufhin eine Antwort in Form eines XML-Dokumentes, in dem Metadaten zu den vom Dienst angebotenen Geodaten übermittelt werden. Die GetCapabilities-Abfrage liefert Informationen über den Dienst (Anbieter), die Ausgabeformate des WMS und die verfügbaren Daten-Layer und zugehörigen Projektionssysteme.

Über die **GetMap**-Schnittstelle des WMS kann dann die Karte bezogen werden, wobei eine spezifische Anfrage formuliert werden muss. In dieser Anfrage können individuelle Parameter wie Bildgröße, Bildformat, Koordinatenreferenzsystem und der geographische Koordinatenausschnitt festgelegt werden.

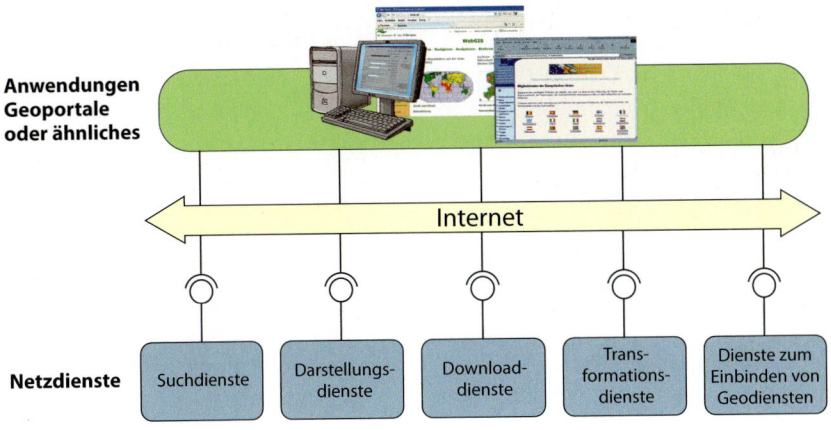

Abb. 5.4/1 *INSPIRE Netzdienste nach Artikel 11 (1) der Richtlinie 2007/2/EG*

Open Geospatial Consortium

Das Open Geospatial Consortium (OGC) ist ein international tätiges Konsortium. Es besteht aus etwa 350 Mitgliedern aus Wirtschaft, Wissenschaft und Verwaltung. Das Hauptziel des OGC liegt in der Ausarbeitung von Spezifikationen und Standards für die Bereitstellung von Geodaten und Diensten über das Internet. Dabei will das OGC die Grundlagen schaffen, Daten auf Basis von Standards und Normen über Systemgrenzen hinweg auszutauschen. Diese Möglichkeit wird mit dem Begriff **Interoperabilität** bezeichnet.

Das OGC arbeitet eng mit dem Technical Committee 211 (TC 211) der International Organization for Standardization (ISO) zusammen. Die ISO entwickelt die Standardisierungsreihe ISO 19100. In dieser Reihe werden Geoinformationen und Geodienste normiert und als ISO-Standard veröffentlicht.

Weiterhin werden Internet-Standards berücksichtigt, die parallel vom World Wide Web Consortium (W3C) erarbeitet werden. In Europa ist das Comité Européen de Normalisation (CEN) für Europas verbindliche Normen zuständig. Diese EU-Normen sind von Normungsinstituten der Mitgliedsstaaten zu übernehmen (vgl. INSPIRE). Auf nationaler Ebene liegt die Zuständigkeit beim Deutschen Institut für Normung (DIN).

Optional können über eine **GetFeature-Info**-Operation Attribute (Sachinformationen) über einzelne Objekte (features) abgefragt werden. Anhand der zur Verfügung stehenden Funktionen wird ein WMS entweder als **Basic-WMS** (besitzt die Funktionen GetCapabilities und Get-Map) oder als **Queryable-WMS** (besitzt zusätzlich die GetFeatureInfo) bezeichnet.

5.4.2 Web Feature Service

Ein WFS bezieht sich grundsätzlich nur auf Vektordaten. Der eingangs erwähnte WMS ermöglicht nur die Darstellung von Geodaten in Form von statischen Karten. Für Anwendungen, die über die reine Kartendarstellung hinausgehen, kann der Nutzer über den WFS auf die der Karte zugrunde liegenden Objekte zugreifen. Diese Vektordaten können dann vom Nutzer zum Beispiel in einem GIS weiter analysiert bzw. weiterverarbeitet werden. Ein Standard-WFS ermöglicht Operationen, mit denen Objekte eingefügt, aktualisiert oder gelöscht werden können. Je nach Umfang der vorhandenen Operationen werden WFS-Dienste in **Basic-WFS** oder **Transactional-WFS** eingeteilt. Der Basic-WFS muss die Operationen GetCapabilities, DescribeFeatureType und GetFeature zur Verfügung stellen. Dadurch wird ein lesender Zugriff auf die Daten durch den WFS gewährleistet. Der Transactional-WFS geht über die Grundfunktionen des Basic-WFS hinaus und ermöglicht die Operation Transaction und lässt damit schreibende Zugriffe auf die Daten zu. Über eine **LockFeature**-Operation können einzelne Objekte vor einer Veränderung geschützt werden.

Links zum Thema WFS

- OGC Specificationen unter www.opengeospatial.org/
  - OGC Web Feature Service Implementation Specification Version 1.0.0
  - Geography Markup Language Implementation Specification
  - Filter Encoding Implementation Specification V 1.1.0
- GeoServer als WFS-T (http://xircles.codehaus.org/projects/geoserver)
- WFS-T mit Deegree (http://deegree.org)
- UMN MapServer WFS als Server, als Client und Filter Encoding UMN(http://mapserver.gis.umn.edu/docs/howto/wfs_client)

Ab der Version WFS 1.1 wird zusätzlich die Operation **GetGmlObject** zur Verfügung gestellt. Die Erweiterung des BasicWFS mit der Operation GetGmlObject wird als **xLink- WFS** bezeichnet und ermöglicht, während einer GetFeature-Anfrage verschachtelte xLinks aufzulösen. Ein xLink stellt dabei eine in XML geschriebene Verknüpfung zwischen Ressourcen dar. Ziel des xLink ist es, Elemente in XML-Dokumente einzubauen.

5.4.3 Web Coverage Service

Ein WCS ist ein Rasterdatendienst, der einen angefragten Ausschnitt von Rasterdaten bereitstellt. Ein Web Coverage Service (WCS) liefert Geodaten, die meistens Phänomene mit räumlicher Variabilität beinhalten (z.B. Temperaturverteilung, Niederschlagskarten, Höhenmodelle). Neben der reinen Visualisierung können thematische Daten auch bereitgestellt werden, um sie in Klimamodellen oder hydrologischen Modellen (Überflutungssimulation) weiterzuverwenden. Der WCS kann sowohl Daten im Raster- als auch im Vektordatenformat liefern. Zurzeit ist die Bereitstellung der Daten aber auf sogenannte **Grid Coverages** begrenzt, durch die die Daten in festen Abständen wie in einem Gitter geliefert werden. Ein WCS erlaubt drei Operationen: GetCapabilities, DescribeCoverage und GetCoverage.

5.4.4 Catalog Service Web

Durch den Katalogdienst kann ein Anwender nach Geodaten und Geodiensten suchen. Dazu werden vom Anbieter Beschreibungen der Geodaten und Geodienste (Metadaten) in einen Catalogue Service Web (CSW) eingestellt. Die Metadaten enthalten Informationen über die Zugriffsmöglichkeiten, den Anbieter sowie weitere Daten beschreibende Informationen wie Maßstab, Qualität und Aktualität. Die Metadaten wiederum werden in Metainformationssystemen erfasst, die ihre Speicherung, Auswertung und Präsentation ermöglichen.

5.4.5 Web Feature Service Gazetter

Ein Gazetter-Service (WFS-G) ähnelt in der Funktion einem Web Feature Service. Ein WFS-G ermöglicht den Zugriff auf raumbezogene Daten über geographische Namensverzeichnisse. Bei Eingabe eines geographischen Namens zeigt der WFS-G die zugehörigen Koordinaten an oder er visualisiert das Objekt in einem passenden Kartenausschnitt. Der WFS-G ist somit als Suchdienst für geographische Objekte (z.B. Hausadressen, Ortsnamen) zu nutzen. Hierbei kann die Suche auch umgekehrt geschehen, indem der Anwender einen geographischen Kartenausschnitt definiert und sich die dort vorhandenen Objekte anzeigen lässt.

5.4.6 Web Coordinate Transformation Service

Der Web Coordinate Transformation Service (WCTS) ist ein Service, der Koordinatentransformationen ermöglicht. Durch Festlegung von Transformationsparametern können Koordinaten zwischen unterschiedlichen Referenzsystemen umgerechnet werden (z.B. von der Universalen-Transversalen-Mercator-Projektion (UTM) in die Gauß-Krüger-Projektion). Der Service ist sehr wichtig, da Geodaten häufig aus verschiedenen Quellen verschnitten werden müssen. Die Transformation läuft parallel zur Datenanfrage, sodass die Geodaten innerhalb der Geodateninfrastrukturen in ihren ursprünglichen Referenzsystemen vorgehalten werden können. Obwohl der WCTS noch nicht als OGC-Standard existiert, gibt es bereits eine Auswahl gut funktionierender Softwarebausteine zur Koordinatentransformation. Ein gut funktionierendes Softwaretool bietet das Bundesamt für Kartographie und Geodäsie in Frankfurt.

5.4.7 Web Terrain Service

Der Web Terrain Service (WTS) visualisiert Geodaten in einer perspektivischen Ansicht. Der derzeitige Standard für einen Dienst zur Erstellung von perspektivischen Ansichten (GDI-DE-optional) ist die OGC-WTS Version 0.3.2 (OpenGIS® Web Terrain Server). Der WTS orientiert sich dabei am Konzept des WMS und liefert auf Anfrage statische 3D-Karten als Bilder bzw. 3D-Visualisierungen. Diese 3D-Visualisierungen basieren auf den Höhenangaben digitaler Geländemodelle.

5.4.8 Web-Dienste in Vorbereitung

Neben den oben dargestellten und bereits verfügbaren GDI-Diensten sind weitere Dienste in der Entwicklung. Wichtige zukünftige Dienste sind:

- Web **3D** Service (W3DS)
- Web **P**rocessing **S**ervice (WPS, steuert Dienste untereinander)
- **S**ensor **W**eb **E**nablement (SWE)
  - **S**ensor **O**bservation **S**ervice (SOS)
  - **S**ensor Planing **S**ervice (SPS)
  - **S**ensor **A**lert **S**ervice (SAL)
  - **S**ensor **E**vent **S**ervice (SES)
  - **W**eb **N**otification **S**ervice (WES)

5.4.9 GI-Dienste aus Entwickler- und Anwendersicht

Die Einführung der Geodateninfrastrukturen stellt sich für Entwickler und Anwender unterschiedlich dar. Im Folgenden soll stichwortartig die unterschiedliche Sichtweise aus Entwickler- und Anwendersicht zusammengefasst werden.

GI-Dienste aus Entwicklersicht:

- besitzen eine Komponenten-Architektur und bilden gekapselte Softwaremodule mit modularen GIS-Funktionen,
- beruhen auf dem Distributed Computing - Prinzip (Protokolle z. B. CORBA/ IDL, WWW/HTTP),
- sind nach OGC/ISO international standardisiert (z. B. WMS: GetCapabilities, GetMap, GetFeatureInfo) und können zu komplexen Prozessen verkettet werden (transparent / opaque).

GI-Dienste aus Anwendersicht:

- für den Anwender einfach nutzbar und kombinierbar, da die Dienste interoperabel sind,
- vom Anwender werden nur diejenigen GIS-Komponenten genutzt, die er wirklich benötigt (besseres Kosten-Nutzen-Verhältnis),
- komplexe Arbeitsabläufe können wesentlich vereinfacht werden,
- ermöglicht dem Anwender, Systeme über die Systemgrenzen hinweg zu verbinden,
- es werden nicht unbedingt homogene Datenstrukturen und Formate benötigt, da entsprechende Dienste die Daten anpassen,
- steigern für den Anwender die Nutzbarkeit von Geodaten und die Effizienz von GIS-Arbeiten.

Zusammenfassung

- Ein „Web-Servive" oder Web-Dienst ist eine internetgestützte Dienstleistung (z. B. Suchdienst), welche system- und plattformunabhängig die Interaktion zwischen einem Dienste-Anbieter und einen Dienste-Nutzer herstellt (Client-Server-Architektur).
- Die Interaktion basiert auf standardisierten Anfragen und Antworten.

Zum Einlesen

EIN LEITFADEN: GEODIENSTE im Internet (2. überarbeitete Auflage, September 2008, herausgegeben von der Koordinierungsstelle der GDI-DE)

Dieser Leitfaden ist kostenfrei im Internet herunterzuladen und enthält praktische Anweisungen für den Aufbau und Betrieb von Geo-Diensten. Weiterhin enthält er viele fachliche und technische Details über das Thema Geo-Dienste. www.imagi.de/download/flyer_broschueren/Geodienste_Leitfaden_2Aufl.pdf

5.5 Dienste in Desktop GIS am Beispiel der Einbindung eines WMS in ArcGIS

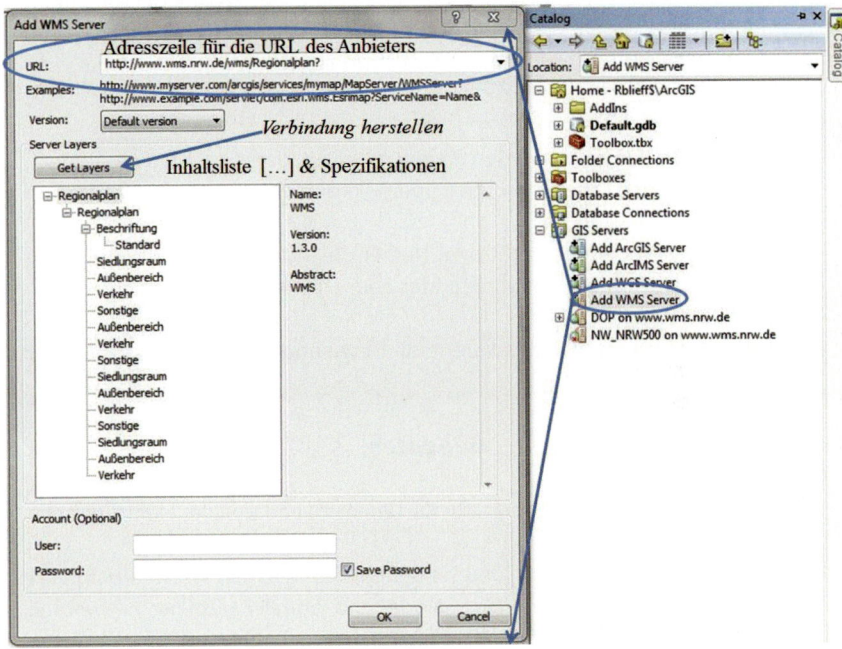

Abb. 5.5/1 *GIS-Server in ArcGIS über ArcExplorer ansteuern und hinzufügen*

Die Einbindung eines WMS in das Desktop GIS ArcGIS kann zum Beispiel über den ArcExplorer oder direkt über Arc-Map verwirklicht werden. Der folgende Ablauf schildert chronologisch die Einbindung eines WMS in ArcGIS. Zunächst kann nach Öffnen von ArcExplorer unter dem Menüpunkt „GIS-Server" ein neuer

Beispiele von häufig genutzten Geodiensten und ...

Deutschsprachig:
- Die Bundesverwaltung admin.ch: Departement für Umwelt, Verkehr, Energie und Kommunikation, Web-GIS des Bundesamtes für Umwelt BAF
- geometa.info: Suchmaschine für Geodienste, Geodaten und Online-Karten
- Geoservices der LGB (Landesvermessung und Geobasisinformation Brandenburg): neben zahlreichen Geodiensten wird auf verschiedene Geo-Anwendungen hingewiesen.
- WMS-Dienste Rheinland-Pfalz: Das Landesamt für Geologie und Bergbau stellt dynamische Karteninhalte als Online-Karten und als WMS-Dienst zur Verfügung.

Europa:
- OpenStreetMap Server: Server besteht aus einem Datenbank-Server, einem Frontend-Server für die Webseite, drei Anwendungsservern für die Programmierschnittstelle (API) sowie einem Tile-Rendering-Server.

Weltweit:
- OpenStreetMap WMS: Hier werden für jeden frei nutzbare Geodaten gesammelt, mit deren Hilfe Weltkarten errechnet, Spezialkarten abgeleitet oder Navigation betrieben werden kann.
- LizardTech Server: Server bietet dem Nutzer die Möglichkeit, hochauflösbare Geodaten wie Luftbilder, Satellitenbilder oder LiDARdaten zu verdichten, verarbeiten und zu teilen.
- Geonames geographical database: enthält Daten und Karten sämtlicher Länder der Erde

Geodaten

Deutschsprachig:
- Kartenportal.Ch: Rechercheportal für Karten und Geodaten der elektronischen Bibliothek Schweiz
- Landesamt für Geoinformation und Landentwicklung Baden-Württemberg: hier können Geobasisinformationen in analoger und digitaler Form bestellt werden
- CORINE Land Cover 2000 (DE): stellt einheitlich und damit vergleichbare Daten der Bodenbedeckung für Europa zur Verfügung
- Deutsches Zentrum für Luft- und Raumfahrt (DLR): gebildet vom Institut für Methodik der Fernerkundung (IMF) und vom Deutschen Fernerkundungsdatenzentrum (DFD): ist das Kompetenzzentrum für Erdbeobachtung in Deutschland
- BKG-GeoDatenZentrum: Zentraler Geodatenservice für amtliche Geobasisdaten

Europa:
• CORINE Land Cover 2000 (EU): stellt einheitliche und damit vergleichbare Daten der Bodenbedeckung für Europa zur Verfügung

Weltweit:
• ArcGIS Resources Center: bietet Kartengrundlagen und Werkzeuge, um in GIS zu arbeiten
• National Geophysical Data Center (NOAA): stellt hochauflösende Daten von Küsten und Landmassen zur Verfügung (z. B. marine Geologie)
• The CGIAR Consortium for Spatial Information: SRTM 90m DEM Digital Elevation Database
• Spot Catalog Image - SIRIUS: Sucht nach Satellitenbildern anhand geographischer und technischer Kriterien (Wolkendecke, Einfallswinkel)
• Global Land Cover Facility - Source of Landsat Data: Recherche nach einzelnen Satellitenbildern als Datenquelle und Abrufen von Datenprodukten der einzelnen Satelliten (z.B. LAI-Produkt).
• USGS (U.S. Geological Survey) EROS: Zugriff auf wichtige Satellitendaten, die nach dem Download zur Integration in ein GIS zur Verfügung stehen
• World Data Service for Geophysics ETOPO2v2 - 2 minute Worldwide Bathymetry/Topography Grids
• Satellite Gedesy: Measured and estimated seafloor topography (z. B. Meerestiefenmessungen)
• USGS The National Map US Topo: Seamless Data Distribution System „I want to make a map..." verschiedene Layer geographischer Daten sowie historische Karten verfügbar
• CEOS International Directory Network Portals: Geography Network Canada
• Chart and Map Library for Africa: GIS- Daten und -Karten
• Visible Earth: Blue Marble Next Generation - Topography and Bathymetry, ein Katalog von NASA Bildern und Animationen der Erde
• CGIAR-CSI GeoNetwork : Geospatial Data Portal for Sustainable Development, Sammlung und Aufbereitung von Geodaten zur Nutzung für eine nachhaltige Landwirtschaft.
• Maps for free: Free Relief Layers for Google Maps
• GeoCommons Finder: Erstellen eigener Karten und Abrufen thematischer Karten (z. B. Weltkarte zur Verteilung und Vernetzung von Glasfaserkabeln unter Wasser)
• UK Government Open Data initiative example: interaktive Klimadaten
• DATA-DIVA-GIS: freies Computerprogramm zur Erstellung von Karten und Analyse von Geodaten

Stand 2012

WMS-Server hinzugefügt werden. Durch Doppelklick auf „WMS-Server hinzufügen" öffnet sich das folgende Eingabefenster (Abb. 5.5/1).l

Durch Eintragen einer URL eines Servers in das obige Eingabefeld kann dann ein WMS-Server hinzugefügt werden und durch die Funktion „Layer anfordern" werden die Capabilities des Dienstes ausgewertet und die verfügbaren Layer angezeigt. Über die Funktionsauswahl „Vorschau" lässt sich bereits ein erster Eindruck über den gewählten Dienst gewinnen.

Zusammenfassung

- Die Einbindung von Geo-Diensten in ein GIS gehört heute zum Standard im Arbeitsumfeld von GIS.
- Unabhängig von der Arbeit mit einem GIS-System können auch einfache Browser Systeme für den Aufruf von Diensten genutzt werden.

Zum Einlesen

TANG, W. & J. SELWOOD (2005): Spatial Portals – Gateways to Geographic Information. ESRI Press. Redlands.
Der Beitrag schildert die Einbindung von Geodiensten und die Nutzung von Geoportalen mittels ArcGIS. Dabei werden globale Geoportale und deren Einbindung in ArcGIS vorgestellt.

5.6 Geoportale

Ein Geoportal ist zunächst eine spezielle Form eines Internetportals. Ein Portal (lat. porta = Tür) ist ein leicht bedienbares, sicheres und personalisierbares Zugangssystem, über das der Anwender mit Rücksicht auf die jeweiligen Zugriffsberechtigungen einen Zugang zu Informationen, Anwendungen, Prozessen und Personen erhält, die auf den durch das Portal erschlossenen Systemen verfügbar sind (vgl. LUCKE, J. 2008).

Nach dem Geodatenzugangsgesetz (GeoZG §3 Abs. 6) wird ein Geoportal wie folgt definiert: „Ein Geoportal ist eine elektronische Kommunikations-, Transaktions- und Interaktionsplattform, die über Geodatendienste und weitere Netzdienste den Zugang zu den Geodaten ermöglicht. Es dient als Zugangspunkt zu den Diensten einer Geodateninfrastruktur. Eine Geodateninfrastruktur kann auch über mehrere Geoportale verfügen, die dann zu einem Portalverbund zusammengefasst werden, um Kommunikation, Transaktion und Interaktion unabhängig vom jeweiligen Zugangspunkt zu gewährleisten. Mit dem Attribut „elektronisch" wird verdeutlicht, dass diese Plattform auf der Grundlage elektronischer Netzwerke eingerichtet wird."

Nach W. TANG (2005) werden Geoportale allgemeiner definiert: „GDI-Portale sind im Allgemeinen das **visuelle Erscheinungsbild einer GDI**. GDI-Portale bieten einen zentralen Zugang, über welchen Anwender die vollen Ressourcen einer GDI nutzen können".

Der GIS-Hersteller ESRI formuliert die Bedeutung von Geoportalen wie folgt: „Spatial portals are Websites that make it easier to find, access, and use geographic information available on the World Wide Web. They are changing the way we interact with spatial information and

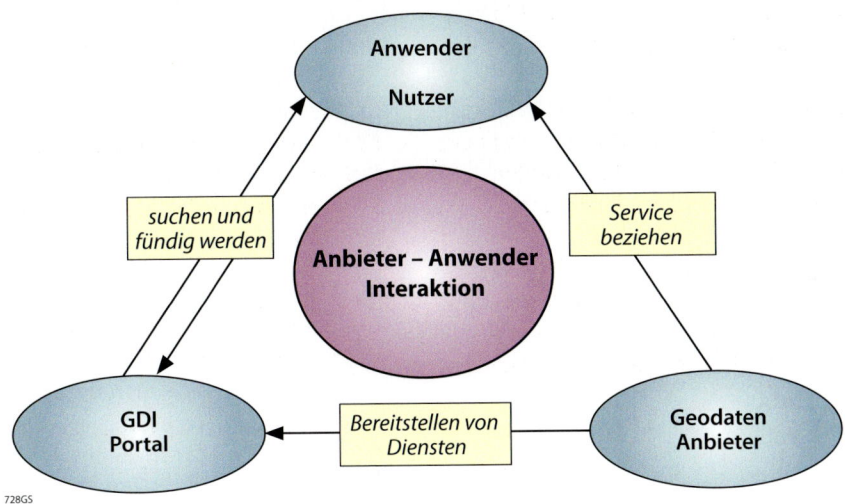

728GS

Abb. 5.6/1 *Hauptziel eines Geoportals: Steuerung der Anbieter – Anwender – Interaktion*

have the potential to become the fundamental platform through which we discover, publish, and share geographical knowledge."

Die vorangestellten Definitionen zeigen, dass das verallgemeinerbare Ziel eines Geo-Portals ist, der öffentlichen Verwaltung, der Wirtschaft und den Bürgern einen einfachen Zugang zu den verschiedenen und verteilt vorgehaltenen Geodaten der öffentlichen Verwaltung zu verschaffen und ihre Nutzung zu erleichtern.

Die Funktionen eines Geoportals beinhalten die Vermittlung von Daten und Diensten zwischen Nutzern und Anbietern. Dazu müssen die Geoportale gewisse Grundfunktionen bereitstellen. Zu diesen Grundfunktionen gehören:

- Verbindungsaufbau zu unterschiedlichen Daten- und Diensteanbietern, Zugriff auf verteilte Daten bei einem oder mehreren Datenanbietern,

- Hinweis zur Aktualität der Daten,
- Interoperabilität von Daten und Anwendungen unterschiedlicher Anbieter,
- mögliche Einbindung eines GeoPortals in ein GIS,
- Erstellung und Verwaltung von Nutzerprofilen,
- Suche nach Daten (räumlich oder unter Einbeziehung von Inhalten und externen Dateien),
- Content Management (Integration von Inhalten und Bereitstellung der Funktionalität zur effizienten Nutzung dieser Inhalte),
- Benachrichtigung über neue Daten zum abgespeicherten Nutzerprofil (Knowledge-Management: Strukturierung und individuelle Zuführung des für den jeweiligen Portalnutzer relevanten Wissens),
- Infrastrukturdienste (z. B. Webserver).

Einen guten Einstieg in die „Portalwelt" bietet das Geoportal des Bundes (http://geoportal.bkg.bund.de). Auf diesem Portal kann ausgehend von einem Geoviewer der Datenbestand in unterschiedlichen Bezugsebenen (national, regional, international) durchsucht werden. Das Geoportal.Bund bietet alle oben genannten Funktionalitäten.

Zusammenfassung

- Anhand der sich bildenden Geoportale kann der Trend in der Entwicklung vom proprietären GIS zur Geodateninfrastruktur mit verteilter Datenhaltung nachvollzogen werden.
- Die Geoportale bilden heute den Zugang zu vielfältig vernetzten Datenservern und sind somit das visuelle Erscheinungsbild einer Geodateninfrastruktur (GDI).
- Nach Aufruf eines Geoportals vermitteln die dort zur Verfügung gestellten Geodienste den Zugriff auf die verteilten Geodaten.

Zum Einlesen

LUCKE, J. v. (2008): Hochleistungsportale für die öffentliche Verwaltung. Lohmar und Köln.
Das Buch von gibt einen umfassenden Überblick über die Möglichkeiten des Aufbaus und des Einsatzes von Portalen sowie deren unterschiedliches Leistungspotenzial.

Abb. 6/1 *Google Street View sorgt für weltweite Datenschutzdebatten. Die INSPIRE-Richtlinie verankerte einen Beschluss, in dem Google die Anlieger informieren muss und diese die Möglichkeit einer Schwärzung ihres fotografierten Grundstücks („Black Box") haben.*

6 INSPIRE

INSPIRE ist die Abkürzung für „Infrastructure for Spatial Information in Europe". Die EU-Richtlinie INSPIRE trat am 15. Mai 2007 in Kraft. Ziel ist die Schaffung einer Geodateninfrastruktur (vgl. Kapitel 5) für die Europäische Gemeinschaft. Initiiert wurde die Richtlinie durch die europäische Umweltbehörde, um vor allem die Ausformulierung, Umsetzung und Überwachung von umweltpolitischen Maßnahmen in Europa zu erleichtern. Die Richtlinie legt in 26 Artikeln allgemeine Rahmenbedingungen für eine Europäische Geodateninfrastruktur (EU-GDI) fest. Der Grundgedanke dieser Rahmenbedingungen ist, dass die in der Richtlinie aufgeführten Geodaten der Behörden innerhalb der Europäischen Union (EU) leicht aufgefunden werden können und über alle Verwaltungsebenen hinweg institutionsübergreifend zugänglich sind. Hinzu kommt die grenzüberschreitende Nutzung der Geodaten.

Grundlage dieser Europäischen Geodateninfrastruktur sind die Geodateninfrastrukturen (GDI) der einzelnen Mitgliedsstaaten (z. B. GDI-Deutschland, vgl. Kapitel 5.1). Im Vordergrund steht eine Harmonisierung der Bereitstellung von nationalen amtlichen Geodaten sowie zugehöriger Geodatendienste. Die fachlichen und technischen Voraussetzungen werden in sogenannten Durchführungsbestimmungen für einzelne Bereiche (z. B. Metadaten, Netzdienste, Interoperabilität) von Daten und Datendiensten, Zugangsvoraussetzungen etc. beschrieben, die sich an internationale Standards (OGC) und Normen (ISO) anlehnen. Insgesamt werden 34 Typen von Geodaten ausgewiesen, die von Behörden vorgehalten bzw. von ihnen genutzt werden. Die Richtlinie regelt also die Art der Bereitstellung bereits vorliegender Daten sowie der Daten, die von einer Behörde in Zukunft neu erfasst werden. Entsprechend den Durchführungsbestimmungen sieht die Richtlinie weiterhin vor, dass die Geodaten innerhalb eines festgelegten Zeitraums zur Verfügung gestellt werden, wobei für die Geodaten und Geodienste zusätzlich Metadaten vorhanden sein müssen.

Der Zugang zu den Geodaten in der INSPIRE-EU-GDI wird über unterschied-liche Dienste möglich sein, wobei zurzeit folgende Dienste zu nennen sind:

- **Suchdienste**: Metadaten (z. B. Volltextsuche) ermöglichen die Suche nach Geodaten und Geodatendiensten,
- **Visualisierungsdienste**: Anzeige, Maßstabsveränderung, Zoom und Überlagerung von Geodaten (WebMapping),
- **Download-Dienste**: Direkter Zugriff und Herunterladen von Geodaten,
- **Umwandlungsdienste**: Transformation von Geodaten zur späteren interoperablen Nutzung (z. B. durch Koordinatentransformationen),
- **Aufruf von Geodatendiensten**: Nutzung eines grenzüberschreitenden INSPIRE-Geoportals, das von der Europäischen Kommission aufgebaut und gepflegt wird.

Die reine Suche nach Geodaten wird in der EU für den Nutzer kostenfrei sein, jedoch sind für die Darstellung und den Download von Daten Gebühren festgelegt. Zur Umsetzung der Richtlinie in der EU wurde in der Richtlinie selbst die Einrichtung einer nationalen Anlaufstelle vorgesehen.

6.1 Zum Stand der Umsetzung der INSPIRE-Richtlinie

Die INSPIRE-Richtlinie hat den europäischen Geodatenmarkt in Schwung gebracht. Dadurch, dass ein konkreter und verbindlicher Zeitplan zur Umsetzung der INSPIRE-Ziele vorliegt, musste die Richtlinie bereits Mitte Mai 2009 in nationales Recht der EU-Mitgliedstaaten umgesetzt sein. Dies gilt auch für die schon genannten Durchführungsbestimmungen, die sukzessive verabschiedet werden. Am Anfang standen die Durchführungsbestimmungen für Metadaten (am 24. Dezember 2008 als Verordnung in Kraft getreten). Die Durchführungsbestimmungen für Such- und Darstellungsdienste und für Überwachung und Berichtswesen werden als nächstes folgen und befinden sich zurzeit im Verabschiedungsverfahren. Der Stand der Umsetzung wird kontinuierlich im Internet dokumentiert (vgl. Informationen zu INSPIRE im Internet: http://inspire.jrc. ec.europa.eu/). Zwischen 2010 und 2019 müssen die Behörden nach und nach alle in der Richtlinie genannten Daten und Metadaten konform mit den Durchführungsbestimmungen anbieten.

Erste Entwürfe der Durchführungsbestimmungen für Transformations- und Download-Dienste sowie für Zugriffs- und Nutzungsrechte liegen vor und werden von Expertenteams diskutiert (Network Services Drafting Team). Weiterhin sind die Spezifikationen für Geodaten und Dienste nach Vorgabe der Datenthemen in Anhang I der Richtlinie (sogenannte Data Specifications) vorhanden. Diese beinhalten vor allem konzeptionelle Datenmodelle (z. B. für Verkehrsnetze, Gewässernetze und Schutzgebiete). Im Jahr 2009 startete die Implementierungs- und Überwachungsphase. Der weitere Ablauf des INSPIRE-Fahrplans kann im Internet durch Abruf des jeweilig aktualisierten INSPIRE Work Programms verfolgt werden. Verantwortlich für die Umsetzung der INSPIRE-Richtlinie in Deutschland ist das Bundesministerium für Umwelt, Naturschutz und Reaktorsicherheit (BMU). Das BMU steht seit 2005 auch einer INSPIRE Task Force vor, die sich aus Experten des BMU, weiterer Bundeseinrichtungen, Einrichtungen der Länder, der Kommunen sowie Vertretern aus Wirtschaft und Wissenschaft zusammensetzt. Im Rahmen des föderalistischen Aufbaus Deutschlands wurde ein Lenkungsgremium GDI-DE eingerichtet, das sich aus zwei Vertretern des Bundes sowie je einem Vertreter der Länder und der kommunalen Spitzenverbände zusammensetzt. Dieser Aufbau des Lenkungsgremiums wurde in einer Verwaltungsvereinbarung (VV) von Bund und Ländern zum Aufbau der Geodaten-

infrastruktur Deutschland (VV-GDI-DE) festgelegt, für die die bestehende Verwaltungsvereinbarung zur GDI-DE aus dem Jahr 2005 neu gefasst wurde. Aufgaben der nationalen Anlaufstelle sind Koordinierungsaufgaben bei der Daten- und Dienstebereitstellung sowie die Einhaltung von Überwachungs- und Berichtspflichten für INSPIRE. Zu den in der VV GDI-DE genannten Einrichtungen kommt noch die am Bundesamt für Kartographie und Geodäsie angesiedelte Koordinierungsstelle GDI-DE (vgl. Kapitel 5) hinzu, die die Ausführung der Beschlüsse und Aufträge des Lenkungsgremiums koordiniert und als Kontaktstelle der Vereinbarungspartner auf Länderebene fungiert. Eine weitere wichtige Koordinierungsaufgabe ist die Weitergabe aller im Komitologieverfahren befindlichen INSPIRE-Dokumente (z. B. Entwürfe der Durchführungsbestimmungen) an die Verwaltungsebenen in Deutschland (unter Komitologie versteht man das System der Verwaltungs- und Expertenausschüsse innerhalb der Europäischen Union). Die Komitologie-Ausschüsse sind für den Erlass der Durchführungsbestimmungen von EU-Rechtsakten, vornehmlich EU-Richtlinien, verantwortlich).

6.1.1 Einbindung in deutsches Recht

Die meisten Vorgaben der INSPIRE-Richtlinie sind bereits durch das **Geodatenzugangsgesetz** (GeoZG) in deutsches Recht umgesetzt. Das GeoZG wurde im November 2008 vom Bundestag beschlossen und trat am 11. Februar 2009 in Kraft. Die föderale Struktur der Bundesrepublik Deutschland erfordert neben diesem Bundesgesetz (für die Geodaten des Bundes) auch die Formulierung von Landesgesetzen (für die Geodaten der Länder und Kommunen). Bayern hat daraufhin als erstes Bundesland im Mai 2008 einen Entwurf für ein Bayerisches Geodateninfrastrukturgesetz (BayG-DIG) eingebracht. Die Durchführungs-bestimmungen zur INSPIRE-Richtlinie haben unmittelbare Rechtskraft, wenn sie in Form einer Verordnung erlassen werden und sind für die Verwaltungsor-gane in Deutschland vom Bund bis hin zur Kommune bindend. Parallel zu den Durchführungsbestimmungen werden auch sogenannte Technical Guidelines veröffentlicht, in denen auf relevante Standards und Normen verwiesen wird. Diese sind zwar nicht rechtlich bindend, würden aber bei Nichtbeachtung die in der INSPIRE-Richtlinie geforderte Inter-operabilität der Daten und Dienste er-schweren. In den meisten Bundesländern läuft die Umsetzung der Richtlinie zur-zeit parallel bzw. zeitversetzt ab.

6.1.2 INSPIRE und GDI-DE

Wie in Kapitel 5.1 beschrieben, wird die GDI-DE den deutschen Part bei der Um-setzung der durch INSPIRE definierten Europäischen GDI darstellen. Der Auf-bau der GDI-DE wurde deshalb bereits jetzt auf den INSPIRE-Fahrplan ausge-richtet. Das GDI-DE Architekturkonzept richtet sich nach den Vorgaben von INSPIRE. Mit Modellprojekten wie dem Geodatenkatalog-DE zur Bereitstellung von Metadaten wird die technische Um-setzung von INSPIRE bereits praktisch angegangen.

Neben den Behörden in Deutschland unter dem Schirm von IMAGI sind auch namhafte Anbieter von GIS-Software und Unternehmen in der Geodatenbranche in den INSPIRE-Prozess involviert. Ins-besondere berücksichtigen die Unter-nehmen in der Produktentwicklung die INSPIRE-Richtlinien, um die Konformität ihrer Angebote zu gewährleisten.

Von der INSPIRE-Richtlinie sind in erster Linie Geodaten von Behörden betroffen.

Wichtige Begriffe im Zusammenhang mit INSPIRE

Geodaten

Geodaten werden als Daten mit direktem (über Koordinaten) oder indirektem (z. B. über eine Postleitzahl) Raumbezug zu einem bestimmten Standort definiert.

Geodatendienste

Geodatendienste sind Web Services für Geodaten, die als Softwarekomponenten im Internet zur Verfügung gestellt werden. Die Web Services stellen bestimmte Funktionalitäten für die Nutzung der Geodaten bereit. Dadurch, dass sich die Geodatendienste innerhalb einer Geodateninfrastruktur an Standards (z. B. OGC) oder Normen (z. B. ISO) halten, werden die Daten interoperabel. Synonym spricht man anstelle von Geodatendiensten auch von Geodiensten oder Geo Web Ser-vices.

Geodateninfrastruktur

Eine Geodateninfrastruktur (GDI, vgl. Kapitel 5) besteht aus folgenden, eng miteinander verknüpften Komponenten:

- Geodaten und erläuternde Metadaten
- Eine Infrastruktur, bestehend aus einer Client/Server Technologie, die dem Nutzer den Einstieg in die GDI und dem GDI-Betreiber das Einstellen von Geodaten und Geodiensten erlaubt. Weiterhin sind als Komponenten einer GDI Geodienste, GDI-Portale sowie Sicherheits- und Zugriffskontrollmechanismen zu nennen.
- Normen und Standards, die das Zusammenwirken der einzelnen GDI-Komponenten sowie die dynamische Fortschreibung der GDI bestimmen, werden durch Normen und Standards ermöglicht.

Interoperabilität

Interoperabilität beschreibt die Fähigkeit zur Zusammenarbeit ursprünglich autarker Systeme. Es existieren eindeutig spezifizierte Schnittstellen, die eine Zusammenarbeit von Dienstleistungen zwischen unterschiedlichen Systemen erlauben. Die INSPIRE-Richtlinie fordert zur Einhaltung der Interoperabilität der Dienste auch eine Harmonisierung der Geodaten. In diesem Sinne steht Interoperabilität im Falle von Geodaten für ihre mögliche Kombination und im Falle von Diensten für ihre mögliche Interaktion ohne erneutes manuelles Eingreifen des Nutzers.

GMES (Global Monitoring for Environment and Security)

GMES stellt ein gemeinsames Projekt der Europäischen Kommission und der European Space Agency (ESA) dar. Inhaltlich geht es darum, Kapazitäten zum Aufbau eines unabhängigen und nachhaltigen Zugangs zu Informationen über Umwelt und Sicherheit zu schaffen. Die hierfür einzurichtenden Dienste basieren auf der Integration von satellitengestützten Erdbeobachtungsdaten und Daten aus In-situ-Messnetzen.

Metadaten

INSPIRE definiert Metadaten als Informationen, die Geodatensätze und Geodatendienste beschreiben. Die Metadaten ermöglichen erst die eigentliche Nutzung der Daten.

Metainformationssysteme

Metainformationssysteme sind Dienste zur Erfassung, Verwaltung, Auswertung und Bereitstellung von Metadaten. Metadaten werden über standardisierte Schnittstellen zur Verfügung gestellt. Diese sind im Falle von INSPIRE die sogenannten Suchdienste, die eine zentrale Stellung beim Aufbau der europäischen Geodateninfrastruktur einnehmen.

Laut GeoZG des Bundes müssen Geodaten folgende Bedingungen erfüllen:

1. Geodaten beziehen sich auf das Hoheitsgebiet der Bundesrepublik Deutschland,
2. Geodaten liegen in elektronischer Form vor,
3. Geodaten werden von einer geodatenhaltenden Stelle vorgehalten und fallen unter deren öffentlichen Auftrag,
4. Geodaten wurden von einer geodatenhaltenden Stelle erstellt und werden dort verwaltet oder aktualisiert.

Die drei Anhänge zur INSPIRE-Richtlinie schreiben fest, um welche Art von Geodaten es sich handelt (Anlage A). Dabei werden die Daten in den Anhängen I bis III in drei Gruppen eingeteilt. Gestartet wurde mit der Spezifikation der Daten aus Anhang I (Priorisierung).

Als Konsequenz der Richtlinie werden die Geodaten haltenden Stellen verpflichtet, die in den Datenthemen definierten

Geodaten gemäß den Durchführungsbestimmungen über entsprechende Dienste zur Verfügung zu stellen und gleichzeitig diese Daten mittels Metadaten standardisiert zu beschreiben und zu dokumentieren. Die INSPIRE Data Specifications beinhalten harmonisierte, europaweit einheitliche konzeptionelle Datenmodelle für die Datenthemen in Anhang I (z. B. für Verkehrsnetze, Gewässernetze und Schutzgebiete). Für die Anbieter der Daten (z. B. Vermessungsverwaltungen) bedeutet dies aber nicht, dass sie die Datenmodelle und die Datenhaltung ihrer ursprünglichen Daten unbedingt ändern müssen. Jedoch ist für die INSPIRE-konforme Bereitstellung der betroffenen Daten eine Transformation der Daten aus ihren originären Datenmodellen (z. B. des ATKIS Basis-DLM als Teil des AFIS-ALKIS-ATKIS-Referenzmodells (AAA)) in die von der EU vorgegebenen Model-

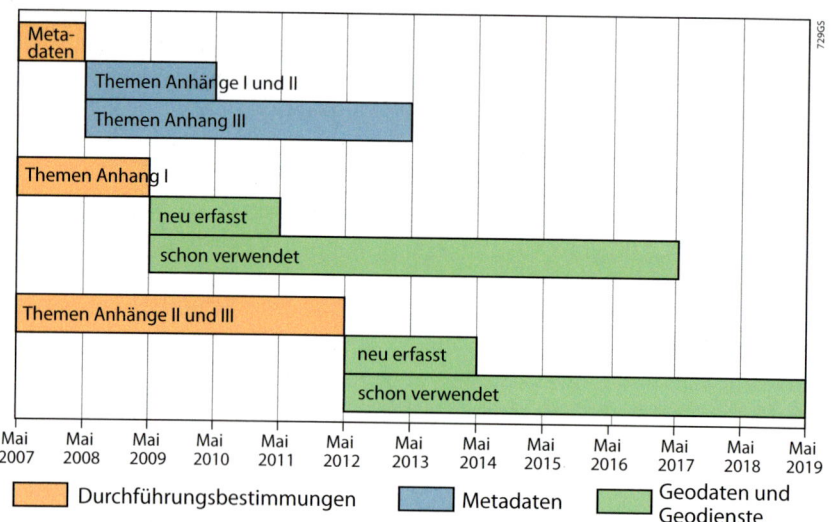

Abb. 6.1.2/1 *Fahrplan zur Umsetzung der INSPIRE-Richtlinie (nach LENK 2008)*

le vorgeschrieben. Ein Datenanbieter muss deshalb folgende Schritte für eine INSPIRE-konforme Geodatenbereitstellung einhalten:

1. Erstellung INSPIRE-konformer **Metadaten** oder Anpassung der Abgabe vorhandener Metadaten gemäß den INSPIRE-Vorgaben,
2. Abgabe vorhandener **Geodaten** laut INSPIRE-Vorgaben (z. B. durch Modelltransformation),
3. Bereitstellung von **Geodatendiensten** (technisch und organisatorisch), um die Daten und Metadaten zur Verfügung stellen zu können.

Nach INSPIRE-Richtlinie ist ein verbindlicher Ablaufplan festgelegt, innerhalb dessen die Anforderungen erfüllt sein müssen. Die Abbildung 6.1.2/1 gibt einen Überblick über den Zeitrahmen, zu dem die Durchführungsbestimmungen erlassen werden müssen und die Daten und Dienste vorhanden sein müssen.

Die durch INSPIRE definierte GDI wird auf einer heute gängigen Diensteorientierten Architektur (Service Oriented Architecture, SOA) aufsetzen, wobei durch INSPIRE Vorgaben zur Verfügbarkeit und zu den Antwortzeiten der einzelnen Dienste gemacht werden (vgl. Kapitel 5.1).

Der große Nutzen der INSPIRE-Richtlinie und deren zeitlich festgelegten Umsetzung liegt für den Anwender vor allem in der angezielten Interoperabilität. Diese Kernforderung der Interoperabilität wird den institutionsübergreifenden und grenzüberschreitenden Zugriff auf Geodaten und Geodatendienste ermöglichen. Durch den Aufbau einer Europäischen Geodateninfrastruktur wird sowohl für die Anbieter von Daten und Diensten als auch für deren Nutzer ein einheitlicher Rahmen geschaffen, der ein großes Nutzungspotenzial durch Zugangssicherheit verspricht. Das zukünftige Nutzungspotenzial lässt sich stichpunktartig zusammenfassen:

- Durch standardisierten und browser-orientierten Zugriff auf verteilte, heterogene Geodaten und Geodatendienste können öffentliche Verwaltungen aller Ebenen besser auf die Daten zugreifen.
- Der vereinfachte Datenaustausch mit anderen öffentlichen Verwaltungen verbessert die interkommunale Kooperation auch grenzüberschreitend.
- Die standardisierte Dokumentation aller internen Geodaten und deren Produktionsstände vermeiden Redundanzen und ermöglichen eine Integration der Dienste.
- Der Diensteorientierte Ansatz (SOA) von INSPIRE ermöglicht dem Anbieter den Weg in die Standard-IT Welt.
- Verbesserte ökonomische Nutzung von Geodaten durch geringere Kosten (Zugriff nach Bedarf auf nur einen Ausschnitt eines Datensatzes) und verbesserte Ausnutzung von Daten (Zugriff auf Geodaten, die zuvor nicht oder nur schwer genutzt werden konnten).
- Qualitätssteigerung kommunaler Projekte durch bessere Entscheidungsgrundlagen.
- Optimiertes Sichten und Auffinden von planungsrelevanten Fachdaten.
- Verbesserte Vermarktung der amtlichen Geodaten und Geodatendienste.
- Angebot neuer Produkte und Dienstleistungen durch den europaweiten interoperablen Zugriff auf Geodaten und Geodatendienste für Unternehmen, die

Geodaten und Geodatendienste einsetzen (breitere Wertschöpfungskette).

- erleichterter Zugang auf verteilt vorliegende amtliche Geodaten durch ein zentrales INSPIRE-Geoportal auf europäischer Ebene.

Neben den Verbesserungen im Bereich der öffentlichen Verwaltung und der Wirtschaft ergeben sich auch viele Vorteile für die Bürgerinnen und Bürger in Deutschland:

- Nutzung amtlicher Geodaten für individuelle Zwecke wird für den Einzelnen erleichtert.
- Meinungsbildungsprozesse werden durch Nutzung frei zugänglicher öffentlicher Informationen unterstützt und transparenter.
- Entscheidungen der öffentlichen Hand und deren Grundlagen werden transparenter.

Zusammenfassung

- Die INSPIRE-Richtlinie steht für eine zeitgerechte Umsetzung einer europäischen Geodateninfrastruktur bis zum Jahr 2018.
- Die Umsetzung dieser europaweiten GDI wird einen grenzüberschreitenden Datenzugang in Europa ermöglichen.
- Die Vorgaben der INSPIRE-Richtlinie werden in Deutschland durch das Geodatenzugangsgesetz (GeoZG) geregelt.
- Von der INSPIRE-Richtlinie sind in erster Linie Geodaten von Behörden betroffen. Jedoch folgen auch größere Unternehmen und Datenanbieter der Richtlinie, um in Zukunft im Geodatenbereich konkurrenzfähig zu bleiben.

Zum Einlesen

LENK, M. (2008): INSPIRE wächst. In: GIS-Business, 1/2008, S. 12-13.
Der Aufsatz von LENK schildert komprimiert den zeitlichen Umsetzungsfortschritt von INSPIRE, wobei insbesondere die Bereiche „Durchführungsbestimmungen", „Metadaten" und „Geodaten und Geodienste" betrachtet werden.

Verschiedene Verordnungen und Gesetzentwürfe:

BAYERISCHER LANDTAG (Hrsg.) 2008: Gesetzentwurf der Staatsregierung eines Bayerischen Geodateninfrastrukturgesetzes (BayGDIG), Drucksache 15/10670, 27.05.2008.

BUNDESMINISTERIUM DES INNEREN (Hrsg.) 2008: Vereinbarung zwischen dem Bund und den Ländern zum gemeinsamen Aufbau und Betrieb der Geodateninfrastruktur Deutschland (Verwaltungsvereinbarung GDI-DE).

BUNDESTAG (Hrsg.) 2009: Gesetz über den Zugang zu digitalen Geodaten (Geodatenzugangsgesetz – GeoZG) vom 10.Februar 2009. Bundesgesetzblatt Teil I 2009 Nr. 8, S. 278.

DATA AND SERVICE SHARING DRAFTING TEAM (Hrsg.) 2009: Implementing rules for governing access and rights of use of spatial data sets and services for Community institutions and bodies.

EUROPÄISCHE KOMMISSION (Hrsg) 2008: Verordnung (EG) Nr. 1205/2008 der Kommission vom 3. Dezember 2008 zur Durchführung der Richtlinie 2007/2/EG des Europäischen Parlaments und des Rates hinsichtlich Metadaten.

EUROPÄISCHE KOMMISSION (Hrsg.) 2007: INSPIRE Work Programme Transposition Phase 2007-2009.

NETWORK SERVICES DRAFTING TEAM (Hrsg.) 2008a: Draft Implementing Rules for Discovery Services/ Download Services/View Services/Transformation Services.

MONITORING AND REPORTING DRAFTING TEAM (Hrsg.) 2008: INSPIRE Monitoring and Reporting Implementing Rule – Draft V3.0.

EUROPÄISCHES PARLAMENT UND RAT 2007: Richtlinie 2007/2/EG des Europäischen Parlaments und des Rates vom 14. März 2007 zur Schaffung einer Geodateninfrastruktur in der Europäischen Gemeinschaft (INSPIRE).

Abb. 7/1 *Mittlerweile sind Naturkatastrophen binnen weniger Stunden nach ihrem Auftreten in aufbereiteten „Krisenkarten" im Internet zu finden. Die abgebildete Karte „Crisis in Darfur" war die erste Web 2.0-Krisenkarte.*

7 WebGIS – GIS und Internet

Der Begriff WebGIS beschreibt GIS-Anwendungen im Inter- oder Intranet, die Informationen für Anwender bereitstellen und dabei plattformunabhängig sind. Sie erfordern keine Installation proprietärer Desktop-GIS-Software und ein normaler Internet-Browser reicht zur Anzeige der GIS-Anwendungen aus. Allgemein werden dadurch GIS-Funktionalitäten in den normalen Webbrowser ausgelagert, ohne lokale Installation und Lizenzkosten zu verursachen. Ein Web-GIS liefert als Mindestanforderung die Darstellung einer dynamischen Karte, in der sich der Anwender frei bewegen und diese anhand gewählter Themen weiter-

entwickeln kann. Um dies zu ermöglichen, muss vonseiten der IT-Architektur eine serverseitige Architektur aufgebaut werden, in welcher ein Webserver (z. B. Apache) und ein Kartenserver (z. B. UMN MapServer) etabliert werden. Mittels dieser Architektur kann ein Anwender von einer Benutzeroberfläche (Client, z. B. lokaler PC oder SmartPhone) eine Anfrage an den MapServer schicken und dieser erstellt eine neue Karte und sendet diese wiederum an den Client zurück.

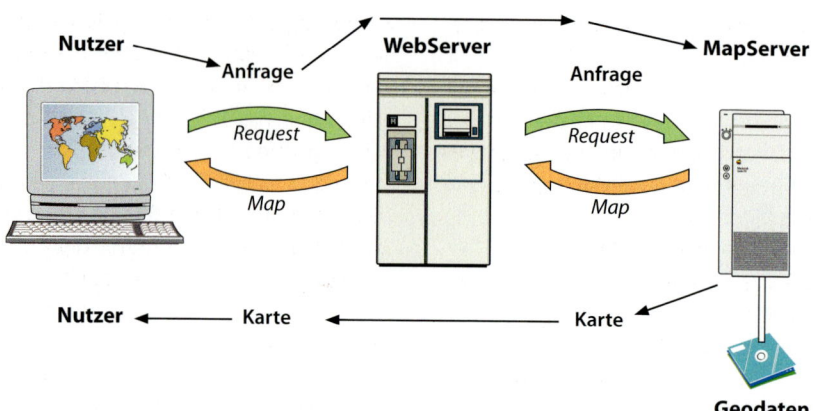

Abb. 7/2 *Aufbau eines WebGIS anhand einer Client – Server Architektur*

Mit WebGIS-Anwendungen sind im Umfeld von GIS insbesondere die Begriffe, „Freie **S**oftware" (FS), „**O**pen **S**ource"-**S**oftware (OSS), „**W**eb **M**ap **S**ervice" (WMS, vgl. Kapitel 5.4.1) und „**O**pen **G**IS **C**onsortium" (OGC) verbunden. Hinter diesen Begriffen stehen verschiedene Möglichkeiten von Architekturen und Funktionalitäten in GI-Systemen und deren Zusammenspiel im Internet.
Zur Definition bzw. begrifflichen Unterscheidung von Freier Software und Open Source-Software sei auf die Internetseiten der Free Software Foundation und der Open Source Initiative verwiesen. Open Source besagt, dass die Quellen (Sources) einer Software zugänglich sein müssen. Die **O**pen **S**ource **I**nitiative (OSI) erweitert diese Offenheit auf andere Bereiche, die sich meist auch in der Free Software Bewegung finden. **O**pen **S**ource (OS) ist somit eine wichtige Grundvoraussetzung für **F**reie **S**oftware (FS), die dem Nutzer folgende Möglichkeiten bietet:

Interoperabilität, Standards, Normen im Umfeld von WebGIS:

Die OGC Spezifikationen definieren internationale Standards (Normen), dazu zählen:

- Dienstspezifikation **W**eb **M**ap **S**ervice (WMS)
- Dienstspezifikation **W**eb **F**eature **S**ervice (WFS)
- Datenspezifikation **G**eographic **M**arkup **L**anguage (GML)
- Zugriffspezifikation **S**imple **F**eatures for **S**QL (SFS)
- Datenhaltungsformat **W**ell **K**nown **T**ext (WKT) und **W**ell **K**nown **B**inary (WKB)

Ergänzt werden diese Standardisierungsbemühungen durch die TC 211 Metadaten-Spezifikationen für Geodaten.

das Programm für jeden Zweck zu benutzen,

- zu verstehen, wie das Programm funktioniert und wie man es für seine Ansprüche anpassen kann. Der Zugang zum Quellcode ist dafür Voraussetzung,
- Kopien weiterzuverbreiten,
- die Möglichkeit, das Programm zu verbessern und die Änderungen der Öffentlichkeit zur Verfügung zu stellen, damit alle Nutzer davon profitieren können.

Im Folgenden werden die Begriffe Open Source und Freie Software synonym verwendet. OS/FS- Anwendungen werden in Deutschland immer mehr zu einem wichtigen Aspekt der Verwaltung und der Kommunen. Zum Beispiel werden Linux und andere OS/FS –Produkte auf Bundes-, Landes- und kommunaler

Ebene eingesetzt. Auf europäischer Ebene wurde bereits 2003 durch die Europäische Kommission (Generaldirektion Informationsgesellschaft) eine neue Arbeitsgruppe zur Bereitstellung von Informationen über OF/FS eingerichtet. Das sogenannte Open Source Observatory (OSO), gegründet unter dem IDA-Programm (Interchange of Data between Administrations), hat die Aufgabe, einen verständlichen Überblick über Aktivitäten im Bereich Open Source in den Mitgliedstaaten der EU zu liefern. Als Gegenstück zur Open Source und Freien Software werden die Begriffe **proprietär** und kommerziell genutzt. Die Free Software Foundation versteht unter **proprietärer Software** diejenige Software, bei der Veränderungen oder die Weiterverbreitung verboten sind beziehungsweise eine Erlaubnis dafür vorliegen muss.

Open Source (OS) – Software mit internationalem Standard

Open Source Projekte finden sich mittlerweile in allen Bereichen der Geo-Informationstechnologie:
- Geo Bibliotheken (GDAL/OGR, GeoTools, PostGIS)
- Web Map Server (MapServer, MapGuide, GeoServer)
- Web Map Client (Mapbender, MapBuilder, OpenLayers)
- Anwendungsumgebungen (MapServer, MapGuide)
- Desktop GIS (GRASS, OSSIM, QuantumGIS, uDIG)
- Kataloge (GeoNetwork Open Source, Geoway)

Open Source ist implementiert in allen Programmiersprachen:
- C++, PHP
- Java, Python
- HTML, XML, JavaScript

Open Source Betriebssysteme:
- GNU Linux, Apple OS, UNIX, Windows...

Weitere Informationen finden sich auf der Homepage der OSGeo.org (http://community.osgeo.org/)

Kommerzielle Software wird mit dem Ziel entwickelt, mit der entsprechenden Software Geld zu verdienen. Allerdings sind die Begriffe „kommerziell" und „proprietär" nicht synonym zu verwenden, da viele kommerzielle Softwareprodukte zwar proprietär sind, aber es auch kommerzielle Freie Software und gleichzeitig nichtkommerzielle unfreie Software gibt.

Im Kapitel 5 wurde bereits erwähnt, dass GIS zunehmend nicht mehr als isolierte Softwarelösungen betrieben werden, sondern sich immer stärker in die webbasierte Informationstechnologie integrieren. Das GIS als proprietäre Software verliert somit immer weiter an Bedeutung mit Zunahme des Aufbaus von GDI. Internet und Webtechnologien sind da-bei aber wesentlicher Bestandteil beim Aufbau einer GDI. In diesem Umfeld können sich OS/FS-Lösungen sehr gut entwickeln. Freie Software Entwicklungskonzepte arbeiten mit einer zieloffenen und dynamischen Arbeitsweise, deren Ergebnis immer den aktuellen Stand der Technik widerspiegelt. Wichtigstes Kriterium dabei ist, dass alle Komponenten immer mit der Maßgabe bester Kompatibilität entwickelt und relevante Standards eingehalten werden müssen. Im GIS Umfeld gehören dazu die Einhaltung der Spezifikationen des OGC (z. B. WMS und WFS) und ISO-Normen für Geodaten, Metadaten und Dienste (z. B. ISO 19115 und ISO 19119, vgl. Kapitel 5.4).

7.1 Web-Mapping

Die Grundidee für das Web-Mapping ist das Visualisieren, insbesondere kartographisches Präsentieren raumbezogener Informationen über das Internet bzw. Intranet. Vereinfacht folgt die Funktionsweise folgendem Ablauf: Der Anwender sendet via Internet eine spezifische Anfrage für eine kartographische Darstellung (z. B. Raumausschnitt, Maßstab, Inhalte). Diese Anfrage wird von einem **Map Server** entgegengenommen und ausgewertet. Dann greift der Map Server auf die erforderlichen Geodaten zu und erzeugt die angeforderte Karte. Diese Karte wird als fertiges ‚Ausgabebild' via Internet an den Anwender gesendet.

Die erste Web-Mapping Anwendung im Internet wurde 1993 vom Palo Alto Research Center (USA) gestartet. Waren zu Beginn die Funktionsmöglichkeiten eingeschränkt auf einfache Kartenoptionen wie das Zoomen oder das Einblenden weiterer Informationen, so wurden in den Folgejahren nicht nur fertige Karten sondern auch kartographische Funktionen über das Internet zur Verfügung gestellt. Bis Ende der 1990er-Jahre wuchs die Nachfrage für die Bereitstellung von Grafiken, Videos und Audio-Dateien im Internet stetig an. Auf diese Entwicklung reagierte das **World Wide Web Consortium** (W3C) im Jahr 1998 mit der Einführung eines Standards, dem sogenannten **MIME-Type** (Multipurpose Internet Mail Extension). Dieser Standard dient der Formatierung von Nicht-ASCII-Dokumenten (Grafik, Video, Audio) zur Versendung über das Internet. Die Einhaltung des MIME-Standards soll **skalierbare Vektorgraphiken** (SVG's) im HTML-Dokument ermöglichen. Hierzu fordert das W3C zur Entwicklung eines **Standardformates für Vektorgrafiken** auf, welches in XML (EXtended Markup Language, einer Verallgemeinerung von HTML) eingebunden sein soll. Zurzeit sind drei Standardformate zu nennen:

- **WebCGM**: basiert auf dem bereits als MIME-Type integrierten CGM-Format und ist ein binäres Format. Es wird bereits häufig eingesetzt (z. B. GeoMedia Web Map Viewer) (vgl. www.w3.org/ Graphics/WebCGM/).
- **PGML**: steht für Precision Graphics Markup Language und ist eine Entwicklung von Softwareanbietern (wie Adobe, Netscape, IBM und SUN). Der Adobe Illustrator unterstützt das neue Format (vgl. www.w3.org/TR/1998/ NOTE-PGML).
- **VML**: Vector Markup Language ist ein bereits entwickelter Standard, der von den Firmen Autodesk, Hewlett-Packard, Macromedia, Microsoft und Visio erarbeitet wurde. Microsofts Internet Explorer ist in der Lage, dieses Format darzustellen. (vgl. www.w3.org/ TR/1998/NOTE-VML-19980513).

Bei der Entwicklung von Web-Mapping-Techniken sind unterschiedliche Software- und Architekturkonzepte zu unterscheiden, die sich folgendermaßen einteilen lassen:

Geodaten-Server

- liefern Geoinformationen zur Offline-Weiterverarbeitung
- lokale Software auf dem Client-Rechner
- dienen der Recherche und Übermittlung von Geodaten.

Map-Server

- übermitteln allgemein Karten zur Online-Visualisierung und lassen sich in statische und interaktive Map-Server unterscheiden.
- Ein statischer Map-Server liefert vorgefertigte Karten (typischerweise aus einem GIS in ein Rasterformat exportiert) und bietet eine Auswahl aus einem vorhandenen Angebot an.
- Ein interaktiver Map-Server erstellt auf dem Server eine Karte und gibt diese anschließend zur Visualisierung frei, wobei die Darstellung der Karte durch den Benutzer steuerbar ist (vgl. Kapitel 7.2 UMN MapServer).

Raumbezogene Online-Auskunftssysteme

- Visualisierung vorgefertigter oder interaktiv erstellter Karten
- thematische und einfache raumbezogene Abfragemöglichkeiten

Beispiele für innovative Web-Mapping Systeme beziehungsweise raumbezogene Online-Auskunftssysteme sind zum einen Stadtplandienste (vgl. Abb. 7.1/1, siehe unter www.stadtplandienst.de/) oder die Java-basierte Software Open MapTM, mit der räumliche Daten abgefragt und Karten erstellt werden können (vgl. Abb. 7.1/2, siehe unter http://open-map.bbn.com).

Für die meisten Fragestellungen im Web-Mapping wurden Konventionen entwickelt. Texte werden zum Beispiel als ASCII-Zeichen hinterlegt und sind damit zwischen Systemen austauschbar. Eine wichtige Konvention für die Entwicklung erweiterter Web-Mapping Funktionalitäten war die Implementierung und der heute praktisch flächendeckende Einsatz von

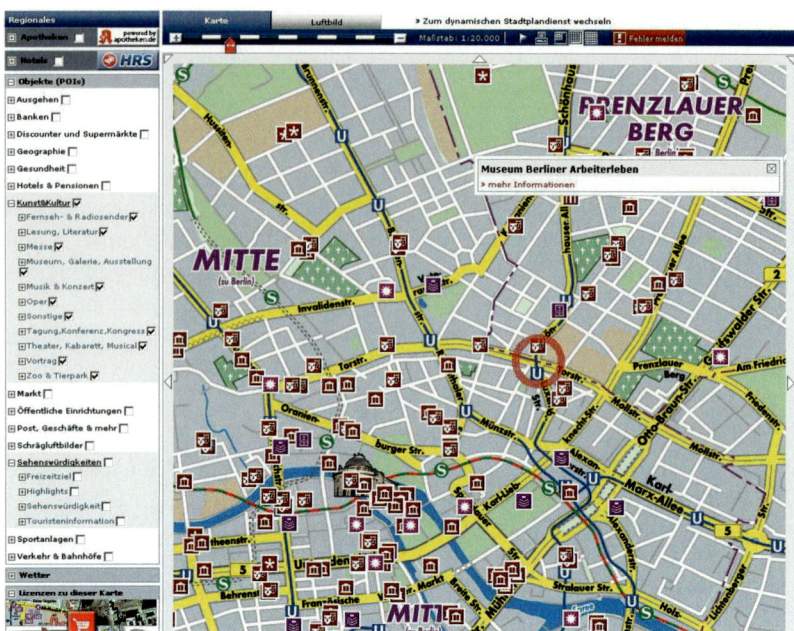

Abb. 7.1/1 *Interaktiver Stadtplan mittels eines kostenlosen Internetdienstes*

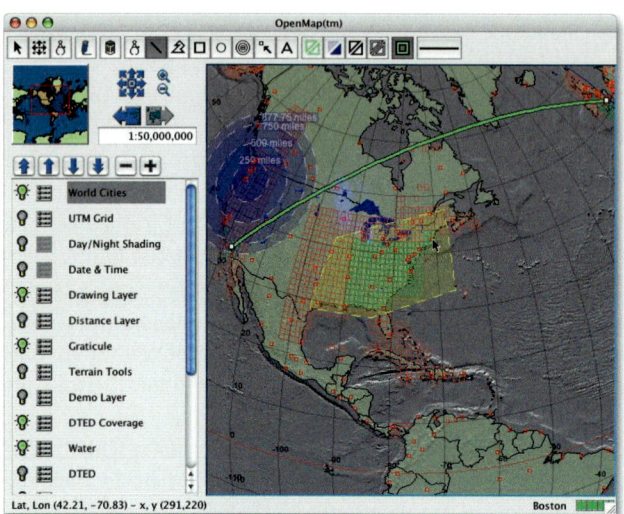

Abb. 7.1/2 *Aufbau interaktiver Karten mittels OpenMap*
(Open Systems Mapping Technologies)

SQL als Abfragesprache für Datenbanken. Im Bereich von GIS hat sich in den letzten Jahren SQL auch als Standardwerkzeug für den Zugriff auf alphanumerische Daten herausgebildet.

Für die geometrischen Daten innerhalb eines GIS hat die OGC einen weltweit verbreiteten Standard geschaffen, den **W**eb **M**ap **S**ervice (WMS). Dieser Standard definiert, wie Kartenbilder angefordert werden können. Der WMS wird von vielen GIS Softwarepaketen unterstützt (z. B. ArcGIS vgl. Kapitel 5.4.1), dabei ist es für die WMS Spezifikation unwichtig, wie aus georeferenzierten Daten Karten produziert werden und auch in welchem Ursprungsformat die Daten vorliegen. Der WMS liefert lediglich auf eine standardisierte Anfrage standardisierte Ergebnisse. Es gibt generell drei parametrisierte Aufrufe (vgl. Kapitel 5.4.1 und Kapitel 5.5):

- getCapabilities,
- getMap,
- getFeatureInfo (optional),

die ausreichen, um die Diensteigenschaften anzufordern und mit den dort abgelegten Daten eine Karte mit einer Auswahl an Themenebenen zu erzeugen. Mit dem WMS-Standard wird also sowohl die Syntax der Anfragen nach einer Karte, als auch Format und Eigenschaften des Ergebnisses einer Anfrage festgelegt. Dabei werden von einem WMS nicht die Geometriedaten selbst angefordert, sondern deren visuelle Darstellung als Raster-Bild. Dadurch ist es möglich, heterogene Datenbestände, die auf unterschiedlichen Servern vorliegen, miteinander zu kombinieren und daraus neue Informationen abzuleiten.

Zusammenfassung

- Web-Mapping steht für die Visualisierung und kartographische Präsentation von Geodaten in Form von Karten im Internet, die von einem Map-Server bereitgestellt werden.
- Zum Architekturkonzept von Web-Mapping-Techniken gehören Geodaten-Server, Map-Server und raumbezogene Online-Auskunftsysteme.
- Wichtigster Standard für das Web-Mapping ist der Web Map Service (WMS), der Karten im Internet nach einer standardisierten Anfrage darstellt.
- Anfragen an einen WMS können über parametrisierte Aufrufe (getCapabilities, getMap, getFeatureInfo) gestellt werden.

Zum Einlesen

WEB MAPPING in: SLOCUM, T. A. & R. B. MCMASTER & F. C. KESSLER & H. H. HOWARD (2009): Thematic Cartography and Geovisualization, S. 441-459.
Überblick zum Web-Mapping aus amerikanischer Sicht, wobei für die Übertragung von Karten via Internet überwiegend HTTP und FTP angesprochen wird. Dies belegt aber auch, dass international noch Angleichungsbedarf bei Normen und Standards besteht.

TYLER, M. (2008): Web Mapping mit Open Source-GIS-Tools, 1. Aufl. Köln.
Das Buch gibt einen umfassenden Überblick über die derzeitigen etablierten Open Source-GIS Werkzeuge und enthält zahlreiche Links zu Entwicklern.

7.2 Internetkartographie mit dem UMN MapServer – Bereitstellung von Geodiensten

Mit einem MapServer wird die Betrachtung von geographischen Daten ermöglicht, wobei eine Vielzahl von Datei- und Datenbankformaten unterstützt und verarbeitet werden können. Normalerweise liefert der MapServer seine Ausgabe direkt über das Web. Die vom jeweiligen Server abfragbaren Daten können nicht nur aus dessen lokalem Speicher bezogen, sondern auch aus einem verteilten System von anderen vernetzten Servern zusammengesammelt werden.

Der **UMN MapServer** (vgl. www.mapserver.org/de/) ist der zurzeit am weitesten verbreitete und erfolgreichste WebServer auf der Welt. Die ersten Versionen vom UMN MapServer wurden 1995 im Projekt ForNet von der **U**niversity of **Min**nesota (UMN) zusammen mit dem Minnesota Department of Natural Resources und der NASA für Unix-Betriebssysteme entwickelt. Im Jahr 1994 wurde eine erste Version veröffentlicht. Bereits 1999 wurde von der UMN der Quelltext des

---

Open Source Geospatial Foundation (OSGeo) und OSGeo SoftwareProjekte:

Die **Open Source Geospatial Foundation** (OSGeo) ist eine gemeinnützige Organisation mit Hauptsitz in Delaware, USA. Ziel der OSGeo ist, die Entwicklung und Nutzung von freien und quelloffenen Geoinformationssystemen (GIS) zu unterstützen. Seit 2006 organisiert sie die **FOSS4G**-Konferenz. Im deutschsprachigen Raum wird OSGeo durch den FOSSGIS e.V. (Freie und Open Source Software für Geoinformationssysteme) präsentiert. Die ersten OSGeo Software Projekte betreffen alle Bereiche der räumlichen Datenverarbeitung:
Software-Bibliotheken (Libraries)
- GDAL/OGR (https://gdal.osgeo.org/)
- GeoTools (https://geotools.osgeo.org/)
- GIS Applications
- GRASS (https://grass.osgeo.org/)
- OSSIM (https://ossim.osgeo.org/)

Dienste (Services)
- UMN MapServer (https://mapserver.osgeo.org/)
- MapGuide Open Source (https://mapguide.osgeo.org/)
- GeoNetwork Open Source (http://www.geonetwork.org/)

Web Anwendungen (Applications)
- Mapbender (http://www.mapbender.org
- MapBuilder (https://communitymapbuilder.osgeo.org/)
- OpenLayers (http://www.openlayers.org/)

MapServers offengelegt und freigegeben. Das Projekt MapServer steht in engem Zusammenhang mit der Entstehung der OSGeo (Open Source Geospatial Foundation), welche heute die Entwicklung von MapServer weiter betreut.

Die aktuelle Version des UMN MapServers (5.6.5) ist eine vollständige Open-Source-Software und stellt allgemein Geodienste (nach OGC Norm) zur Verfügung. Die wichtigsten Dienste sind ein **W**eb **C**overage **S**ervice (WCS), **W**eb **F**eature **S**ervice (WFS), **W**eb **M**ap **S**ervice (WMS) und ein **S**ensor **O**bservation **S**ervice (SOS). MapServer gilt als stabil, schnell und skalierbar. Der UMN Map-Server arbeitet als sogenanntes CGI-Script (Common Gateway Interface) in der Script-Schnittstelle des WebServers. Der Benutzer am Browser hat die Berechtigung, Programme, die sich in diesem Verzeichnis befinden, auf dem Server auszuführen. Durch eine integrierte Bibliothek ist es dem MapServer möglich, Geodaten eines beliebigen Raumbezugssystems direkt in ein anderes zu konvertieren und eine Karte in diesem Bezugssystem darzustellen. Der MapServer liefert einen direkten Datenbezug aus:

- Shapefiles,
- PostgreSQL / PostGIS (Open Source Datenbank),
- ESRI ArcSDE,
- Oracle Spatial,
- MySQL und über die OGR Bibliotheken auf viele andere Datenbanken.

Über die direkte Dateneinbindung hinaus ermöglicht der MapServer erweiterte Visualisierungsmöglichkeiten, wie zum Beispiel die Bearbeitung und Bewertung von Geodaten anhand definierter Kriterien sowie deren kartographische Aufbereitung. Bekannte WMS, die bereits auf dem MapServer basieren, sind die Übersichtskarte Deutschlands oder der WMS OpenStreetMap.

Der MapServer ist auf allen gängigen Plattformen (Linux, Windows, Solaris, FreeBSD und andere UNIX-Derivate und Mac OS) lauffähig. Eine wichtige Voraussetzung ist, dass die Plattformen die CGI-Spezifikation (Common Gateway Interface) unterstützen (in der Regel wird ein Apache-Webserver genutzt). CGI lässt sich mit „Allgemeine Vermittlungsrechner-Schnittstelle" übersetzen und ist ein Standard für den Datenaustausch zwischen einem Webserver und anderer Software. CGI ist ein Standard, der seit etwa 1993 eingesetzt wird, um Webseiten dynamisch bzw. interaktiv zu machen.

Die Installation des MapServers kann direkt von der Homepage des Projektes (http://www.mapserver.org/de) gestartet werden. Das Installationspaket „ms4w" enthält bereits folgende weitere Pakete:

- Apache Version 2.2.15 (dem MapServer zugrunde liegender Web-Server),
- PHP Version 5.3.2,
- MapServer CGI 5.6.5 (UMN MapServer in der aktuellen 5.6.5 Version),
- MapScript 5.6.5 (Programmierschnittstelle des Mapserver, CSharp, Java, PHP, Python),
- GDAL / OGR 1.7.1 (Zugriff auf Raster- und Vektordaten),
- PROJ Utilities (Bibliothek zur Transformation von Projektionen).

Nach erfolgreicher Installation und Konfiguration des MapServers kann der MapServer über eine textbasierte Konfigurationsdatei namens **Mapfile** oder auch MAP-Datei gesteuert werden. Ein Mapfile ist das Herzstück des MapServers und enthält folgende Angaben zur Steuerung des MapServers:

- Kartengröße (Ausdehnung oder extent), Koordinaten, Projektionen,
- Metadaten des Dienstes,
- Legende,
- Definition der Layer,
- Datenquellen,
- Angaben zur Visualisierung der Daten.

Eine genaue Beschreibung der einzelnen Funktionalitäten befindet sich in der Map Server Documentation (Release 5.6.5). welche als PDF-Datei auf der Homepage erhältlich ist.

Zur Erzeugung von Mapfiles gibt es zahlreiche MapServer Tools (z. B. Quantum GIS (Plug-In), gvSig (Plug-In), ArcGIS, Mapserver Companion).

Neben dem etwas ausführlicher beschriebenen MapServer gibt es noch weitere Open Source WMS-Server wie **GeoServer** (http://geoserver.org/display/GEOS/Welcome) oder **Degree**.

Eine sehr sinnvolle Open Source Softwareergänzung zum UMN MapServer ist der **MapStorer**, welcher auf quelloffener und freier Software basiert. Aufgrund der verwendeten Software ist MapStorer vollständig system- und plattformunabhängig. Die Speicherung der Mapfiles wird in MySQL oder PostgreSQL durchgeführt. Die weitere Umsetzung der Software geschieht mit DHTML, PHP und JavaScript. Der Datenbankzugriff wird über PEAR vollzogen. Die aktuelle Version von MapStorer steht auf der Homepage von Sourceforge zum Download bereit (http://sourceforge.net/projects/mapstorer).

Zusammenfassung

- In der Internetkartographie haben sich einige Anwendungen stärker etabliert. Der UMN WebServer ist zurzeit der wichtigste Webserver. Er ist als **Common Gateway Interface** (CGI) Anwendung konzipiert und ist deshalb unter allen Betriebssystemen lauffähig und kann mit vielen Softwareprodukten kommunizieren. Er unterstützt dabei fast alle gängigen Datenformate.
- Die Open Source Bewegung ist in den letzten Jahren sehr dynamisch und kreiert immer weitere Anwendungen, wie zum Beispiel OpenLayers oder GeoNetwork.
- In Deutschland wird die Entwicklung von Open Source Anwendungen vom FOSSGIS e. V. vertreten.

Zum Einlesen

Ticheler, J. (2010): Fitting a Global Trend- The FOSS4G 2010 Conference. In: GeoInformatics. S. 54-56, Vol. 13.
Der Aufsatz fasst die Möglichkeiten von Web-Mapping anhand der Open Source Anwendungen „MapServer", „OpenLayers" und „GeoNetwork" zusammen und diskutiert die Dynamik von Open Source Systemen.

7.3 Metadaten und Metadatenkataloge – Monitoring von Webdiensten

Metadaten oder **Metainformationen** sind allgemein Daten, die Informationen über andere Daten enthalten. Bei den beschriebenen Daten handelt es sich oft um größere Datensammlungen, Datenbanken oder Dateien. So werden auch Angaben von Eigenschaften eines Objektes als Metadaten bezeichnet.

Metadaten beschreiben einen Geodatensatz, eine Geodatensatzreihe oder einen Geodatendienst. Ihr Aufbau ist in den Richtlinien 2007/2/EG des Europäischen Parlaments und des Rates hinsichtlich der Durchführungsbestimmungen für Metadaten festgelegt. Sie bestehen aus dem in Teil B des Anhangs der Durchführungsbestimmungen festgelegten Metadatenelementen oder Gruppen von Metadatenelementen und sind nach den in den Teilen C und D des Anhangs festgelegten Vorschriften zu erstellen und zu pflegen. Metadaten bzw. **Metadatenkataloge** ermöglichen erst die Suche und den gezielten Zugriff auf Informationen im Internet. Mittlerweile liegen mächtige Metadatenkataloge vor, die ein gezieltes Suchen von Geodatendaten ermöglichen und darüber hinaus wesentliche Informationen über den Datensatz im Vorfeld bereitstellen. Beispiele sind der Monitoring Dienst von Web-Diensten oder vielfältige Linksammlungen wie zum Beispiel der GEOcatalog, ein Gemeinschaftsprodukt der CeGi (Center for Geoinformation GmbH) und der conterra GmbH. Der Katalog beinhaltet Metainformationen über Geodaten und Geodienste und ermöglicht die Recherche durch einfache Suchfunktionen (www.geocatalog.de/terraCatalog/Start.do).

Das Umweltbundesamt setzt das **Geographische Informationssystem Umwelt** (GISU) als Navigationssystem und Verweissystem ein. Damit bietet das Umweltbundesamt (UBA) einen zentralen Metadatenkatalog für Geodaten, Geodienste und Fachanwendungen an (http://gis.uba.de).

Auf der Webseite GEOPOLE können öffentlich zugängliche WebServices (MapServices) gesucht werden. Dort finden sich zum Beispiel WebServices des BGR zu geologischen Informationen oder aktuelle Karten zur Waldbrandentwicklung mittels MODIS-Daten.

Zusammenfassung

- Metadaten sind Daten über Daten und sind das wichtigste Hilfsmittel, um Geodaten zu dokumentieren und in verteilten Systemen auffindbar zu machen.
- Metadaten oder Metainformationen werden heute in sogenannten Metadatenkatalogen abgelegt. Ein aktuelles Beispiel für einen Metadatenkatalog ist die Anwendung GeoNetwork oder der zentrale Metadatenkatalog des Umweltbundesamtes (GISUcatalog).

Zum Einlesen

HAMBUCH, U. (2008): Erfolgsfaktor Metadatenmanagement: Die Relevanz des Metadatenmanagements für die Datenqualität bei
Business Intelligence. Vdm – Saarbrücken.
Hambuch beschreibt aus Sicht der Wirtschaft wie
wichtig heute ein intelligentes Metadatenmanagement für ein erfolgreiches Wirtschaften, durch
rechtzeitiges Berücksichtigen von Informationen
ist. Im Vordergrund steht die Datenqualität,
die sich erst durch hochqualitative Metadaten
erschließt.

Abb. 8/1 *GIS-Datenerhebung aus dem All mithilfe des Galileo-Satelliten*

8 Erdbeobachtung und GIS

Bei der Integration von räumlichen Daten in ein GIS stößt man zunächst auf die Trennung der räumlichen Datenwelt in eine Vektor- und Rasterwelt (vgl. Kapitel 2.2). Vektordaten sind die „punkt- oder linienförmigen", und Rasterdaten die „gitterförmigen" Repräsentationen von speziellen geometrischen Objekten oder raumbezogenen Sachverhalten. Vektordaten stellen für linienhafte Objekte (z. B. Versorgungsleitungen) die ideale Struktur dar. Für realitätsnahe Beschreibungen von Objekten werden Rasterdaten herangezogen. Zudem gibt es zu einem gegebenen geographischen Gebiet oft Daten aus verschiedenen Quellen (z. B. Web Map Service: digitalisierte

Karten, gescannte Vorlagen, Übernahme aus Datenbanken, Satellitendaten). Die gemeinsame (hybride) Verarbeitung erfordert die systematische Zuordnung von logischen Zusammenhängen zwischen Vektor- und Rasterdaten. Die hybride Verarbeitung von Vektor- und Rasterdaten beeinflusst im zunehmenden Maße die Funktionalität und den internen Datenfluss in GIS. Dies bedeutet auch, dass ein GIS Möglichkeiten zur Transformation von Vektor- in Raster- bzw. Raster- in Vektordaten bereithalten muss.

Für die thematische Auswertung ist die Flächenverschneidung ein häufig auftretendes Problem. Die Verschneidung zweier unterschiedlicher thematischer

Flächenebenen erfolgt im Vektorformat durch den Vergleich und die Auswertung aller beteiligten Kanten und Knoten und erfordert einen sehr großen Rechenaufwand. Im Rasterformat erfolgt die Verschneidung in einer einmaligen Schleife für alle Rasterelemente und kann mit einer Geschwindigkeit ablaufen, die eine quasi interaktive Verarbeitung ermöglicht. Ein Nachteil ist dabei, dass die Herausbildung notwendiger geometrischer Strukturen (Objektbildung) durch die **konventionelle Bildverarbeitung** in GIS nur in einer einfachen Form (Klassenbildung) unterstützt wird.

Die heutigen GIS und Bildverarbeitungssysteme wachsen bezüglich ihrer Aufgaben und Zielrichtungen zusammen. Ehemals reine GIS-Systeme (z. B. Idrisi, ArcGIS) integrieren immer stärker Bildverarbeitungsanteile oder vormals reine Bildverarbeitungssoftware (z. B. ENVI, ErMapper) integrieren immer mehr weitere GIS-Funktionalitäten bzw. koppeln sich an bestehende GIS-Systeme an (z. B. ENVI EX oder ENVI Vers. 4.8 – Kopplung mit ArcGIS, www.ittvis.com/ProductServices/ENVI/ENVIEX.aspx).

Die Kombination von Satellitenbildern mit anderweitig gewonnenen Daten in einem GIS findet zunehmende Verbreitung. In Nordamerika wurden bereits in den 1970er-Jahren Fernerkundungsdaten in größerem Umfang in ein GIS integriert. Als Hauptthemen des Ineinanderwachsens von Fernerkundung und GIS seien hier exemplarisch genannt:

- ‚Softcopy-Photogrammetrie‘,
- Verwendung von digitalen Geländemodellen aus Satellitendaten (SRTM, ERS, Spot, Tandem-X),

- die thematische und zunehmend topographische Kartographie,
- das Erkennen und die Quantifizierungen von Landnutzungsänderungen,
- Umweltverschmutzung, Umweltmonitoring,
- die Ermittlung von Konflikt- und Potenzialgebieten (z. B. Dürregefährdung oder Biomassepotenziale, Ernährungssicherung).

Wie in der ersten Auflage des Buches bereits angesprochen, zeichnet sich immer mehr eine volle Integration von Vektor-, Raster-GIS und Bildverarbeitungsalgorithmen ab. Nicht ganz selbstverständlich ist jedoch das Wissen darüber, wo welche Fernerkundungsdaten zu welchen Konditionen für die Arbeiten in GIS verfügbar und erhältlich sind. Generell kann hier festgehalten werden: Je kleinräumiger und spezifischer die Fragestellung, umso weniger Daten kommen in Betracht und je räumlich hochauflösender die Daten sein sollen, umso teurer sind sie.

Wie bei anderen digitalen Daten werden für Fernerkundungsdaten ähnliche bzw. erweiterte Analysefunktionen angewandt. Ein wesentliches Kriterium ist dabei die Unterscheidung in kontinuierliche (metrische) und thematische (nominale) Daten. **Satellitendaten** sind bekanntlich Reflexionswerte und können als kontinuierliche Daten betrachtet werden (auch wenn sie in der Regel als Integer (DN values: Digital Numbers), also ganzzahlig gerundet vorliegen. Daher können viele GIS-Operatoren für kontinuierliche Daten angewandt werden (Filter, moving window-Operationen).

8.1 Integration von Bilddaten in GIS (Fernerkundung / Remote Sensing)

Digitale Satellitenbilder und Luftbilder werden heute immer stärker als wichtige Komponente und Datenquelle eines Geographischen Informationssystems betrachtet. Sie bilden die Realität in kleinem, mittlerem oder großem Maßstab in Rasterform ab. Die in den Bildern enthaltenen geometrischen und thematischen Informationen – durch Klassifikation oder Mustererkennung gewonnen – dienen als Basisdaten für die Aktualisierung und Herstellung spezieller Karten und spielen eine zentrale Rolle für das Umweltmonitoring mit GIS. Ein Rasterausschnitt (z. B. Bildausschnitt) besteht aus $n \cdot m$-Pixeln. Jedes Element besitzt dabei eine fest definierte Datenlänge (meist ein oder mehrere Bytes). Die Integration von Rasterdaten in GIS befindet sich in stetiger Entwicklung. Dies wird besonders durch die Rastertechnologie in der Hardware begünstigt. Insbesondere werden hier Bildverarbeitungsprozessoren und Bildspeicher eingesetzt, mit denen die Daten schnell verarbeitet und visualisiert werden können. Statt von Raster- bzw. Pixeldatei spricht man bei einigen Anwendungen von einer Grid-Datei bzw. einem Grid. Im Gegensatz zur Vektordatenverarbeitung muss in der Rasterdatenverarbeitung jedes einzelne Pixel einer Bearbeitung unterzogen werden. Die Techniken der digitalen Bildverarbeitung sind Gegenstand zahlreicher Lehrbücher (HABERÄCKER, P. 1989, BÄHR, H.-P. & I. VÖGTLE, 1991, KAPPAS, M. 1994). Im Rahmen der Einbindung von Bilddaten in ein GIS steht besonders die Strukturierung, Speicherung und Verarbeitung von Rasterdaten im Vordergrund. Bezüglich der Strukturierung von Rasterdaten kann festgehalten werden, dass sich der Zugriff auf die Rasterdaten meistens auf einen Ausschnitt bezieht. Es gibt außer der Datei mit den einzelnen Pixeln kaum andere Strukturen.

Die Grundsatzfrage, die sich für den Einsatz von Rasterdaten innerhalb eines GIS stellt, ist die nach der inhaltsbezogenen Strukturierung der Rasterdaten. Anders ausgedrückt: Für ein konkretes Untersuchungsgebiet und eine vorgegebene Genauigkeit (Pixelauflösung) bestimmt die Rasterverarbeitung eine konstante Speichermenge, unabhängig davon, wie viele unterschiedliche Informationen vorliegen. Die Rasterdaten eines Bildes mit vielen homogenen Flächen (kaum differenzierte Information) führen zu großer Datenredundanz. Satellitenbilder hingegen beinhalten viele unterschiedliche Informationen (multispektral!), sodass die Pixel tatsächlich mit unterschiedlichen Informationen belegt sind. Für Rasterdaten gibt es die Möglichkeit, durch Codierung die Datenmenge zu reduzieren bzw. zu komprimieren. Hierzu gehören Methoden wie die Lauflängen- und Quadtree-Codierung. Die strukturierte Speicherung der Daten dient grundsätzlich zwei Prinzipien:

- dem Prinzip der Primärdatenhaltung und
- dem Prinzip des optimalen Speicherformats.

Sollen die Daten in einer Form gespeichert werden, die hinsichtlich der Speichermenge und der Weiterverarbeitung optimiert ist, so lassen sich unterschiedliche Datenformate (Vektor- und Rasterdaten) in einem GIS nicht vermeiden. Die Aufsplittung in Vektor- und Rasterdaten hat aber auch einen praktischen Grund: Vektordaten sind für die Erfassung der geometrischen und topologischen Strukturen von räumlichen Objekten sehr gut geeignet. Im Gegensatz dazu bezieht sich bei Rasterdaten der thematische Inhalt direkt auf eine Position. Deshalb sind Rasterdaten die ideale Speicherform für die Beschreibung von flächendeckenden räumlichen Sachverhalten (insbesondere der Verschneidung von Daten).

Eine Integration von Rasterdaten ergibt sich auch in Verbindung mit der Einbindung von digitalen Geländemodellen als wichtige Datenquelle für ein GIS. Die Geländemodellierung im Rasterformat hat seit einigen Jahren immense Fortschritte gemacht. Dabei entwickelten sich eigenständige Programme zur DGM-Generierung wie zum Beispiel SCOP Stuttgarter Contour Programm der Firma INPHO, Stuttgart) oder SURFER (ein spezielles Programm zur DGM-Erstellung der Firma Golden Software Inc., USA), die insbesondere hinsichtlich der verwendeten Interpolationsalgorithmen (lineare Prädiktion, Kriging, etc,) spezialisiert sind. Die meisten konventionellen GIS-Programme nutzen die aus diesen Programmen abgeleiteten DGM-Produkte zur Weiterverarbeitung und besitzen keine eigenen Techniken zur DGM-Generierung.

Bei der Integration von Satellitendaten in Geographische Informationssysteme handelt es sich ausschließlich um den Import von Rasterdaten. Die Struktur der Rasterdaten hängt dabei vom verwende-

Abb. 8.1/1 *Satellitendatenbezug für ein GIS über die GLFC-Homepage*

ten Satellitentyp und der nachgeschalteten Prozessierung der Daten ab. Am häufigsten werden in der Geographie Daten der Satellitenfamilien Landsat (ETM, TM und MSS) und SPOT (XS und PAN) sowie Ikonos und Quickbird oder der aktuelle WorldView-2 Satellit verwendet (mittlerer bis kleiner Maßstab). In globaler Sicht werden langjährige Zeitreihen von NOAA AVHRR, MODIS oder ENVISAT in GIS ausgewertet.

Über die Homepage der GLFC (Global Land Cover Facility) lassen sich die Daten unterschiedlicher Satelliten (ASTER, Quickbird, Orbview, Ikonos, Landsat, MODIS, AVHRR, GOES, WorldView) herunterladen, um sie für die Weiterverarbeitung in ein GIS zu integrieren. Das Angebot an Providern bzw. Datenservern, die Satellitendaten bzw. fertige aus Satellitendaten abgeleitete Produkte (Leaf Area Index, Vegetationsindices, Höhenmodelle etc.) bereitstellen wächst ständig. Eine aktuelle Plattform ist neben den von staatlichen Stellen unterhaltenen Webseiten (z. B. USGS Earth Explorer, vgl. Abb. 9.1.1/2) die neue Google Earth Engine, die vielfältige Datensätze der Erde sammelt und dem Nutzer zur Verfügung stellt (vgl. Kapitel 9.1.1). Im Gegensatz zu den staatlichen Anbietern kann bei der Google Earth Engine jeder Bürger eigene Datensätze einstellen und dokumentieren.

Die Bildformate und Datenstrukturen der Satellitenbilder schwanken je nach verwendeter Datenaufbereitung. Für die Einspeisung der Daten in ein GIS ist besonders die logische Organisation der Daten von Bedeutung. Es werden generell zwei Bandformate unterscheiden:

Das Band-Sequential-Format (BSQ):
Hier bildet jeder Kanal eines Satellitenbildes ein eigenes Bilddatenfile, welcher von einem Leader- und einem Trailer-File eingeschlossen wird.

Das Band-Interleaved-Format (BIL):
Für das gesamte Satellitenbild gibt es nur einen Bilddatenfile. Die Daten aller Kanäle sind darin zeilenweise abgelegt.

Für eine erfolgreiche Integration von Satellitendaten oder digitalen Luftbildern müssen die Geographischen Informationssysteme geeignete Datenkonverter besitzen, um die Daten zu importieren. Falls Datenlieferant und GIS-Anwender nicht das gleiche System verwenden, sind Informationsverluste bei der Konvertierung nicht auszuschließen – ja sogar die Regel. Die heute existierenden Datenkonverter lassen sich generell in vier Typen einteilen:

1. Konverter, die ein Datenquellformat über ein Zwischenformat in das Zielformat umsetzen. Der Konverter läuft dabei meist als eigenständiges Programm.
2. Konverter, die das Quellformat direkt in das Zielformat umsetzen (Direktkonverter).
3. Exportfilter, bei denen das Zielformat direkt im Quellsystem geschrieben wird. Der Konverter ist im Quellsystem als Modul enthalten oder läuft als Applikation oder Plug-In.
4. Importfilter, die das Quellformat direkt in das Zielsystem (hier GIS) einlesen. Der Konverter ist im Zielsystem als Modul enthalten oder läuft dort als Applikation oder Plug-In.

Bis hierhin kann festgehalten werden, dass für den Import von Bilddaten unterschiedliche Formate vorliegen und der GIS-Anwender sich in den nächsten Jahren mit den vorhandenen Konvertierungsmöglichkeiten zufriedengeben muss (z. B. Bilddaten, die aus Ländern kommen, die nicht der INSPIRE-Richtlinie unterliegen). Eine Vereinheitlichung der Datenformate steht noch aus. Wurden die Bilddaten in ein GIS erfolgreich importiert, stehen sie für die weitere Verarbeitung, die uns in den nächsten Kapiteln beschäftigen wird, zur Verfügung.

Zusammenfassung

- Heute stehen vielfältige Quellen zur Integration von Bilddaten in GIS zur Verfügung. Diese können neben staatlichen Datenprovidern für Satellitendaten auch zunehmend kommerzielle Anbieter sein (z. B. die hochauflösenden Satellitendaten der Firma DigitalGlobe mit den Satelliten Ikonos, Quickbird oder WorldView-2).
- Die Satellitendaten weisen jeweils spezifische Formate auf (z. B. HDF), die von den Importmodulen der GIS-Systeme unterstützt werden müssen, andererseits müssen die Satellitendaten in ein gängiges Austauschformat konvertiert werden (z. B. TIFF).
- Die Güte eines GIS misst sich heute auch an der Möglichkeit, Fremddaten in Form von Satellitendaten zu importieren (Vorhandensein geeigneter Konverter).

Zum Einlesen

KRAPIVIN, V. &F. MKRTCHYAN (2008): GIMS: Technology for the Operative Enironment Diagnostics. In: EHLERS, M. & K. BEHNKE & F. W. GERSTENGARBE & F. HILLEN & L. KOPPERS & L. STROINK & J. WÄCHTER (Hrsg. 2008): Digital Earth Summit on Geoinformatics: Tools for Global Change Research, S. 67-75.
Der Aufsatz behandelt die Rolle des GIMS-Programms (GIMS = Geoinformational Monitoring System) und weist auf die Bedeutung der Integration unterschiedlicher Datenquellen hin.

8.2 Einfache Bildverarbeitungsmethoden in GIS

Die Digitale Bildverarbeitung, die bei der Analyse von Satellitenbildern im GIS generell zum Tragen kommt, setzt Bilder in digitaler Form voraus. Die gesamte Bildinformation (geometrische Information und radiometrische Information (Grauwerte)) muss deshalb numerisch kodiert vorliegen. Die Transformation von analogen Bildern (z. B. Luftbilder) in diskrete mathematische Funktionen nennt man analog/digital (A/D)-Wandlung. Die analog/digital – Wandlung wird durch den Prozess der Bildabtastung bzw. durch das Scannen der Vorlagen erreicht. Eine Umkehrung des Prozesses (digital/analog (D/A)-Wandlung) führt zur Bildwiedergabe.

Im Folgenden wird eine kurze Einführung in die digitale Bildverarbeitung gegeben, die sich in erster Linie an den Bildverarbeitunganfänger wendet und nur die für die praktische Arbeit wichtigsten Grundlagen der Bildverarbeitung im GIS berücksichtigt.

Es ist festzustellen, dass kommerzielle Bildverarbeitungssoftware (z. B. ENVI ER-

Mapper, PCI Geomatica, ERDAS, IDRISI) immer häufiger an GIS-Programme (z. B. ArcGIS/ENVI EX) angebunden wird. Einige Anbieter von ehemals reinen Bildverarbeitungsprogrammen integrieren zunehmend spezifische GIS-Funktionalitäten in ihre Programme. Allgemein werden durch Methoden der Digitalen Bildverarbeitung die Originalbilder in Datenformate transformiert, die mit Rechenanlagen weiterverarbeitet werden können. Die gebildeten Datenformate stellen dabei diskrete zwei- oder multidimensionale Funktionen dar.

Durch Digitalisierung der Bilder mittels Überlagerung eines Rasters mit Quadraten (Pixel) wird eine Diskretisierung der Bildvorlage erzeugt. Die Rasterung einer Bildvorlage erzeugt eine gewisse Ungenauigkeit, da die Erfassung des Bildes nicht mehr kontinuierlich, sondern diskret ist. Der Prozess der Diskretisierung einer Bildvorlage in eine vorgegebene Rasterweite führt zu einer zentralen Fragestellung für jedes Digitalisierungsvorhaben:

Wie fein muss ein Raster sein, um alle Informationen der Bildvorlage ausreichend genau zu erfassen?

Wird das Raster zu grob gewählt, so führt dies zu einer blockhaften und schematischen Wiedergabe der Objekte des Ausgangsbildes. Durch die Rasterung kann ein Informationsverlust entstehen, wenn Quadrate, die keine vollständige Grauwertausfüllung haben (Mischpixel), nicht berücksichtigt werden (Sample-Problem). Wird das Raster andererseits zu fein gewählt, können zu viele redundante Pixel entstehen. Die Digitalsierung durch Einscannen der Vorlage kann da-

tentechnisch durch eine Grauwertzerlegung von Weiß (Grauwert 255) nach Schwarz (Grauwert 0) geschehen. Die digitalisierten Werte werden also in einer Grauwertspanne von 0 bis 255 (256 Grauwerte = 28) als ein Byte (8 Bit) gespeichert.

Um den Vorgang des Abtastens der Vorlage zu optimieren, wurde von SHANNON ein Gesetz aufgestellt, welches besagt, dass ein Signal mit einer bestimmten Frequenz mindestens durch eine Abtastrate der doppelten Frequenz des Signals (Nyquist Rate) abgetastet werden sollte. Das sogenannte **Abtasttheorem von SHANNON** lautet:

Besitzt ein Signal eine Frequenz A, so sollte es mindestens mit einer Abtastrate von S = 2·A abgetastet werden. S = 2·A ist die sogenannte Nyquist-Rate. Beim Abweichen von dieser Nyquist-Rate kann es beim Abtasten zu folgenden Problemen kommen: Die Abtastrate liegt unterhalb der Nyquist-Rate, es kommt zu einer Maskierung des wirklichen Bildes (sog. ALIASING) oder die Abtastrate ist zu hoch, es werden zu viele redundante Datenpunkte aufgenommen (OVERSAMPLING).

Die durch die Rasterung eines Bildes entstandene Bildmatrix kann durch ein inhärentes Koordinatensystem dargestellt werden. Dabei gliedert sich das Koordinatensystem der Bildmatrix in sogenannte Bildspalten (columns) und Bildzeilen (rows). Oftmals liegt im Gegensatz zum gewohnten kartesischen Koordinatensystem der Nullpunkt des gescannten Bildes in der linken oberen Ecke und nicht in der linken unteren Ecke. Beim Import von Satellitenbildern oder deren Weiter-

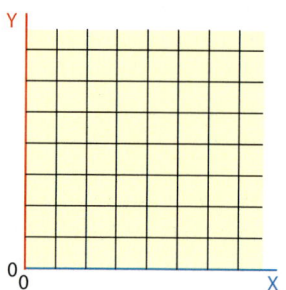
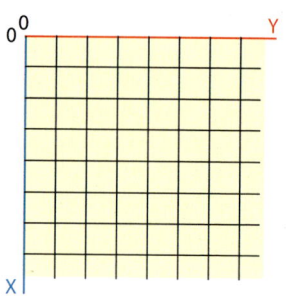

756GS

Abb. 8.2/1 *Koordinatenursprung im kartesischen System (links) und in gescannten Bildern bzw. Satellitenbildern (rechts)*

	0			Spalten
0				
		*	x-1,y	*
		x, y-1	x, y	x, y+1
Zeilen		*	x+1,y	*

* = Ergänzung der diagonalen Pixel
für eine Acht-Nachbarn-Beziehung

759GS

Abb. 8.2/2 *Pixel in einer Bildmatrix mit 4 und 8-Nachbarn*

verarbeitung (z. B. Verschneidung mit bereits im GIS im kartesischen System vorliegenden Ebenen) ist dieser Unterschied zu berücksichtigen.

Neben der Strukturierung der Bildmatrix in Spalten und Zeilen können einem Pixel in der Bildmatrix bestimmte Nachbarschaftsbeziehungen zugewiesen werden. Die ausschließliche Betrachtung der direkten Nachbarn ergibt eine 4-Nachbarn-Beziehung für jedes Pixel. Nimmt man zu den 4-Nachbarn noch die diagonalen Pixel hinzu, so erhält man

für das zentrale Pixel eine 8-Nachbarn-Beziehung.

Die Anzahl der Nachbarn für ein bestimmtes Pixel ist für spätere Anwendungen der digitalen Bildverarbeitung von Bedeutung (Pixeloperationen, Suchradien, DGM-Generierung, Interpolationsverfahren etc.). Neben der strukturellen Gliederung eines digitalen Bildes in Spalten und Zeilen kann ein Bild monochrom (1-kanalig) oder multispektral (mehr-kanalig) aufgebaut sein. Im monochromen Fall besitzt ein Pixel $P(i,j)$ in der Zeile i und der Spalte j einen bestimmten Grauwert.

$P(i,j) = 216$ bedeutet, dass das Pixel in der Zeile i und Spalte j den Grauwert 216 aufweist.

Im multispektralen Fall wird ein Gesamtbild aus mehreren Kanälen aufgebaut. Das Pixel $P(k,i,j) = 216$ beschreibt in diesem Fall die Position (i,j) im Kanal k mit dem Grauwert 216. Die Struktur des Bildes lässt sich als mehrkanaliger Bildstapel veranschaulichen.

Um die Bilder statistisch zu beschreiben werden Kennwerte berechnet, die Aussagen über die Grauwertverteilung im Bild

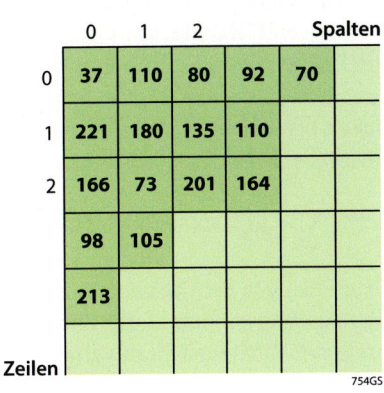

Abb. 8.2/3 *Bildaufbau eines monochromen Bildes*

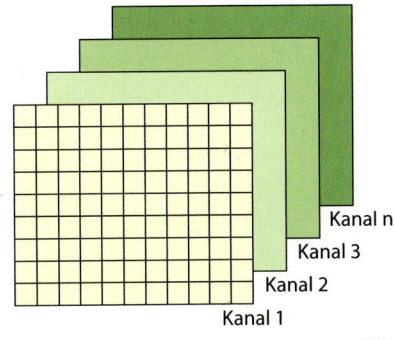

Abb. 8.2/4 *Bildmatrix eines mehrkanaligen, multispektralen Bildes*

$$\mu = \frac{1}{m \cdot n} \sum_{i=1}^{m} \sum_{j=1}^{n} P(i,j)$$

$$\partial^2 = \frac{1}{m \cdot n} \sum_{i=1}^{m} \sum_{j=1}^{n} (\mu - p(i,j))$$

Die Position des mittleren Grauwertes sagt allgemein etwas über die Helligkeit des Bildes aus. Eine Position nahe dem 0-Wert (Schwarz) gestaltet das Bild dunkel, während eine Lage des mittleren Grauwerts nahe dem Wert 255 (Weiß) das Bild insgesamt hell erscheinen lässt. Die Standardabweichung enthält wiederum Informationen über den Kontrastreichtum des Bildes. Wird von der Standardabweichung ein breiter Grauwertbereich abgedeckt, so ist das Bild kontrastreich. Ein hoher Kontrast bedeutet aber zugleich, dass viele unterschiedliche Grauwerte am Bildaufbau beteiligt sind und das Bild somit viele unterschiedliche Informationen enthält. Ein kontrastarmes Bild hingegen besitzt einen geringeren Informationsgehalt und die am Bildaufbau beteiligten Grauwerte streuen in einem relativ engen Bereich um den mittleren Grauwert. Bildverarbeitungstechnisch kann ein kontrastarmes Bild einem Grauwertstretch unterzogen werden, um eine Kontrastverstärkung (Aufweitung des Grauwertbereichs) zu erreichen. Die Kontrastverstärkung gehört zu den allgemeinen Verfahren der Bildverbesserung in einem GIS.

Das einfache Histogramm in Abbildung 8.2/5 gilt für eindimensionale Bilder. Im 2-dimensionalen (2 Kanäle) oder n-dimensionalen Fall erhält man als Histogramm mehr oder weniger elliptisch geformte Grauwert-Verteilungen. Die Stärke

ermöglichen. Die Statistik eines Bildes kann durch sein Histogramm (Häufigkeitsverteilung der Grauwerte) sowie die zugehörigen statistischen Parameter „mittlerer Grauwert" und die Standardabweichung beschrieben werden. Der mittlere Grauwert (m) eines Bildes und die Standardabweichung (d2) lassen sich durch die folgenden Formeln berechnen:

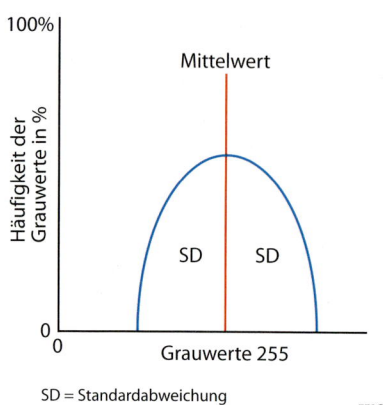

SD = Standardabweichung

773GS

Abb. 8.2/5 *Histogramm eines Bildes und dessen statistische Kennwerte*

der Korrelation zwischen den beteiligten Kanälen ist dann aus der Form der Ellipsen abzuleiten. Ist die Grauwertverteilung eines zweikanaligen Bildes durch eine schmale und gestreckte Ellipse gekennzeichnet, so sind die 2 Kanäle stark korreliert. Ein kreisförmiges Histogramm eines 2-kanaligen Grauwertbildes weist auf äußerst schwach korrelierte Kanäle hin (vgl. Abb. 8.2/6).

Die Stärke der gegenseitigen Beeinflussung zweier Kanäle wird statistisch durch ihre Kovarianz ausgedrückt, die sich für zwei Kanäle (K1, K2) folgendermaßen berechnet:

Kovarianz zweier Kanäle K1 und K2 =

$$\frac{1}{m_1 \cdot m_2} \sum_{i,\,j=1}^{m_1 \cdot m_2} (\mu_{K1} - P(K1, i, j)) \cdot (\mu_{K2} - P(K2, i, j))$$

Abgesehen von der Grauwertdarstellung digitaler Bilder können die Bilder mit ihren verschiedenen Grauwertanteilen auch in Farbe umgesetzt werden. Die Grauwerte werden dazu in Farben überführt. Die Umwandlung der Grauwerte in Farbanteile geschieht über sogenannte Farbsysteme. Wird nur ein Kanal in Farben zerlegt, spricht man vom sogenannten „Color Coding". In der Regel werden drei Kanäle durch ein Farbsystem transformiert. Zur Farbdarstellung werden in den GIS-Programmen überwiegend das RGB- und HSI- System genutzt.

Die R G B-Transformation lässt sich nur mit drei Kanälen durchführen. Der RGB (ROT-GRÜN-BLAU) – Würfel oder die HSI (HUE, SATURATION, INTENSITY)-

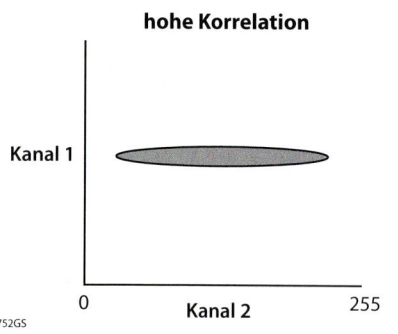

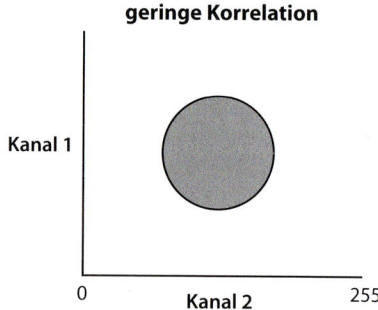

752GS

Abb. 8.2/6 *Grauwertverteilung 2-kanaliger Bilder*

Farbdarstellung sind in Abbildung 8.2/8, S. 212 dargestellt. In der HSI-Farbdarstellung steht HUE für den Farbton, SATURATION für die Farbsättigung und INTENSITY für die Helligkeit.

Verfahren der Bildverbesserungen (engl. image enhancement) beinhalten einfache Verfahren wie die Anwendung von Lookup-Tables, Arithmetische Pixeloperationen (wie Summenbildung, Differenz und Quotient oder Ratio) sowie komplexere Verfahren (wie Hauptkomponentenanalysen). Weiterhin sind in den meisten GIS-Programmen umfangreiche Möglichkeiten der digitalen Filterung gegeben.

Lookup-Tables werden zur Kontrastverstärkung eines Bildes benutzt. Durch die Anwendung einer bestimmten Lookup-Table (Wertetabelle) können die Grauwerte eines Bildes in andere Grauwerte zerlegt werden. Der Eingabegrauwert wird dabei über eine fest definierte Lookup-Table in einen neuen Ausgabegrauwert transformiert (vgl. Abb. 8.2/7).

Das Grauwerthistogramm eines Eingabebildes wird durch die Kontrastverstärkung mittels einer entsprechend zu wählenden Lookup-Table gestreckt. Besitzt ein Eingabebild ein Grauwerthistogramm mit geringer Varianz, d.h., die Grauwerte streuen um den mittleren Grauwert nur sehr gering, so kann dieser enge Grauwertbereich auf das ganze Grauwertspektrum (0-255) gestreckt werden (Grauwertstretch). Der Grauwertstretch erhöht im Allgemeinen den Kontrast im Bild.

Bei den Overlay-Verfahren innerhalb von Geographischen Informationssystemen spielt die Anwendung sogenannter Binärmasken eine große Rolle. Mithilfe dieser Binärmasken kann eine bestimmte Information im Bild hervorgehoben werden, indem alle anderen Informationen unterdrückt werden (z. B. Pixel der Landbedeckung Wald bekommen den Grauwert 160 und alle anderen Pixel bekommen den Grauwert 0 und werden somit in der Darstellung unterdrückt).

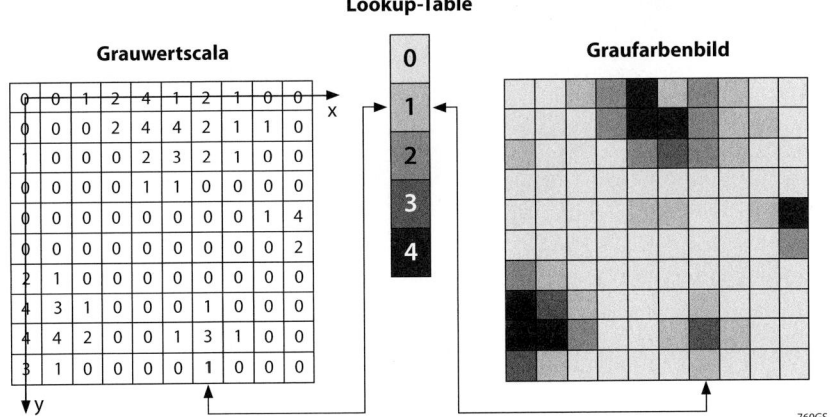

Abb. 8.2/7 *Funktion einer Lookup-Table*

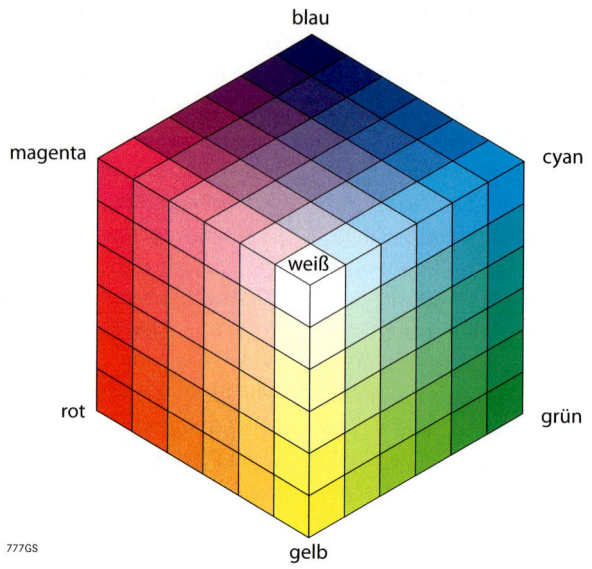

777GS

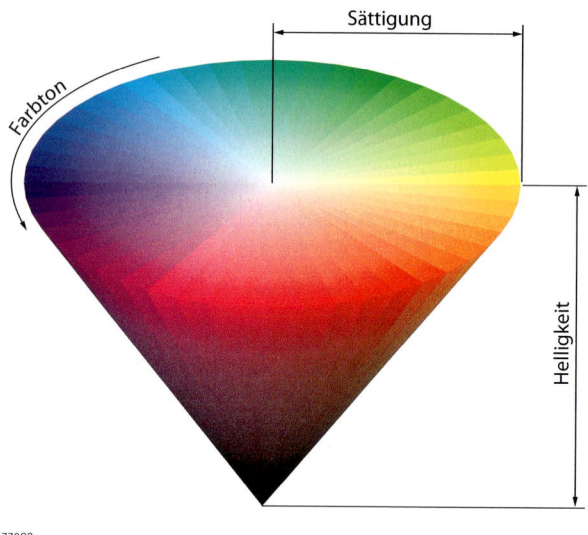

779GS

Abb. 8.2/8 *RGB-Farbdarstellung (oben) und HSI- Farbdarstellung (unten)*

Innerhalb eines GIS werden zur Bearbeitung importierter Bilder häufig arithmetische Pixeloperationen genutzt. Die häufigsten arithmetischen Pixeloperationen sind die Berechnungen von Summen, Differenzen und Quotienten. Die Summenbildung wird oft zur Mittelung von Bildern im panchromatischen Bereich oder für das Einblenden grafischer Informationen genutzt. In geringem Umfang kann durch die Summenbildung eine Datenkompression durch Addieren zweier Bilder erreicht werden. Ein häufiges Problem der Summen- bzw. Differenzbildung ist, dass „halbe Grauwerte" entstehen können. Ein GIS sollte deshalb innerhalb seines Bildverarbeitungsmoduls eine Integerwandlung zulassen (Intergerzahlen = Ganze Zahlen, Real-Zahlen = Gleitkommazahlen), sodass bei den genannten Operationen nur ganze Grauwerte entstehen können.

Für den Vergleich von Bildern mit mehreren Kanälen (Bändern) bietet sich zunächst die Bildung der Differenz an. Ist die Differenz zwischen den Kanälen hoch, so ist der Unterschied zwischen den beteiligten Kanälen ebenfalls hoch. Daraus lässt sich folgern, dass beide Kanäle für sich jeweils unterschiedliche Informationen beinhalten. Eine geringe Differenz deutet darauf hin, dass auf einen Kanal verzichtet werden kann bzw. durch die Bearbeitung beider Kanäle nicht wesentlich mehr Information zur Verfügung steht (= Datenredundanz).

Die Quotienten- bzw. Ratio- Bildung ist eine andere arithmetische Anwendung, die auch dem Vergleich von verschiedenen Kanälen eines Bildes dient. Eine häufige Anwendung der Ratio-Bildung

innerhalb von Geographischen Informationssystemen ist zum Beispiel die Ableitung unterschiedlicher Vegetationsindizes (z. B. aus LANDSAT TM-Daten oder NOAA-Daten). Weiterhin findet die Ratiobildung Anwendung in der Beseitigung von Schatten (z. B. Relieferscheinungen) und der Ableitung von synthetischen Kanälen (aus einem 2-kanaligen Bild wird ein dritter synthetischer Kanal geschaffen, z. B. Farbbilderzeugung).

Weiterführende Techniken der Bildverbesserung stellt die sogenannten Hauptkomponententransformation (PCA, theoretische Ableitung und Computerprogramme siehe HABERÄCKER, P. 1989 und PRATT, W. K. 1978) dar. Mittels Hauptkomponententransformationen wird die Abhängigkeit der Kanäle (z. B. Satellitenbildkanäle) untereinander untersucht.

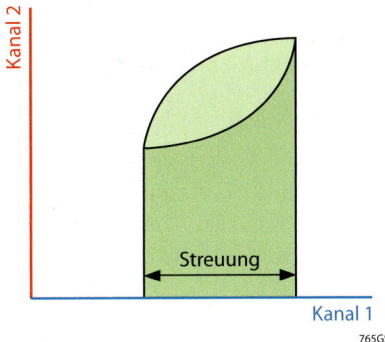

Abb. 8.2/9 *Zwei-dimensionales Histogramm*

Die Methode der Hauptkomponententransformation richtet das Koordinatensystem in Richtung maximaler Streuung aus, sodass eine Informationsverdichtung in der 1. Hauptkomponente

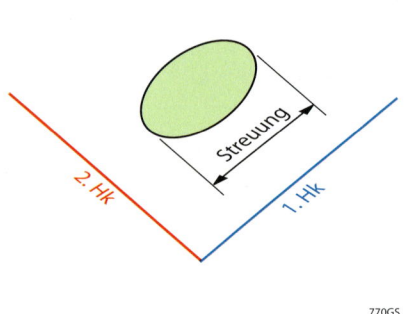

Abb. 8.2/10 *Verhältnis von 1. und 2. Hauptkomponente*

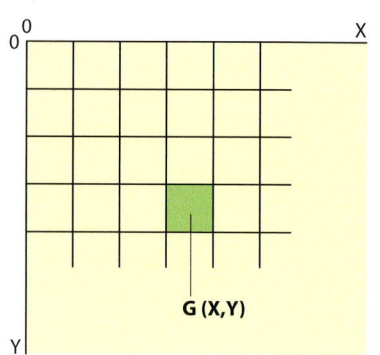

Abb. 8.2/11 *Zweidimensionales Bildsignal*

erfolgt. Statistisch gesehen erklärt die 1. Hauptkomponente dabei den größten Anteil an der Gesamtvarianz. Dieses Verfahren führt zur Vermeidung von Redundanz und zu einer merklichen Datenreduktion.

Einige GIS-Programme (z. B. IDRISI Taiga) beinhalten in ihrem Bildverarbeitungsuntermodul bereits komplette Programme zur Durchführung der Hauptkomponententransformation.

Weitere häufige Anwendungen von Bildverarbeitungsverfahren innerhalb von Geographischen Informationssystemen stellen die digitalen Filterungen dar, die sich in vier Hauptanwendungsgebiete gliedern lassen:

1. Bildverbesserung,
2. Wiederherstellung verzerrter Bildsignale,
3. Extraktion von Bildkanten,
4. allgemeine Mustererkennung.

Allgemein wird in der digitalen Bildverarbeitung ein Bild als 2-dimensionales Signal dargestellt, wobei G der Grauwert

(= aufgenommene reflektierte und emittierte Strahlungsintensität des Sensors) an den Ortskoordinaten x und y eines Bildpixels ist. X und y sind ganzzahlige Variablen, welche das Bild in seiner Ausdehnung (Zeilenlänge und Zeilenzahl) beschreiben. Die X-Koordinate entspricht der Zeilenrichtung und die Y-Koordinate der Spaltenrichtung.

$$Signal = G(x,y)$$

Der Wertebereich des Signals $G(x,y)$ liegt zwischen $0 < G < 255 = 2^8 - 1$. G enthält dabei immer ganzzahlige Werte. In der Praxis wird der Zahl 0 der Grauwert Schwarz und der Zahl 255 der Wert „Weiß" zugeordnet. Die Zuordnung an sich ist aber willkürlich und kann z. B. auch umgekehrt definiert werden.

Zur Wiedergabe bzw. Darstellung von Farb- oder Multispektralbildern muss die Darstellung in Abbildung 8.2/11 um mindestens eine Dimension erweitert werden. Multispektrale Bilder können durch ein Signal folgender Form beschrieben werden:

$$Signal = G(x,y,B) \text{ mit } 1 < B < K$$

B steht für den jeweiligen Spektralbereich (BAND) und K gibt die Anzahl der Spektralkanäle (z. B. LANDSAT TM, K = 7; SPOT XS, K = 3) oder Farbauszüge wieder. Die Abbildung 8.2/12 zeigt den Aufbau eines Multispektralbildes mit G(x,y,B) als Intensität der reflektierten Strahlung eines Bildpixels am Ort x,y im Spektralbereich B. Für jedes Spektralband B muss eine bestimmte Bandbreite definiert sein. Die Wiedergabe eines Bild-Signals geschieht sowohl im Ortsbereich (x,y) als auch im Frequenzbereich. Um ein beliebiges Signal zu analysieren, wird die Fouriertransformation genutzt (z. B. zweidimensionale Fourieranalyse über die Ortsdaten in x,y-Richtung).

Die mathematische Ableitung der Fourieranaylse wird hier nicht erläutert, sondern kann bei P. HABERÄCKER (1989) nachgelesen werden. Prinzipiell wird durch die Fourieranalyse jede stetige Kurve durch eine unendliche Summe von Cosinus- und Sinus-Funktionen dargestellt. Dabei kann man allgemein festhalten, dass Bilder im Frequenzbereich leichter zu filtern sind als im Ortsbereich (Faltung). Ausführliche Darstellungen zur Fourieranalyse findet man bei P. HABERÄCKER (1989, S.162 f.) und B. JÄHNE (1991, S.289 f.). Die Abbildung 8.2/13 zeigt die Darstellung eines Signals im Orts- und Frequenzbereich.

Weiterführende Methoden der Bildverarbeitung sind in den meisten GIS-Programmen nicht vorhanden, sondern bleiben spezialisierten Bildverarbeitungsprogrammen (ENVI, PCI, ERDAS usw.) vorbehalten. Für den GIS-Anwender sind Grundlagenkenntnisse in der Bildverarbeitung unabdingbar, da zunehmend Bilddaten in Geographische Informationssysteme importiert werden bzw. im Internet zur Verfügung stehen.

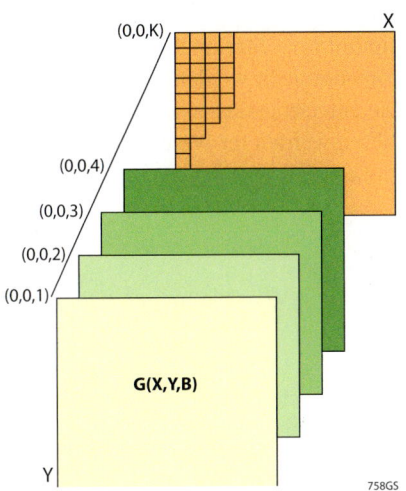

Abb. 8.2/12 *Aufbau eines Multispektralbildes*

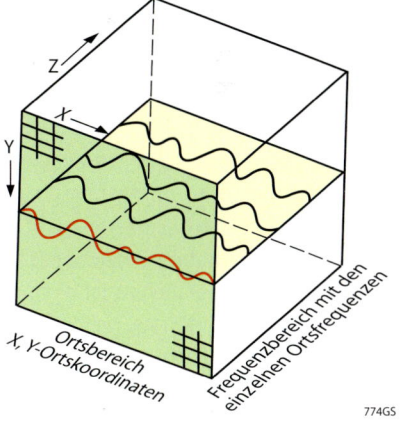

Abb. 8.2/13 *Bild-Signal im Orts- und Frequenzbereich*

Zusammenfassung

- GIS-Systeme und Bildverarbeitungssysteme wachsen immer weiter zusammen. Bildverarbeitungsfunktionen werden stärker in GIS integriert und Bildverarbeitungssoftware enthält immer mehr GIS-Funktionalitäten.

- Möglichkeiten der Satellitendatenintegration in GIS, gekoppelt an einfache Bildverarbeitungsmöglichkeiten, werden für das Arbeiten mit GIS immer wichtiger, da heute vielseitige Daten aus der Fernerkundung für die GIS-Analse zur Verfügung stehen.

Zum Einlesen

KAPPAS, M. (1994): Fernerkundung – nah gebracht. Dümmler Verlag.

Das kleine Einführungsbuch enthält die wichtigsten Grundlagen der Bildverarbeitung, die heute für das Arbeiten mit Fernerkundungsdaten in GIS unabdingbar sind.

8.3 Klassifikation und Speicherung von Bilddaten im GIS

Die rechnergestützte Klassifikation von Bilddaten (Satellitenbildern) im GIS setzt voraus, dass verschiedene Klassen (z. B. Landnutzungsklassen) aufgrund von bestimmten Merkmalen aus den Rohdaten gewonnen bzw. getrennt werden können. Im Falle der Verarbeitung von Satellitendaten (der häufigste Fall in GIS) stehen hier vor allem die spektralen Merkmale bzw. Eigenschaften von Objekten im Vordergrund.

Die spektralen Eigenschaften der Objekte unserer Erde werden durch Messwerte repräsentiert, die Informationen über das Strahlungsverhalten einzelner Bildelemente erhalten. Daneben ist es auch möglich, andere Merkmale, welche zum Beispiel die Textur, Form und Größe von Objekten beschreiben, für die Klassifikation mit auszuwerten. Die verwendeten Algorithmen sind meistens unabhängig von der physikalischen Bedeutung dieser Merkmale, das heißt, sie können statt

spektraler Informationen auch Texturparameter für die Klassifizierung verwenden. Während bei der herkömmlichen Bildinterpretation qualitative Beschreibungen in der Regel ausreichen, müssen bei der rechnergestützten Klassifikation quantitative Merkmalsbeschreibungen vorgenommen werden.

Die unterschiedlichen Klassifikationsverfahren werden im Wesentlichen in zwei große Gruppen eingeteilt:

1. die unüberwachten und
2. die überwachten Klassifizierungsverfahren.

Genauer gesagt, handelt es sich hierbei um Verfahren mit bekannten bzw. unbekannten Merkmalen. Der wesentliche Unterschied liegt darin, dass bei einem überwachten Verfahren die Merkmale der einzelnen Klassen vorher bestimmt werden und dann eine Zuordnung aller Bildelemente zu einer der vorgegebenen Klassen erfolgt.

Bei den unüberwachten Klassifizierungsverfahren werden die einzelnen Bildelemente aufgrund ihrer Merkmale in Klassen zusammengefasst und danach wird die Bedeutung dieser Klassen anhand der Klassenwerte und deren Verbreitung im Gesamtbild interpretiert. Bei den unüberwachten Verfahren können somit auch Klassen entstehen, die vorher nicht erwartet wurden. Unüberwachte Klassifizierungsverfahren bieten sich deshalb immer dann in einem GIS an, wenn wenige Informationen (geringe Geländekenntnisse) über einen Erdausschnitt vorliegen und deshalb eine genaue Beschreibung der Merkmale von Objekten nicht möglich ist.

Zur Durchführung einer überwachten Klassifizierung sind genaue Bodenkenntnisse (zumindest in Teilgebieten) unerlässlich. Die Qualität des Auswertungsergebnisses hängt entscheidend von diesen Informationen ab. Es gibt viele unterschiedliche überwachte und unüberwachte Klassifizierungsverfahren. Im GIS-Bereich kommen als überwachte Verfahren häufig die Standardmethoden der größten Wahrscheinlichkeit (Maximum Likelihood) und hierarchische Verfahren zum Einsatz. Bei den unüberwachten Verfahren werden neben den unterschiedlichen Distanzmaßen (z. B. Euklidische Distanz, Mahalanobis Distanz) auch mehrdimensionale Histogramme genutzt. Grundvoraussetzung aller Klassifizierungsverfahren ist jedoch, dass eine eindeutige Beziehung zwischen den gewünschten Klassen und den Merkmalen vorhanden sein muss.

Bei der überwachten Klassifizierung werden die Bildelemente vorgegebenen Musterklassen zugeordnet. Um im überwachten Modus eine Klassifizierung durchzuführen, müssen diese Musterklassen vorher festgelegt und ihre Eigenschaften quantitativ beschrieben werden. In der Praxis liegt das Hauptproblem in der repräsentativen, quantitativen Beschreibung der Klasseneigenschaften, die zunächst unabhängig vom verwendeten Zuordnungsalgorithmus sind.

Das im GIS- und Bildverarbeitungsbereich am häufigsten angewandte Verfahren ist das der größten Wahrscheinlichkeit. Dieses Verfahren berechnet anhand statistischer Kenngrößen der vorgegebenen Klassen die Wahrscheinlichkeiten, mit denen die einzelnen Bildelemente zu den jeweiligen Klassen gehören. Die Zuordnung erfolgt dann zur Klasse mit der höchsten Wahrscheinlichkeit. Um die Wahrscheinlichkeiten zu berechnen, müssen statistische Beschreibungen der Musterklassen vorhanden sein. Die dazu benutzten statistischen Kennwerte sind die Mittelwerte der benutzten Bildkanäle sowie die Kovarianzmatrix. Die Kovarianzmatrix beschreibt im Wesentlichen die Streuung der Bildelemente um den Mittelwert und die Korrelation zwischen den einzelnen Bildkanälen. Vereinfacht wird dabei angenommen, dass die Daten in den Klassen einer Normalverteilung folgen. Größere Abweichungen von der Normalverteilung (z. B. Zweigipfeligkeit der Datenverteilung) können zu großen Fehlern führen. Die benötigten Mittelwertsvektoren und zugehörigen Kovarianzmatrizen sind normalerweise nicht bekannt und müssen erst berechnet werden. Um die Klassenwerte zu beschreiben, werden in der Regel Trainingsgebiete genutzt, deren Inhalt (z. B. Landnutzung) bekannt ist. Diese Stichproben oder Trainingsgebiete müssen für die verschiedenen Klassen repräsentativ sein und in ausreichender Zahl für einen Raumausschnitt vorliegen. Aufgrund der vorliegenden statistischen Merkmale für die einzelnen Klassen und der Messwerte der einzelnen Bildelemente erfolgt die Zuordnung der Bildelemente zu den einzelnen Klassen. Die dabei für jedes Bildelement berechnete Wahrscheinlichkeit dient als Gütewert für das Klassizierungsergebnis. Werte mit einer sehr geringen Wahrscheinlichkeit können als unklassifiziert ausgeschieden werden.

Im Gegensatz zu den überwachten Klassifizierungsverfahren benötigen die unüberwachten Verfahren keine Information über die Eigenschaften und Merkmale der Klassen. Durch unterschiedliche Gruppierungsmethoden wird versucht, die einzelnen Bildelemente so zu gruppieren, dass innerhalb der einzelnen Klassen oder Cluster die Merkmale möglichst einheitlich sind. Dabei sollen sich aber gleichzeitig zu den benachbarten Clustern deutliche Unterschiede ergeben. Sind die Cluster ausgeschieden, beginnt in einem zweiten Schritt die Interpretation der Cluster, das heißt, es wird versucht, die Cluster aufgrund ihrer Verteilung im Gesamtbild und ihrer charakteristischen Merkmale zu interpretieren.

In den meisten GIS-Programmen wird zur Klassifizierung die räumliche Entfernung oder euklidische Distanz im Merkmalsraum als Zuordnungskriterium benutzt. Die Bildelemente (Pixel) werden jeweils der Klasse (bzw. dem Cluster) zugewiesen, deren Zentrum am nahesten bzw. innerhalb einer eingangs gewählten Maximalentfernung liegt. Dieses Zuordnungsprinzip kann auch bei den überwachten Verfahren eingesetzt werden. Im Falle unüberwachter Verfahren werden im Laufe der Klassifizierung zuerst die Klassenmittelpunkte bestimmt und dann eventuell im Laufe des Prozesses wieder geändert. Solche Algorithmen werden deshalb auch als selbstlernend bezeichnet. Der Ablauf der Klassifizierung gestaltet sich folgendermaßen:

Das erste zu klassifizierende Bildelement bildet ein Cluster-Zentrum. Die weiteren Bildelemente, die innerhalb einer vorgegebenen euklidischen Distanz liegen, werden dieser ersten Klasse zugewiesen. Das erste Bildelement, das außerhalb der gewählten Distanz liegt, bildet ein neues Cluster. Der erste Punkt, der wiederum weder zum ersten noch zum zweiten Cluster zuzuordnen ist, bestimmt ein neues Cluster; d.h., alle Bildelemente, die im zweidimensionalen Merkmalsraum innerhalb eines Kreises bzw. im dreidimensionalen Raum innerhalb einer Kugel liegen, werden einer Klasse (cluster) zugeordnet. Konkurrieren zwei oder mehrere Cluster untereinander, so wird ein Bildelement dem Cluster zugeschlagen, zu dem die euklidische Distanz den geringsten Wert annimmt.

Dieses einfache euklidische Distanzverfahren besitzt eine Reihe von Nachteilen. Zum einen wird die Clusterbildung und sukzessive Zuordnung der Werte zu den Clustern von der Reihenfolge der Daten bestimmt und zum anderen können einzelne Bildelemente, die für das Gesamtbild nicht bedeutsam sind, Zentrum eines Clusters werden und somit eventuell deutlich vorhandene Grenzen im Bild verwischen. Probleme ergeben sich häufig, wenn zum Beispiel Punkte auf der Grenze zwischen zwei Landnutzungsgebieten liegen und diese den einzelnen Klassen zugeordnet werden sollen.

Eine weiterführende Darstellung von Klassifizierungsverfahren befindet sich bei F. Quiel (1986). Für den GIS-Anwender sei hier angemerkt, dass Klassifizierungen sehr häufig zu den praktischen GIS-Arbeiten gehören und der Anwender ein solides Grundwissen über die mathematischen Grundlagen der benutzten Algorithmen besitzen sollte. Die überwiegende Zahl der Klassifizierungsalgorithmen verläuft in den GIS-Programmen modulgesteuert als „Blackbox" ab, sodass der Anwender nach Eingabe der zu klassifizierenden Daten keinen weiteren Einfluss auf den Prozess nehmen kann. Bei der Überprüfung bzw. Interpretation der Ergebnisse bedarf es daher eingehender mathematisch-statistischer Kenntnisse der benutzten Verfahren.

Bei der Speicherung von Bilddaten handelt es sich ausschließlich um die Speicherung und Verteilung von Rasterdaten. Rasterdaten werden durch die Aufzeichnung von Satelliten (Remote Sensing), photogrammetrische Anwendungen oder allgemeine Scannprozesse generiert. Rasterdaten werden dabei innerhalb vom GIS zur Strukturierung von digitalen Höhenmodellen und zur Überlagerung von Satellitendaten auf Höhenmodelle (merge) genutzt. Weiterhin werden Daten oft in ein Rasterformat transformiert, da Rasterformate (z. B. TIFF) häufig für den allgemeinen Datenaustausch zwischen Systemen genutzt werden. Die benutzten

Rasteralgorithmen sind oftmals einfacher aufgebaut und schneller in der Datenverarbeitung. Die Pufferzonengenerierung als ein Beispiel ist in der Rasterwelt schneller und einfacher zu realisieren. Es existieren jedoch viele Möglichkeiten, Rasterdaten zu speichern. Dies bedeutet, dass es viele unterschiedliche Rasterdatenstrukturen gibt. Einige von diesen Rasterdatenstrukturen sind effizienter im Datenzugriff und der Verarbeitungsgeschwindigkeit. Nach einer allgemeinen Konvention werden Rasterdaten zeilenweise gespeichert, wobei der Startpixel in der linken oberen Ecke liegt.

Generell gibt es für die Speicherung von Rasterdaten zwei Optionen. Zum einen die ebenenbezogene Speicherung der Attributinformationen für ein Pixel. Die einzelnen Layer bzw. Ebenen werden jeweils einzeln gespeichert. Dies ist die häufigste Art der Speicherung (layer by layer) von Rasterdaten im GIS.

Die zweite Möglichkeit besteht darin, die unterschiedlichen Informationen für ein Pixel gemeinsam zu speichern. Dies bedeutet aber, dass zusätzlicher Speicherplatz zur Verfügung gestellt wird, der direkt mit der Position des jeweiligen Pixels verknüpft sein muss.

In der Fernerkundung sind uns beide Konzepte bereits als „band sequential" und „band interleaved by pixel" vorgestellt worden. Um Rasterdaten effizient zu speichern, wurden unterschiedliche Techniken entwickelt, von denen sich in der GIS-Welt die Lauflängenkodierung (Run lenght encoding) und unterschiedliche Scan Orders (Row Order, Row Prime Order, Morton Order, Peano oder Hilbert Order) etabliert haben.

Die Lauflängenkodierung basiert auf der Überlegung, dass geographische Daten häufig dazu tendieren, räumlich autokorreliert zu sein. Dies bedeutet, dass Objekte bzw. Pixel, die nahe beieinanderliegen häufig ähnliche Werte aufweisen („All things are related, but nearby things are more related than distant things"). Nach dieser Überlegung ist zu erwarten, dass benachbarte Pixel ähnliche Werte besitzen, die zusammengefasst werden können. Anstelle der einzelnen Pixel wird die Anzahl gleichartiger Pixelinhalte sowie der zugehörige Wert aufgenommen (Anzahl Pixel, Wert). Im folgenden Beispiel ist die Matrix zunächst als Folge von 35 Einzelwerten erfasst. Die Original Rastermatrix wird bei der Lauflängenkodierung verkürzt wiedergegeben, indem nur 8 Integer/Wert-Paare gespeichert werden.

Original Rastermatrix:

A	A	A	A	A	A	A
B	B	B	A	A	A	C
C	C	C	C	A	A	A
A	A	B	B	B	B	C
C	C	C	B	B	B	B

Normale Speicherung:
AAAAAAABBBAAACCCCCAAAAABBB-
CCCCBBBB

Lauflängen kodierte Speicherung:
7A 3B 3A 5C 5A 3B 4C 4B
(= 8 Integer/Wert-Paare)

Durch die Lauflängenkodierung können Layer, die vorher eine einheitliche Größe aufwiesen, unterschiedliche Ausdeh-

nungen zugewiesen bekommen, sodass Probleme bei weitergehenden GIS-Funktionen (z. B. Verschneidungen), die eine einheitliche Größe der beteiligten Layer voraussetzen, entstehen.

Neben der Möglichkeit der Lauflängenkodierung gibt es unterschiedliche Methoden, ein vorgegebenes Raster zu bearbeiten (Scan Orders). Die unterschiedlichen Scan Orders ermöglichen eine effizientere Verarbeitung eines Rasters als die herkömmlichen Methoden, die zeilenweise, in der linken oberen Ecke beginnend, ein Raster abtasten (Row Order).

Zu den effektiveren Methoden zählt die „Row Prime Order" – Methode (auch Boustrophedon – Methode genannt), welche die langen Sprünge am Ende jeder Datenzeile eines Rasters vermeidet. Die Abarbeitung eines Rasters lässt sich dann mit dem Pflügen eines Feldes vergleichen. Das vorher gezeigte Original-Raster lässt sich somit auf 8 Scan-Läufe verkürzen.

Eine weitere Scan Order stellt die „Morton-Order" dar, durch die das Datenvolumen reduziert wird. Methoden der Anordnung bzw. des Scannens eines Rasters sind schon seit langem bekannt und mit unterschiedlichen Namen belegt (Morton- oder Peano- Hilbert und Koch-Methode). Die Morton Order ist nur für quadratische Arrays (Rasterfelder) anwendbar, bei denen die Anzahl von Spalten und Zeilen einer Potenz von 2 entspricht (2 x 2, 4 x 4, 8 x 8, 16 x 16, 32 x 32, 64 x 64, 128 x 128 ...). Eine Übersicht der Standard Scan Orders sowie ein Vergleich der Verfahren befinden sich bei M. F. GOODCHILD & A. W. GRANDFILED (1983). Die Abbildung 8.3/1 fasst die Standard Scan Orders zusammen.

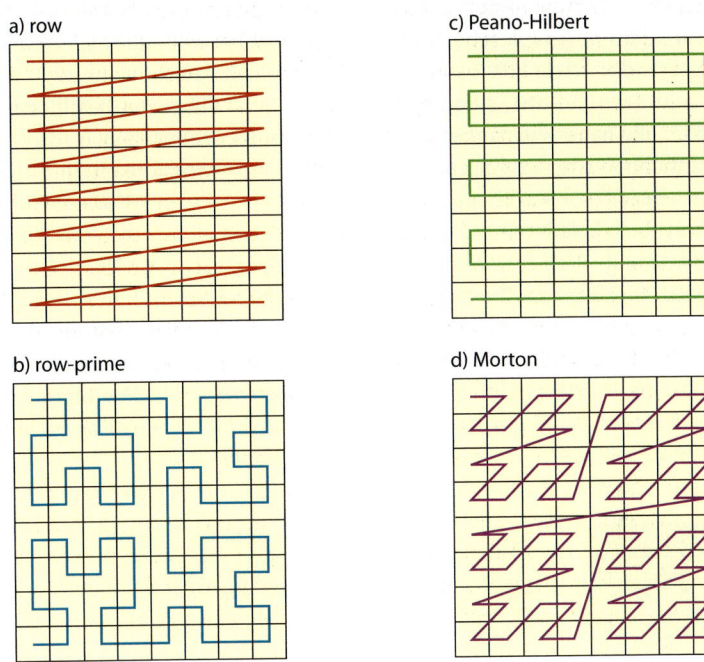

a) row

b) row-prime

c) Peano-Hilbert

d) Morton

750GS

Abb. 8.3/1 *Standard Scan Orders*

Die vorgestellten Scan-Orders unterscheiden sich nur gering in ihrer Eigenschaft der Datenkompression. Das Hauptinteresse bei der Verwendung einer Morton-Order oder anderer hierarchischer Scan Orders liegt in dem beschleunigten Datenzugriff. Die hauptsächliche Überlegung, die der Strukturierung der Daten zugrunde liegt, ist, dass die Informationsmenge, die auf einer Kartenvorlage (topographische Karten, thematische Karten etc.) zur Verfügung gestellt wird, in Abhängigkeit von der räumlichen Variabilität von Ort zu Ort schwankt. Deshalb macht es Sinn, Raster unterschiedlicher Auflösung zu nutzen bzw. die Größe des verwendeten Rasters der im Raum vorhandenen realen Informationsdichte anzupassen. Große Rasterzellen können Regionen auf einer Karte oder einer Landschaft präsentieren, die keine großen Informationsunterschiede aufweisen, von ihrer Informationsdichte her gesehen also homogen sind. Regionen mit räumlich sich schnell verändernder Informationsdichte können durch jeweils kleinere (angepasste) Rasterzellengrößen erfasst werden. Ein Nachteil dabei kann sein, dass ungleich große Rastergrößen nicht ohne Problem zusammenpassen. Es gibt aber komprimierte Rasterdatenstrukturen, die eine Erfassung bzw. Speicherung variierender Informationsdichte im Raum ermöglichen.

Im GIS-Bereich ist zurzeit die Quadtree-Struktur die wichtigste Rasterdaten-Struktur, die eine Speicherung variierender räumlicher Informationsdichte ermöglicht. Die Umwandlung eines Rasters zu einer Quadtree-Struktur sei anhand eines Beispiels kurz erläutert. Im Raster mit 16 x 16 Zellen in Abbildung 8.3/2, fällt es auf, dass nur eine Zelle einen von den anderen Zellen abweichenden Wert besitzt (M). Werden die Zeilen-/Spaltenzahl bei 0/0 beginnend nummeriert, so befindet sich diese Zelle in der Position der 12. Zeile und 8. Spalte.

Das Verfahren zur Ableitung einer Quadtree-Struktur teilt zunächst das gesamte Rasterfeld (array) in vier gleich große Quadranten mit jeweils 8 x 8 Zellen. Die Quadranten werden nach der Morton-Order nummeriert mit der Abfolge 0, 1, 2 und 3. Die Quadranten 1, 2 und 3 sind homogen und enthalten alle die Information W. Da der Quadrant 0 nicht homogen ist, er enthält zusätzlich die Information M in der Zeile 4 und Spalte 8, wird er in 4 weitere Quadranten mit jeweils 4 x 4 Zellen unterteilt. Die neu entstandenen Quadranten werden mit 00, 01, 02 und 03 nummeriert, da sie Teil

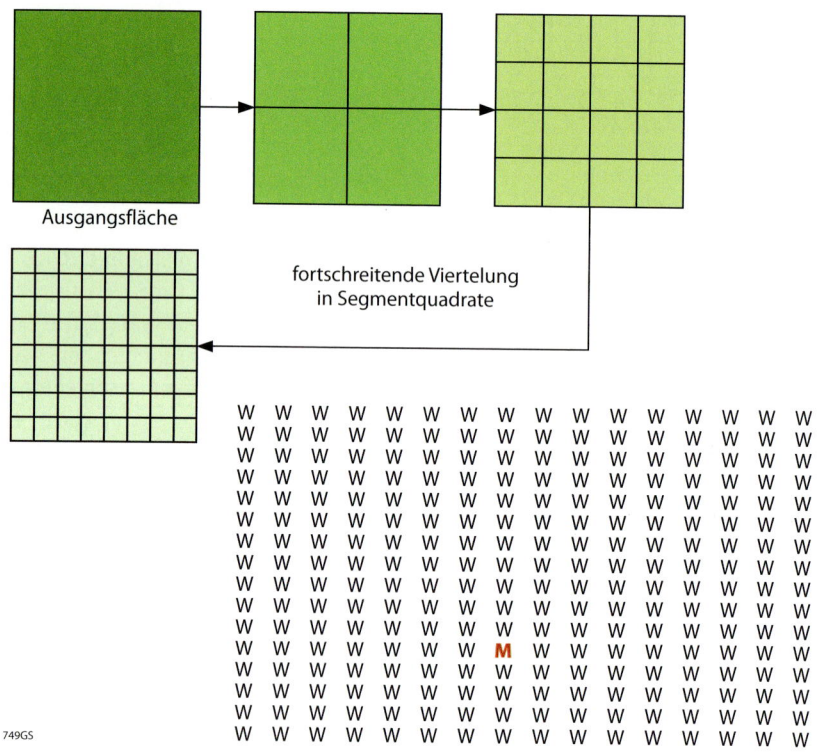

Ausgangsfläche

fortschreitende Viertelung
in Segmentquadrate

749GS

Abb. 8.3/2 *Rasterfeld mit 16 x 16 Pixeln*

des übergeordneten Quadranten 0 sind. Die Sub-Quadranten 00, 01 und 02 sind wiederum in ihrem Informationsgehalt homogen. Der Sub-Quadrant 03 muss hingegen weiter unterteilt werden, da er in sich nicht homogen ist. Es entstehen für den Sub-Quadranten 03 vier weitere Sub-Quadranten mit jeweils 2 x 2 Zellen. Da diese neuen Quadranten im Sub-Quadranten 03 liegen, werden sie mit 030, 031, 032 und 033 durchnummeriert. In dieser Unterteilungsstufe ist nur noch der Quadrant 031 inhomogen (vgl. Abb. 8.3/3). Dieser wird weiter unterteilt in die einzelligen Quadranten 0310, 0311,

0312 und 0313. Der Quadrant 0311 enthält dann die von der Information des Ausgangsrasters abweichende Information M.

Das angewandte Verfahren lässt sich mit einer rekursiven Unterteilung (recursive subdivide) in jeweils vier neue Sub-Quadranten beschreiben. Die Unterteilung wird so lange fortgeführt, bis alle Sub-Quadranten in sich homogen sind oder eine vorher festgesetzte Zellengröße erreicht wird. Die rekursive Unterteilung des Ausgangsrasters kann im Falle der Quadtrees als Baumstruktur festgehalten werden. Die Spitze des Baumes wird

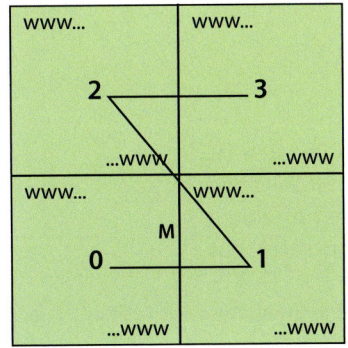

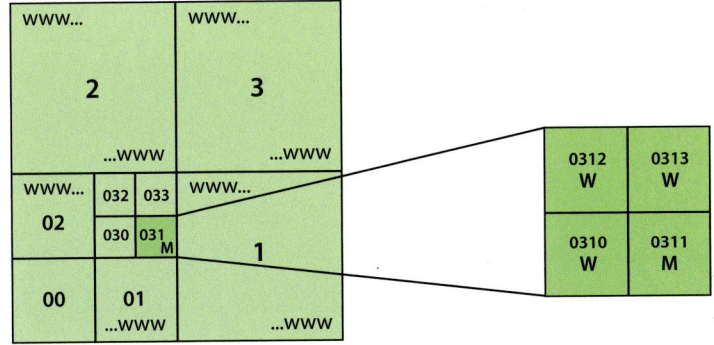

748GS

Abb. 8.3/3 *Erster Schritt bei der Aufteilung vom Raster zum Quadtree*

durch das gesamte Raster präsentiert, jedes weitere Quad-Level ist durch eine vier-ästrige Verzweigung gekennzeichnet. Jeder Ast bestimmt einen homogenen Quadranten. Der Name Quadtree beruht auf der sukzessiven Unterteilung in 4 Quadrate.

Quadtrees sind ein sehr effizientes Mittel zur Speicherkompression großer Rasterdatensätze in einem Geographischen Informationssystem. Zurzeit nutzen nur wenige GIS-Programme eine Quadtree-Datenstruktur zur Verwaltung ihrer Rasterdaten. Das GIS-Programm SPANS nutzt dagegen diese Struktur konsequent. Ein gutes Review über die Anwendung von Quadtrees findet man bei H. SAMET (1989).

Zum Einlesen

QUIEL, F. (1986): Landnutzungskartierung mit Landsat-Daten. In: Fernerkundung in Raumordnung und Städtebau. Heft 17. Bundesforschungsanstalt für Landeskunde und Raumordnung.

Das Heft behandelt ausführlich die state-of-the-art Klassifikationen von Satellitendaten (z. B. Maximum Likelihood Klassifikation) und deren Intergration in die weiterführende Datenverarbeitung.

Zusammenfassung

- Die Klassifikation von Bilddaten ist eine wichtige Methode zur Ableitung flächenhafter Information in einem GIS (z. B. Landnutzungskarte mit Landnutzungsklassen).

- Nur wenige GIS-Programme unterstützen Klassifikationsalgorithmen, sodass die Fernerkundungsdaten meist extern in einem Bildverarbeitungsprogramm klassifiziert werden und das fertige Ergebnis in Form einer Karte dann in das GIS importiert wird. Es entstehen dadurch im GIS sogenannte thematische Rasterdaten.

- Die häufigste Art der Speicherung von Rasterdaten in einem GIS ist die Layer-by-Layer Speicherung.

- Eine effektive Methode der Speicherkompression großer Rasterdatensätze in einem GIS ist die Quadtree-Methode.

8.4 Vektor-Raster- und Raster-Vektor-Konvertierung

Wie bereits verdeutlicht wurde, können einige Probleme der räumlichen Datenverarbeitung besser in der Vektorwelt und andere besser in der Rasterwelt verarbeitet werden. Daten liegen allerdings häufig in einem Format vor, das für die Weiterverarbeitung bzw. die Lösung gestellter Aufgaben ungünstig ist. Deshalb müssen flächenhafte Daten aus der Vektor- in die Rasterwelt konvertiert werden können. Nach erfolgter Bearbeitung in der Rasterform kann das Ergebnisbild in die Vektorform zurücktransformiert werden. Man spricht allgemein von Vektor-Raster bzw. Raster-Vektor-Konvertierungen. Die Vektor-Raster-Transformation stellt heute ein technisch weitgehend gelöstes Problem dar. Der Prozess der Konvertierung von Vektordaten zu Rasterdaten erfolgt durch eine Aufrasterung aller Flächen, die von den Vektoren eingenommen werden. Für diesen Umwandlungsprozess muss die Genauigkeit der Rasterauflösung vorgegeben sein. Bei der Digitalisierung einer Bildvorlage wird durch Überlagerung eines Rasters mit Quadraten eine Diskretisierung der Bildvorlage kreiert. Durch jede Rasterung einer Bildvorlage wird damit auch eine gewisse Ungenauigkeit erzeugt, da die Erfassung des Bildes bzw. des Vektors nicht mehr kontinuierlich, sondern diskret ist.

Die Transformation von Rasterdaten in Vektordaten ist hingegen mit zahlreichen Problemen verbunden. Das Hauptproblem liegt in der Natur der Rasterdaten. Beide Datentypen (Raster- und Vektordaten) beschreiben die reale Welt in einer Annäherung (Approximation). Im Vergleich zu den Vektordaten geben die Rasterdaten lediglich bestimmte physikalische Eigenschaften eines Oberflächenausschnitts wieder, das heißt, es existieren zunächst keine logischen Zusammenhänge zwischen den Rasterdaten und den Objekten der realen Welt („Original-Rasterdaten"). Die Umwandlung der Rasterdaten zu Vektoren im GIS ist im gewissen Sinne mit der „Gelände-Vermessung" zu vergleichen, bei der die realen Objekte quasi im Nachhinein abgeleitet werden (Kartierung). Bei den Vektordaten hingegen wurde die Zuordnung (der logische Zusammenhang) zwischen den Vektordaten und den realen Objekten vorab bei der Datenaufnahme vom GIS-Anwender bewältigt (Digitalisierung, Vermessung, Dokumentation). Raster- bzw. Bilddaten können somit in zwei Kategorien eingeteilt werden, in „Original-Rasterdaten" (ohne logische Struktur) und in „Thematische Rasterdaten" (vgl. Yang, H. 1992, S. 48 f.). Die thematischen Rasterdaten können dabei als Folgeprodukte der Weiterverarbeitung von „Original-Rasterdaten" gesehen werden. Die thematischen Rasterdaten beinhalten bereits implizite Objekt-Strukturen (z. B. nach einer Klassifizierung der Original-Rasterdaten) und repräsentieren flächenhafte Geometrien. In diesen Datentyp lassen sich alle digitalen thematischen Karten, die aus homogenen Flächen bestehen, einordnen (z. B. Flächennutzungskarten). Eine Raster-Vektor-Transformation bedeutet hier, dass die Grenzen zwischen unterschiedlichen homogenen Rasterflächen als Vektoren

(Konturlinien) extrahiert werden. Zu dieser Datenkategorie gehören alle klassifizierten Rasterdaten sowie gescannte Kartendaten. Die Umwandlung von digitalen Luftbildern bzw. Satellitenbildern (Original-Rasterdaten) in Vektordaten erfolgt somit über einen indirekten Weg.

Zusammenfassung

- Die spezifischen Datentypen (Vektor, Raster) haben unterschiedliche Stärken und Schwächen in der Datenanalyse. Deswegen müssen in einem GIS Möglichkeiten der Datenkonvertierung vorhanden sein.
- Die Raster-zu-Vektor-Konvertierung ist teilweise mit Problemen behaftet. Sie erfolgt in der Regel in zwei Schritten: Zuerst werden die Rasterdaten vektorisiert, d.h. es werden unstrukturierte Vektoren (Spaghettidaten) erzeugt. Danach wird versucht, die Struktur der Vektoren zu erkennen.

Zum Einlesen

YANG, H. (1992): Zur Integration von Vektor- und Rasterdaten in Geo-Informationssysteme. Deutsche Geodätische Kommission. Reihe C, Heft 389.

Der Beitrag erläutert die spezifischen Probleme der Einbindung von Vektor- und Rasterdaten in GIS und erklärt die gängigsten Methoden.

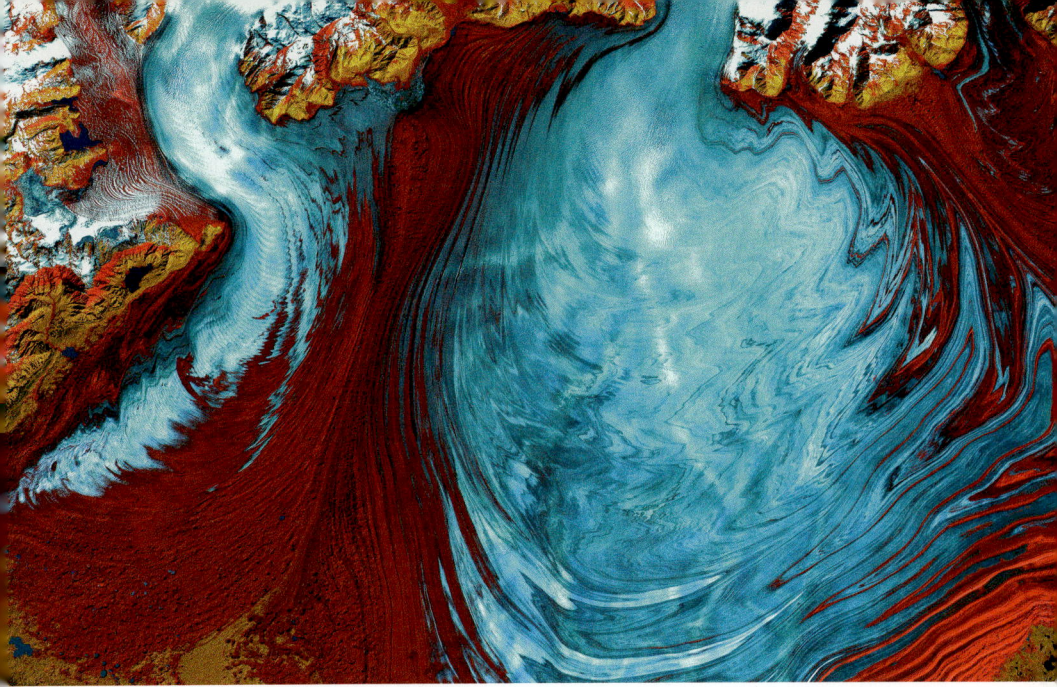

Abb. 9/1 *Zunge des Gletschers Malaspina, der größte Gletscher Alaskas, aufgenommen mit Landsat 7*

9 Neuere und zukünftige Entwicklungen im GIS-Bereich

Das Thema „Geographische Informationssysteme" ist bereits heute in einem globalen Zusammenhang, d.h. in einem Trend hin zur Entwicklung eines globalen räumlichen Informationsnetzwerks (Global Geospatial Information Network) zu sehen.

Mit der Verbreitung des Internets seit den 1990er-Jahren erhielt die rasante Entwicklung im Geoinformationswesen einen deutlichen Innovationsschub. So lassen sich örtlich getrennt verwaltete Geodaten über das Internet unabhängig von ihrem Speicherort einfach und schnell miteinander kombinieren. Geodaten unterschiedlicher Herkunft werden

also nicht mehr bilateral ausgetauscht, gegebenenfalls konvertiert und mehrfach gespeichert, sondern stehen bezugsbereit für Fachverwaltungen, Wirtschaft oder Bürger online „im Netz" zur Verfügung. Der Nutzer hat damit die Möglichkeit, je nach Aufgabenstellung oder Interesse eigene Produkte durch die Kombination der entsprechenden Daten selbst zu erzeugen. So wird z. B. bei der Planung von Verkehrswegen auf einfache Weise eine Naturschutz-Umweltverträglichkeitsprüfung unterstützt, indem Natur- und Landschaftsschutzgebiete, Flora-Fauna-Habitat- und Vogelschutzgebiete etc. bereits während der Planungsphase über das Internet ermittelt, kombiniert und durch Überlagerung mit dem Bereich der geplanten Trassenführung visualisiert bzw. bewertet werden. Ermöglicht werden solche Arbeiten, wenn Datenhalter und Datenverarbeiter die erforderlichen organisatorischen und technischen Voraussetzungen stellen. Hierzu müssen Geodaten auf standardisierte Weise und unabhängig vom jeweiligen Fachverfahren oder Geschäftsprozess über das Internet bereitgestellt werden. Die Basis hierfür bildet eine Geodateninfrastruktur als integrierter Bestandteil eines modernen E-Government (vgl. Kapitel 5).

Die Kosten für den Datentransfer und die Datenspeicherung werden immer niedriger. „Internet-commerce" (e-commerce) und Webbasierte Serviceleistungen nehmen immer mehr zu und bestimmen den globalen Markt und das Leben jedes Einzelnen. Raumbezogene Daten und Informationen sowie digitale Techniken wie Remote Sensing, digitale Karten und Geographische Informationssysteme entwickeln sich immer nutzerfreundlicher und nehmen in der Anwendung von Jahr zu Jahr zu. Eine fast schon alltägliche Nutzung stellen die Earth Viewer und Initiativen wie Google Earth oder Google Earth Engine (http://earthengine.googlelabs.com) dar, die im Folgenden beschrieben werden.

9.1 Digital Earth Initiativen

Der amerikanische Vizepräsident Al Gore postulierte in einer viel beachteten Rede am California Science Center in Los Angeles am 31.1.1998 den Aufbau einer „digitalen Erde" (Digital Earth: Understanding our Planet in the 21st Century). Den Kerngedanken seiner Rede verdeutlicht folgendes Zitat:

> *„I believe we need a „Digital Earth" – a multiresolution, three-dimensional representation of the planet, into which we can embed vast quantities of geo-referenced data."*

Um das Konzept der „Digital Earth" umzusetzen, bedarf es eines globalen Rahmens, den ein globales räumliches Informations-Netzwerk bilden könnte. In einem ersten Schritt sollten zunächst die bereits vorhandenen Daten, die aus unterschiedlichen Quellen stammen, integriert werden (Aufbau internationaler und nationaler Geodateninfrastrukturen). In einem zweiten Schritt sollte der Versuch unternommen werden, eine digitale Karte der Erde mit einer Auflösung von 1 m aufzubauen sowie 3-D-Ansichten der Erde in unterschiedlichen Maßstäben zu entwickeln. Erste reale Umsetzungen wurden durch die Radarmission (Shuttle Radar Topography Mission, SRTM) der Endeavour vom Februar 2000 eingeleitet. Eine digitale Karte der Erde in einer Auflösung von 30 m bis 90 m steht seit 2002 zur Verfügung. Weitere Missionen folgen (z. B. die aktuelle TerraSAR-X-Tandem Mission) oder sind bereits operativ im Orbit (z. B. die neue Terra-Satellitenfamilie). Zudem kann auf viele Zeitreihen von globalen Satellitenmissionen (Landsat-Archiv,

AVHRR-Archiv, Modis-Datenarchiv oder Spot-Vegetation) zugegriffen werden, um raum-zeitliche Veränderungen auf der Erde zu erforschen. Die Google Earth Engine stellt zurzeit eine internetbasierte Plattform für Umweltdaten und deren Analyse zur Verfügung.

Die in der Rede vom damaligen Vizepräsidenten Al Gore dargestellten Visionen sind zum Teil umgesetzt bzw. können in nächster Zeit in die Realität umgesetzt werden. Der Trend dazu ist bereits heute erkennbar. GIS-Anwendungen in Behörden und Unternehmen entwickeln sich zunehmend von ehemaligen Insellösungen zu übergreifenden, integrierenden, offenen und entwicklungsfähigen Systemen. Zudem zeigt sich ein Trend von fachsektoralen Einzellösungen zu Gesamtlösungen. Im Folgenden wird auf zwei bekannte „Digital Earth Initiativen" eingegangen.

9.1.1 Google Earth und Google Earth Engine

Google Earth ist eine kostenfreie Software der Firma Google. Sie bietet im Internet einen virtuellen Globus, mit dem der Nutzer zunächst Satelliten- und Luftbilder unterschiedlicher Auflösung der Erde betrachten kann. Weiterhin kann der Anwender Geodaten auf Fernerkundungsbilder überlagern oder auf digitale Höhenmodelle der Erde zugreifen.

Neben der kostenfreien Version von Google Earth gibt es noch die kostenpflichtigen Versionen Google Earth Plus und Google Earth Pro, die Zusatzfunktionen, wie zum Beispiel eine GPS-Integration oder einen „Movie-Maker" unterstützen. Google Earth benutzt für die Projektion das globale geodätische System WGS84, welches auch von den Satelliten weltweit genutzt wird. Mit einer globalen Ansicht des Erdglobus startend, kann der Nutzer immer weiter in die Detailausschnitte der Erde hineinzoomen. Dabei sind zahlreiche Daten auch über Google Maps als Website verfügbar. Der Umfang der hinterlegten Datenbank steigt laufend an, bereits im Jahr 2006 betrug der Datenumfang mehr als 150 Terabyte (F. Taylor: News Roundup – Google Earth Data Size, Live Local, New languages coming In: Google Earth Blog. September 2006). Google bemüht sich nach eigener Darstellung die Aufnahmen aktuell zu halten. Nach Auskunft von Google liegen im Durchschnitt 1 bis 3 Jahre alte Aufnahmen der Erde vor. Es gibt aber auch Regionen, in denen die Aufnahmen 10 Jahre und älter sein können. Die Auflösung und Darstellungsqualität der Bilder ist unterschiedlich. Meist beträgt die Auflösung der Rasterdaten flächendeckend 15 m, in einigen Ballungsgebieten sind teilweise auch Auflösungen bis zu 15 cm (Luftbilder) verfügbar. Viele Regionen Europas und der USA werden von Aufnahmen mit einer Auflösung von 1 m, 60 cm, 30 cm und 15 cm abgedeckt. Als Hauptdatenquelle gilt ab 2006 das Unternehmen DigitalGlobe, welches die Satelliten Quickbird und WorldView-1 und WorldView-2 betreibt. Ab Google Earth Version 4.3 wird nach Verfügbarkeit der Aufnahmezeitpunkt der Satelliten- und Luftbilder im unteren Darstellungsbereich eingeblendet. Zur Nutzung der Applikation von Google steht ein ausführliches Handbuch im Internet zur Verfügung. Eine aktuelle Erweiterung von Google Earth ist die neu entwickelte Google Earth Engine. Die Google Earth Engine bietet über die reinen Detailansichten der Erde hinaus zahlreiche themenorientierte Datensätze an. Sie stellt somit in Ergänzung zu Google Earth ein Data-Warehouse dar, in dem zahlreiche Datensätze als Zeitreihen (bis zu 25 Jahre) angeboten werden. Ziel dieses Tools ist, es eine Plattform für Wissenschaftler und Anwender zu schaffen, um eine Übersicht über globale und regionale Datensätze zu liefern. Dabei kann jeder einzelne Wissenschaftler seine Daten aktiv in die Google Earth Engine einbinden. Die Abbildung 9.1.1/1 zeigt eine Beispielkarte von Google Earth Engine.

Neben den „Digital Earth Initiativen" wie Google Earth gibt es weitere webbasierte Plattformen wie den USGS EarthExplorer, mit dem Daten über die Erde recherchiert werden können. Der EarthExplorer stellt vor allem den Zugriff auf wichtige Satellitendaten sicher, die nach dem Download zur Integration in ein GIS zur Verfügung stehen. Erweitert wurde im EarthExplorer der Zugriff auf Daten zu Geländemodellen und anderen themenspezifischen Datensätzen (Forest Carbon Sites, SRTM-Daten, Hyperion-Daten usw.). Die genannten „Digital Earth"-Initiativen Google Earth oder USGS EarthExplorer sind Stellvertreter einer Entwicklung hin zu erdumspannenden Informationssystemen, in denen nicht nur Daten zentral von einem Provider vorgehalten werden, sondern der einzelne Anwender/Nutzer auch selbst Daten einstellen kann. Eine weitere Entwicklung ist die zunehmende Einbindung regionaler Informationen, wie sie in der OpenStreetMap Initiative angegangen wird.

Abb. 9.1.1/1 *Beispiel einer Google Earth Engine Satellitenkarte: Abnahme des Regenwaldes im Kongo zwischen 2000 und 2010 zusammengestellt aus über 8000 Landsatbildern.*

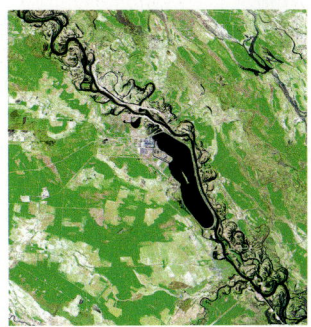

Abb. 9.1.1/2 *„Image of the week" der Plattform USGS EarthExplorer vom 29. April 2011: Vergleich zweier Satellitenbilder von Tschernobyl 1986 und 2011*

9.1.2 OpenStreetMap

Das OpenStreetMap-Projekt wurde im Juli 2004 in London von Steve Coast kreiert. Seither arbeiten Menschen aus vielen Ländern freiwillig sowohl an der Entwicklung der Software als auch an der Sammlung und Bearbeitung von Geodaten. Ab 2006 konnten durch die aufgebaute Infrastruktur bereits größere Gebiete der Erde kartographisch erfasst werden. Die Einbindung immer neuer Wegpunkte nahm seit 2006 stetig zu. Ebenso entwickelte sich die Zahl der Benutzer. Im April 2006 wurde die **Open-StreetMap Foundation** gegründet. Sie ist ein Gremium zur Entscheidungsfindung und Verantwortung für das Projekt und versucht, dazu neue Sponsoren zu finden. Dabei ist die OpenStreetMap-Foundation eine internationale freie- und gemeinnützige Organisation (Non-Profit-Organisation). Das übergeordnete Ziel ist das Erzeugen, Verteilen und Vergrößern eines geographischen Datenbestandes, der über das Internet bereitgestellt wird und zum allgemeinen Nutzen dient. In OpenStreetMap werden freie geographische Daten über Straßen, Eisenbahnen, Flüsse, Wälder, Häuser und andere Inhalte erfasst. Diese Daten stehen allen Benutzern lizenzkostenfrei zur Verfügung. Ab 2008 wurde die TIGER-Datenbank in das OpenStreetMap Projekt integriert. Die amerikanischen, staatlichen TIGER-Daten bieten Basisdaten der USA, die von den Benutzern weiter verbessert werden können, da die Daten teilweise veraltet sind.

Der Grundgedanke des OpenStreetMap-Projekts ist die Weiterentwicklung von Karten durch freiwillige Nutzer, die auch „User" oder „Mapper" genannt werden. Meist werden die Daten per Hand oder mit einem GPS-Empfänger aufgezeichnet, während sich der „Mapper" auf Straßen oder Flüssen bewegt (Track-Daten im GPX-Format). Neben dem ersten Schritt der Datenerhebung können Kar-

Tiger-Daten der USA

TIGER (Topologically Integrated Geographic Encoding and Referencing) ist ein Datenformat, welches vom amerikanischen Census Bureau zur Erfassung von Landattributen wie Straßen, Zugstrecken, Gebäude, Flüsse und Seen genutzt wurde. Zusätzlich wurden die Daten für die Volkszählung in USA benutzt. Die TIGER-Dateien selbst beinhalten keine demographischen Daten. Die TIGER-Daten sind kostenfrei verfügbar.

PostgreSQL Datenbank

PostgreSQL ist ein objektrelationales Datenbankmanagementsystem (ORDBMS), welches in den 1980er-Jahren entwickelt wurde. Ab 1997 wird die Software von einer Opensource-Community weiterentwickelt. PostgreSQL ist überwiegend konform zum SQL-Standard (ANSI-SQL 92). Dadurch sind alle Funktionen in ihrem Verhalten fest definiert. Da es den aktuellen SQL 2008 Standard erfüllt, wird PosgreSQL oft als Opensource Datenbank eingesetzt. PostgreSQL wird fortwährend weiter entwickelt. Weiter Informationen finden sich bei Andreas Scherbaum: PostgreSQL. Datenbankpraxis für Anwender, Administratoren und Entwickler. Open Source Press 08/2009.

ten hochgeladen (Upload) und editiert werden. Die neu aufgenommen Geodaten können vom Kartierenden mit weiteren Informationen belegt werden. Meist stehen hierfür normierte Zuweisungen, sogenannte Tags, zur Verfügung (z. B. landuse = industrial). Weiterhin können durch die Ortskenntnisse der einzelnen Kartierer sogenannte Orte von Interesse (Points of Interest) hinzugefügt werden (z. B. bestimmtes Restaurant, öffentliche Einrichtungen, Geldautomaten, Schulen). Die aus OpenStreetMap abgeleiteten Karten sind zunächst zweidimensional und erhalten keine Höheninformationen. Die Stärke der OpenStreetMap Daten und den daraus abgeleiteten Karten liegt in der individuellen Einbindung von Ortskenntnissen der einzelnen Kartierer. Haupteinsatzgebiet der OpenStreetMap-Daten liegt in der Bereitstellung von individuellen Straßen-, Fahrrad- und Wanderkarten. Es bestehen weiterhin Möglichkeiten zur Routenberechnung. Das wichtigste am OpenStreetMap Pro-

jekt dürfte dessen Eigendynamik in der weiteren Entwicklung sein, da durch freiwillige Entwickler und Kartierer zum einen immer mehr Geodaten aufgenommen werden und zum anderen weitere Anwendungen entwickelt werden, die auf dem OpenStreetMap-Projekt aufbauen. Das OpenStreetMap-Projekt wird von der OpenStreetMap-Foundation geleitet, welche auch die Infrastruktur (Serversysteme für Datenspeicherung und Webdarstellung) verwaltet. Die Datenbank von OpenStreetMap verwendet eine PostgreSQL-Datenbank. Die Datenbank enthält Geodaten in Form von Linien und Punkten, die mit den Tags versehen sind. Diese Vektordaten stellen das Hauptprodukt von OpenStreetMap dar. Weiterhin kön-

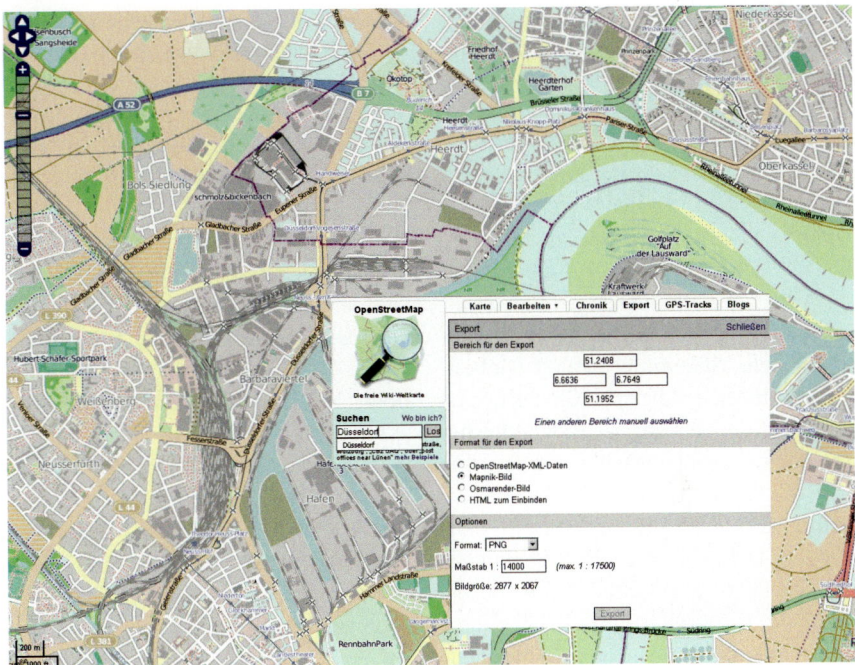

Abb. 9.1.2/2 *OpenStreetMap Ausschnitt der Region Düsseldorf. OpenStreetMap ist eine freie, editierbare Karte der gesamten Erde, die von einzelnen Menschen freiwillig erstellt und weiter bearbeitet werden kann.*

nen die Vektordaten auch zu einer Rastergrafik über ein Render-Verfahren konvertiert werden (PNG-Graphik, Portable Network Graphik). Dies geschieht mittels einer eigenen PostGIS-Datenbank und dem Mapnik-Renderer. Das Rendering konvertiert die ausgewählte Vektorgrafik in eine Pixeldarstellung.

Die OpenStreetMap Karten können in unterschiedlichen Formaten exportiert und von anderen Anwendungen weiterverwendet werden. Die angebotenen Exportformate sind OpenStreetMap XML, Mapnik-Bild, OsmaRender-Bild und das HTML-Format.

Neben den Grundinformationen des OpenStreetMap-Projekts befinden sich mittlerweile auch viele Spezialkarten im Web, die unterschiedliche Zusatzdaten nutzen. Eine wesentliche Weiterentwicklung war die Einbindung von Luftbildern und Satellitenbilder in die Entwicklungsumgebung von OpenStreetMap (z. B. die Bing-Luftbilder oder Landsat-Satellitenbilder).

9.1.3 Diercke Globus Online

Neben den in Kapitel 9.1 beschriebenen Digital Earth Initiativen wurden in den letzten 10 Jahren virtuelle oder digitale Globen entwickelt, die ein 3D Software-Modell zur Darstellung der Erde anbieten. Digitale Globen wie der Diercke Globus Online geben dem Anwender die Möglichkeit sich frei auf der virtuellen Erde zu bewegen, einen beliebigen Punkt anzusteuern, und dazu Detailinformation abzurufen. Gegenüber realen Globen können mit einem digitalen Globus unterschiedliche Ansichten der Erdoberfläche (physische Gegebenheiten wie Relief oder wirtschaftliche Bezüge wie Bevölkerungsdichte, Kaufkraft etc.) wiedergegeben werden, wobei aktuellste Informationen aus Satelliten- und Luftbildern einbezogen sind. Ein großer Vorteil gegenüber den realen Globen ist, dass zum einen der Anschauungswinkel geändert werden kann (Aufsicht, Schrägansicht) und zum anderen über Zoomfunktionen der Detailgrad dynamisch veränderbar ist. Ein digitaler Globus ist somit eine Wiedergabe der realen Welt mittels Satelliten-, Luft- und Bodenaufnahmen. Je nach Anbieter werden die unterschiedlichen Erddarstellungen direkt auf einem Rechner gespeichert und zur Verfügung gestellt (offline) oder sie sind auf externen Servern hinterlegt (online) und werden über eine Software und Internetverbindung zu einem digitalen Globus zusammengefügt. Weitere Vorteile digitaler Globen sind deren blattschnittfreies und verzerrungsfreies Kartenbild, eine meist höhere Auflösung der Erddarstellung sowie deren Aktualität, Skalierbarkeit und interaktive Nutzung. Der neue Diercke Globus Online (Vers.

2.1.32) reiht sich ein in eine Entwicklung, die 1998 mit der Herausgabe des Encarta Virtual Globe 98 von Microsoft begann. Weitere, weltweit verbreitete digitale online-Globen sind der NASA World Wind Globus (ab 2004) sowie Google Earth (ab 2005).

Die online-Version des aktuellen Diercke Globus liefert insbesondere für Deutschland sehr genaue Informationen (Luftbild von Deutschland in hoher Auflösung – 50 cm/Pixel –, erhöhte Ortsdichte für Deutschland – aktuell 64 000 Orte bzw. Ortsteile mit genaueren Positionen –, verbesserte Zeichenfunktion – Zeichnen auf dem Höhenrelief). Der Diercke Globus Online liefert nach seinem Start eine Erde in Gestalt einer physischen Karte, wobei bis auf 40 km „Flughöhe" herangezoomt werden kann. Ergänzend zur Senkrechtansicht kann im Diercke Globus Online der Betrachtungswinkel geändert werden, sodass dreidimensionale, perspektivisch wirkende Ansichten eines Raumausschnitts erzeugt werden können (vgl. Abb. 9.1.3/1). Neben der Ansicht der physischen Karte kann auch eine Satellitenbild-Ansicht (max. Auflösung 15x15 m pro Pixel) aufgerufen werden. Für die Darstellung Deutschlands können zusätzlich Luftbilder mit einer Auflösung von 0.5x0.5 m geladen werden. 3D-Darstellungen sind in jedem Modus (physische Karte, Satellitenbild, Luftbild) möglich.

Letztendlich bietet der Diercke Globus Online die Möglichkeit, die hochqualitativen Karten des Diercke Weltatlas stets aktualisiert auf der dreidimensionalen Globusoberfläche anzuzeigen.

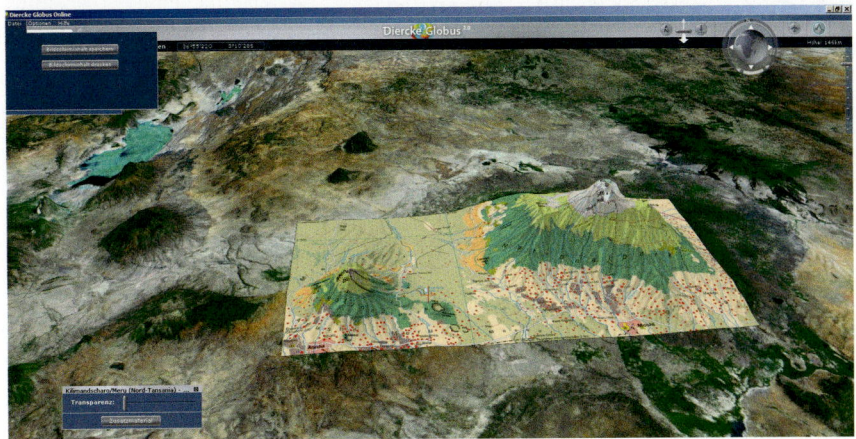

Abb. 9.1.3/1 *3D-Darstellung mit Ausschnitt der physischen Karte Ostafrikas (Kilimand-scharo Region) im Diercke Globus Online*

Zusammenfassung

- Das OpenStreetMap-Projekt kann stellvertretend stehen für eine Entwicklung hin zu freien GIS-Systemen (z. B. Open-Jump, Quantum GIS, Grass GIS und viele andere), die von jedem Einzelnen via Internet heruntergeladen und für individuelle Aufgaben genutzt werden können. Eine besondere Stärke ist dabei die Einbindung lokaler und regionaler Ortskenntnisse, welche die Geodaten immer weiter aufwerten. Mit dem Erfolg von Google Maps, Google Earth und dem freien OpenStreetMap-Projekt erzeugen Geodaten und Karten im Internet ein immer breiteres Interesse auch beim Nicht-IT-Spezialisten. Neue Konzepte erstellen aus den Geodaten verschiedener Anbieter wie Yahoo, Google oder Microsoft immer mehr neue Karten. Darüber hinaus integrieren Sie Geodatendienste wie WMS und WFS und nutzen die freien Geodaten der OpenStreetMap Community.

- Digitale Globen bieten die Mögliche sich frei auf der virtuellen Welt zu bewegen. Sie sind aktueller als analoge Karten und bieten meist verschiedene Themen und Anschauungswinkel.

Zum Einlesen

WAGNER, M. (2006): The view from Google Earth – Interview with GE Chief Technology Officer Michael Jones. In: Geospatial Solutions, Heft 5. S. 22–27

Das Interview zeigt zum einen das aktuelle Potenzial von Google Earth und bietet darüber hinaus einen Blick in die zukünftige Ausrichtung und Entwicklung von Google Earth.

RAMM, F. & J. TOPF (2010): OpenStreetMap – Die freie Weltkarte nutzen und mit gestalten. 3. Auflage, Lehmanns Media, Berlin.

Das Buch bietet eine Basiseinführung in die Nutzung der Software OpenStreetMap und leitet zur individuellen Nutzung sowie zum Erweitern des Datenumfangs an.

JANSEN, M. & T. ADAMS (2010): OpenLayers – Webentwicklung mit dynamischen Karten und Geodaten Open Source Press

Es handelt sich um eine vertiefende Einführung in die Nutzung von Open Source Software anhand des OpenLayers Projekts.

9.2 Geosensornetzwerke (GSN) – SensorGIS

Ein drahtloses Sensornetzwerk ist ein Rechnernetz aus Kleinst-Computern, sogenannten Sensorknoten, die mit Sensoren ausgestattet sind und durch Zusammenarbeit eine gemeinsame Aufgabe bewältigen. Ein SensorGIS hat die Aufgabe, Geodaten in Echtzeit aus drahtlosen Sensornetzwerken in ein webbasiertes, geographisches Informationssystem zu übermitteln. Die Entwicklung im Bereich der Halbleitertechnik und der Sensorik führte in den letzten Jahren zu einer starken Miniaturisierung bei gleichzeitig fallenden Preisen. Kleinste Sensoren messen Temperatur, Luft-, Bodenfeuchte und eine Vielzahl weiterer Parameter. Durch Georeferenzierung des einzelnen Sensors werden dessen Daten zu Geodaten und können in einer Karte dargestellt werden. Somit können die Daten in Echtzeit abgefragt, interpoliert und im Raum visualisiert werden. Beispiele von Geosensornetzwerken finden sich zurzeit in der Grundwasserbeobachtung (z. B. Erstellung von Grundwassergleichenkarten) oder in der Erforschung von klimatischen Veränderungen (z. B. PermaSensorGIS). Die Sensorträger können in Form von drahtlosen Sensornetzwerken zusammengeschaltet werden, die dann die Daten sammeln und diese Informationen zu einem zentralen Knoten leiten. A. C. WALKOWSKI (2008) definiert ein Geosensornetzwerk (GSN) als ein aus georeferenzierten Sensorknoten bestehendes spezialisiertes Sensornetzwerk (vgl. Abb. 9.2/1).

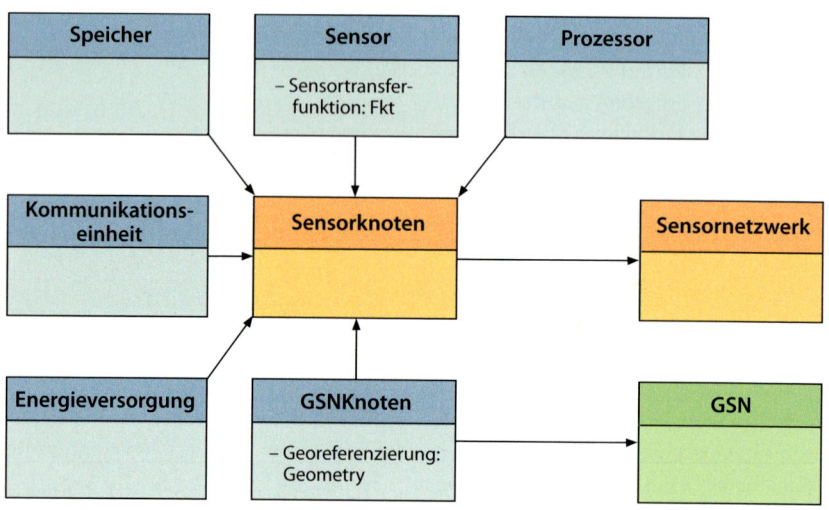

Abb. 9.2/1 *Aufbau und Komponenten eines Geosensornetzwerks (GSN) (verändert nach Walkowski, 2008)*

Zusammenfassung

- Im Umfeld von GIS und Geoinformatik stellen die Geosensornetzwerke ein neues Arbeitsfeld zur Erfassung von raumzeitvariablen Prozessen dar. Raumzeitliche Phänomene wie die Veränderung der Bodenfeuchte in einem Gebiet oder die Schwankungen des Grundwasserspiegels können dadurch nahezu in Echtzeit beobachtet werden. Allerdings stellt die Optimierung von GSN in den nächsten Jahren eine Herausforderung für die Geoinformatik dar. Hier dürfte sich ein neuer Forschungsschwerpunkt in der Geoinformatik abzeichnen.

Zum Einlesen

WALKOWSKI, A. C. (2008): Optimierung von Geosensornetzwerken. GIS. Zeitschrift für Geoinformatik, 3/2008, S. 4–11
Der Beitrag schildert Optimierungsmöglichkeiten und deren derzeitige Grenzen beim Aufbau von Geosensornetzwerken.

9.3 Geovisualisierung

Die Geovisualisierung ist ein spezieller Arbeitsbereich in der Visualisierung von Daten. Hauptmerkmale sind die Nutzung eines 3D-Datenraums und georeferenzierter Geodaten (vgl. www.geoinformation.net oder www.geoinformatik.uni-rostock.de). Im Bereich der Geoinformatik beschäftigt sich die Visualisierung mit der Transformation von Daten in angepasste visuelle Darstellungen mit entsprechenden Interaktionsmöglichkeiten für den Betrachter. Ziel ist es, Einblick in komplexe und sehr große Ansammlungen von Daten zu schaffen, welcher mit herkömmlichen Methoden (Zahlen, Texte) nur schwerlich zu erreichen ist. Somit ist die Geovisualisierung heute eine wichtige Methode für den wissenschaftlichen Erkenntnisprozess.

Die Ziele der Geovisualisierung werden oft auch nach dem sogenannten „map use cube" von MACEACHREN, A. M. & M.-J. KRAAK (2001) klassifiziert. Die Einteilungen der Geovisualisierung unterscheiden die Bereiche Exploration, Analyse, Synthese und Präsentation.

Einteilung von Geovisualisierungsaufgaben

- Daten-Exploration: Erforschung von Daten-Strukturen und Prozessen, Explorative Datenanalyse,
- Daten-Analyse: Untersuchung von Beziehungen in den Daten, Untersuchung von Hypothesen,
- Daten-Synthese: Zusammenführung eines oder mehrerer Datensätze im gesamten Kontext zur Verringerung der Daten-Komplexität,
- Daten-Präsentation: Darstellung und Kommunikation einer Aussage, meist in 3D-Form.

Innerhalb der Geovisualisierung werden Ansätze aus der wissenschaftlichen Visualisierung, Kartographie, Bildverarbeitung, explorativen Datenanalyse, GIS und Statistik genutzt.

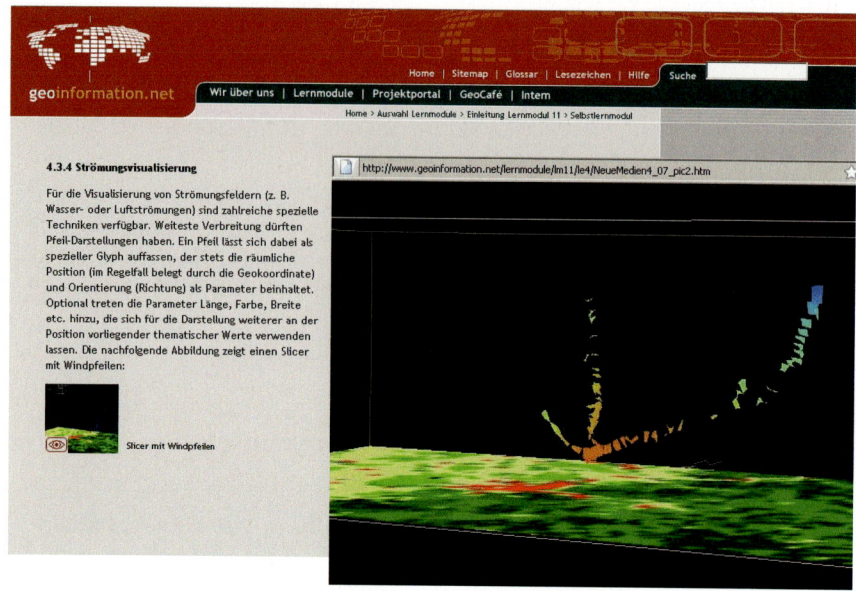

Abb. 9.3/2 *Benutzeroberfläche des Lernmoduls „Visualisierung räumlicher Strukturen und Prozesse in Virtuellen Welten" der Uni-Münster*

Abb. 9.3/3 *Fotorealistische Visualisierung der zukünftigen Entwicklung einer Flussauen-Landschaft*

Die Grundregeln der Kartographie spielen dabei eine wesentliche Rolle, wobei die Geovisualisierung einen interdisziplinären Ansatz nutzt, in dem dynamische und interaktive Verfahren im Mittelpunkt stehen.

Das Projekt geoinformation.net, das im Rahmen des BMBF-Programms Neue Medien gestartet wurde, stellt auf seiner Internetseite Selbstlernmodule im Bereich „Visualisierung" und vielen anderen Rubriken der räumlichen Datenverarbeitung zur Verfügung.

Das Lernmodul „Visualisierung räumlicher Strukturen und Prozesse in Virtuellen Welten" im Projekt geoinformation.net von B. Schmidt (2002) zeigt eindrucksvoll die heutigen Möglichkeiten moderner Geovisualisierung. Durch das Lernmodul werden die grundlegenden Konzepte und Techniken der interaktiven 3D-Geovisualisierung veranschaulicht. In Abbildung 9.3/2 ist die aktuelle Benutzeroberfläche des Lernmoduls wiedergegeben.

Innerhalb des Lernmoduls werden anhand abgestimmter Lerneinheiten insbesondere die Konzepte der 3D-GeoVisualisierung erarbeitet und die technischen Möglichkeiten dargestellt. In Kopplung mit GIS dürfte das Arbeits- und Forschungsgebiet der Geovisualisierung in Zukunft großes Potenzial bei der Bewältigung vielschichtiger und vernetzter Problemstellungen in der Landschaftsplanung und anderen Umweltbereichen besitzen. Da dieses Arbeitsfeld im Rahmen dieses Buches nur kurz angerissen werden kann, soll hier auf weiterführende Literatur sowie nochmals auf die Homepage des Projektes geoinformation.net verwiesen werden.

Zusammenfassung

- Interaktive Geovisualisierung ist heute bereits eine leistungsfähige Methode zur Kommunikation und Analyse raumbezogener Daten und den daraus sich ergebenden Sachverhalten. Sie dient darüber hinaus als wichtiges Entscheidungshilfetool für Planungs- und Abwägungsprozesse zukünftiger Alternativen in der Raumanalyse. Durch Geovisualisierung wird die konstruktive Arbeit mit Geodaten unterstützt, sodass diese auch zu Veränderungen in der fachlichen Arbeitsweise des Einzelnen führen kann.

Zum Einlesen

MacEachren, A. M. & M. Kraak (1997): Exploratory Cartographic Visualization: Advancing the agenda. Computers & Geosciences, 23 (4): 335–343.

Der Beitrag bescheibt die aktuellen Möglichkeiten der explorativen Datenanalyse mittels Visualisierungstechniken.

Schmidt, B. (2002): Verknüpfung der Datenmodelle für GIS und interaktive 3D-Visualisierung. IfGIprints, 17, Münster: IfGI / Solingen: Natur & Wissenschaft.

Dieser Beitrag zeigt die Möglichkeiten von interaktiver 3D-Visualisierung unter Einbindung von Geodaten aus GIS.

Coors, V. & A. Zipf (2005): 3D-Geoinformationssysteme, Grundlagen und Anwendungen. Wichmann Verlag, Heidelberg.

Dieses Buch bietet einen Einstieg in die Welt der 3D-Geoinformation. Im ersten Teil werden die wesentlichen Grundlagen der relevanten Technologien vermittelt, im zweiten Teil werden aktuelle Anwendungsbeispiele und Projekte vorgestellt.

Glossar wichtiger GIS-Begriffe
(englisch/deutsch)

Englisch / Deutsches Glossar wichtiger GIS-Termini und verwandter Begriffe (siehe auch http://www.geom.unimelb.edu.au/gisweb/glossary.htm).

Eine erweiterte Hilfe ist das Glossar der AGI (Association of Geographical Information). Das AGI Online Glossary of GIS findet sich unter http://www.geo.ed.ac.uk/root/agidict/html/welcome.html

Das Glossar der 1. Auflage wurde insbesondere um Fachbegriffe aus den Bereichen WebGIS, Geodaten-Infrastrukturen und Geo-Dienste erweitert.

Absolute georeference /
Absolute Georeferenz
Eine Ortsangabe in Bezug auf ein vordefiniertes Koordinatensystem wie beispielsweise Breiten- und Längengrade oder ein nationales Gitternetz.

Absolute map accuracy /
Absolute Kartengenauigkeit
Die Genauigkeit einer Karte in Bezug auf das Erdgeoid. Die Genauigkeit von Orten auf einer Karte, deren Lage auf das Geoid bezogen ist, wird als absolut betrachtet, da die Positionen globaler Natur sind und auf alle anderen Orte auf der Erde bezogen werden können. Vergleiche relative Kartengenauigkeit.

Accuracy / Genauigkeit
1. Auf Papierkarten oder Kartendatenbanken bezogen: Ausmaß der Übereinstimmung mit einem vorgegebenen Standard oder Akzeptanzwert. Die Genauigkeit bezieht sich auf die Qualität eines Ergebnisses und muss von der Präzision unterschieden werden.

2. Auf Dateneingabegeräte wie Digitizer bezogen: Maß für die Korrektheit ermittelter Werte.

Addressable point / Adressierbarer Punkt
Eine Position auf einem Bildschirm, die durch absolute Koordinaten angegeben werden kann.

Address matching / Adressverknüpfung
Ein Mechanismus zur Verknüpfung zweier Dateien über deren Adresse. Geographische Koordinaten und Attribute können von einer Adresse auf eine andere übertragen werden.

Affine Transformation /
Affine Transformation
Geometrische Transformation von einem euklidischen Koordinatensystem in ein anderes (z. B. von Digitizerkoordinaten in Landeskoordinaten), wobei als Faktoren Rotation, Translation und Skalierung wirken. Die Ähnlichkeit (Form) von geometrischen Figuren bleibt erhalten.

AGLB
Automatisiertes **G**rundbuch- und **L**iegenschafts**b**uch-Verfahren. Gemeinsames EDV-Verfahren der Vermessungs- und Justizverwaltungen der Länder Bayern, Thüringen und Sachsen als Erweiterung des bundesweiten ALB-Verfahrens.

ALB
Automatisches **L**iegenschaftsbuch. In ihm sind beschreibende Daten von Flurstücken (z. B. Gemarkung, Eigentümer) hinterlegt. Es hat urkundlichen Charakter und bildet zusammen mit der ALK den Kern des Liegenschaftskatasters.

Aliasing / Aliasing

1. Das Erscheinen gezackter Linien auf einem Rasterbild, wenn die Detailauflösung die Auflösung des Bildschirms überschreitet.

2. Bei einer Fourier-Analyse der Effekt von Wellenlängen, die kürzer als die von den Beobachtungspunkten aufgezeichneten sind, auf die Form des energetischen Spektrums.

ALKIS

Amtliches **L**iegenschafts**k**ataster-**I**nformations-**S**ystem. Modell der AdV zur Integration von ALB und ALK in einheitliches Datenmodell, derzeit in Konzeption.

Altitude matrix / Höhenmatrix

Ein Gitternetz von Höhenwerten.

American National Standards Institute (ANSI)

Ein Institut, das Standards für Computersysteme festlegt. Die Abkürzung wird oft als Attribut für Computersysteme verwendet, die diese Standards erfüllen.

Analogue / Analog

1. Eine Repräsentation von Informationen durch ein stetig variierendes Signal (im Gegensatz zu den diskreten Signalen digitaler Datenquellen).

2. Darstellung einer physikalischen Variable oder Erscheinung durch eine andere Variable, die über einen bestimmten Bereich proportionale Beziehungen aufweist; z. B. die Verwendung einer Karte zur Beschreibung eines Bereichs der Erdoberfläche.

Anisotrophic / Anisotrophisch

Ein Adjektiv zur Beschreibung räumlicher Erscheinungen, die in unterschiedlichen Richtungen verschiedene physikalische Eigenschaften aufweisen.

Annotation / Legende

Text auf einer Zeichnung oder Karte, der die verwendeten grafischen Symbole indentifiziert und erläutert.

Anti-Grain Geometry

Ein Rendering Programm, welches von MapServer 5.0+ benutzt werden kann.

Arc / Bogen

Eine komplexe Linie, die eine Sequenz von Koordinatenpunkten verbindet. Auch als Kette bezeichnet.

Arc-node structure / Bogen-Knoten-Struktur

Die Struktur von topologischen Daten und Koordinaten, die von einigen Geographischen Informationssystemen verwendet wird. Bögen sind Linien, die linienhafte Eigenschaften oder die Grenzen von Flächen oder Polygonen darstellen können. In Bogen-Knoten-Strukturen hat die Linie eine implizierte Richtung und somit eine rechte und linke Seite. So kann auch die durch den Linienzug begrenzte Fläche beschrieben werden; es ist nicht notwendig, die Koordinaten für Linienzüge, die eine Grenze zwischen zwei Flächen darstellen, doppelt zu speichern.

Area / Fläche, Gebiet

1. Eine grundlegende Einheit geographischer Informationen, die ein Maß für die Erstreckung eines bestimmten Ausschnitts der Erdoberfläche ist. Siehe auch Punkt, Linie und Polygon.

2. Eine meist zweidimensionale, geschlossene Figur, die von einer oder mehr Linien begrenzt wird und eine homogene Fläche einschließt. Beispiele sind Länder, Seen, Wasserkörper und Rauchfahnen.

Array / Feld

Eine Reihe von adressierbaren Datenelementen in der Form eines Gitternetzes oder einer Matrix.

ASCII

Amerikanischer **S**tandard**c**ode für den Informationsaustausch. ASCII ist ein Codesatz zur Darstellung alphanumerischer Informationen (so repräsentiert z. B. ein Byte mit dem Wert 77 ein großes M). Textdateien, die mit einem Texteditor erstellt worden sind, werden häufig als ASCII-Dateien bezeichnet. ASCII ist ein genormter 7-Bit-Code für Text- und Steuerzeichen (128 unterschiedliche Zeichen); Sonderzeichen sind nicht einheitlich (länderspezifische Unterschiede).

Aspect / Aspekt
Eine Position, die in eine bestimmte Richtung exponiert ist. Normalerweise in Kompassrichtungen wie Graden oder Expositionen angegeben.

Assembly language / Assembler (Computersprache)
Eine niedrige Programmiersprache, die gedächtnisstützende Beziehungen statt englischsprachiger Programmbefehle verwendet.

ATKIS
Amtliches **T**opographisch **K**artographisches **I**nformation**s**system. Digitales topographisches Informationssystem der Deutschen Landesvermessung. Stellt amtliche Geobasisinformationen über die Erdoberfläche für private und öffentliche Anwender zur Verfügung. Das ATKIS-Konzept der AdV von 1989 liefert auf der Grundlage eines hierarchischen, objektorientierten Datenmodelles digitale, objektstrukturierte Landschaftsmodelle (DLM) und digitale kartographische Modelle (DKM). Aufbau und Inhalt sind in Objektartenkatalogen und Signaturenkatalogen beschrieben. Für den Austausch von ATKIS-Vektordaten gilt grundsätzlich die Einheitliche Datenbankschnittstelle (EDBS).

Attribute / Attribut
1. Ein mit Zahlen, Text oder einem Bild besetztes Datenfeld in einer relationalen Datenbank, das ein Geländemerkmal wie einen Punkt, eine Linie, einen Knoten oder eine Zelle beschreibt.

2. Eine Eigenschaft eines Geländemerkmals, die durch Zahlen oder Buchstaben beschrieben wird und in der Regel in Tabellenform gespeichert und durch einen Index mit dem Merkmal verbunden wird. Zum Beispiel können die Attribute eines Brunnens Tiefe, Pumpentyp, Ort und Förderleistung beinhalten.

Autocorrelation / Autocovariance / Autokorrelation / Autokovarianz
Statistische Konzepte, die das Maß ausdrücken, in dem der Wert eines Attributs an räumlich benachbarten Punkten mit der Entfernung oder dem zeitlichen Abstand variiert.

Backup
Das Erstellen einer Kopie von einer Datei oder eines ganzen Datenträgers für die Aufbewahrung, falls das Original verloren geht oder beschädigt wird.

Band
Eine Ebene eines multispektralen Bildes, die die Datenwerte in einem bestimmten Bereich des elektromagnetischen Spektrums von reflektiertem Licht oder Wärme enthält. Auch andere benutzerbestimmte Werte, die durch Manipulation aus den ursprünglichen Bändern gewonnen wurden. Ein Standarddisplay eines multispektralen Bildes zeigt 3 Bänder, je eines für Rot, Grün und Blau. Satellitenbilder wie die von Landsat TM und SPOT stellen multispektrale Aufnahmen der Erde zur Verfügung, von denen manche 7 und mehr Bänder enthalten.

Baud rate
Ein Maß für die Geschwindigkeit im Datentransfer zwischen einem Computer und anderen Geräten. Entspricht Bits pro Sekunde.

Base Map / Grundlagenkarte
Eine Karte, die planimetrische, topographische, geologische, politische oder Grundbuchinformationen zeigt, die in vielen verschiedenen Kartenarten verwendet werden können. Die Information auf der Grundlagenkarte können wichtige politische Grenzen, wichtige hydrographische Daten und wichtige Straßen sein. Veränderliche thematische Informationen können z. B. Busstrecken oder Bevölkerungsverteilung sein.

Benchmark Tests
Verschiedene, leicht reproduzierbare Standardtests zur Ermittlung der Produktleistung unter typischen Benutzungsbedingungen.

Binary arithmetic / Binäre Arithmetik
Die Mathematik des Binärsystems (Zweiersystems).

Binary coded decimal / Binär kodierte Dezimale
Das Ausdrücken jeder Zahlenstelle einer Dezimalzahl im Binärsystem.

Binary large object (BLOB) /
Binäres Großobjekt (BLOB)
Als Attribute gebrauchte große Bilder oder
Textdateien in den Tabellen einer relationalen
Datenbank.

Bit
Die kleinste Informationseinheit, die in einem
Computer gespeichert oder verarbeitet
werden kann. Ein Bit kann zwei Werte, 0 und
1, annehmen, die als JA/NEIN, WAHR/FALSCH
oder AN/AUS interpretiert werden können.

Blattschnittfreie Speicherung
Die blattschnittfreie Speicherung bedeutet
die Speicherung großer Mengen von Geodaten als einen kontinuierlichen Datenbestand.
Geoobjekte werden immer als Ganzes gespeichert und werden nicht durch eine künstliche
Auftrennung der Geometrie an Kartenrän-
dern unterbrochen. In einem blattschnittfrei
gespeicherten Datensatz können beliebige
Ausschnitte, unabhängig von der Datenmenge in der Datenbank, gelesen und bearbeitet werden. Bei der Bearbeitung von Daten
orientiert sich die gesperrte Datenmenge
ausschließlich am gelesenen Ausschnitt und
nicht an eventuell vorgegebenen Blattschnit-
ten. Die blattschnittfreie Speicherung ist die
optimale Form zur Verwaltung großer Geodatenbanken.

Blattschnittorientierte Speicherung
Als blattschnittorientierte Speicherung
ist ein Verfahren, das Geometrieelemente
randscharf entsprechend gegebener Karten-
schnitte abspeichert. Dieses Verfahren wurde
häufig von GIS der 1. Generation angewendet
und bringt heute Probleme: Die Datenintegrität eines blattübergreifenden Geoobjektes
ist aufgrund der Auftrennung nur schwer zu
erzielen.

BLOB
Siehe Binäres Großobjekt.

BMP-Dateiformat
Ist ein Bitmap-Format, welches insbesondere
unter dem Betriebssystem Windows als Dateiformat für das Speichern von Pixelgrafiken
verwendet wird (z. B. Bildschirmgrafiken im
Hintergrund); als Austauschformat für beliebige Pixelgrafiken wird plattformübergreifend
hauptsächlich das TIFF-Format eingesetzt.

Boolean expression / Bool'scher Ausdruck
1. Ein Typ von Ausdruck, der auf einer WAHR/
FALSCH Bedingung beruht oder auf eine
solche reduziert werden kann. Ein Bool'scher
Operator ist ein Schlüsselwort, das angibt,
wie einfache logische Ausdrücke zu komple-
xen Ausdrücken kombiniert werden können.
Bool'sche Operatoren negieren ein Prädikat
(NOT), spezifizieren eine Kombination von
Prädikaten (AND) oder eine Liste alternativer
Prädikate (OR).

2. Im erweiterten Sinne, aber fälschlich, zur
Bezeichnung logischer Ausdrücke wie
„TIEFE größer als 100" verwendet.

Breakline / Grenzlinie
Eine Linie, die das Oberflächenverhalten eines
unregelmäßigen Dreiecksnetzes in Hinblick
auf Reibungslosigkeit und Kontinuität definiert. Physikalische Beispiele von Grenzlinien
sind Gebirgskämme, Flüsse und Seeufer.

Buffer / Puffer
Eine Zone von bestimmtem Ausmaß um ein
Objekt wie einen Punkt, eine Linie oder ein
Polygon.

Buffering / Pufferung
Die Erstellung einer Zone von definierter
Breite um einen Punkt, eine Linie oder ein
Gebiet. Der Buffer ist ein neues Polygon, das
für Abfragen verwendet wird, um zu ersehen,
welche Einheiten innerhalb oder außerhalb
einer festgelegten Fläche auftreten.

Bug
Ein Fehler in einem Computerprogramm
oder einem elektronischen Gerät, der eine
Fehlfunktion hervorruft.

Byte

Eine Gruppe zusammenhängender bits, meist 8, die eine Speichereinheit darstellen. Dateigrößen werden in Bytes oder Megabytes (1 Mio. Bytes) angegeben. Bytes stellen Werte zwischen 0 und 255 dar und werden meist dazu benutzt, ganze Zahlen oder ASCII-Zeichen darzustellen (ein Byte mit dem ASCII-Wert 77 repräsentiert beispielsweise den Buchstaben M). Eine Kette von Bytes (meist 4 oder 8) wird zur Darstellung von echten Zahlen und Ganzzahlen über 255 herangezogen.

C++

Eine höhere Programmiersprache, die oft zum Schreiben von Grafikprogrammen verwendet wird.

CAD

Siehe computer-aided design or drafting.

Cadastral map / Katasterkarte

Eine Karte, die die genauen Grenzen von Landparzellen anzeigt.

Cadastre / Kataster

Eine Aufzeichnung über Landnutzungen, die sowohl über die Art als auch den Bereich der Landnutzung Auskunft gibt. Normalerweise versteht man darunter Karten und andere Beschreibungen von Landparzellen ebenso wie eine Dokumentation von Rechtsansprüchen (Besitz, Retentionsrecht, Hypotheken und andere Rechtsansprüche). Katasterinformationen beinhalten häufig weitere Beschreibungen von Landparzellen.

CAE

Siehe computer-aided engineering.

CAM

Siehe computer-aided mapping.

Cardinal / Kardinal

Bezieht sich auf eine der 4 Hauptrichtungen - Nord, Süd, Ost und West.

Cartesian coordinate system / Kartesisches Koordinatensystem

Ein Konzept des französischen Philosophen und Mathematikers René Descartes (1596 bis 1650). Ein Sytem von 2 oder 3 aufeinander orthogonal stehenden Achsen, entlang derer jeder Punkt genau definiert werden kann; meist werden x, y (und z) Koordinaten angegeben. Relative Entfernungen, Flächen und Richtungen sind innerhalb des Systems einheitlich.

CD-ROM

Eine Compactdisk, die als nur lesbarer Speicher verwendet wird.

Cell / Zelle

Das Grundelement räumlicher Informationen in einem Gitternetz. Zellen sind immer quadratisch. Eine Gruppe von Zellen bildet ein Gitter.

Central Processing Unit (CPU) / Prozessor (CPU)

Der Teil des Computers, der das gesamte System kontrolliert.

Centroid / Schwerpunkt

Das Zentrum der Schwerkraft oder das mathematische Zentrum eines unregelmäßig geformten Polygons. Meist als x, y-Koordinatenpaar einer Landparzelle gegeben.

Chain / Kette

Siehe Linie.

Chain codes / Kettencodes

Eine kompakte Methode zur Speicherung von Daten in Rasterdatenbanken, was die Grenzen einer Region vereinfacht und als Sequenzen von Vektoren in nördlicher, südlicher, östlicher oder westlicher Richtung, inklusive deren Länge in Zellen, angibt.

Character / Zeichen

1. Ein Buchstabe, eine Zahl oder ein grafisches Symbol (*, @, -), welche als einzelne Dateneinheiten auftreten.

2. Ein Datentyp, der sich auf Textspalten in einer Attributtabelle bezieht.

Chorochromatic map / Chorochromatische Karte

Eine Karte, in der das Gebiet in eine Reihe von Zonen unterteilt ist, die alle in einer gesonderten Farbe oder Schattierung angezeigt werden.

Choropleth map / Choropleten-Karte

Eine Karte, die aus einer Serie einwertiger, einheitlicher Gebiete besteht, die durch abrupte Grenzen voneinander getrennt sind.

Classification / Klassifikation

Der Prozess der Zuweisung von Objekten in eine Gruppe in Abhängigkeit von ihren Attributen.

Clip / Ausschnitt

Die räumliche Extraktion von physischen Einheiten, die sich innerhalb der Grenzen eines Polygons befinden, aus einer GIS-Datei. Das umgebende Polygon funktioniert wie ein Hüllpolygon.

Clump

Das Verbinden von benachbarten Zellen derselben Klasse zu größeren Einheiten.

Cluster

Eine räumliche Gruppierung von geographischen Einheiten auf einer Karte. Wenn diese auf einer Karte gruppiert sind, werden sie zumeist durch eine bestimmte Eigenschaft verbunden (z. B. Krankheitsfälle, Kriminalität, Umweltverschmutzung).

Code

Ein Satz spezifischer Symbole und Regeln zur Repräsentation von Daten und Programmen, sodass sie von einem Computer verstanden werden können. Siehe auch ASCII, FORTRAN, PASCAL etc.

COGO

Siehe Coordinate Geometry/ Koordinatengeometrie.

Co-kriging

Schätzung einer regionalisierten Variable unter Verwendung von Beobachtungen der Variable, die von Beobachtungen einer oder mehrerer zusätzlichen Variablen aus dem gleichen geographischen Gebiet ergänzt werden, wobei die Schätzungsvarianz verringert wird, wenn die Originalvariable ein Undersampling aufweist.

Column / Spalte

Ein vertikales Feld in einer Datei einer relationalen Datenbank. Hier können ein oder mehr Bytes an deskriptiver Information gespeichert werden.

Common Gateway Interface (CGI)

Ist ein Standard für WebServer (RFC 3875: CGI Version 1.1), der bestimmt, wie WebServer-Software Webseiten für einen Client aufbaut.

Compiler

Ein Computerprogramm, das höhere Programmiersprachen wie FORTRAN, C++ oder PASCAL in Maschinensprache übersetzt.

Composite map / Zusammengesetzte Karte

Eine einzelne Karte, die durch das Zusammenfügen von einzeln digitalisierten Teilkarten erstellt wird.

Computer-aided design or drafting (CAD)

Eine Gruppe von Computersoftwarepaketen zur Erstellung von grafischen Dokumenten.

Computer-aided engineering (CAE)

Die Integration von Computergrafiken in ingenieurwissenschaftliche Techniken, um Analyse, Design, Konstruktion, Testen, Betreiben und Instandhalten von physischen Systemen zu erleichtern und optimieren.

Computer-aided mapping (CAM)

Die Anwendung von Computertechnologie zur Automation der Zusammenstellung und des Entwurfes von Karten. Nicht mit dem älteren Gebrauch für computergestützte Produktion zu verwechseln. Meist verbunden mit CAD, wie bei CAD/CAM.

Computer graphics / Computergraphik
Ein genereller Ausdruck, der jede Compu-
teraktivität beinhaltet, die in graphischen
Bildern resultiert.

**Computing environment /
Rechenumgebung**
Die gesamten Hard- und Softwareeinrich-
tungen, die von einem Computer und dessen
Softwaresystem zur Verfügung gestellt wer-
den.

**Conceptual model /
Konzeptionelles Modell**
Die Abstraktion, Darstellung und Ordnung
von Erscheinungen durch menschliche
Intelligenz.

**Conditional simulation /
Konditionale Simulation**
Die Simulation einer zufällig gewählten
Einzelfunktion, die die Datenwerte an den
Entnahmepunkten berücksichtigt.

Configuration / Konfiguration
Die physikalische Zusammenstellung und
Verbindung von Computern und Periphe-
riegeräten. Dies kann sich auch auf mehrere
Computer und Peripheriegeräte beziehen.

Conflation / Verschmelzung
Ein Satz von Funktionen und Prozeduren, der
die Linien einer GIS-Datei nach denen einer
anderen ausrichtet und dann die Linienattri-
bute der einen Datei auf die andere über-
trägt. Ausrichtung erfolgt vor dem Transfer
von Attributen und wird meist mittels „rub-
bersheeting" durchgeführt.

Conformality / Konformität
Kleine Bereiche einer Karte werden in ihrer
wahren Form und mit korrekten Winkeln dargestellt. Ein Charakteristikum einer
Kartenprojektion.

Confusion index / Vermischungsindex
Ein Maß für die relative Dominanz von Werten
für zwei oder mehr unklar abgegrenzte Klassen, die einem Einzelobjekt zugeordnet wird.

Connectivity
1. Die Fähigkeit, einen Pfad oder eine Spur
von einer Quelle zu einem gegebenen Punkt
durch ein Netzwerk zu finden. Connectivity
ist beispielsweise notwendig, um einen Weg
durch ein Netzwerk von Straßen zu finden,
um die kürzeste oder beste Route von einer
Feuerwache zu einer Brandstelle zu finden.

2. Die Verbindung verschiedener räumlicher,
meist linearer Einheiten in komplexe Ketten.

3. Ein topologisches Konstrukt.

Contiguity / Kontiguität
Die topologische Identifikation angrenzender
Polygone durch die sich links und rechts eines
Bogens anschließenden Polygone.

Contiguous / Berührend
Aneinandergrenzende räumliche Einheiten,
die eine ununterbrochene Kette oder Oberfläche bilden.

Continuous Data / Kontinuierliche Daten
Normalerweise bezogen auf Rasterdaten, die
Oberflächeneigenschaften wie Höhe angeben. In diesem Beispiel können die Daten
jeden (positiven und negativen) Wert annehmen. Dies wird auch als „reale Daten" im
Gegensatz zu „diskreten Daten" bezeichnet.

Contour / Kontur
Eine Linie, die Punkte gleichen Wertes verbindet. Oft auf einen Referenzwert, so z. B.
mittlere Meereshöhe, bezogen.

Conversion / Konversion
1. Die Überführung von Daten von einem
Format in ein anderes (z. B. von TIGER nach
DXF, von einer Karte in eine digitale Datei).

2. Datenkonversion beim Transfer von einem
System auf ein anderes (z. B. SUN auf IBM).

Convolution / Faltung
Die Anpassung von Werten von einem Gitternetz an ein anderes, die sich hinsichtlich
der Größe oder Ausrichtung voneinander
unterscheiden.

Coordinate / Koordinate

Die Position eines Raumpunktes in Bezug auf ein kartesisches Koordinatensystem (x, y und/oder z-Werte). In einem Geographischen Informationssystem geben Koordinaten oft die Lage eines Ortes auf der Erdoberfläche relativ zu einem anderen Ort an.

Coordinate Geometry (COGO) / Koordinatengeometrie

Eine computergestützte Überwachungs- und Aufzeichnungsmethode, die in den 1950er-Jahren vom Massachusetts Institute of Technology entwickelt wurde.

Coordinate system / Koordinatensystem

Das System, das zur Messung horizontaler und vertikaler Distanzen auf einer planimetrischen Karte verwendet wird. In einem GIS ist dies das System, dessen Einheiten und Eigenschaften durch eine Kartenprojektion definiert werden. Ein gewöhnliches Koordinatensystem wird zur Registrierung räumlicher Daten für ein einheitliches Gebiet verwendet. Siehe Kartenprojektion.

CORINE / Coordinated Information on the European Environment

Arbeitsprogramm der EG-Kommission für ein Versuchsvorhaben zur Zusammenstellung, Koordinierung und Abstimmung der Informationen über den Zustand der Umwelt und der natürlichen Ressourcen in der Gemeinschaft. Meist auf Basis von Satellitendaten erstellter Landnutzungsdatensatz.

Coterminous / Übereinstimmend – sich deckend

Die gleichen oder übereinstimmende Grenzen aufweisend. Zwei benachbarte Polygone sind übereinstimmend, wenn sie die gleiche Grenze teilen (wie z.B. eine Straßenmitte, die zwei Blocks begrenzt).

Cross-hatching / Schraffieren

Das Schattieren von Bereichen auf einer Karte mit einem vorgegebenen Muster aus Linien oder Symbolen.

Crossover point / Übergangspunkt

Der Punkt, an dem eine 50-prozentige Wahrscheinlichkeit besteht, dass ein Objekt zu einer bestimmten unscharf definierten Klasse gehört.

Cross validation / Validierung durch Aussonderung

Eine Validierungsmethode, bei der eine von n-Beobachtungen nach der anderen ausgesondert wird, und von den übrigen (n-1)-Beobachtungen n-Schätzungen berechnet werden. Die Statistiken der Schätzungen werden verwendet, um die Übereinstimmung der einzelnen Daten zu überprüfen. In der Geostatistik werden dabei die Kriging-Gleichungen angewandt, um das Variogramm in Hinblick auf die Probedaten zu überprüfen.

Curve fitting / Glätten

Eine automatisierte Kartierungsfunktion, die eine Serie kurzer, verbundener gerader Linien in glatte Kurven umwandelt, um Objekte darzustellen, die keine präzise mathematisch definierten Grenzen aufweisen (wie z.B. Flüsse, Ufer und Konturen).

Dangling arc / Hängende Kurve

Eine Kurve, die das gleiche Polygon auf der rechten und linken Seite sowie zumindest einen Knoten hat, der nicht mit der anderen Kurve verbunden ist.

Data integration / Datenintegration

Die Kombination von Datenbanken oder Datendateien von verschiedenen funktionalen Einheiten einer Organisation oder von verschiedenen Organisationen, die Informationen über dieselben Objekte (wie Besitzparzellen, Zensusdaten oder Straßensegmente) sammeln. Zusätzliche Erkenntnisse können aus der Kombination der Einzeldaten gewonnen werden.

Data link / Vernetzung

Die Kommunikationslinien und damit verbundene Hardware und Software, die zum Versenden von Daten zwischen zwei oder mehr Computern über Telefonleitungen, Glasfasern, Satelliten-Netzwerke oder Kabel erforderlich sind.

Data model / Datenmodell

1. Generell eine benutzerdefinierte Ansicht von Daten, die auf eine Anwendung bezogen ist.

2. Eine formale Methode zum Arrangement von Daten, um das Verhalten der realen Einheiten zu imitieren. Voll entwickelte Datenmodelle beschreiben Datentypen, Integritätsregeln für die Datentypen, und Operationen, die mit den Datentypen in Verbindung stehen. Manche Datenmodelle sind unregelmäßige Dreiecksnetze, Bilder und georelationale oder relationale Modelle für tabellarische Daten.

Data structure / Datenstruktur

Die Anordnung von Daten in einer Weise, die für die Speicherung und Bearbeitung am Computer sinnvoll ist.

Data types / Datentypen

Die Klassifikation verschiedener Daten nach deren Charakteristika. Beispiele sind Bool'sche (0/1), nominale, ordinale, ganzzahlige, skalare (reale), direktionale oder topologische Daten, je nach Funktion und Präzision.

Database / Datenbank

Eine Computerdatei oder eine Serie von Dateien, die Informationen, Karten, Diagramme, Listen, Lageaufzeichnungen, Zusammenfassungen oder Referenzen zu einem bestimmten Thema oder Themen, die durch Datensätze organisiert sind, enthalten. „Hierarchisch" und „relational" sind zwei weit verbreitete Strukturschemata, die bei Geographischen Informationssystemen Anwendung finden. Beispielsweise enthält eine GIS-Datenbank Daten über die räumliche Verortung und Form von geographischen Objekten sowie über deren Eigenschaften. Neuere Datenbanken sind meist objektorientiert strukturiert.

Database management system (DBMS) / Datenbank Management System (DBMS)

1. Die Software für das Management und die Manipulation eines GIS einschließlich geographischer und tabellarischer Daten.

2. Oft zur Beschreibung der Management-Software verwendet (z. B. Eingabe, Bestätigung, Speicherung, Aufbewahrung, Abfrage und Manipulation). Viele GIS Systeme verwenden ein DBMS, das von einem anderen Hersteller entwickelt wurde.

Datum / (gedätisches) Datum

Ein Satz von Parametern und Referenzpunkten, die zur genauen Beschreibung der dreidimensionalen Form der Erde erforderlich sind (z. B. das Spheroid). Das korrespondierende Datum ist die Basis für ein planares Koordinatensystem. Zum Beispiel ist das Nordamerikanische Datum von 1983 (NAD 1983) das Datum für Kartenprojektionen und Koordinatenangaben innerhalb der USA und Nordamerikas.

DBMS / DBMS

Siehe Datenbank Management System.

Debug / Debug

Fehler aus einem Programm bzw. einer Hardware entfernen.

Debugger / Debugger

Ein Programm, das einen Programmierer beim Entfernen von Programmierfehlern unterstützt.

Delaunay triangulation / Delaunay-Triangulation

Art der Dreiecksvermaschung von Punkten. Die Bildung von Delaunay-Dreiecken ist komplementär zu Thiessen-Polygonen.

Digitales Höhenmodell (DGM) / Digital Elevation Model (DEM) (oder: Terrain-Modell)

Ein digitales Geländemodell zur Darstellung einer topographischen Oberfläche, oft auf einem Raster basierend und mit einem Höhenwert für jede Zelle oder auf einem Satz unregelmäßiger Dreiecke basierend (vgl. TIN).

Densify / Verdichten
Der Prozess des Hinzufügens von Kurvenpunkten an Bögen, ohne deren Form zu verändern. Siehe „spline" als andere Methode zum Hinzufügen von Kurvenpunkten.

Differentiable continuous surface / Differenzierbare zusammenhängende Oberfläche
Die Darstellung einer kontinuierlich variierenden Erscheinung durch skalare oder ganzzahlige Daten, sodass die Abweichungen über die Fläche hinweg abgeleitet werden können.

Digital / Digital
Die Darstellung von Daten in diskreten, quantifizierten Einheiten oder Ziffern. Bezieht sich in der Regel auf Daten im computerlesbaren Format (Binärdaten).

Digital elevation model (DEM) / Digitales Höhenmodell (DEM)
1. Eine Raster-Speichermethode, die vom USGS für Höhendaten entwickelt wurde.

2. Das Format der USGS Höhendatensätze.

3. Ein quantitatives Modell eines Teils der Erdoberfläche. Auch als digitales Geländemodell (DGM) bezeichnet.

Digital exchange format (DXF) / Digitales Austauschformat (DXF)
1. Von Autodesk, Inc. (Sausalito, Kalifornien) zunächst für CAD definierte ASCII Textdateien, die nun in GIS-Programmen von Drittherstellern verwendet werden.

2. Ein Zwischenformat von Dateien für den Datenaustausch zwischen zwei Softwarepaketen, von denen keines über einen direkten Importfilter für das Format des anderen verfügt, aber bei denen beide DXF Dateien lesen und in ihr eigenes Format konvertieren können. Dies spart oft Zeit, erhält die Genauigkeit der Daten, da das Original nicht nochmals erfasst werden muss.

Digital line graph (DLG) / Digital Line Graph (DLG)
1. In Bezug auf Daten: die vom USGS bezogenen geographischen und tabellarischen Dateien, die Grundkategorien wie Transport, Hydrographie, Konturen und öffentliche Landvermessungsgrenzen enthalten können.

2. In Bezug auf das Datenformat: die formalen Standards, die vom USGS für den Austausch vom kartographischen und darauf bezogenen Tabellendaten entwickelt worden sind. Viele nicht-DLG Daten können ins DLG Format übertragen werden.

Digital map / Digitale Karte
Eine maschinenlesbare Darstellung eines geographischen Phänomens, das zur Anzeige oder Analyse in einem Computer gespeichert wird; Gegenteil: analoge Karte.

Digital Terrain Model (DTM) / Digitales Geländemodell (DTM)
Digitales Höhenmodell (DHM), digitale Abbildung der Geländeoberfläche. Meist entweder als regelmäßiges Raster oder unregelmäßig verteilte Höhenknoten. Kann durch Berechnung weiterer Reliefkennzahlen (Neigung, Exposition) zum digitalen Geländemodell (DGM) ausgebaut werden.

Digitize / Digitalisieren
Ein Weg der Konvertierung von Kartendaten, die in analoger Form vorliegen, in digitale Informationen.

Digitizer / Digitizer
1. Ein Gerät zur Erfassung planarer Koordinaten, meist x und y, von existierenden analogen Karten für den digitalen Gebrauch mit einem computerisierten Programm wie einem GIS. Auch als Digitalisiertablett bezeichnet.

2. Eine Person, die digitalisiert.

DIME / DIME
Siehe Geographic base file .

Dirichilet tesselation / Dirichilet Tesselation
Siehe Thiessen-Polygone.

Discrete data / Diskrete Daten

Kategorische Daten wie Vegetationstypen oder Klassendaten wie Geschwindigkeitszonen. In geographischer Sicht können diskrete Daten von Polygonen wiedergegeben werden. Manchmal auch als Ganzzahldaten bezeichnet. Gegenteil: echte Daten.

Discretization / Diskretisierung

Der Prozess der Unterteilung einer Fläche in eine Serie selbstständiger Einheiten.

Disjunctive kriging / Disjunktives Kriging

Eine nicht lineare, verteilungsabhängige Abschätzung von regionalisierten Variablen, die keine einfache (Gaußsche) Verteilung aufweisen. Im Hinblick auf die Rechnerressourcen erforderliche und mathematische Kenntnisse handelt es sich um die anspruchsvollste Kriging-Methode.

Distributed processing / Verteilte Verarbeitung

1. Die Verteilung von Rechnerressourcen an einem oder mehreren Orten. Die einzelnen Rechner in einer Umgebung verteilter Verarbeitung können durch ein Netzwerk miteinander und / oder mit einen Hauptcomputer verbunden sein.

2. Die Platzierung von Prozessoren an den Bedarfsorten, anstatt die gesamte Rechenleistung über eine einzige CPU abzuwickeln.

Digitales Kartographisches (Landschafts-)Modell (DKM)

Teil von ATKIS. Das DKM diente dem Ziel, topographische Karten (Topographie) verschiedener Maßstäbe automatisch aus dem DLM abzuleiten.

DLG / DLG

Siehe Digitale Linien.

DLM / Digitales LandschaftsModell

Modellkomponente von ATKIS beinhaltet das DLM die in ATKIS geführten Landschaftsbestandteile in vektorieller Form. Die Beschreibung der Topographie erfolgt in einem Objektartenkatalog (OBAK).

Dots per Inch (DPI) / Punkte pro Zoll (DPI)

Angabe bei Druck- und Plotvorgängen, die sich darauf bezieht, wie scharf ein Bild dargestellt wird. Mehr Punkte pro Zoll bedeuten, dass die Kanten eines Bildes präziser wiedergegeben werden können.

Double-precision / Doppelte Präzision

Bezieht sich auf ein Niveau der Koordinatengenauigkeit, das auf der Zahl der möglichen Ziffern beruht, die für jede Koordinate gespeichert werden können. Während bei einfacher Präzision bis zu sieben Ziffern für jede Koordinate angegeben werden können und sich so eine Genauigkeit von 1 Metern auf eine Bezugsstrecke von 1 000 000 Meter ergibt, können bei doppelter Präzsion bis zu 15 Ziffern (in der Regel sind es 13 bis 14) pro Koordinate gespeichert werden, sodass sich global gesehen eine Genauigkeit von besser als 1 Meter ergibt.

DPI / DPI

Siehe Dots per Inch (DPI).

Drift / Drift

Ein Trend in den Daten.

DXF / DXF

Digital eXchange Format (digitales Austauschformat). Ein von Autodesk entwickeltes Datenformat. Ursprünglich für die Datenübertragung zwischen CAD-Systemen konzipiert. Aufgrund seiner Einfachheit wird es jetzt auch häufig zum Datenaustausch zwischen GIS-Systemen verwendet, obwohl es eine Reihe von Beschränkungen aufweist. Siehe Digitales Austauschformat.

Eastings / Ostwert

Die X-Koordinate in einem planaren Koordinatensystem, siehe auch Nordwert.

EDBS / Einheitliche DatenBank Schnittstelle

Ein von der AdV definierter deutscher Standard zum Austausch von ALK/ATKISDaten einschließlich Differenz-Update und Sekundärnachweis.

Edge match / Eckenabgleich

Ein Verarbeitungsschritt, der dazu dient, sicherzustellen, dass alle topographischen Einheiten, die die Grenzen eines Kartenblattes überschreiten, auf angrenzenden Kartenblättern die gleichen Koordinaten, Attributbeschreibungen und -klassen aufweisen.

Edit / Editieren

Entfernung von Fehlern oder die allgemeine Veränderung einer Computerdatei, einer digitalisierten Karte oder einer Datei, die Attributdaten enthält.

Element / Element

Eine grundlegende geographische Informationseinheit, wie z. B. ein Punkt, eine Linie, Fläche oder ein Pixel. Auch als Entität bezeichnet.

Ellipsoid / Ellipsoid

Mathematisches Modell für die Form der Erde, das die Abplattung an den Polen berücksichtigt.

Entities / Entitäten

Abgrenzbare Einheiten von natürlichen Erscheinungen.

EPSG code

EPSG Codes sind numerische Codes, welche auf definierte Koordinatensysteme hinweisen. EPSG: 4326 ist geographisch gleich WGS84, und EPSG: 32611 entspricht "UTM zone 11 Nord, WGS84". Insbesondere das WMS Protokoll nutzt EPSG Codes, um Koordinatensysteme zu beschreiben. Die EPSG Codes werden von dem "OGP Surveying and Positioning Committee" beschrieben (vgl. http://spatialreference.org).

Exact interpolator / Exakter Interpolator

Eine Interpolationsmethode, die den Wert eines Attributes an einem Datenentnahmepunkt vorhersagt, der mit dem beobachteten Wert übereinstimmt.

Experimental variogram / Experimentelles Variogramm

Eine Schätzung eines Semi-Variogramms, die auf Datenstichproben beruht.

Extrapolation / Extrapolation

Die Schätzung eines Attributwertes an einem Punkt, für den keine Messdaten vorliegen, und der sich außerhalb des Messgebietes befindet.

Fachdaten

Spezifische Anwendungsdaten eines Fachanwenders, z. B. Leitungsdaten eines Versorgungsunternehmens. Zu den Fachdaten können auch Ergänzungen der amtlichen Geobasisdaten zählen, die durch den Anwender selbst erfasst werden.

Fachschale

Spezifische Komponente eines Geoinformationssystems. In der Regel ist eine Fachschale ein eigenständiges Modul auf der Basis eines GIS-Herstellers (z. B. ArcHydro).

Feature / Feature (Merkmal)

Die Darstellung einer geographischen Einheit, so z. B. eines Punktes, einer Linie oder eines Polygons.

Feature planes / Merkmals-Ebenen

Eine Serie verschiedener Klassen von Erscheinungen, die oft als Grundlage der verschiedenen Ebenen in der Overlay-Analyse verwendet wird.

Field / Feld

1. Eine Art oder Klasse von Daten.

2. Innerhalb einer Datenbank eine Serie von Datensätzen, die Informationen enthalten.

File / Datei

Ein einzelner Satz von zusammengehörigen Informationen, auf den mittels eines nur einmal vergebenen Dateinamens zugegriffen werden kann (so z. B. eine Textdatei, eine Datendatei oder DLG-Datei). Dateien sind die logischen Einheiten, die auf einer Diskette oder einem anderen Speichermedium vom Betriebssystem eines Computers verwaltet werden.

Filter / Filter

Bei Rastergraphiken eine mathematisch definierte Operation zur Entfernung von groß- oder kleinmaßstäbigen Abweichungen. Wird zur Entfernung von ungewollten Komponenten eines Signals oder räumlichen Musters verwendet.

Finite difference modelling / Finite-Elemente Modelling

Eine numerische Modellierungstechnik, die für Daten in einem regelmäßigen Gitternetz verwendet wird und bei der algebraische Gleichungen verwendet werden, um die Abweichungen einer Variablen an jedem Ort zu lösen.

Flat file / Genormte Datei

Eine Struktur zur Speicherung von Daten in einem Computersystem, wobei jede Datei die gleichen Datenfelder aufweist. Meist wird dabei ein Feld als Schlüssel für die Software verwendet, das es ermöglicht, auf die übrigen Informationen zuzugreifen.

Floating point / Fließkomma-Zahlen

Eine Technik zur Darstellung von Zahlen ohne die Verwendung eines Dezimalkommas an fester Position, um die Rechenleistung der CPU für arithmetische Berechnungen mit realen Zahlen zu verbessern.

Font / Font

1. Symbolsatz zum Zeichnen einer Linie.

2. Schriftart.

Foreign key / Verbindungsschlüssel

In einer relationalen Datenbank die Ausdrücke, der Gegenstand oder die Kolumne der Daten, die dazu verwendet werden, eine Datei in Beziehung zu einer anderen zu setzen.

Format / Format

1. Das Muster, in dem Daten systematisch für den Gebrauch auf einem Computer angeordnet werden.

2. Ein Dateiformat ist die spezifische Anordnung von Daten innerhalb einer Datei. Beispielsweise sind DLG, DEM und TIGER geographische Datensätze in bestimmten Formaten, die für viele Bereiche der USA verfügbar sind.

FORTRAN (FORmula TRANslation) / FORTRAN

Eine höhere Programmiersprache, meist für Computergraphiken verwendet. Verbesserungen ab FORTRAN 77 haben strukturiertes Programmieren und die interaktive Dateneingabe viel einfacher gemacht.

FOSSGIS

Der FOSSGIS e.V. ist ein gemeinnütziger Verein, der die Verbreitung freier Geographischer Informationssysteme (GIS) im Sinne Freier Software und Freier Geodaten fördert. Er ist die deutsche Vertretung der OSGeo Foundation und gleichzeitig Ansprechpartner für OpenStreetMap Projekte in Deutschland (www.fossgis.de).

Fourier Analysis / Fourier-Analyse

Eine Methode zur Separation von Zeitserien oder räumlichen Daten in Sinus- und Cosinus-Kurven.

Fractal / Fraktal

Ein Objekt mit fraktaler Dimension, das bei unterschiedlichen Maßstäben selbstähnlich erscheint, bei dem das endgültige Niveau an Detail aber nie erreicht wird und durch eine Vergrößerung des Maßstabes nie erreicht werden kann.

Fuzzy Set / Fuzzy Set (Unscharfer Satz)

Ein Satz von Objekten, deren Mitgliedsfunktion in bestimmten Klassen durch Werte zwischen 1 und 2 festgelegt wird. Im Gegensatz zu Bool'schen Operatoren können sich unscharfe Sätze überlagern und eine Entität kann in verschiedenem Maße Mitglied verschiedener Sätze (Klassen) sein.

Gap / Lücke

Die Distanz zwischen zwei Objekten, die miteinander verbunden sein sollten. Lücken entstehen häufig beim Digitalisierungsprozess oder beim Kantenabgleich.

GD

Ist eine Graphikbibliothek zur Erstellung von dynamischen Bildern und wird vom Program MapServer genutzt (erstes Graphik-Rendering Program für MapServer).

GDAL (Geospatial Data Abstraction Library)

GDAL ist eine Multi-Format Rasterbibliothek. GDAL wird primär zum Lesen von Rasterbildern in MapServer benötigt (siehe www.gdal.org).

GII / European Geographic Information Infrastructure

Initiative des EUROGI zur Erfassung, Bereitstellung und Umformung von Geodaten sowie Sammlung von Metadaten im europäischen Raum.

Generalization / Generalisierung

Der Prozess der Reduktion von Details auf einer Karte infolge einer Maßstabsverkleinerung. Der Prozess kann für manche Datenarten, wie topographische Merkmale, halbautomatisiert ablaufen, erfordert aber bei thematischen Karten weitere Überlegungen.

Generalize / Generalisieren

1. Reduzieren der Pixelzahl oder Knotenpunkte zur Darstellung einer Linie.

2. Vergrößerung der Zellengröße und Darstellung der Daten in einem Raster-GIS.

Geobasisdaten

Geodaten werden für viele GIS-Anwendungen benötigt und bilden deren Basis. Dies sind Bezugssysteme und Grundlagennetze, Höhendaten, Topographiedaten, Verwaltungsgrenzen auf nationaler, regionaler und lokaler (z. B. Flurstücks-) Ebene und Luftbilder. Grundlegende amtliche Geodaten, welche die Topographie, die Grundstücke und die Gebäude im einheitlichen geodätischen Raumbezug beschreiben. Geobasisdaten werden durch die Vermessungsverwaltungen der Länder erhoben, geführt und bereitgestellt.

Geocode / Geokodierung

Der Vorgang der Identifizierung eines Ortes durch eine oder mehrere X- und Y-Koordinaten als „Adresse" relativ zu einem anderen Ort.

Geodaten

Geodaten sind Datenobjekte, die durch eine Position im Raum direkt oder indirekt georeferenzierbar sind. Der Raum wird durch ein Koordinatensystem festgelegt, das den Bezug zur Erdoberfläche herstellt. Geodaten lassen sich einteilen in: Geometrie (Position und geometrische Ausprägung); Topologie (explizit gespeicherte geometrisch-topologische Beziehungen); Präsentation (graphische Ausprägungen wie Signaturen, Farbe, Typographie) und Sachdaten (alphanumerische Daten zur Beschreibung der Semantik).

Geodateninfrastruktur (GDI)

Eine Geodateninfrastruktur besteht aus einer Geodatenbasis, einem Geoinformationsnetzwerk, Diensten und Standards. In einer GDI werden die Voraussetzungen für die Gewinnung, Auswertung und Anwendung von Geoinformationen geschaffen.

Geodaten Server

Ein Geodaten Server ist ein eigenständiges Programm, das Nachrichten von Client-Programmen empfangen und dann entsprechende Funktionen ausführen kann (Client-Server-System).

Geodetical surveying / Geodätische Messungen

Die Positionsbestimmung von Punkten auf der Erdoberfläche, die mit der Krümmung, Rotation oder der Schwerkraft zusammenhängen.

Geographical data model / Geographisches Datenmodell

Formalisiertes Schema zur Darstellung von Daten, das sowohl Aussagen über Ort und Charakteristika enthält.

Geographical primitives / Geographische Grundelemente

Die kleinsten Einheiten räumlicher Information: in Vektorform sind dies Punkte, Linien und Flächen (Polygone); in Rasterform sind dies Pixel (2D) und Voxel (3D).

Geographic base file / dual independent map encoding (GBF / DIME) / Geographische Basisdatei / duale unabhängige Kartenkodierung
Ein Datenaustauschformat, das vom US Census Bureau entwickelt wurde, um Informationen bezüglich der Volkszählung von 1980 darzustellen. Diese Dateien stellen schematische Karten von Straßen einer Stadt, den Adressebezirken und den geostatistischen Codes dar, die auf die tabellarischen Statistikdaten des Census Bureaus bezogen sind. Siehe auch TIGER, das für die Volkszählung von 1990 entwickelt wurde.

Geodetic datum / Geodätisches Datum
Ein Parametersatz, der Koordinatensysteme für die gesamte oder Teile der Erde definiert. Die jeweiligen Daten wurden im Laufe der Zeit verbessert und überarbeitet. NAD27 ist das Nordamerikanische Datum für 1927, ED50 ist das Europäische Datum für 1950 und WGS84 bedeutet World Geodatic System für 1984 (häufig für Satelliten benutzt). Weitere Daten werden benutzt, um eine bessere lokale Anpassung eines Rotationsellipsoids im Vergleich zur eigentlichen Form der Erde (Geoid) zu erstellen.

Geographic information retrieval and analysis (GIRAS) / Geographischer Informationsabruf und Analyse (GIRAS)
Datendateien der US Geological Survey. GIRAS Dateien enthalten Informationen über Gebiete im Bereich der kontinentalen USA, inklusive Attributen für die Landnutzung, Bodenbedeckung, politische und hydrologische Einheiten, Volkszählungseinheiten und County-Unterbezirke sowie Land in Bundes- und Landesbesitz. Diese Datensätze sind der Öffentlichkeit sowohl in analoger als auch in digitaler Form zugänglich.

Geographic information system (GIS) / Geographisches Informationssystem (GIS)
Eine organisierte Zusammenstellung von Computerhardware, Software, geographischen Daten und Personal, um alle Formen geographischer Daten effizient aufzunehmen, zu speichern, zu aktualisieren, zu bearbeiten, zu analysieren und darzustellen. Gewisse komplexe räumliche Operationen sind mithilfe eines GIS möglich, die andernfalls sehr schwierig, zeitaufwendig oder nicht praktikabel wären.

Geographic object / Geographisches Objekt
Ein benutzerdefiniertes geographisches Phänomen, das mittels der Verwendung geographischer Datensätze modelliert oder dargestellt werden kann. Beispiele sind Straßen, Kanalleitungen, Kabelschächte, Unfälle, Grundstücksgrenzen und Parzellen.

Georeference / Georeferenz
Die Beziehung zwischen den Koordinaten auf einer Karte und den tatsächlichen Koordinaten eines Ortes.

GML (Geography Markup Language)
Ein Standard des OGC, der abstrakte Modelle für geographische Merkmale definiert (vgl. WFSServer; www.mapserver.org/de/ogc/wfs_server.html#wfs-server)

GPS (Global Positioning Satellites) / Global Positioning System
Eine Reihe von Satelliten auf geostationären Umlaufbahnen, die zu weltweiten Ortsbestimmungen mittels elektronischer Empfänger herangezogen werden können.

**Graphical user interface (GUI) /
Graphische Benutzeroberfläche (GUI)**
Eine auf graphischen Darstellungen beruhende Methode zur Interaktion zwischen Benutzer und Computer zur Durchführung verschiedener Aufgaben. Anstelle Befehle in einer Befehlszeile einzugeben, wählt der Anwender zwischen verschiedenen Symbolen auf dem Bildschirm durch Anklicken mit der Maus. Durch das Anwählen eines Symbols wird ein bestimmter Arbeitsschritt ausgeführt. Andere Werkzeuge graphischer Benutzeroberflächen sind dynamischer und erfordern z. B. das Bewegen eines Objektes am Bildschirm, was eine bestimmte Funktion aufruft. Beispielsweise können numerische Werte wie der Maßstab einer Karte durch Scrollbars festgelegt werden.

GRASS / GRASS
Open Source Raster-GIS für die geographische Ressourcenanalyse.

Grey scales / Grauskalen
Helligkeitsstufen zur Darstellung von Informationen auf Monochrombildschirmen.

Grid / Gitternetz
1. Ein Satz von regelmäßig angeordneten Messpunkten.

2. Eine Rasterung in Quadraten.

3. In der Kartographie ein exakter Satz von Referenzlinien über die Erdoberfläche.

4. Bei der Versorgungskartierung die Verteilung der Ressourcen, z. B. elektrische Leitungen oder Telefonleitungen.

Grid data / Gitterdaten
1. Eine von vielen Datenstrukturen, die häufig zur Darstellung geographischer Einheiten verwendet wird. Eine auf Raster beruhende Datenstruktur quadratischer Zellen von gleicher Größe, die in Reihen und Kolumnen angeordnet ist. Der Wert einer Zelle bzw. einer Gruppe von Zellen repräsentiert den Gesamtwert.

2. Ein Satz von regelmäßig angeordneten Referenzlinien auf der Erdoberfläche, einem Monitor, einer Karte oder einem anderen Objekt.

3. Ein Verteilungssystem für Elektrizität und Telefone.

Grid map / Netzkarte
Eine Karte, auf der Informationen in Form regelmäßiger Quadrate wiedergegeben werden. Auch als Raster bezeichnet.

GUI / GUI
Siehe graphische Benutzeroberfläche.

Hardware / Hardware
Komponenten eines Computersystems, wie z. B. Prozessor, Anschlüsse und Peripheriegeräte wie Plotter, Digitizer und Drucker.

Hexadecimal system / Hexadezimalsystem
Die Darstellung von Zahlen und Buchstaben auf der Basis von 16 alphanumerischen Werten.

Hidden line removal / Entfernung verdeckter Linien
Eine Technik bei perspektivischen dreidimensionalen Grafiken zur Unterdrückung von Linien, die normalerweise aufgrund des Blickwinkels unsichtbar blieben.

Hierarchical / Hierarchisch
Diese Art der Datenspeicherung bezieht sich auf Daten, die in baumartiger Weise verbunden sind, wobei die Beziehungen zwischen den Einzeldaten über bestimmte Arme der Hierarchie nachvollzogen werden können. Die Kenntnis dieser Daten ist von der Datenstruktur abhängig.

**Hierarchical database structure /
Hierarchische Datenbankstruktur**
Eine Methode zur Anordnung von Computerdateien oder anderen Informationen, sodass die Dateneinheiten durch ein hierarchisches Wegenetz verbunden werden. Von oben nach unten sind die Beziehungen Eins-zu-Vielen.

**High-level-language /
Höhere Computersprache**
Eine Programmiersprache, die Befehle, Symbole und Worte verwendet, die englischsprachigen Aussagen ähneln. Beispiele sind FORTRAN, PASCAL, C++, PL/1, COBOL und BASIC.

Histogram / Histogramm
Ein Diagramm, das die Anzahl von Messwerten anzeigt, die in die jeweiligen Klassen der Attributverteilung fallen.

Host computer / Hostcomputer
Der höchstrangige Computer in einem Datennetzwerk.

Hypsometry / Hypsometrie
Die Messung der Höhe der Erdoberfläche in Bezug auf den Meeresspiegel.

IGES / IGES
Siehe Initial graphics exchange specification (IGES).

Image / Bild
Eine grafische Darstellung oder Beschreibung eines Objektes, die typischerweise von einem optischen oder elektronischen Gerät erstellt wird. Beispiele umfassen Fernerkundungsdaten wie Satellitendaten, gescannte Daten und Fotografien. Im Bild wird mittels Rasterdaten als Satz binärer oder anderweitiger Ganzzahlensysteme gespeichert, wobei die Werte die Intensität reflektierten Lichts, Hitze oder andere Kenngrößen des elektromagnetischen Spektrums angeben.

IMAGI
Interministerieller Ausschuss für Geoinformationswesen des Bundes.

Impedance / Impedanz
Das Ausmaß des Widerstandes (oder der Kosten), die zur Durchquerung eines Abschnitts eines Netzwerkes oder einer Zelle in einem Gitternetz erforderlich wird. Der Widerstand kann durch eine beliebige Zahl von Faktoren definiert werden, so z. B. Reiseentfernung, Zeit, Reisegeschwindigkeit mal der Reiseentfernung, Neigung oder Kosten.

Index / Index
Eine spezielle Übersicht oder Struktur innerhalb einer Datenbank, die auch von einem RDBMS oder GIS verwendet wird, um Suchvorgänge nach tabellarischen oder geographischen Daten zu beschleunigen.

Indexed files / Indizierte Dateien
Dateien oder Datensätze, in denen Indizes, die auf einer bestimmten Ordnung (wie dem Alphabet) beruhen, zur Beschleunigung des Zugriffs verwendet werden.

Indicator kriging / Indikator-Kriging
Eine Methode der Kriging-Interpolation, die nicht linear ist und bei der die Originaldaten von einer kontinuierlichen auf eine binäre Skala umgerechnet werden.

**Inexact interpolator /
Nicht exakter Interpolator**
Interpolationsmethode mit Schätzungen an Datenpunkten, die nicht unbedingt mit den ursprünglichen Messungen an den Stützpunkten übereinstimmen.

**Initial graphics exchange specifications
(IGES) / Vorläufige Grafikaustausch-Spezifikation (IGES)**
Ein vorläufiges Standardformat für den Austausch von Grafiken zwischen verschiedenen Computersystemen.

Input / Eingabe
1. Die in ein Computersystem eingegebenen Daten.

2. Das Eingeben von Daten.

Integer / Ganzzahl
Eine Zahl ohne Nachkommastellen; eine Vorgehensweise zur Handhabung solcher Zahlen, die weniger Speicherplatz verbraucht und ein schnelleres Arbeiten als mit realen Zahlen (die Informationen hinter dem Komma enthalten) ermöglicht.

Integrated terrain unit mapping (ITUM) / Integrierte Landschaftseinheiten-Kartierung (ITUM)
Der Prozess der Anpassung der Grenzen von Landschaftseinheiten, sodass ein möglichst hohes Maß von Übereinstimmung zwischen interdependenten Landschaftsvariablen wie Hydrographie, Geologie, Physiographie, Boden und Vegetationseinheiten erreicht wird. Dann beschreibt eine Einheit geographischer bzw. beschreibender Information mehr als einen Sachverhalt.

Interactive / Interaktiv
Ein GIS, bei dem der Benutzer die Programmausführung durch ein Eingabegerät starten oder modifizieren kann, und vom Computer Informationen über den Fortschritt des Arbeitsauftrages erhält.

Interface / Interface
Eine Hardware- und Softwareverbindung, die zwei Computer oder einen Computer und dessen Peripheriegeräte verbindet und den Datenaustausch ermöglicht.

Interpolation / Interpolation
Die Abschätzung der Werte eines Attributs an Punkten, für die keine Messwerte vorliegen, mithilfe der Messwerte benachbarter Punkte.

Intersection / Schnittpunkt / Kreuzungspunkt
1. Geometrie: das Kreuzen von Linien oder Polygonen, wodurch neue Einheiten entstehen.

2. Logik: Die Kombination von Daten von zwei Bool'schen Sätzen unter Verwendung des Operators „UND".

Intrinsic hypothesis / Intrinsische Hypothese
Eine Form von räumlicher Stationarität, die weniger restriktiv als die Stationarität zweiter Ordnung ist und bei der die Bedingungen für die Ortsfestigkeit auf die ersten Unterschiede und nicht die zugrunde liegende regionalisierte Variable beschränkt ist. Die intrinsische Hypothese ist nützlich zur Modellierung regionalisierter Variablen, bei denen die Form des Variogramms eine Funktion des Geltungsbereiches ist.

Isoline / Isolinie
Eine Linie, die Punkte gleichen Wertes verbindet.

Isopleth map / Isoplethenkarte
Eine Karte, die die Verteilung eines Attributs durch Linien, die Punkte gleichen Wertes verbinden, ausdrückt. Siehe Contour; Gegenteil: Choroplethenkarte.

Isotropic / Isotrophisch
Ein Adjektiv, das etwas beschreibt, wenn etwas die gleichen physikalischen Eigenschaften in allen Richtungen aufweist.

Item / Eintrag
Ein Feld oder eine Spalte von Informationen innerhalb eines RDBMS.

Jaggies / Jaggies
Ein fachsprachlicher Ausdruck für gekrümmte Linien, die auf Anzeigegeräten eine gestufte oder sägezahnartige Erscheinung aufweisen.

Join / Verbinden / Verbindung
1. Das Zusammenfügen von zwei oder mehr getrennt digitalisierten Karten.

2. Die Verbindung zweier solcher Karten, teilweise sichtbar infolge von Ungenauigkeiten der Daten.

Key / Schlüssel
Ein Eintrag oder eine Spalte innerhalb eines RDBMS, wodurch jedem Datenfeld in der Datenbank ein eindeutiger Wert zugeordnet wird.

Key file / Schlüsseldatei
In einigen CAD/CAM-Systemen eine Datei, die Codes enthält, die einige spezielle Tastaturfunktionen oder Menübefehle definieren. In DBMS eine Datei, die Informationen über Suchpfade oder Indizes zum Datenzugriff enthält.

Kriging / Kriging
Name (nach D.G. Krige) für eine Reihe von Interpolationstechniken, die die Theorie der regionalisierten Variablen benutzt, um Informationen über stochastische Aspekte der räumlichen Variation bei der Abschätzung von Interpolationsgewichtungen mit zu verwenden. Die Interpolationstechnik beruht auf der Annahme, dass sich die räumliche Variation mit einheitlichem Muster fortsetzt.

Kriging variance / Kriging-Varianz
Ein Maß für die Unsicherheit von Werten, die durch Kriging vorhergesagt wurden.

LAN / LAN
Siehe Lokales Netzwerk.

LANDSAT / LANDSAT
Eine Serie von Erdbeobachtungssatelliten, die von den USA in Umlauf gebracht wurden.

Layer / Ebene
Eine logische Trennung von kartierten Informationen je nach Thema. Viele Geographische Informationssysteme und CAD/CAM-Systeme erlauben dem Benutzer, eine einzelne Ebene (oder eine Kombination von mehreren Ebenen) anzuwählen und zu bearbeiten.

Legend / Legende
Der Teil einer Karte, der die Bedeutung der Symbole erläutert, welche geographische Elemente darstellen.

Library / Bibliothek
Eine Sammlung von wiederholt verwendeten Gegenständen wie z.B. eine Symbolbibliothek mit häufig verwendeten grafischen Kartensymbolen, oder aber häufig verwendeten Subroutinen eines Programmes.

Liegenschaftskataster
Ein amtliches Verzeichnis der Grundstücke als Bestandteil des Grundbuchs. Es beinhaltet grafische und beschreibende Informationen zu Grundstücken und Eigentumsverhältnissen, die in Liegenschaftsbuch und Liegenschaftskarte nachgewiesen werden. In digitaler Form sind dies ALB und ALK (in Bayern DFK)

Light pen / Light Pen
Ein in der Hand gehaltenes photosensitives und interaktives Gerät zur Identifikation von Elementen auf einem Computerbildschirm.

Line / Linie
1. Ein Satz geordneter Koordinaten, der eine Form ergibt, die zu schmal ist, um als Fläche dargestellt zu werden, z.B. Konturen, Straßenzüge und Flüsse. Eine Linie beginnt und endet in einem Knotenpunkt.

2. Eine Linie auf einer Karte, z.B. der Kartenrahmen.

Linear interpolator / Linearer Interpolator
Beschreibt eine Methode, bei der die Gewichte, den verschiedenen Datenpunkten beigemessen werden, berechnet werden. Dazu werden lineare Entfernungsfunktionen zwischen Sätzen von Datenpunkten und dem vorherzusagenden Punkt verwendet.

Local area network (LAN) / Lokales Netzwerk (LAN)
Eine Technik in der EDV, bei der Computer am selben Arbeitsplatz miteinander verbunden werden. Computer und Terminals in einem LAN können Daten und Peripheriegeräte wie Drucker und Plotter frei aufteilen. LANs bestehen aus Kabeln und besonderer Hardware und Software zum Datenaustausch.

Local drain direction (ldd) / Lokale Entwässerungsrichtung
Die Richtung des steilsten Abhanges, die mittels eines rasterförmigen digitalen Höhenmodells bestimmt wird.

Macro / Makro

Eine Textdatei, die eine Serie von häufig verwendeten Operationen enthält, die durch einen einzigen Befehl ausgeführt werden können. Kann sich auch auf eine einfache, höhere Programmiersprache beziehen, mit der der Anwender die Befehle in einen GIS verändern kann.

Mainframe / Mainframe

Ein leistungsstarker Computer, der viele Benutzer unterstützt.

Mapfile

Das Mapfile ist die Zentrale vom MapServer. Durch Mapfiles werden die Beziehungen zwischen den Objekten definiert und dem MapServer mitgeteilt, wo er welche Daten findet, wie diese gezeichnet werden sollen. Es gibt einige wichtige Sachverhalte, die für eine zuverlässige Konfiguration des MapServers durch Mapfiles verstanden werden müssen. Sachverhalte werden durch Layer beschrieben. Ein Layer kombiniert Daten und ihre Ausprägung (Styling).

Many-to-one relate / Many-to-one relate

Die Tatsache, dass mehrere Einträge einer Datenbank mit einem einzelnen Eintrag verbunden sind. Ein Ziel beim Aufbau relationaler Datenbanken ist der Gebrauch von Many-to-one relates zur Reduktion des Datenvolumens und der Redundanz.

Map / Karte

1. Ein handgezeichnetes oder gedrucktes Dokument, das die räumliche Verteilung von geographischen Merkmalen durch erkennbare und standardisierte Symbole ausdrückt.

2. Eine Sammlung von digitalen Informationen über einen Teil der Erdoberfläche.

MAP (Map Analysis Package) / MAP (Kartenanalysepaket)

Ein von C. D. Tomlin geschriebenes Computerprogramm, das räumliche Daten, die in Form von Gitterzellen codiert sind, analysieren kann.

Mapping unit / Kartierungseinheit

Ein Satz von Gebieten, der auf einer Karte gezeichnet ist und ein oder mehrere genau definierte Merkmale repräsentiert. Kartierungseinheiten werden in der Legende beschrieben.

Map projection / Kartenprojektion

Ein mathematisches Modell zur Konvertierung von Ortsangaben auf der Erdoberfläche von sphärischen zu planaren Koordinaten, wodurch zweidimensionale Karten dreidimensionale Erscheinungen darstellen können. Einige Kartenprojektionen erhalten die Ursprungsformen, andere sind flächen-, winkel- oder abstandstreu.

Map units / Karteneinheiten

Die Koordinateneinheiten, in denen die geographischen Daten gespeichert sind, z. B. Zoll, Fuß, Meter oder Grad, Minuten und Sekunden.

Maximum likelihood / Höchste Wahrscheinlichkeit

Eine auf der Wahrscheinlichkeitstheorie beruhende Methode, die ein mathematisches Modell auf einen Datensatz anwendet.

Mean / Mittel

Der Durchschnitt oder wahrscheinlichste Wert (meist arithmetisches Mittel).

Menu / Menü

Eine Liste von vorhandenen Optionen, die auf dem Computerbildschirm angezeigt wird und von der der Anwender mittels Tastatur oder Maus wählen kann.

Meridian / Meridian

Eine Linie, die vertikal vom Nord- zum Südpol läuft und entlang derer alle Orte die gleiche geographische Länge aufweisen. Der Hauptmeridian (0°) läuft durch Greenwich, England. Seitlich des Hauptmeridians ergeben sich durch Abweichung nach Westen negative Längen, durch Abweichung nach Osten positive Längen bis zu einem Wert von 180°.

Metadata / Metadaten

Daten über Daten: Beschreiben Eigenschaften, Herkunft, Gültigkeit, Genauigkeit usw. von Datensätzen auf unterschiedlichen Ebenen. Wichtig für Dokumentation, Transfer und längerfristige Sicherung der Datenbestände.

Metadaten-Informationssystem (MIS)

Auskunftssystem über vorhandene Datenbestände. Metainformationssystem für Geofachdaten (FMIS): Auskunftssystem über vorhandene, auf spezielle Anwendungen orientierte Geodaten (Umwelt, Geostatistik, Klima, Verwaltung...)

Minimum bounding rectangle / Minimal begrenzendes Rechteck

Das Rechteck, das durch die Ausdehnung eines geographischen Datensatzes auf der Karte bestimmt wird und durch die Koordinaten xmin, ymin und xmax, ymax festgelegt wird.

Model / Modell

1. Eine Abstraktion der Realität. Modelle können eine Kombination von logischen Ausdrücken, mathematischen Gleichungen und Kriterien, die für den Zweck der Simulation eines Prozesses, der Vorhersage eines Ergebnisses oder Charakterisierung eines Phänomens angewendet werden, beinhalten. Die Begriffe Modellbildung und Analyse werden oft austauschbar verwendet, obwohl ersterer im Umfang stärker begrenzt ist.

2. Datenrepräsentation der Realität. Räumliche Datenmodelle beinhalten Knotenpunkte von Kurven, georelationale Modelle, Raster oder Gitternetze und TINs.

3. Eine Darstellung von Attributen oder Merkmalen der Erdoberfläche in einer digitalen Datenbank.

4. Ein Satz von Algorithmen, der in Maschinensprache geschrieben ist und einen physikalischen Prozess oder eine natürliche Erscheinung beschreibt.

5. Eine auf ein von Probedaten hergeleitetes experimentelles Variogramm angepasste Funktion.

6. Eine statistische Verteilung oder ein Konzept von räumlicher Variation.

Modem (MOdulator-DEModulator) / Modem (MOdulator-DEModulator)

Ein Gerät für die Umwandlung von digitalen in analoge Signale und umgekehrt, das den Datentransport ermöglicht.

Module / Modul

Ein separater und selbstständiger Hardware- oder Softwarebestandteil, der mit anderen Modulen verbunden werden kann und so ein System bildet.

Morton ordering / Morton-Ordnung

Eine Technik zur Reduktion der Georeferenzierung von Rasterdaten auf eine Dimension durch das Verfolgen eines festgelegten, Z-förmigen Musters durch die Zellen.

Neatline / Kartenrahmen

Eine Grenzlinie, die allgemein um eine Karte, deren Legende, Skala, Titel und andere Informationen gezogen wird.

Nationale Geodatenbasis (NGDB)

Kernbestandteil einer Geodateninfrastruktur, bestehend aus Geobasisdaten, Geofachdaten und Metadaten.

Nested sampling / Verschachtelte Datenaufnahme

Die Messung von Daten bei einer Serie von Punkten, deren Orte hierarchisch strukturiert sind.

Network / Netzwerk

1. Ein System von verbundenen Elementen, durch welches Ressourcen geleitet werden können, z. B. ein Straßennetz mit der Ressource Fahrzeug, ein elektrisches Netzwerk mit der Ressource Energie.

2. Bei Computeranwendungen das Mittel, wodurch Computer verbunden werden und miteinander oder mit Peripheriegeräten Daten austauschen.

Network analysis / Netzwerkanalyse

Eine Technik, bei der Berechnung und Bestimmung von Verhältnissen und Orten, die in Netzwerken organisiert sind, wie z. B. im Transportwesen, bei der Wasser- und Elektrizitätsversorgung.

Network database structure /
Netzwerk-Datenbankstruktur
Eine Methode zur Anordnung von Daten in
einer Datenbank, sodass explizite Verbindungen und Beziehungen durch Links oder Ver-
weise des Viele-auf-Viele Typs definiert sind.

Node / Knoten
1. Der Anfangs- oder Endpunkt einer Linie.

2. Der Ort, wo sich zwei Linien schneiden.

3. Der Ort, an dem sich drei oder mehr Linien
treffen.

4. Der Punkt, an dem ein Computer an ein
Netzwerk angeschlossen ist.

Noise / Rauschen
Unregelmäßige Abweichungen oder Fehler,
meist kleinmaßstäbig, die nur schwer erklär-
bar sind.

Non-linear kriging / Nicht-lineares Kriging
Siehe Indikator-Kriging und disjunktives
Kriging.

Non-transitive variogram /
Nicht-transitives Variogramm
Ein Variogramm, in dem der Schwellenwert
nicht in der Reichwerte eines Messwertes
erreicht wird. Die Reichweite beschreibt die
Distanz zwischen Messwerten, ab der die
Messwerte voneinander räumlich unabhän-
gig sind.

Normalization / Normalisierung
Methoden zur Verringerung der Redundanz
und Effizienzsteigerung bei Datenbanken.

Northings / Nordwert
Die y-Koordinate in einem planaren Koordinatensystem; siehe auch eastings.

Nugget / Nugget-Wert
Beim Kriging oder der Variogramm-Modellie-
rung der Teil einer regionalisierten Variable,
der keine räumliche Komponente aufweist
(Variation aufgrund von Messfehlern und
kleinmaßstäbigen räumlichen Schwankungen
bei Entfernungen, die unterhalb des kleinsten
Abstands zwischen zwei Messpunkten liegt.

Object-oriented database structure /
Objektorientierte Datenbankstruktur
Die Organisation von Daten innerhalb einer
Datenbank, die durch einen Satz vordefinier-
ter Objekte und deren Eigenschaften und
Verhaltensmerkmale definiert ist.

Objektartenkatalog / OAK
beinhaltet die Beschreibung und Definition
von Objekten eines Datenmodells, vgl. DLM,
ATKIS, ALK.

ODYSSEY / ODYSSEY
Ein vom Laboratory for Computer Graphics,
Harvard, entwickeltes Computerprogramm
zur Überlagerung von Polygonnetzen.

OGC (Open Geospatial Consortium)
Das Open Geospatial Consortium ist eine
Standardisierungsorganisation im GIS-
Bereich. Das Programm MapServer unter-
stützt zahlreiche OGC Standards.

OpenLayers / freie Software des OGC
OpenLayers ist eine freie JavaScript Bibliothek
(library), um Karten für Webanwendungen zu
erzeugen (siehe http://openlayers.org/)

Operating system (OS) / Betriebssystem
Computersoftware, die die Kommunikation zwischen Computer und Anwender
ermöglicht. Bei größeren Computern wird
das Betriebssystem meist vom Hersteller
mitgeliefert. Das Betriebssystem kontrolliert
den Datenfluss, die Interpretation anderer Programme, die Organisation und das
Management von Dateien, und das Anzeigen
von Informationen. Verbreitet angewandte
Betriebssysteme umfassen Windows, DOS,
OS/2 und Unix.

Optimal estimator / Optimaler Schätzer
Ein Mittel zur Schätzung des Wertes einer
bestimmten Funktion; beim Kriging ist dies
die Schätzungsvarianz.

Ordinary kriging / Normales Kriging
Eine Methode zur Interpolation von Daten-
werten von Messdaten unter Verwendung der
Theorie der regionalisierten Variablen, in der
die Vorhersagegewichte von einem angepass-
ten Variogramm-Modell hergeleitet werden.

Orthophotos / Orthophotos
Eine maßstabstreue Luftbildkarte, die auf geometrisch korrigierten Luftbildern oder Satellitenaufnahmen beruht.

Overlay / Überlagerung
1. Der Prozess des Übereinanderlegens von digitalen Darstellungen verschiedener Datensätze, sodass jeder Punkt des Gebiets im Hinblick auf diese Daten analysiert werden kann.

2. Eine Datenebene, die einen aufeinander bezogenen Satz von geographischen Daten in digitaler Form enthält.

Overshoot / Overshoot
Derjenige Teil einer Linie, der über den Schnittpunkt mit einer anderen Linie hinaus digitalisiert worden ist.

Pan / Schwenken
Veränderung der räumlichen Ansicht von Daten ohne eine Veränderung des Maßstabs.

Parallel / Parallel
1. Die Eigenschaft von zwei oder mehr Linien, die in all ihren Punkten durch den gleichen Abstand voneinander gekennzeichnet sind.

2. Eine horizontale Linie, die die Erde bei einer konstanten Breite umgibt. Der Äquator ist ein Parallel mit der Breite 0°. Oberhalb des Äquators ergeben sich positive Breitenangaben, unterhalb negative Werte.

Peano-Hilton ordering / Peano-Hilton-Ordnung
Eine Technik zur Reduktion der Georeferenz von Rasterdaten auf eine Dimension durch das Verfolgen einer rekursiven Route durch die Zellen.

Photogrammetry / Photogrammetrie
Eine Serie von Techniken zur Messung von Positionen und Höhen von Luftbildern oder anderen Aufnahmen, wobei ein Stereoskop oder Stereoplotter zum Einsatz kommt.

Photomosaic / Photomosaik
Eine Sammlung von Luftbildern, die verbunden werden, um einen zusammenhängenden Überblick über ein Gebiet zu ergeben.

Pit / Pit (Muldenpunkt)
Eine Vertiefung in der Oberfläche eines digitalen Höhenmodells, die ein wahres Merkmal oder ein Ergebnis des Rasterns sein kann.

Pixel / Pixel
Ein Bildelement in einem gleichförmigen Raster oder Gitternetz. Meist synonym mit Zelle verwendet. Die kleinste Informationseinheit in einer Rasterkarte oder einem gescannten Bild.

Plane-coordinate system / Planares Koordinatensystem
Ein System zur Ortsbestimmung, wobei sich zwei Gruppen von geraden Linien orthogonal schneiden und Lageangaben relativ zu einem definierten Koordinatenursprung möglich sind.

Planimetric map / Planimetrische Karte
Eine großmaßstäbige Karte, bei der alle Merkmale senkrecht projiziert werden, sodass horizontale Entfernungen auf der Karte genau abgemessen werden können.

Plotter / Plotter
Ein Gerät zum Zeichnen von Karten und Abbildungen.

Point / Punkt
1. Eine einzelne x,y-Koordinate, die ein geographisches Merkmal darstellt, das zu klein ist, als Linie oder Fläche dargestellt zu werden, z. B. der Gipfel eines Berges oder der Ort eines Gebäudes auf einer kleinmaßstäbigen Karte.

2. Einige Geographische Informationssysteme verwenden einen Punkt, um das Innere eines Polygons zu identifizieren.

Polygon / Polygon
Eine Vektordarstellung einer umschlossenen Fläche, die durch eine Folge von Eckpunkten oder mathematischen Funktionen beschrieben wird; ein geographisches Grundelement.

Polygon overlay and intersection / Polygonüberlagerung und –überschneidung
Die Erstellung von neuen Polygonen (Entitäten) durch den Prozess der Überlagerung und Überschneidung der Grenzen von zwei oder mehr Verktordarstellungen von Gebietseinheiten.

Polynomial / Polynomisch
Ein Ausdruck, der eine begrenzte Anzahl von Termen der Form ax2 + bx + c enthält.

Precision / Präzision
1. Auf Papierkarten oder Kartendatenbanken bezogen die Genauigkeit der Definition und die Richtigkeit der Zusammenstellung.

2. Auf Datenerfassungsgeräte wie Digitizer bezogen die Genauigkeit des ermittelten Wertes (die Zahl 134,98988 ist genauer als die zahl 134,9).

3. Die Anzahl der signifikanten Stellen bei der Speicherung von Zahlen.

Primary key / Primärer Schlüssel
Der zentrale Gegenstand bzw. die zentrale Spalte innerhalb eines RDBMS, die einen einmaligen Wert für jeden Eintrag in der Datenbank enthält (Identifier), wie z. B. die eindeutige Zahl, die jeder Parzelle in einem Verwaltungsbezirk zugewiesen wird.

Principal Component Analysis (PCA) / Hauptkomponenten-Analyse
Eine Methode zur Analyse multivariater Daten, um deren Abweichungen in Form einer Zahl von Hauptkomponenten oder linearer Kombinationen der ursprünglichen, teilweise korrelierten Variablen auszudrücken.

Probability / Wahrscheinlichkeit
Die Chance, dass ein Ereignis eintritt.

Probability distribution function / Wahrscheinlichkeitsverteilungsfuntkion
Eine Funktion mit realen Werten (im Bereich [0,1]), dessen Integral über einen Datensatz die Wahrscheinlichkeit angibt, dass eine Zufallsvariable einen Wert innerhalb des Datensatzes aufweist.

Proj.4
Proj4 ist eine Bibliothek, um Daten in Karten zu projizieren. Wird von MapServer, GDAL und vielen anderen Open Source GIS libraries genutzt.

Proximity / Nähe
Der Abstand zwischen zwei Gegenständen.

Public Land Survey System (PLSS) / Öffentliches Landvermessungssystem (PLSS) (in den USA)
Ein auf Rechtecken beruhendes Landvermessungssystem, das 36 Quadratmeilen große Teilflächen als grundlegende Vermessungseinheit verwendet. Die Position dieser Townships wird durch Basislinien und Meridiane bestimmt, die parallel zu den Längen- und Breitengraden verlaufen. Das PLSS wird in den USA seit 1785 verwendet.

Quadrangle / Viereck
Eine Region mit 4 Seiten, die meist von Längen- und Breitenkreisen bergrenzt wird.

Quadrant / Quadrant
Ein Viertel eines Kreises, gemessen in Schritten von 90 Grad.

Quadtree / Quadtree
Ein räumlicher Index, der einen räumlichen Datensatz in homogene Zellen von regelmäßig kleiner werdender Größe einteilt. Jede Verkleinerung hat 1/4 der vorherigen Fläche. Der Segmentationsprozess verläuft solange, bis die gesamte Karte aufgeteilt ist. Quadtrees werden häufig zur Speicherung von Rasterdaten verwendet.

Range / Wertebereich
1. In der Arithmetik, die Differenz zwischen dem größten und kleinsten Wert eines Datensatzes.

2. In der Geostatistik, die Distanz, bei der ein transitives Variogramm aufhört, monoton anzusteigen.

Raster / Raster
Ein regelmäßiges Netz von Zellen, die ein Gebiet bedecken.

Raster data / Rasterdaten
Maschinenlesbare Daten, die Werte darstellen, die meist für Karten oder Bilder gespeichert werden und sequenziell in Zeilen und Spalten organisiert sind. Jede Zelle muss rechteckig, aber nicht notwendigerweise quadratisch sein.

Raster map / Rasterkarte
Eine Karte, die in Form einer regelmäßigen Reihe von Zellen codiert ist.

Rasterization / Rasterisierung
Der Prozess der Konvertierung eines Bildes von Linien und Polygonen von einer Vektordarstellung in eine Rasterdarstellung.

Raster-to-vector conversion / Raster – in – Vektor Konvertierung
Siehe Vektorisierung.

RDBMS / RDBMS
Siehe Relational database management system/ Managementsystem für Relationale Datenbanken.

Real data / Reale Daten
Zahlen, die sowohl einen ganzzahligen als auch einen skalaren Anteil haben.

Real time /Echtzeit
Aufgaben oder Funktionen, die so schnell ausgeführt werden, dass der Benutzer den Eindruck erhält, die Ergebnisse unmittelbar zu sehen.

Realization / Realisierung
Ein gleichwahrscheinliches Ergebnis einer stochastischen Simulation, das auf einer bekannten Wahrscheinlichkeitsverteilungsfunktion beruht.

Record / Dateneintrag
Ein Satz von Attributen, der sich auf eine geographische Entität bezieht; ein Satz von aufeinander bezogenen, zusammenhängenden Daten in einer Computerdatei.

Rectify / Rektifizieren
Der Prozess, durch den ein Bild oder Netz von den Bildkoordinaten in echte Koordinaten umgewandelt wird. Die Rektifikation erfordert meist eine Rotation und Größenänderung von Netzzellen.

Redundancy / Redundanz
Die Existenz von Daten in einer Datenbank, die wenig zum Informationsgehalt (z. B. doppelt erfasste Daten) beitragen.

Region / Region
Ein Satz von Orten oder Punkten, die bestimmte Werte eines Attributs gemeinsam haben.

Regionalized variable / Regionalisierte Variable
Eine Funktion, die über einen definierten metrischen Bereich (einen Satz von Koordinaten) nur einen Wert annimmt und die die Schwankungen natürlicher Phänomene darstellt, die im Betrachtungsmaßstab zu unregelmäßig sind, als dass sie analytisch modelliert werden könnten.

Relate / Beziehen
Eine Operation, die eine Verbindung zwischen korrespondierenden Einträgen in zwei Tabellen herstellt, wobei ein gemeinsames Merkmal verwendet wird. Jeder Eintrag der Tabelle wird mit einem oder mehreren Einträgen in der anderen Tabelle verbunden, die den gleichen Wert für ein gemeinsames Merkmal aufweisen.

Relational database management system (RDBMS) / Managementsystem für relationale Datenbanken (RDBMS)
Ein Datenbank-Managementsystem, das die Fähigkeit besitzt, in Tabellen organisierte Daten, die durch ein gemeinsames Feld / Merkmal miteinander verbunden sind, aufzugreifen. Ein RDBMS kann Datenobjekte aus verschiedenen Dateien rekombinieren und ist damit ein leistungsfähiges Werkzeug in der Datenverarbeitung.

Relational database structure / Relationale Datenbankstruktur
Eine Methode zur Speicherung von Daten in Form von Einträgen oder Tupeln, sodass die Beziehungen zwischen bestimmten Entitäten und Attributen für den Datenzugriff und die Datenumwandlung verwendet werden können.

Relational join / Relationale Verbindung

Zusammenfügen der Inhalte zweier relationaler Datentabellen über einen gemeinsamen Schlüssel. Der gemeinsame Schlüssel ist meist eine identische Spalte in den Tabellen, die bei diesem Prozess nicht dupliziert wird.

Relative georeferencing / Relative Georeferenz

Die Referenz im Raum von einem Ort auf eine lokale Basis anstatt auf ein globales Netz.

Resampling / Resampling

Technik zur Umwandlung eines Rasterbildes von einem Maßstab und einer Projektion zu anderen Maßstäben und Projektionen.

Resolution / Auflösung

1. Die Genauigkeit, mit der der Ort und die Form von Kartenmerkmalen bei einem gegebenen Maßstab dargestellt werden können. Beispielsweise ist es bei einem Maßstab von 1:63 360 (1 Zoll = 1 Meile) schwierig, Flächen von weniger als 1/10 Meile Breite oder Länge darzustellen, da sie auf der Karte unter 1/10 Zoll breit bzw. lang sind. Bei großmaßstäbigen Karten muss inhaltlich weniger reduziert werden, die Merkmalsauflösung ähnelt den tatsächlichen Gegebenheiten. Mit kleiner werdenden Maßstäben verringert sich auch die Auflösung, da Grenzen geglättet, vereinfacht oder gar nicht erst gezeigt werden.

2. Die Größe des kleinsten Merkmals, das auf einer Oberfläche dargestellt werden kann.

3. Die Anzahl von Punkten in einem Raster (z. B. beträgt die Auflösung eines USGS DEM 1201 x 1201 Punkte).

Route / Route

Ein Prozess, der in einem Netzwerk Verbindungen von einer Quelle zu einem Ziel findet. Beispiele umfassen das Erstellen einer Route durch ein Netzwerk von Straßen von einer Feuerwache zu einer Brandstelle, aber auch die auf einer mathematischen Gleichung beruhende Bewegung von Bodenpartikeln von einer Bergkuppe zu einem Flus. Die Bestimmung dieser Routen berücksichtigt meist Widerstände.

Row / Reihe

1. Ein Eintrag in einer Attributtabelle.

2. Eine horizontale Gruppe von Zellen in einem Netz oder von Pixeln in einem Bild.

R-trees /R-Bäume

Eine räumliche Indizierungstechnik, die Entitäten hinsichtlich ihrer Nähe gruppiert und dazu aneinandergrenzende Rechtecke verwendet. Beim Abfragen der Datenbank wird jede Suche an das Rechteck und die nachfolgenden Rechtecke niedrigerer Ebene weitergegeben, die den Gegenstand des Interesses beinhalten.

Rubber-sheet / Rubber-sheet

Eine Prozedur zur Anpassung von geographischen Daten, die in uneinheitlicher Weise vorliegen. Quell- und Zielkoordinaten werden zur Bestimmung der Anpassung verwendet.

Run-length codes / Laufzeit-Codes

Eine kompakte Methode zur Datenspeicherung in Rasterdatenbanken, die das Gitternetz Reihe für Reihe vereinfacht und die Start- und Endwerte von aneinandergrenzenden Zellen für jede Klasse codiert.

Sampling / Sampling

Die Technik zum Erhalten einer Serie von Messungen, um eine befriedigende Repräsentation der zu studierenden wirklichen Erscheinungen zu erzielen.

Scale / Maßstab

Das Verhältnis zwischen einer Entfernung auf einer Karte und die korrespondierende Entfernung auf der Erde. Oft in der Form 1 : 24 000 angegeben, was bedeutet, dass eine Karteneinheit 24 000 der gleichen Einheiten auf der Erdoberfläche entspricht.

Scanner / Scanner

Ein Gerät zum Konvertieren von Abbilungen von Karten, Fotografien oder der Landschaft in digitale Form. Der Scankopf besteht aus einer Licht- oder Energiequelle, und einem Gerät, das digitale Werte in Abhängigkeit von der reflektierten Strahlungsmenge aufzeichnet.

Scanning / Scannen

Auch als automatisches Digitalisieren bezeichnet. Ein Prozess, bei dem Informationen, die ursprünglich in gedruckter Form oder als Durchlichtvorlagen vorliegen, schnell in digitale Rasterdaten umgewandelt werden können. Dazu werden optische Lesegeräte eingesetzt.

SVG (Scalable Vector Graphics)

Ein XML Format, welches von MapServer unterstützt wird und häufig in mobilen GIS Acan angewendet wird.

Scenario / Szenario

Ein Ergebnis eines numerischen Simulationsmodells, in dem gewisse Dateneingaben vorgenommen werden können, um noch nicht beobachtete Bedingungen zu simulieren. Szenarien werden häufig dazu verwendet, Vorhersagen zu überprüfen, wie sich Landschaftsveränderungen auswirken werden.

Semivariogram / Semivariogramm

1. Bei zwei gegebenen Orten x und (x+h), ein Maß für die Hälfte des mittleren Quadrats der Differenzen (Semivarianz), die durch die Zuweisung des Wertes z(x+h) zum Wert z(x) entsteht, wobei h der Abstand zwischen den Messpunkten ist.

2. Ein Graph der Semivarianz gegenüber h.

Semivariogram model / Semivariogramm-Modell

Eine aus einer Serie von mathematischen Funktionen, die zur Anpassung von Punkten auf ein experimentelles Variogramm (linear, exponentiell, nach Gauß) zugelassen sind.

Shapefile

Shapefiles sind einfache GIS Vektordateien, die Punkte, Linien oder Flächen enthalten. Das Format wurde von ESRI entworfen und ist ein häufiges Austauschformat im GIS-Bereich.

Sill / Schwellenwert

Das Höchstmaß der Semivarianz, das durch ein transitives Semivariogramm erreicht wird.

Simple kriging / Einfaches Kriging

Eine Interpolationstechnik, bei der die Vorhersage von Werten auf einer generalisierten linearen Regression, unter Annahme einer Ortsfestigkeit zweiter Ordnung und eines bekannten Mittelwertes, beruht.

Simulation / Simulation

Verwendung des digitalen Landschaftsmodells in einem GIS, um das mögliche Ergebnis verschiedener Prozesse, die in Form von mathematischen Modellen ausgedrückt werden, zu untersuchen.

Single-precision / Einfache Genauigkeit

Ein geringeres Maß an Koordinatengenauigkeit, das auf der möglichen Zahl von maßgeblichen Ziffern beruht, die pro Koordinate gepeichert werden können. Bei einfacher Genauigkeit werden bis zu 7 maßgebliche Ziffern pro Koordinate gespeichert, woraus sich eine Genauigkeit von 5 m auf 1 000 000 m ergibt. Bei doppelter Präzision können bis zu 15 maßgebliche Ziffern gespeichert werden (typischerweise 13 bis 14 Ziffern), wodurch sich die Genauigkeit auf weniger als 1 m bei globalem Bezugsrahmen erhöht.

Sliver polygon / Sliverpolygon

Ein relativ schmales Merkmal, das sich häufig infolge der Überlagerung zweier oder mehrerer geographischer Datensätze an den Grenzen von Polygonen ergibt. Tritt auch an den Kartengrenzen auf, wenn zwei Karten aneinandergefügt werden, als ein Ergebnis von Ungenauigkeiten der Koordinaten in einer oder beiden Karten.

Smooth / Glätten

Ein Prozess zur Generalisierung von Daten und zur Beseitigung kleinerer Abweichungen.

Smoothing spline / Glättungs-Spline

Eine Methode zur Anpassung von fehlerhaften Daten durch eine geglättete Polynomfunktion, um die großmaßstäbige Variation zu erfassen und kleinräumige Komponenten zu unterdrücken.

Source code / Quellcode
Ein Computerprogramm, das in einer englischer Computersprache geschrieben worden ist. Es muss kompiliert werden, bevor es auf dem Computer gestartet werden kann.

Spatial access / Raumbezogener Zugriff
Beschreibt den Zugriff auf Geodaten über Koordinaten oder Adressen.

Spatial index / Räumlicher Index
Ein Mittel zum Beschleunigen des Zeichnens, der Auswahl von Raumobjekten und Objektidentifikation durch die Erstellung von Indizes, die auf geographischen Sachverhalten beruhen. Meist auf einem internen Nummerierungssystem beruhend.

Spatial model / Räumliches Modell
Analytische Prozeduren, die durch ein GIS durchgeführt werden. Es gibt 3 Kategorien von räumlichen Modellierungsfunktionen, die auf geographische Datenobjekte innerhalb eines GIS angewendet werden können: (1) geometrische Modelle (wie die Berechnung der euklidischen Entfernung zwischen Objekten und Berechnungen von Fläche und Umfang); (2) Koinzidenzmodelle (wie Polygonüberlagerung) und (3) Adjacency-Modelle (Allokation, Pfadfindung). Alle drei Modellkategorien unterstützen Operationen an geographischen Datenobjekten wie Punkten, Linien, Polygonen, Dreiecksnetzen und Gitternetzen. Funktionen sind in einer Reihe von Schritten organisiert, um die für die Analyse gewünschten Informationen zu gewinnen.

Spheroid / Spheroid
Eine geometrische Darstellung der Form der Erde.

Spike / Spike
1. Eine überstehende Linie, die irrtümlicherweise von einem Scanner und dessen Rastersoftware erstellt worden ist.

2. Ein anomaler Datenpunkt, der über oder unter einer interpolierten Oberfläche liegt, die die Verteilung von Werten eines Attributs über eine Fläche aufzeigt.

Spline / Spline
Eine Methode zur mathematischen Glättung von räumlichen Abweichungen durch die Addition von Punkten entlang einer Linie. Siehe auch „Verdichten" als geringfügig abweichende Methode zur Addition von Kurvenpunkten.

SQL / SQL
Siehe „Structured Query Language".

Stationarity / Stationarität
Ein statistischer Ausdruck, um das Maß der Invarianz in den Eigenschaften von Zufallsfunktionen darzustellen; er bezieht sich auf das statistische Modell und nicht auf die Daten. Am häufigsten verwendet, um die Invarianz im Mittel und die Varianz – auch der ersten Differenzen – anzugeben (siehe intrinsische Hypothese).

Statistical moments / Statistische Momente
Statistische Momente erster Ordnung sind die Varianz, die zweiter Ordnung die Kovarianz und Semivarianz.

Stereo plotter / Stereo-Plotter
Ein Gerät zur Ableitung von Höheninformationen aus stereographischen Luftbildern. Die Ergebnisse sind Sätze von X,Y und Z Koordinaten.

Stochastic imaging / Stochastische Darstellungen
Siehe konditionale Simulation.

Stochastic simulation / Stochastische Simulation
Simulation unter Verwendung eines Wahrscheinlichkeitsmodells, um eine Serie realistischer Datenwerte zu gewinnen.

Stratified kriging / Stratifiziertes Kriging
Interpolation durch eine beliebige Kriging-Methode innerhalb eines Satzes von Straten oder Unterteilungen des Landes in verschiedene Klassen.

Structured query language (SQL) / Structured Query Language (SQL)
Eine Syntax zur Definition und Manipulation von Daten in relationalen Datenbanken. Von IBM in den 1970er-Jahren entwickelt und seither der Industriestandard für Abfragesprachen in den meisten RDBMSs.

Surface model / Oberflächenmodell
Digitale Beschreibung oder Annäherung einer Oberfläche. Da eine Oberfläche eine unbegrenzte Zahl von Punkten enthält, muss eine Teilgruppe der Punkte verwendet werden, um die Oberfläche darzustellen. Jedes Modell enthält eine formalisierte Datenstruktur, Regeln und x, y, z-Punktmaße, die zur Darstellung der Oberfläche verwendet werden können.

SYMAP (SYnagraphic MAPping program) / SYMAP
Das ursprüngliche, von H. T. Fisher in Harvard entwickelte Programm zum Kartieren in Gitternetzen.

Syntax / Syntax
Ein Satz von Regeln, der festlegt, wie Befehle in einer Computersprache gegeben werden können.

Table / Tabelle
1. Meist als relationale Tabelle bezeichnet, die Datendatei, in der die relationalen Daten gespeichert sind.

2. Eine Datei, die ASCII-Daten oder andere Daten enthält.

Template / Template (Schablone)
1. Ein geographischer Datensatz, der Grenzen wie z. B. Land-Wasser-Grenzen enthält, als Ausgangspunkt für die Automation anderer geographischer Datensätze. Templates sparen Zeit und erhöhen die Genauigkeit von räumlichen Überlagerungen.

2. Eine Karte, die einen Rahmen, Nordpfeil, Logos und ähnliche Kartenelemente für eine gemeinsame Kartenserie enthält, aber die zentrale Information, die eine Karte von der anderen unterscheidet, nicht aufweist.

3. Eine leere tabellarische Datendatei, die nur Merkmaldefinitionen enthält.

Tessellation / Tessellation
Der Prozess der Unterteilung einer Fläche in aneinandergrenzende Bereiche ohne Lücken (häufig mit Rasterung gleichgesetzt).

Thematic map / Thematische Karte
Eine Karte, die ausgewählte Informationen beinhaltet, die sich auf spezielle Themen beziehen, z. B. Boden, Landnutzung, Bevölkerungsdichte, Eignung für landwirtschaftliche Nutzung usw. Viele thematische Karten sind gleichzeitig Choroplethenkarten, aber wenn das modellierte Attribut einen kontinuierlichen Wertebereich aufweist, kann eine Darstellung durch Isolinien oder Farbskalen sinnvoller sein.

Thiessen polygons / Thiessen-Polygone
Polygone, deren Grenzen das Gebiet definieren, das einem Satz von Punkten gegenüber am nächsten ist. Thiessen-Polygone werden von einem Satz von Punkten hergeleitet. Sie sind mathematisch durch die senkrechten Sektoren der Linien zwischen allen Punkten definiert. Ein unregelmäßiges Dreiecksnetz wird zur Erstellung von Thiessen-Polygonen verwendet.

TIGER / TIGER
Siehe topologisch integrierte Kodierung und Datenreferenz.

Tile / Teilgebiet
Ein Teil einer Datenbank eines GIS, das einen Teil der Erdoberfläche darstellt. Durch eine Aufteilung des Betrachtungsgebiets in Teilgebiete können erhebliche Einsparungen in der Zugriffszeit und Steigerungen der Systemleistung erzielt werden.

Tiling / Unterteilung
Die Erstellung einer nahtlosen räumlichen Abdeckung durch das Aneinanderfügen von angrenzenden Teilflächen.

Topographically Integrated Geographic Encoding and Referencing data (TIGER) / Topologisch integrierte Kodierung und Datenreferenz (TIGER)

Ein Format, das vom US Census Bureau zur Unterstützung von Volkszählungen und Erhebungen benutzt wird. Es wird für die Auswertung der 1990er Volkszählung verwendet. TIGER-Dateien enthalten Straßenadress-Bereiche entlang von Linien und Zensus- / Blockgrenzen. Diese beschreibenden Daten können verwendet werden, um Adressinformationen mit Zensusdaten / demographischen Daten in Beziehung zu setzen.

Topology / Topologie

Die räumlichen Beziehungen zwischen verbundenen oder aneinandergrenzenden Merkmalen (z. B. Bögen, Knotenpunkten, Polygonen und Punkten). Beispielsweise beinhaltet die Topologie eines Bogens dessen Start- und Endkoordinaten und dessen rechts und links liegenden Polygone. Topologische Beziehungen können von einzelnen Elementen auf komplexe Elemente erstellt werden: Punkte (einfachste Elemente), Bögen (Sätze von verbundenen Punkten), Flächen (Sätze von verbundenen Bögen) und Routen (Sätze von Sektionen, die Bögen oder Bogenteile sind). Redundante Daten werden eliminiert, da ein Bogen ein lineares Merkmal darstellt, ein Teil einer Flächengrenze, oder beides. Topologie ist bei GIS-Anwendungen nützlich, weil viele räumliche Modellierungsoperationen keine Koordinaten, sondern lediglich topologische Informationen erfordern. Beispielsweise wird zum Aufsuchen des optimalen Weges zwischen zwei Punkten eine Liste der miteinander verbundenen Bögen und die Kenntnis der Überwindungskosten erforderlich. Koordinaten sind nur notwendig, um den Pfad nach seiner Berechnung zu zeichnen.

Transect / Transekt

Ein Satz von Messpunkten, der entlang einer geraden Linie verläuft.

Transfer function / Transferfunktion

1. Eine numerische Methode zur Umwandlung von räumlichen Daten von einer in eine andere Projektion.

2. Ein numerisches Modell zur Berechnung von neuen Attributwerten von existierenden Daten unter Verwendung von Regressionsmodellen oder anderer Algorithmen.

Transformation / Transformation

Der Prozess der Datenkonvertierung von einem Koordinatensystem in ein anderes durch Verschiebung, Rotation und Maßstabsänderung.

Transitive variogram / Transitives Variogramm

Ein Semivariogramm, das eine bestimmte Reichweite (range) und einen Schwellenwert hat.

Trend surface analysis / Oberflächen-Trend-Analyse

Methode zur Erforschung der funktionalen Beziehung zwischen Attributen und den geographischen Koordinaten der Messpunkte.

Triangulated irregular network (TIN) / Unregelmäßiges Dreiecksnetz (TIN)

Eine Darstellung einer Oberfläche, die von unregelmäßig verorteten Punkten und Bruchlinien abgeleitet wird. Die TIN Datensätze beinhalten topologische Beziehungen zwischen Punkten und den ihnen am nächsten liegenden Dreiecken. Jeder Punkt hat eine x,y Koordinate und einen Oberflächen- oder z-Wert. Diese Punkte werden von Linien in solcher Weise verbunden, dass sich ein Satz nicht überlappender Dreiecke ergibt, der zur Repräsentation der Oberfläche dient.

Undershoot / Undershoot

Eine digitalisierte Linie, die eine andere Linie, die sie schneiden soll, nicht ganz erreicht.

Union / Union

1. Datenbanken: Die Verbindung von zwei oder mehr Datenbanken.

2. Bool'sche Logik: Das Verbinden von zwei Sätzen unter Verwendung des ‚ODER' Operators.

Universal kriging / Universelles Kriging
Einfaches Kriging der Überreste von regionalisierten Variablen, nachdem eine systematische Variation durch eine Trendfläche modelliert worden ist.

UNIX / UNIX
Ein Betriebssystem von Computern.

**Upstream element map /
Upstream element map**
Eine Karte, die die kumulativen Auffangflächen für jede Zelle in Anhängigkeit von der Topologie der lokalen Entwässerungsrichtung zeigt.

Utility mapping / Utility Mapping
Eine spezielle Klasse von GIS-Anwendungen zum Management von Informationen über öffentliche Infrastruktur wie z. B. Wasserleitungen, Abwasser-, Telefon, Eletkrizitäts- und Gasnetze.

Variogram / Variogramm
Allgemein gebräuchlicher Begrif für „Semivariogramm".

Vector / Vektor
1. Physik: Eine Menge, die sowohl durch eine Größe als auch durch eine Richtung gekennzeichnet ist.

2. GIS: Die Darstellung von räumlichen Daten durch Punkte, Linien und Polygone.

Vector data / Vektordaten
Eine auf Koordinaten beruhende Datenstruktur, die häufig zur Darstellung von Kartenmerkmalen verwendet wird. Jedes lineare Merkmal wird als Liste geordneter x,y Koordinaten dargestellt. Attribute beziehen sich auf Merkmale, im Gegensatz zur Rasterdatenstruktur, wo sich Attribute auf eine Gitterzelle beziehen. Klassische Vektordatenstrukturen umfassen doppelt digitalisierte Polygone und Bogen-Knoten-Modelle. Das Vektordaten Datenmodell beruht auf der Darstellung von geographischen Objekten durch kartesische Koordinaten. Jedes Merkmal wird durch eine Reihe von Koordinaten dargestellt, die seine Form definieren und verknüpfte Informationen besitzen können. High-end-Vektordatenmodelle schließen die Topologie mit ein.

Vectorization / Vektorisierung
Die Umwandlung von Punkt-, Linien- und Flächendaten aus einem Raster in eine Vektordarstellung.

**Vector to raster conversion /
Vektor-in-Raster-Umwandlung**
Siehe Rasterisierung.

Vertex / Vertex (Kurvenpunkt)
Ein Punkt, der auf einer Linie bzw. Kurve liegt.

Viewshed / Blickwinkel
Derjenige Teil einer Landschaft, der von einem bestimmten Punkt aus gesehen werden kann.

**Visual Display Unit /
Optische Anzeigeeinheit**
Ein Computerbildschirm, der für grafische Anzeigen verwendet wird.

Voronoi polygon / Voronoi-Polygon
Siehe Thiessen-Polygone.

Voxels / Voxel
Dreidimensionale, würfelförmige Raumeinheiten.

**Weighted moving average /
Gewichteter Durchschnitt**
Wert eines Attributs, das für einen gegebenen Punkt als Durchschnitt der Werte von umliegenden Datenpunkten berechnet wird, wobei deren Entfernung oder Bedeutung berücsichtig wird.

Zero / Koordinatenursprung
Derjenige Punkt, in Bezug auf den alle Koordinaten eines absoluten Systems definiert sind und wo sich die Koordinatenachsen schneiden.

Z-value / Z-Wert
Der Höhenwert der Oberfläche an einer bestimmten x,y - Position. Oft als Punkthöhe bezeichnet.

Zoom / Zoomen
Einen größeren oder kleineren Ausschnitt anstelle des gegenwärtigen räumlichen Datensatzes anzeigen, um eine größere oder geringere Detailauflösung zu erzielen.

Häufige Akronyme im Umfeld von GIS

AdV Arbeitsgemeinschaft der Vermessungsverwaltungen der Länder der Bundesrepublik Deutschland
AFIS Amtliches Festpunkt-Informationssystem
AGeoBw Amt für Geoinformationswesen der Bundeswehr
AK GT Arbeitskreis für Geotopographie (der AdV)
ALB Automatisiertes Liegenschaftsbuch
ALK Automatisierte Liegenschaftskarte
ALKIS Amtliches Liegenschaftskataster-Informationssystem
ANSI American National Standards Institute
API Application Programming Interface (engl.) = Schnittstelle zur Anwendungsprogrammierung (deut.)
ArcGIS Produktname eines GIS der Firma ESRI
ATKIS Amtliches Topographisch-Kartographisches Informationssystem

BfG Bundesanstalt für Gewässerkunde
BfN Bundesamt für Naturschutz
BGBl Bundesgesetzblatt
BGR Bundesanstalt für Geowissenschaften und Rohstoffe
BIOSTAR GIS-gestütztes Modell zur Biomassenmodellierung (Geogr. Institut, Uni Göttingen)
BISStra Bundesinformationssystem Straße
BKG Bundesamt für Kartographie und Geodäsie
BMBF Bundesministerium für Bildung und Forschung
BMF Bundesministerium der Finanzen
BMI Bundesministerium des Innern
BMU Bundesministerium für Umwelt, Naturschutz und Reaktorsicherheit
BMVBW Bundesministerium für Verkehr, Bau- und Wohnungswesen
BMVEL Bundesministerium für Verbraucherschutz, Ernährung und Landwirtschaft
BMVg Bundesministerium der Verteidigung
BMWA Bundesministerium für Wirtschaft und Arbeit
BMZ Bundesministerium für wirtschaftliche Zusammenarbeit und Entwicklung

CAD Computer Aided Design
C-API API in der Programmiersprache „C"
CEN Comité Européen de Normalisation
CEN TC 287 Comité Européen de Normalisation Technical Committee 287
CERA Climate and Environmental Data Retrieval and Archive
CGI Common Gateway Interface
CGM Computer Graphics Metafile, ein Grafikformat
CSW Catalogue Service Web
COGI Interservice Committee for Geographical Information within the Commission
C++ Programmiersprache

DB Datenbank
DDGI Deutscher Dachverband für Geoinformation
DFD Deutsches Fernerkundungsdatenzentrum
DHM Digitales Höhenmodell

DIN Deutsches Institut für Normung
DLM Digitales Landschaftsmodell
DLR Deutsches Zentrum für Luft- und Raumfahrt e.V.
DMS Datenbankmanagementsystem
DNS Domain Name System
DTK25/.../1000 Digitale Topographische Karte 1 : 25 000 / ... / 1 : 1 000 000
DWD Deutscher Wetterdienst

EC Europäische Kommission
EDBS Einheitliche Datenbankschnittstelle
eEurope EU-Programm zur Förderung der Informationstechnik
EG Europäische Gemeinschaft
EGIP European GI (Geoinformation) Policy Development
ESA European Space Agency
ESDI European Spatial Data Infrastructure
ETRF 89 European Terrestrial Reference Frame 89
ETRS 89 European Terrestrial Reference System
EU Europäische Union
EUMETSAT European Organisation for the Exploitation of Meteorological Satellites
EuroGeographics Organisation of the Mapping Agencies in Europe
EUROGI European Umbrella Organization for Geographical Information
EUROSTAT Statistisches Amt der Europäischen Union

FFH Flora-Fauna-Habitat-Richtlinie
FGDC Federal Geographic Data Committee (USA)
FIS Digitales Fachinformationssystem
FMIS Fach-Metainformationssystem
FOI Freedom Of Information
FOWIS Forstwirtschaftliches Informationssystem

GB Gigabyte
GBD Geobasisdaten
GDI Geodateninfrastruktur
GDI-DE Geodateninfrastruktur Deutschland
GDV Gesamtverband der Deutschen Versicherungswirtschaft
GDZ GeoDatenZentrum (beim BKG)
GeoDRM Digital Rights Management Leitfaden für den Aufbau und den Betrieb webbasierter Geodienste
GeoIT Informationstechnologie in den Geowissenschaften
GeoMIS.Bund Metainformationssystem für Geodaten des Bundes
GeoPortal.Bund Internet-Portal für Geodaten des Bundes
GEOSS Global Earth Observation System of Systems
GeoTIFF Geo Tagged Image File Format
GeoXACML Geo eXtensible Access Control Markup Language
GFD Geofachdaten
GI Geoinformation
GIF Graphics Interchange Format
GIS Geographisches Informationssystem
GISU Geographisches Informationssystem Umwelt

GMES Global Monitoring for Environment and Security
GML Geography Markup Language
GNSS Global Navigation Satellite System
GPS Global Positioning System
GSDI Global Spatial Data Infrastructure
G2B Government-to-Business
G2C Government-to-Consumer
G2G Government-to-Government

HTML Hypertext Markup Language
HTTP Hypertext Transfer Protocol

IES Institute for Environment and Sustainability
IETF Internet Engineering Task Force
IMAGI Interministerieller Ausschuss für Geoinformationswesen des Bundes
INSPIRE Infrastructure for Spatial Information in Europe
IP Internet Protocol
ISO TC 211 International Organization for Standardization Technical Committee 211
IT Informationstechnik
ITU International Telecommunication Union
IMIS Integriertes Mess- und Informationssystem zur Überwachung der Umweltradioaktivität
INFO 2000 EU-Programm zur Förderung der Informationstechnik
INPOL Informationssystem der deutschen Polizei
INSPIRE Infrastructure for Spatial Information in Europe
InVeKoS Integriertes Verwaltungs- und Kontrollsystem
ISIS Intelligent Satellite Data Information System
Isite Datenbankprogramm für Freitextrecherche
ISO International Organisation for Standardization
IST Information Society Technologies
IT Informationstechnologie
IVBB Informationsverbund Berlin-Bonn

Java-API API in der Programmiersprache „Java"
JISC Japanese Industrial Standards Committee
JPEG Joint Photographic Experts Group
JRC Joint Research Centre (EU)

KB Kilobyte
KBA Kraftfahrt-Bundesamt
KBSt Koordinierungs- und Beratungsstelle der Bundesregierung für Informationstechnik
in der Bundesverwaltung
KERIS Kiel Ecosystem Research Information System
KLIS Klimainformationssystem
KMK Ständige Konferenz der Kultusminister der Länder in der Bundesrepublik Deutschland
KTBL Kuratorium für Technik und Bauwesen in der Landwirtschaft

LANIS-Bund Landschafts- und Naturschutz-Informationssystem des Bundes
LBA Luftfahrt-Bundesamt
LBS Location Based Services

LEPIDAT Datenbank gefährdeter Schmetterlinge
LINUX Open Source (UNIX) Betriebssystem
LOTSE Land Ocean Thematic Search Engine

M745 Militärische Ausgabe der Topographischen Karte 1:50 000, jetzt zivil nutzbar
MaB Man and Biosphere (Mensch und Biosphäre, Programm der UNESCO)
MB Megabyte
MD Metadaten
MDF Metadatenformat
MDK Metadaten-Katalog
MEGRIN Multipurpose European Ground Related Information Network
MIS Metadaten-Informationssystem
MS Mapserver

NAS Normenbasierte Austauschschnittstelle
NAUTHIS Nautisch-hydrographisches Informationssystem
NBA Nutzerbezogene Bestandsdatenaktualisierung
NGDB Nationale Geodatenbasis
NIBIS Niedersächsisches Bodeninformationssystem
NWR-DAT Naturwaldreservat-Datenbank

OGC Open GIS Consortium
OGC Open Geospatial Consortium
OMG Object Management Group
ON Österreichisches Normungsinstitut
OSCI Online Services Computer Interface
OS Open Source
OSS Open Source Software

PC Personal Computer
Perl Programmiersprache
PHP Hypertext Preprocessor, ursprünglich Personal Home Page Tools
PNG Portable Network Graphics

RAID Redundant Array of Independent Disks
RDBMS Relationales Datenbankmanagementsystem

SABE Seamless Administrative Boundaries of Europe
SAGA Standards und Architekturen für E-Government-Anwendungen
SAN Storage Area Network
SAPOS Satellitenpositionierungsdienst des amtlichen Vermessungswesens in Deutschland
SEIS Shared Environmental Information System
SLD Styled Layer Descriptor
SNV Schweizerische Normen-Vereinigung
SOA Serviceorientierte Architektur
SOAP Simple Object Access Protocol, Leitfaden für den Aufbau und den Betrieb webbasierter Geodienste
SQL Structured Query Language
STABIS Statistisches Informationssystem zur Bodennutzung

StBA Statistisches Bundesamt
SVG Scalable Vector Graphics

TB Terabyte
TC Technical Committee
TIFF Tagged Image File Format, Dateiformat zur Speicherung von Bilddaten

UBA Umweltbundesamt
UDK Umweltdatenkatalog
UFIS Umweltforschungsinformationssystem
UIS Umweltinformationssystem
UMTS Universal Mobile Telecommunications System
UN United Nations
UNESCO United Nations Educational, Scientific and Cultural Organization
UTM Universale Transversale Mercatorprojektion
UV Ultraviolett

VN Vereinte Nationen

WaGIS Wasserstraßeninformationssystem
WATIS Wattenmeerinformationssystem
W3C World Wide Web Consortium
WCS Web Coverage Service
WCTS Web Coordinate Transformation Service
WEGIS Wahleinteilungs-Geoinformationssystem
WFS Web Feature Service
WFS-G Web Feature Service Gazetter
WFS-T Web Feature Service Transactional
WKNeuG Wahlkreisneueinteilungsgesetz
WMO World Meteorological Organization
WMS Web Map Service
WRRL Wasserrahmenrichtlinie
WSDL Web Service Description Language
WTS Web Terrain Service
WWW Word Wide Web

XLink XML Link
XML Extensible Markup Language

ZADI Zentralstelle für Agrardokumentation und Agrarinformation
ZALF Zentrum für Agrarlandschafts- und Landnutzungsforschung e.V.
ZUDIS Zentrales Umwelt- und Klimadaten-Metadaten-Informationssystem

Register

Literaturverzeichnis

ALBERTZ, J. & W. KREILING (1980): Photogrammetrisches Taschenbuch. Karlsruhe.

ANDERSON, A. & L. STARR (1984): "Geographic Information Systems". In: South African Journal of Photogrammetry, Remote Sensing and Cartography, Vol. 14.

ANDRAE, C. (2008): OpenGIS essentials: Spatial Schema - ISO 19107 und ISO 19137. Wichmann-Verlag, Karlsruhe.

ARBEITSGEMEINSCHAFT DER VERMESSUNGSVERWALTUNGEN DER LÄNDER DER BUNDESREPUBLIK DEUTSCHLAND (AdV) (2008): Dokumentation zur Modellierung der Geoinformationen des amtlichen Vermessungswesens (GeoInfoDok) – Version 6; AdV.

ARONOFF, S. (1989): Geographic Information Systems: A Management Perspective, WDL Publications, Ottawa.

ARONSON, P. (1987): „Attribute Handling for Geographic Information Systems". In: Proceedings of Auto-Carto 8. Baltimore.

ATKINSON, M. P. et al. (1989): The object oriented database system manifesto. In: Proc. 1st International Conference on Deductive and Object Oriented Database, S. 40-57, Kyoto.

BÄHR, H.-P. & T. VÖGTLE (1991): Digitale Bildverarbeitung. Wichmann-Verlag, Karlsruhe.

BARTELME, N. (1989): GIS-Technologie. Geoinformationssysteme, Landinformationssysteme und ihre Grundlagen. Springer, Berlin.

BEHR, F.-J. & H. SAURER (1997): Geographische Informationssysteme. Eine Einführung. Wiss. Buchgesellschaft, Darmstadt.

BEIGHLEY, L. (2008): SQL von Kopf bis Fuß. O'Reilly. – Köln.

BERNARD, L. & J. FITZKE & R. WAGNER (Hrsg.; 2005): Geodateninfrastruktur – Grundlagen und Anwendungen. Wichmann-Verlag, Heidelberg.

BILL, R. (1996): Grundlagen der Geo-Informationssysteme, Bd.2, Wichmann-Verlag, Heidelberg.

BILL, R. (2010): Grundlagen der Geo-Informationssysteme. Wichmann-Verlag, Heidelberg.

BILL, R.: Geoinformatiklexikon der Uni Rostock; Internet: http://www.geoinformatik. uni-rostock.de/einzel.asp?ID=800.

BILL, R. & D. Fritsch (1991): Grundlagen der Geoinformationssysteme. Bd. 1, Wichmann Verlag, Karlsruhe.

BUCKLEY, D. J. (1992): The GIS Primer. An Introduction to Geographic Information Systems. Oyasin Circle Solutions Inc.

BUNDESAMT FÜR KARTOGRAPHIE UND GEODÄSIE(BKG) (2002): Geoinformation und moderner Staat. Frankfurt am Main.

BUNDESAMT FÜR KARTOGRAPHIE UND GEODÄSIE (BKG) (2008): Leitfaden für den Aufbau und den Betrieb webbasierter Geodienste, 2. Aufl., Frankfurt am Main.

BUNDESMINISTERIUM DES INNERN (2011): SAGA 4.0, Koordinierungs- und Beratungsstelle der Bundesregierung für Informationstechnik in der Bundesverwaltung; Internet http://www.kbst.bund.de/saga (Stand 2012)

BURGESS, T. M. & R. WEBSTER: Optimal interpolation and isarithmic mapping of soil properties. I. The semivarigram and punctual kriging. In: Journal of Soil Science 31. S. 315-332.

BURROUGH, P. (1986): Principles of Geographical Information Systems for Land Resources Assessment. Clarendon Press, Oxford.

BURROUGH, P. (1990): Optimale Methoden zur Interpolation von Umweltvariablen in Geographischen Informationssystemen. In: Geographica Helvetica. Heft Nr. 4. S. 154-160.

BURROUGH, P. & R. A. MCDONNELL (1998): Principles of Geographical Information Systems. Oxford University Press.

CHENG, P. & C. CHAAPEL (2008): Automatic DEM Generation – Using WorldView-1 Stereo data with or without Ground Control Points. GeoInformatic, Vol.11, S. 34-39.

CLIFF, A. D. & P. HAGGETT & J. K. ORD & K. BASSETT & R. DAVIES (1975): Elements of spatial structure. Cambridge University Press.

CLIFF, A. D. & J. K. ORD (1973): Spatial auto-correlation. Pion. London.

CLIFF, A. D. & J. K. ORD (1981): Spatial processes, models and applications. Pion. London.

CODD, E. F. (1981): "Data Models in Database Management", ACM SIGMOD Record 11 (2), S. 112 - 114.

COORS, V. & A. ZIPF (2005): 3D-Geoinformationssysteme, Grundlagen und Anwendungen. Wichmann Verlag, Heidelberg.

DANGERMOND, J. (1987): „Trends in Hardware for Geographic Information Systems". In: Proceedings for Auto-Carto 8. Baltimore.

DAVIS, J. C. (1986): Statistics and Data Analysis in Geology. 2. Aufl., Wiley, New York.

DCDSTF - DIGITAL CARTOGRAPHIC DATA STANDARDS TASK FORCE (1988): "The proposed standard for digital cartographic data". In: The American Cartographer 15 (1).

DELFINER, P. & J. P. DELHOMME (1974): Optimum interpolation by kriging. In: DAVIS, J. & M. McCullagh (Hrsg.): Display and analysis of spatial data. Wiley, London. S. 96-114.

DICKMANN, F. & K. ZEHNER (1999): Computerkartographie und GIS. Das Geographische Seminar. Westermann, Braunschweig.

DICKMANN, F. (2001): Web-Mapping und Web-GIS, mit CD-ROM. Westermann, Braunschweig.

DONAUBAUER, A. (2004): Interoperable Nutzung verteilter Geodatenbanken mittels standardisierter Geo Web Services. Dissertation an der Technischen Universität München, Fakultät für Bauingenieur- und Vermessungswesen. München.

DONAUBAUER, A. & P. STAUB & F. STRAUB & A. FICHTINGER (2008): Web-basierte Modelltransformation – eine Lösung für INSPIRE? In: GIS, 2/2008, S. 26-33.

DREESMANN, M. & M. SEIFERT (2005): Übersicht der ISO Standards zu Geographischen Informationen / Geomatik. GIB Geschäftsstelle, Landesvermessung und Geobasisinformation Brandenburg. – Potsdam.

EBERHARD, A. & S. FISCHER (2003): Web Services – Grundlagen und praktische Umsetzung mit J2EE und .NET. Carl Hanser Verlag, München.

ENGLUND, E. & A. SPARKS (1988): GEO-EAS User's Guide. Environmental Monitpring Systems Laboratory. Office of research and Development. Environmental Protection Agency. Las Vegas. Nevada.

EUROPÄISCHE UNION (2007): Directive 2007/2/EC of the European Parliament and of the Council of 14 Mar'2007 establishing an Infrastructure for Spatial Information in the European Community (INSPIRE); Official Journal of the European Union L108 Volume 50.

FOWLER R. J. & J. J. LITTLE (1979): Automatic extraction of irregular network digital terrainmodels. ComputerGraphics (SIGGRAPH '79 Proc.), 13(2), New York, S. 199–207.

FRANKLIN, W. R. (1989): Uniform Grids: A technique for Intersection Detection on Serial and Parallel Machines. In: AutoCarto 9 Proceedings. Baltimore, S. 100-109.

FRANKLIN, W. R. & P. Y. F. WU (1987): A Polygon Overlay System in Prolog. In: AutoCarto Proceedings 8. Baltimore, S. 97-106.

FREEMAN, H. (1961): On the encoding of arbitrary geometric configurations. In: Transactions on Electronic Computers, EC10, S. 260-268.

FREEMAN, H. (1974): Computer processing of line-drawing images. In: Computing Services, No. 6, S. 54-97.

FRITSCH, D. (1990): Raumbezogene Informationssysteme und Digitale Geländemodelle. Deutsche Geodätische Kommission, Reihe C, Nr. 369, München.

GATH, I. & A. B. GEVA (1989): Unsupervised Optimal Fuzzy Clustering. IEEE Transactions on Pattern Analysis and Machine Intelligence, 11 (7), S. 773-781.

GOODCHILD, M. F. (1984): „Geocoding and Geosampling". In: GAILE, G.L. & C. J. WILLMOTT (Hrsg.): Spatial Statistics and Models, Reidel Publishing Company, Dordrecht, Holland, S. 33-53

GOODCHILD, M. F. & K. K. KEMP (1990): NCGIA Core Curriculum I-III. National Center for Geographic Information and Analysis, University of California, Santa Barbara.

GOODCHILD, M. F. & A. W. GRANDFIELD (1983): „Optimizing raster storage: an examination of four alternatives", Proceedings AutoCarto 6. Ottawa.

HABERÄCKER, P. (1985): Digitale Bildverarbeitung: Grundlagen und Anwendungen. Hanser Verlag, München.

HABERÄCKER, P. (1995): Praxis der Digitalen Bildverarbeitung und Mustererkennung. Hanser Verlag, München.

HAGHWERDI-POOR, G. (2009): GIS-Konzept und Konturen eines IT-Master-Plans: Planungs- und Systementwicklung für die Informationstechnologie. Vieweg+Teubner. Kassel.

HAKE, G. (1982): Kartographie. Bd 1 Berlin – New York.

HAKE, G. (1985): Kartographie Bd. 2 Berlin-New York.

HAMBUCH, U. (2008): Erfolgsfaktor Metadatenmanagement: Die Relevanz des Metadatenmanagements für die Datenqualität bei Business Intelligence. Vdm – Saarbrücken.

HASLETT, J. & G. WILLS & A. UNWIN (1990) : SPIDER – an interactive statistical tool for the analysis of spatially distributed data. In: International Journal of Geographical Information Systems, 4 (3), S. 285 – 296.

HENGL, T. (2007): A Practical Guide to Geostatistical mapping of Environmenatl Variables.

HEINRICH, U. (1981): Zur Methodik der räumlichen Interpolation mit geostatistischen Verfahren. Wiesbaden.

HEUER, A. (1992): Objektorientierte Datenbanken, Konzepte – Modelle – Systeme. Addison Wesley.

HEUVELINK, G. B. M. & P. BURROUGH & A. STEIN (1989): Propagation of error in spatial modelling with GIS. In: Int. J. Geographical Information Systems. 3 (4), S. 303-322.

HÖPPNER, F. & F. KLAWONN & R. KRUSE (1997): Fuzzy-Clusteranalyse. Verfahren für Bilderkennung, Klassifikation und Datenanalyse, Vieweg, Braunschweig.

INTERNATIONAL STANDARDIZATION ORGANISATION, TECHNICAL COMMITTEE FOR GEOGRAPHIC INFORMATION (ISO TC 211): Übersicht zu Standards des ISO; Internet: www.isotc211.org (Stand 2012).

JÄHNE, B. (1989): Digitale Bildverarbeitung. Springer Verlag. Berlin.

JÄHNE, B. (1991): Digital Image Processing: Concepts, Algorithms and Scientic Applications, S.156-171, Springer Verlag, Heidelberg.

JANSEN, M. & T. ADAMS (2010): OpenLayers – Webentwicklung mit dynamischen Karten und Geodaten Open Source Press

JANZEN, V. (2011): Analyse und Bewertung bestehender Geoinformationssysteme als Datenbasis für die Entwicklung von Umgebungsmodellen. Grin Verlag.

JOURNEL, A. G. & C. J. HUIJBREGTS (1978): Minin geostatistics. Academic Press. London.

JUNGNICKEL, D. (1987): Graphen, Netzwerke und Algorithmen. B-I_Wissenschaftsverlag. Bibliographisches Institut. Mannheim.

KANDEL, A. (1986): Fuzzy mathematical techniques with applications. Addison-Wesley. Reading. Mass.

Kappas, M. (1994): Fernerkundung - nah gebracht. Leitfaden für Geowissenschaftler. Dümmler Verlag, Bonn.

Kappas, M. (1995): Zur Geländeklimatologie eines Alpinen Talsystems. Mannheimer Geographische Arbeiten, Bd. 40.

Kappas, M. (2001): Geographische Informationssysteme. Westermann 1. Aufl. Braunschweig.

Kappas, M. (2009): Klimatologie. Klimaforschung im 21. Jahrhundert – Herausforderungen für Natur- und Sozialwissenschaften. Spektrum Verlag. Springer.

Karg, M. & T. Weichert (2007): Datenschutz und Geoinformation, Unabhängiges Landeszentrumfür Datenschutz Schleswig-Holstein (ULD), Eine Studie im Auftrag des Bundesministeriums für Wirtschaft und Technologie (BMWi), Internet: www.bmwi.de/BMWi/Navigation/Service/publikationen,did=217270.html

Kaufmann, A. (1975): Introduction to the Theory of fuzzy Subsets. Academic Press. New York.

Keller, P. & R. Roschlaub & M. Seifert (2007): Aufbau einer Geodateninfrastruktur Bayern (GDI-BY). In: Mitteilungen des DVW Bayern, Heft 3/2007, München, S. 353-367.

Kiehle, C. & K. Greve & C. Heier (2007): Requirements for Next Generation Spatial Data Infrastructures – Standardized Web Based Geoprocessing and Web Service Orchestration. Transaction in GIS, 11 (6), S. 818-834. Kohlstock, P. (2004): Kartographie. Eine Einführung. – Paderborn.

Koordinierungsstelle Geodateninfrastruktur Deutschland: Architektur der Geodateninfrastruktur Deutschland Version 1.0.

Korduan, P. & M. L. Zehner (2007): Geoinformation im Internet: Einführung zur Eingabe, Analyse, Visualisierung und Verarbeitung raumbezogener Daten mittels Webtechnologien: Technologien zur Nutzung raumbezogener Informationen im WWW. Wichmann-Verlag. Heidelberg.

Krapivin, V. & F. Mkrtchyan (2008): GIMS: Technology for the Operative Enironment Diagnostics. In: Ehlers, M. & K. Behnke & F. W. Gerstengarbe & F. Hillen & L. Koppers & L. Stroink & J. Wächter (Hrsg. 2008): Digital Earth Summit on Geoinformatics: Tools for Global Change Research, S. 67-75.

Kron, T. (2005): Fuzzy-Logik für die Soziologie. In: Österreichische Zeitschrift für Soziologie, H. 3, S. 51–89.

Kreyszig, E. (1988): Statistische Methoden und ihre Anwendungen. Vandenhoeck & Ruprecht. Göttingen.

Lam, N. (1983): "Spatial Interpolation Methods": A Review. In: The American Cartographer, 10 (2), S. 129-149.

Lang, S. & T. Blaschke (2007): Landschaftsanalyse mit GIS. UTB, Stuttgart.

Laurini, R. & D. Thompson (1995): Fundamentals of Spatial Information Systems. A.P.I.C. Series, Nr. 37. London.

Leenaers, H. & J. P. Okx & P. Burrough (1989): Co-Kriging: an accurate and inexpensive means of mapping floodplain soil pollution by using elevation data. In: Armstrong, M. (Hrsg.): Geostatistics. Proceedings of the third Geostatistics Congress. Avignon. S. 371-382.

Lenk, M. (2008): INSPIRE wächst. In: GIS-Business, 1/2008, S. 12-13.

Lucke, J. v. (2008): Hochleistungsportale für die öffentliche Verwaltung. Lohmar und Köln.

Lusardi, F. (1988): The Database Expert's Guide to SQL. McGraw-Hill Book Co., New York,

Mach, R. & P. Petschek (2005): Visualisierung digitaler Gelände- und Landschaftsdaten. Springer, Berlin.

MacEachren, A. M. & M. Kraak (1997): Exploratory Cartographic Visualization: Advancing the agenda. Computers & Geosciences, 23 (4): 335–343.

Maling, D. H. (1992): Coordinate Systems and Map Projections. 2. Aufl. Pergamon, Münster.

MALTIS, R. (2008): Was INSPIRE KMUs bringt. In: GIS-Business, 3/2008, S. 7-9.

MARBLE, D. & H. W. CALCINS & D. J. PEUQUET (Hrsg.; 1984): Basic Readings in Geographic Information Systems. Williamsville New York.

MARBLE, D. & D. PEUQUET (1983): Geographic Information Systems and Remote Sensing. In: Manual of Remote Sensing, 2nd Edition, Falls Church, Virginia, S. 923-958.

MATHERON, G. (1963): Principles of Geostatistics. In: Econ. Geology. 58. S. 1246-1262.

MATHERON, G.(1971): The Theory of regionalised variables and itst applications. Les Cahiers du Centre de morphologie mathématique de Fontainebleau. Ecole nationale Supérieur des Mines de Paris.

MOORE, I. D. & R. B. GRAYSON & A. R. LADSON (1991): Digital Terrain modeling: a review of hydrological, geomorphological and biological applications. In: Hydrological Processes 5, S. 3-30.

MORAN, P. A. P. (1950): Notes on continous stochastic phenomena. Biometrica 37, S. 17-23.

MCHARG, I. L. (1969): Design with Nature. Doubleday/Natural History Press. New York.

NAUCK, D. & F. KLAWONN, & KRUSE, R.: Neuronale Netze und Fuzzy Systeme. 2. erweiterte Aufl.. Vieweg. Wiesbaden. 1996.

NEWCOMER, J. & A., SZARJGIN, J. (1984): Accumulation of Thematic Map error in Digital Overlay Analysis. In: The American Cartographer, S. 58-62.

NIPPER, J. & U. STREIT (1977): Zum Problem der räumlichen Erhaltungsneigung in räumlichen Strukturen und raumvarianten Prozessen. In: Geographische Zeitschrift 65, S. 241-263.

NOLDE, M. & R. DUTTMANN & M.BLASCHEK & U. KLEIN (2010): Geodateninfrastrukturen und ihre Anwendungen in der Praxis. In: Praxis der Informationsverarbeitung und Kommunikation, 33(4), 245-252.

ORMSBY, T. & E. NAPOLEON & R. BURKE & C. GROESSL & L. FEASTER (2004): Getting to Know ArcGIS desktop. ESRI Press.

OPEN GEOSPATIAL CONSORTIUM (OGC): Dokumente zu Standards des OpenGeospatial Consortiums; (Internet: www.opengeospatial.org/standards).

PARKER, H. D. (1988) „The Unique Qualities of a Geographic Information System: A Commentary". In Photogrammetric Engineering and Remote Sensing, 54 (11), S. 1547-1549.

PAVLIDIS, T. (1982): Algorithms for Graphics and Image Processing. Springer Verlag, Berlin.

PEUKER, T. K. & N. CHRISMAN (1975): Cartographic Data Structures. In: The American Cartographer, 2 (1), S. 55-69.

PEUQUET, D. (1984): „A conceptual Framework and Comparison of Spatial Data Models". In: Cartographica, 21 (4), S. 66-113.

PLÜMER, L.: Geoinformation.net; Internet: www.geoinformation.net/lernmodule/folien/Lernmodul_12/Lerneinheit01/index.html

PÜTZ, D. & U. KEMP & R. TROCH (1996): GeoRoute – ein raumbezogenes Planungsinstrument für die Zustellungs- und Transportnetze der Deutschen Post AG. In: GIS, 9 (5), S. 9-15.

PRATT, W. K. (1978): Digital image processing. New York; Chichester; Brisbane; Toronto: John Wiley & Sons, Inc.

QUIEL, F. (1986): Landnutzungskartierung mit Landsat-Daten. In: Fernerkundung in Raumordnung und Städtebau. Heft 17. Bundesforschungsanstalt für Landeskunde und Raumordnung.

RAMM, F. & J. TOPF (2010): OpenStreetMap – Die freie Weltkarte nutzen und mit gestalten. 3. Auflage, Lehmanns Media, Berlin.

ROBINSON, A. & R. SALE & J. MORRISON & P. MUEHRCKE (1984): The Elements of Cartography (5th ed.). John Wiley and Sons, New York.

Rösch, N. & J. Schweitzer & J. Pach(2009): Die Auswirkungen der Einführung von ETRS89 /UTM auf Geofachdaten – Fallbeispiel eines EVU aus dem Bundesland Hessen. GIS.Science 4, S. 123-129.

Samet, H. (1989): The Design and Analysis of Spatial Data Structures. Addison-Wesley, Reading, USA.

Scherelis, G. & W. D. Blümel (1988): Geostatistik und ihre Anwendungsperspektiven in der Geoökologie am Beispiel des Kriging-Verfahrens. In: Karlsruher Manuskripte zur Mathematischen und Theoretischen Wirtschafts- und Sozialgeographie. Heft 92.

Schmidt, B. (2002): Verknüpfung der Datenmodelle für GIS und interaktive 3D-Visualisierung. IfGIprints, 17, Münster: IfGI / Solingen: Natur & Wissenschaft.

Schwentker, F. & U. Streit & G. Wieneke (1981): Geostatistik. In: Arbeitsberichte des Lehrstuhls Landschaftsökologie, Heft 4, Münster. Strobl, C. (2010): Open Source GIS: Einführung und Übersicht. Wichmann-Verlag, Karlsruhe.

Slocum, T. A. (2009): Thematic Cartography and Geovisualization – Upper Saddle River. Tang, W. & J. Selwood (2005): Spatial Portals – Gateways to Geographic Information. ESRI Press. Redlands.

Steines, B. & S. Woehl (2002): Machbarkeitsstudie: Präsentation von Geodaten im Internet. Geodätisches Institut der RWTH Aachen.

Streit, U. (1981): Kriging – eine geostatistische Methode zur räumlichen Interpolation hydrologischer Informationen. Wasserwirtschaft 7/8. S. 219-223. Thalmann, T. (2010): GDI im Dienst der Umwelt. In: GIS Trends and Markets. S. 36-45, 6/2010.

Ticheler, J. (2010): Fitting a Global Trend – The FOSS4G 2010 Conference. In: GeoInformatics. S. 54-56, Vol. 13.

Türker, C. & G. Saake (2005): Objektrelationale Datenbanken - Ein Lehrbuch. Heidelberg.

Tyler, M. (2008): Web Mapping mit Open Source-GIS-Tools, 1. Aufl. Köln.

Vitek, J.D. & S. J. Walsh & D. R. Butler (1984): Accuracy in Geographic Information Systems: An Assessment of Inherent and Operational Errors. In: Proceedings PECORA IX Symposium, S. 296-302.

Wagner, M. (2006): The view from Google Earth – Interview with GE Chief Technology Officer Michael Jones. In: Geospatial Solutions, Heft 5. S. 22–27

Vossen, G. (2008): Datenmodelle, Datenbanksysteme und Datenbankmanagementsysteme. – 5. Aufl. München.

Walkowski, A. C. (2006): Optimierung von mobilen Geosensornetzwerken unter Berücksichtigung sowohl der Phänomen- als auch der Geosensornetzwerk-Charakteristika; Tagungsband Wernigeröder Automatisierungs- und Informatiktage 2006.

Walsh, S.J. & D. R. Lightfood & D. R. Butler (1987): Recognition and Assessment of Error in Geographic Information Systems. In: Journal of Photogrammetric Engineering and Remote Sensing, Vol. 53, No. 10, S. 1423-1430.

Warcup, C. (2005): Von der Landkarte zum GIS: Eine Einführung in Geografische Informationssysteme. Points Verlag. Norden.

Wesseling, C.G. & D. Karssenberg & P. A. Burrough & W. P. A. van Deursen (1996): Integrating dynamic environmental models in GIS: The development of a Dynamic Modelling language. In: Transactions in GIS, 1, S. 40-48.

Yang, H. (1992): Zur Integration von Vektor- und Rasterdaten in Geo-Informationssysteme. Deutsche Geodätische Kommission. Reihe C, Heft 389.

Zadeh, L. A. (1965): Fuzzy Sets. In: Information and Control. 8(3). S. 338-353.

Zipf, A.: GDI3D – 3D Stadtmodell Heidelberg; (Internet: www.geographie. uni-bonn.de/karto/hd3d/screenshots. de.htm).

Abbildungsverzeichnis

Abb. 1/1 GIS gestützte Überwachung von Großräumen der Erde (Getty Images, München, AFP/ Noah Seelam); Abb. 1/2 Schutzgebiete im Norddeutschen Tiefland (Bundesamt für Naturschutz/ www.geodienste.bfn.de, Bonn, Zugriff 17.10.2011); Abb. 1/3 Schulabgänger mit allgemeiner Hochschulreife in Deutschlands im Jahr 2009 (Statistisches Bundesamt, Wiesbaden, ims. destatis.de, Zugriff 17.10.2011); Abb. 1/4 GIS-gestütztes mapping von Starkregenbändern vor der indischen Ostküste (Getty Images, München, AFP/Noah Seelam); Abb. 1/5 Sedimentfracht des Tana-River in Tansania (Corbis, Düsseldorf (Yann Arthus-Bertrand); Abb. 1.2/1 Punkt, Linie und Polygon als Grundelemente der Wiedergabe geographischer Objekte (eigene Darstellung nach Esri Online tutorial); Abb. 1.2.4/1 Abbildungen eines Raumausschnitts in unterschiedlichen Maß-stabsbereichen (eigene Darstellung nach Kappas, M. 2001, S. 18); Abb. 1.3/1 Aufbau und Struktur des Gauß-Krüger-Systems in Deutschland (Hake, G. et al. 2002, S. 69); Abb. 1.3/2 Schematischer Aufbau der Universal Transverse Mercator Projektion (UTM) für Deutschland (eigene Darstellung nach Hake, G. et al. 2002, S. 78/79); Abb. 1.3.1/1 Geographische Breite und Länge sowie zugehö-rige Rechenformeln bei Annahme der Erdfigur als Kugel (eigene Darstellung Hake, G. et al. 2002, S. 45); Abb. 1.3.2/1 Hauptverzerrungsrichtungen und Indikatrix eigene Darstellung nach Kappas, M. 2001, S.29); Abb. 1.3.3/1 Grundsätzliche Vorgehensweisen bei Koordinatentransformationen (eigene Darstellung nach Kappas, M. 2001, S. 32); Abb. 1.4.3/1 Aufbau der amerikanischen nationa-len Geodateninfrastruktur (eigene Darstellung nach NSDI); Abb. 2/1 Landesvermessungsamt Augsburg (Augsburger Allgemeine Zeitung, Augsburg, Anne Wall); Abb. 2.1.1/1 Schematische Darstellung 0-,1- und 2-dimensionaler Objekte im Raum (eigene Darstellung nach Kappas, M. 2001, S. 52); Abb. Abb. 2.2.1/1 Räumliche Objekte in der Vektordatenform (eigene Darstellung); Abb. 2.2.2/1 Beispiel einer Quadtree-Datenstruktur (eigene Darstellung nach http://ifgivor.uni-muenster.de/vorlesungen/Geoinformatik/kap/kap9/k09_03.htm); Abb. 2.3.1/1 Relationale Tabel-len (Tuples) (eigene Darstellung nach Kappas, M. 2001, S. 65); Abb. 2.3.3/1 Vergleich relationaler Datenspeicherung und objektorientierter Datenspeicherung (eigene Darstellung nach Kappas, M. 2001, S. 66); Abb. 2.4.1/1 Komponenten eines Graphen (eigene Darstellung nach Kappas, M. 2001, S. 71); Abb. 2.4.1/2 Anwendung der Euler-Gleichung für den zweidimensionalen Fall (eigene Dar-stellung nach Kappas, M. 2001, S. 72); Abb. 2.4.1/3 Topologische Fehler in einem Polygonnetz (eigene Darstellung nach Kappas, M. 2001, S. 74); Abb. 2.4.2/1 Flächenberechnung über die Trapez-methode (eigene Darstellung nach Kappas, M. 2001, S. 81); Abb. 2.4.3/1 Aufbau eines Triangular Irregular Network (TIN) (eigene Darstellung nach Kappas, M. 2001, S. 87); Abb. 2.4.3/2 Delaunay-Dreieck (eigene Darstellung nach Kappas, M. 2001, S. 91);Abb. 2.4.3/3 Thiessen Polygone und Delaunay-Dreiecke (eigene Darstellung nach Kappas, M. 2001, S. 91); Abb. 2.4.3/4 TIN-Darstellung in ArcGIS (ESRI, Redlands, CA (www.esri.com); Abb. 3/1 Luft- oder Satellitenbilder gehören zu den wichtigsten Datenquellen für Geographische Informationssysteme, Berlin Regierungsviertel (GeoContent GmbH, Magdeburg); Abb. 3.2.1/1 Häufige Fehler beim manuellen Digitalisieren (eigene Darstellung nach Kappas, M. 2001, S. 96); Abb. 3.3.3/1 Ablaufschema zum Aufbau einer topologisch korrekten Vektor-Datenbank (eigene Darstellung nach Kappas, M. 2001, S. 104); Abb. 3.4.1/1 Rasterlayer und thematische Ebenen in einer Rasterdatenstruktur und Vektordatenstruk-tur (eigene Darstellung nach gug.tu-darmstadt.de); Abb. 3.4.2/1 Beispiele geographischer Linien (eigene Darstellung nach Kappas, M. 2001, S. 113); Abb. 3.4.2/2 Bewegungsrichtungen und Bei-spiel einer Kodierung für eine Kurve ("01012"), (eigene Darstellung nach Kappas, M. 2001, S. 115); Abb. 4/1 SRTM-Höhenmodell von New Orleans (DLR Deutsches Zentrum für Luft- und Raumfahrt, Köln); Abb. 4.2.1/1 Plane-Sweep-Ansatz (eigene Darstellung nach Kappas, M. 2001, S. 147); Abb. 4.2.1/2 Beispiel eines Uniform-Grid-Verfahren (eigene Darstellung nach Kappas, M. 2001 S. 148); Abb. 4.3/1: 3D-Darstellung von Manhattan in New York nach dem Anschlag auf das World Trade Center im Jahr 2001 abgeleitet aus einer LIDAR Befliegung, NOAA, Washington (U.S. Army JPSD); 4.3/2 SRTM-Geländemodell des Ätna (NASA/GSFC, Houston/Texas); Abb.4.3/3 TanDEM-X-Gelän-demodell des Ätna in 3D (DLR Deutsches Zentrum für Luft- und Raumfahrt, Köln); Abb.4.3/4 ASTER-Geländemodell des Ätn (www.maps-for-free.com) ; Abb. 4.4.2/1 Variogramm und seine Kennwerte (eigene Darstellung nach Kappas, M. 2001, S. 201); Abb. 5/1 Computerge-stützter Ackerbau (ddp images, Hamburg (dfd/Jens Schlüter); Abb. 5/2 Komponenten und Rah-menbedingungen einer GDI (Quelle: GDI-Architektur 2.0, Stand September 2009); Abb. 5.1/1: Hierarchische Struktur der GDI-DE (GDI-Architektur 2.0, Stand September 2009); Abb. 5.1/2: Hier-archische Einbindung der GDI in Deutschland in die EU-GDI (GDI-Architektur 2.0, Stand Septem-ber 2009); Abb. 5.1/3 Ressort- und Themenübergreifende Zusammenarbeit beim Aufbau der GDI-DE und die daran beteiligten Gruppen (Informationsbroschüre IMAGI); Abb. 5.1/4 Strukturen und Systeme für den Aufbau eines weltumspannenden Informationssystems im Sinne eine „Digital

Earth" (IMAGI Broschüre); Abb. 5.1/5 Zusammenspiel von GDI-DE, GEOSS und GMES als Hauptakteure eines internationalen Informationsmanagement – der sogenannten GSDI (Global Spatial Data Infrastructure, IMAGI Broschüre); Abb. 5.2/1 Einfaches Publish-Find-Bind-Muster (GDI-Architektur 2.0, Stand September 2009); Abb. 5.2/2 Aufbau der GDI-DE (GDI-Architektur 2.0, Stand September 2009); Abb. 5.3.1/1 Datenaustausch mittel XPlanung und ohne gemeinsamen Standard (Quelle: Xplanung-Homepage, www.xplanung.de); Abb. 5.4/1 INSPIRE Netzdienste nach Artikel 11 (1) der Richtlinie 2007/2/EG (http://inspire.jrc.ec.europa.eu/reports/ImplementingRules/network/D3_5_INSPIRE_NS_Architecture_v3-0.pdf); Abb. 5.5/1 GIS-Server in ArcGIS über ArcExplorer ansteuern und hinzufügen (Kappas, M. verändert nach Esri); Abb. 5.6/1 Hauptziel eines Geoportals: Steuerung der Anbieter – Anwender – Interaktion (eigene Darstellung nach GDI-Testplattform); Abb. 5.6/2: Das Geoportal der Bundesrepublik Deutschland (www.geoportal.bkg.bund.de); Abb. 6/1 Google Street View (dreamstime.com, Brentwood, Modfos); Abb. 6.1.2/1 Fahrplan zur Umsetzung der INSPIRE-Richtlinie (nach Lenk 2008); Abb. 7/1 „Crisis in Darfur" war die erste Web 2.0-Krisenkarte (Google Earth); Abb. 7/2 Aufbau eines WebGIS anhand einer Client – Server Architektur (eigene Darstellung); Abb. 7.1/1 Interaktive Streckensuche mittels Stadtplandienst (stadtplandienst.de/Euro-Cities AG, Berlin); Abb. 7.1/2 Aufbau interaktiver Karten mittels OpenMap (openmap.bbn.com/ Open Systems Mapping Technologies); Abb. 8/1 GIS-Datenerhebung aus dem All mithilfe des Galileo-Satelliten (DLR Deutsches Zentrum für Luft- und Raumfahrt, Berlin); Abb. 8.1/1Satellitendatenbezug für ein GIS über die GLFC-Homepage (Global Landcover Facility, Maryland); Abb. 8.2/1 Koordinatenursprung im kartesischen System (links) und in gescannten Bildern bzw. Satellitenbildern (rechts) (eigene Darstellung nach Kappas, M. 2001, S. 164); Abb. 8.2/2 Pixel in einer Bildmatrix mit 4 und 8-Nachbarn (eigene Darstellung nach Kappas, M. 2001, S. 164); Abb. 8.2/3 Bildaufbau eines monochromen Bildes (eigene Darstellung nach Kappas, M. 2001, S. 165); Abb. 8.2/4 Bildmatrix eines mehrkanaligen, multispektralen Bildes (eigene Darstellung nach Kappas, M. 2001, S. 165); Abb. 8.2/5 Histogramm eines Bildes und dessen statistische Kennwerte (eigene Darstellung nach Kappas, M. 2001, S. 166); Abb. 8.2/6 Grauwertverteilung 2-kanaliger Bilder; (eigene Darstellung nach Kappas, M. 2001, S. 167); Abb. 8.2/7 RGB- und HSI-Farbdarstellung (eigene Darstellung); Abb. 8.2/8 Funktion einer Lookup-Table (eigene Darstellunge); Abb. 8.2/9 Zwei-dimensionales Histogramm (eigene Darstellung nach Kappas, M. 2001, S. 170); Abb. 8.2/10 Verhältnis von 1. und 2. Hauptkomponente (eigene Darstellung nach Kappas, M. 2001, S. 171); Abb. 8.2/11 Zweidimensionales Bildsignal (eigene Darstellung nach Kappas, M. 2001, S. 172); Abb. 8.2/12 Aufbau eines Multispektralen Bildes (eigene Darstellung nach Kappas, M. 2001, S. 173); Abb. 8.2/13 Bild-Signal im Orts- und Frequenzbereich (eigene Darstellung nach Kappas, M. 2001, S. 173); Abb. 8.3/1 Standard Scan Orders (eigene Darstellung nach Kappas, M. 2001, S. 179); Abb. 8.3/2 Rasterfeld mit 16 x 16 Pixeln (eigene Darstellung nach Kappas, M. 2001, S. 181); Abb. 8.3/3 Erster Schritt bei der Aufteilung vom Raster zum Quadtree (eigene Darstellung nach Kappas, M. 2001, S. 182); Abb. 9/1 Zunge des Gletschers Malaspina (US Geological Survey/ EROS Center, Sioux Falls, SD); Abb. 9.1.1/1 Beispiel einer Google Earth Engine Satellitenkarte: Kongo (earthengine.google.org); Abb. 9.1.1/2„Image of the week" der Plattform USGS EarthExplorer (US Geological Survey/EROS Center, Sioux Falls, SD); Abb. 9.1.1/3 USGS EarthExplorer (edcsns17.cr.usgs.gov/NewEarthExplorer/); Abb. 9.1.2/2 OpenStreetMap: Ausschnitt der Region Düsseldorf, NRW (openstreetmap.org); Abb. 9.1.3/1 3D-Darstellung mit Ausschnitt der physischen Karte Ostafrikas (Kilimandscharo Region) im Diercke Globus Online (Diercke Globus online); Abb. 9.2/1 Aufbau und Komponenten eines Geosensornetzwerks (GSN), (eigene Darstellung nach Walkowski, A. GIS. Zeitschrift fr Geoinformatik. 3/2008, S. 5); Abb. 9.3/2 Benutzeroberfläche des Lernmoduls „Visualisierung räumlicher Strukturen und Prozesse in Virtuellen Welten" (gio.uni-muenster.de/beitraege/ausg04_1/03aGIO_Schmidt.html – Autor: Benno Schmidt); Abb. 9.3/3 Fotorealistische Visualisierung der zukünftigen Entwicklung einer Flussauen-Landschaft (gio.uni-muenster.de/beitraege/ausg04_1/03aGIO_Schmidt.html Autor: Benno Schmidt;)

Tabellenverzeichnis
Tab. 2.3.4/1 Tabelle einer relationalen Datenbank mit 4 Zeilen und 5 Spalten; Tab. 2.3.4/2 Verbindung zweier Datentabellen über gemeinsame Spalten; Tab. 2.4.2/1 Topologie-Regeln in der Geodatabase von ArcGIS® (eigene Darstellung nach ArcGIS® Geodatabase Topologie Regeln); Tab. 2.4.3/1 Einfaches 3x3 - Fenster; Tab. 2.4.3/2 Pass-Situation beim digitalisieren von Höhenlinien; Tab. 2.4.3/3 Diametrale Nachbarschaftspaare im VIP-Verfahren (z. B. A-A, B-B, C-C, . . .)